船の百科事典編集委員会 編

丸善出版

はじめに

　船は多くの人がロマンを感じるという点で，他の輸送手段とは一味違った存在である．それは，航空機による簡便な外国旅行が出現する以前，遠い異国の地に行きその文化に触れることが夢のようなことであったからだろう．昔の船員は，そのようなロマンあふれる船に乗り組み，世界中の港を訪れるという特権を得られるあこがれの職業であった．

　船にまつわる事柄は大きく分けて，船を造ること，船を運航すること，船と船員を管理すること，船を使って人や物を運ぶビジネスをすること，そして船が訪れる港で仕事をすることに分けられる．しかしこれらの全貌を十分に把握できている人はきわめて少ない．

　本書は『船の百科事典』と題してそのすべてについて解説するという大役を担うことになった．上に掲げたそれぞれの業務は専門性の高い人たちによって営まれているので，それをわりやすく解説することは容易ではない．しかし，多くの人々に船にまつわる事柄の全貌を知ってもらうことは非常に意義深いことであると思う．

　日本の貿易物資の 99.7% は船で運ばれている．したがって船を知り，それがどのように造られ，運航・管理され，海上輸送というビジネスになり，港でいかに陸側と連携しているかを知ることは，日本の経済を知ることであるといっても過言ではない．

　これらを解説するために，極力平易な言葉を使い，図表等によって理解しやすいように各執筆者が努力したことを顧みると，本書の目的を何とかに果たせたと自負している．

　さて，船の歴史は世界史を形作ってきたともいえる．ヨーロッパではフェニキアが，紀元前 12 世紀ごろ地中海全域を船で交易することにより，大きな繁栄を享受したと記録されている．その後ローマ帝国，ヴェネツィア，オスマントルコと，地中海の覇権は移り変わった．また，北ヨーロッパでは 9 世紀からヴァイキングが覇権を握った．12 世紀にはバルト海と北海でハンザ同盟の繁栄が始まった．

はじめに

アジアでは15世紀初めに明の永楽帝の命で鄭和がインド洋の西端まで航海をしたという記録がある．アジアの海は中国人，インド人そしてアラブ人が盛んに貿易を営む豊かな地域であった．

ところが15世紀後半になるとイスラム勢力を排したスペイン・ポルトガルによる大航海時代が始まった．世界がヨーロッパ人によって支配される時代に突入したのである．16世紀以降，スペインとポルトガルで世界を二分しようという傲慢な試みが現実のものになった後，世界の覇権はオランダ，イギリスと移っていった．

5世紀にわたってヨーロッパ諸国やアメリカが植民地支配を進めていったわけであるが，黒船来航によって列国の脅威に目覚めた日本は，明治以降富国強兵，殖産興業にまい進し，西洋列強の仲間入りを果たした．

日本の海軍力増強を伴う急速な経済発展は，太平洋戦争敗戦によって跡形もなく潰えてしまったのであるが，廃墟からの復興もまた目覚ましいものであった．戦後の重化学工業振興策によって，造船と海運の復活は計画造船という形で実現した．政府の後押しによる政策金融と民間金融の協働は，多くの先駆的な船舶建造を可能にし，造船業と海運業を世界トップの位置にまで押し上げたのである．

今，日本の海運は，ギリシャという船舶所有・貸出しに偏重する特殊な存在を別にして，世界一の規模を誇る．そして日本の海運会社は運航規模で世界トップの座を互いに競い合っているのである．これこそがマリタイム・ジャパンの面目躍如と言えよう．

本書の構想は遠く2009年に遡る．当時東海大学海洋学部の教授であった池田宗雄氏が，丸善株式会社出版事業部(当時)と「乗り物シリーズ」の百科事典の一冊として『船の百科事典』編纂の構想を立ち上げられた．その後，同氏のご退職もあって私が編集幹事を引き受けることになったのであるが，船を単なる「乗り物」として扱うより，日本の貿易を担う輸送手段として，そして国際輸送業としての海運をクローズアップさせて編纂するべきであると主張して，願いをかなえてもらった．

編集方針についてはさまざまな議論が重ねられ，最終的に津金正典，金子仁，林　尚吾の三先生に，編集委員として調整に多大なご苦労を強いることとなってしまった．また，多くの項目をカバーするために，26名もの方に執筆をお願いするという大作業となった．各執筆者は忙しい仕事の合間に執筆作業を進められたことと拝察する．中には執筆を断念せざるを得なかった方

も何人もおられた．

　そのような状況下，牛歩のごとく進められてきた『船の百科事典』は，今日やっと日の目を見ることとなった．編集委員および執筆者各位には遅延のお詫びを申し上げるとともに，出版成就を心より御礼申し上げたい．

　また，その間，途中から担当頂いた丸善出版株式会社企画・編集部の三崎一朗氏には，辛抱強く編纂作業を前に進めて頂いた．そのご苦労に労いの言葉をおかけしたい．

　本書が多くの人々にとって，船と海運の魅力を見出すきっかけとなることを願い，末永く活用されることを心より祈念いたしたい．

　平成27年10月

編集幹事　篠　原　正　人

■船の百科事典編集委員会・執筆者一覧

編集幹事

篠原　正人　　東海大学海洋学部海洋フロンティア教育センター

編集委員

金子　　仁　　元東海大学海洋学部航海工学科航海学専攻
津金　正典　　元東海大学海洋学部航海工学科航海学専攻
林　　尚吾　　東京海洋大学名誉教授
　　　　　　　株式会社エクサテクノロジー代表取締役社長

執筆者

青戸照太郎　　野口　恭広
井上　一規　　野口　杉男
海部　圭史　　橋本　　剛
加藤　信男　　春山　利廣
金澤　匡晃　　増田　尚昭
金子　　仁　　松尾　俊彦
幸島　博美　　光田　明生
酒井　久治　　森　　　明
篠原　正人　　森田　喜信
庄司　邦昭　　八木　　光
関根　　博　　安本　浩之
武井　立一　　吉田　　進
津金　正典　　渡辺　隆典
中村　哲朗　　　　［五十音順］

目　次

1章　船とは何か？

1.1　船の役割

　船と人のかかわり―古代から近世 …………………………………………2
　船と人のかかわり―現代 ……………………………………………………12
　活躍する船の分類 ……………………………………………………………22
　一般貨物船 ……………………………………………………………………26
　コンテナ船 ……………………………………………………………………28
　RORO 船 ………………………………………………………………………33
　重量物船 ………………………………………………………………………36
　タンカー ………………………………………………………………………38
　液化ガス専用船 ………………………………………………………………43
　ばら積船 ………………………………………………………………………46
　鉄鉱石専用船 …………………………………………………………………49
　石炭専用船 ……………………………………………………………………50
　自動車専用船 …………………………………………………………………51
　漁　　船 ………………………………………………………………………53
　軍　　艦 ………………………………………………………………………60
　海上保安庁の船艇 ……………………………………………………………66

1.2　さまざまな船の分類

　法令による分類 ………………………………………………………………78
　外観上の分類 …………………………………………………………………83
　船体の材質による分類 ………………………………………………………86
　推進機関による分類 …………………………………………………………91
　推進方式による分類 …………………………………………………………95
　航走状態による分類 …………………………………………………………100
　船の個性を表す用語と単位 …………………………………………………104

1.3 船　旅
　　　客　船 …………………………………………………………114
　　　客船の就航水域 …………………………………………………119
　　　客船の楽しみ方 …………………………………………………124
　　　船旅の計画 ………………………………………………………128

2章　海を渡る（航海）

2.1 航　海
　　　航海の目的と方法 ………………………………………………132
　　　航海の条件 ………………………………………………………135
　　　航海の安全と危険 ………………………………………………138
　　　航海の歴史 ………………………………………………………140
2.2 運　航
　　　航路：船のルート ………………………………………………148
　　　船　員 ……………………………………………………………156
　　　航海計画 …………………………………………………………161
2.3 航行支援
　　　航行支援設備 ……………………………………………………170
　　　航行支援情報 ……………………………………………………174
2.4 操　船
　　　船の性能 …………………………………………………………176
　　　操船方法 …………………………………………………………180
　　　機関運転管理と機関保守管理 …………………………………184
　　　航海計器 …………………………………………………………190
　　　国際機関と関連法規 ……………………………………………203
2.5 海難事故
　　　海　難 ……………………………………………………………210
　　　衝　突 ……………………………………………………………219
　　　乗　揚 ……………………………………………………………224
　　　沈　没 ……………………………………………………………229
　　　火　災 ……………………………………………………………234
　　　漂　流 ……………………………………………………………241

3章　人とものを運ぶビジネス（海運）

3.1　海運の定義
　　　海運とは：輸送ビジネスとして …………………………………………248
　　　外航海運と内航海運 ……………………………………………………249
3.2　海運業の発展
　　　日本の近代海運の歴史 …………………………………………………251
3.3　海運の各分野と市場
　　　定　期　船 ………………………………………………………………259
　　　不定期船，ドライバルカー ……………………………………………268
　　　タンカー …………………………………………………………………278
　　　LNG 船：ビジネスと市場参加 …………………………………………283
　　　自動車専用船 ……………………………………………………………292
　　　運賃先物取引 ……………………………………………………………299
　　　クルーズ客船 ……………………………………………………………301
3.4　海運業務
　　　海上運送の関係者 ………………………………………………………308
　　　契　　　約 ………………………………………………………………315
　　　集荷と配船 ………………………………………………………………322
　　　紛争と事故 ………………………………………………………………327
3.5　船主業務
　　　船隊整備 …………………………………………………………………333
　　　船舶管理 …………………………………………………………………337
3.6　内航海運
　　　内航海運 …………………………………………………………………344
　　　内航海運の市場 …………………………………………………………349
　　　内航海運が抱える課題 …………………………………………………354
3.7　海運の課題
　　　市場と輸送サービスの質 ………………………………………………358
　　　技術と環境 ………………………………………………………………365

4章　陸と海をつなぐ（港湾）

4.1　港湾の役割
　　海と陸の結節点としての港 ……………………………………………372
　　港の役割の変遷 …………………………………………………………374
　　港の形態の変遷 …………………………………………………………376
　　港の種類 …………………………………………………………………378
4.2　港湾の機能
　　荷物の積揚げ（荷役）……………………………………………………380
　　荷物の取り扱い …………………………………………………………399
　　船の入出港支援・荷物検査 ……………………………………………405
　　港湾 EDI …………………………………………………………………420
4.3　港湾管理
　　港　湾　法 ………………………………………………………………422
　　港湾管理者 ………………………………………………………………424
　　港湾計画 …………………………………………………………………426
4.4　港湾運営に関する課題
　　港湾の整備 ………………………………………………………………428
　　港湾の運営・管理 ………………………………………………………437

5章　船をつくる（造船）

5.1　造船決定までのながれ
　　海運会社でのながれ ……………………………………………………442
　　造船会社でのながれ ……………………………………………………446
　　検討する条件と見積り …………………………………………………451
　　造船契約 …………………………………………………………………457
5.2　船の設計
　　基本設計 …………………………………………………………………462
　　詳細設計 …………………………………………………………………469
　　設　計　図 ………………………………………………………………474

5.3 船の建造
　　資材の発注 …………………………………………………478
　　素材加工 ……………………………………………………481
　　組み立て ……………………………………………………485
　　艤装品の取り付け …………………………………………487
　　ブロック搭載 ………………………………………………490
　　陸上試験 ……………………………………………………492
　　進　　水 ……………………………………………………496
　　艤　　装 ……………………………………………………499
5.4 完成，引渡し
　　検　　査 ……………………………………………………501
　　重心査定 ……………………………………………………506
　　海上公試 ……………………………………………………508
　　艤装員の作業 ………………………………………………514
　　完成図書 ……………………………………………………519
　　引渡し式 ……………………………………………………521
　　処女航海 ……………………………………………………522

索　　引 …………………………………………………………527
略号索引 …………………………………………………………537

1章　船とは何か？

1.1　船の役割
船と人とのかかわり―古代から近世　船と人とのかかわり―現代
活躍する船の分類　一般貨物船　コンテナ船　RORO船
重量物船　タンカー　液化ガス専用船　ばら積船
鉄鉱石専用船　石炭専用船　自動車専用船　漁船
軍艦　海上保安庁の船艇

1.2　さまざまな船の分類
法令による分類　外観上の分類　船体の材質による分類
推進機関による分類　推進方式による分類　航走状態による分類
船の個性を表す用語と単位

1.3　船　旅
客船　客船の就航水域　客船の楽しみ方　船旅の計画

1.1 船の役割

船と人とのかかわり—古代から近世

a. 有史前後

(1) 船の原型

人類の歴史が始まったときには，船はすでに存在していた．したがって船の歴史は有史以前にまで遡ることができるが，この時代の船と人物を特定の名前でよぶことはできない．

船の原型は"浮き"であろう．皮袋や丸太など水に浮くものに人間がつかまって川や湖を渡ることで，人と物の移動が行われた．現在でも川を渡る**皮船**として利用されている（図1）．

ギリシアのミロス島はエーゲ海の島の中で唯一の黒曜石の産地である（図2）．黒曜石はほぼガラス質で，石を割ってできる鋭い角は古くからナイフや鏃などの刃物として用いられていた．その黒曜石で作られた刃物がギリシア本土のフランクティ遺跡の中石器時代層（紀元前11000年ごろ）から発見されていることから，この時代には海上輸送が存在し，物や人を運ぶ船が存在したことがわかる．ただし，どのような船であったのかは不明である．

日本でも伊豆諸島の神津島で産出する黒曜石が本州で発見されている．このように限られたところで産出する特定の物質から，その時代の海上交通，そして船の存在を示す手掛かりを見つけることができる．

(2) 岩　絵

現在発見されているものの中で，描かれた最古の船には，ノルウェーのアルタで発見された紀元前4000年ごろの線刻画，紀元前3000〜2500年ごろに建設されたマ

図1　中国の皮船

図2　ミロのビーナスの発掘地であるミロス島は黒曜石の産地でもある

ルタ島のタルシーン神殿の石柱に描かれた線刻画，スウェーデンのタヌムで発見された紀元前1000～500年ごろに描かれた線刻画などがある．

アルタの岩絵には，網を持つ漁師と弓を持つ漁師が乗船している船が描かれているものがある（図3）．描かれた人間と対比して見ると，現在の小型漁船とほぼ同じ大きさである．これは初期の船に関する記録として重要なものである．

図3　アルタの岩絵

地中海のマルタ島に残る石積み建築はエジプトのピラミッドより早く造られている．その中の一つ，バレッタの近くにあるタルシーン神殿は紀元前3000～2500年に建設された．1914～1919年に発掘されるまで地中に埋もれていたため保存状態は良い．一つの神殿入口の側壁に船を描いた石柱がある．別の石柱に刻まれた渦巻状の文様は波を表しているといわれている．船は線を重ねて描かれており，船首尾が上に突き出ているのが特徴である．現在，風化が激しく船の線刻画も見えにくくなってきている（図4）．

スウェーデン西海岸のノルウェーとの国境近くのタヌムで，紀元前1000～500年ごろの青銅器時代の岩絵が発見さている．花崗岩の岩肌に描かれた絵には，人間を描写した，槍を持った男性，子供を宿した女性，狩猟をする人など多彩であり，人物やトナカイやウマなどの動物ばかりでなく，船，そり，武器，車輪，太陽など4万種類以上のモチーフがある（図5）．

図4　タルシーン神殿の石柱

図5　タヌムの岩絵

(3) 最古の船

現存する最古の船としては，エジプトのカイロの郊外ギザのピラミッドの脇に保存された**太陽の船**であろう（図6）．

太陽の船は紀元前2550年ごろのもので，死後太陽神ラーとなったエジプトの王が，昼に空を東から西へ，夜は西から東へ航行するために必要と考えられていた．川舟として実際に水上で使用されたかどうかは定かではないが，現存する船としては最も古い物の一つである．建材としてレバノン杉が用いられていることから，少なくとも紀元前3000年ごろの東地中海では，エジプトとレバノン（当時はフェニキア）間でレバノン杉を運ぶなどの海上交易を可能にする船が存在したことが明らかである．

かつては造船用の木材，レールの枕木などに使われ，ビブロスなどの港から積み出されたレバノン杉だが，現在は希少種となってしまった．レバノンの山奥にあるカディーシャ渓谷には，国がレバノン杉を保護している森がある（図7）．

図6 太陽の船

図7 カディーシャ渓谷のレバノン杉

b. 古 代

やがて，地中海を中心に船舶交通が見られ，海上輸送する船舶も多く見られる．初めは陸に沿って航海していたが，やがて陸の見えない水域を航海するようになった．初期のころに地中海で活躍したのが，ギリシア，ローマ，そしてフェニキアの船である．

初めて出現した軍艦は，ギリシアの**三段櫂船**(かいせん)である（図8）．それまでは兵士を運ぶ手段として使われていたが，このときから，船が武器を持ち，相手の船を沈めるという行為ができるようになった．三段櫂船が用いられた古代の海戦の代表例が第二次ペルシア戦争における**サラミスの海戦**である．

紀元前480年9月20日ごろ（29日説もあり）の朝，政治家で軍人のテミストクレスによる訓示の後，ギリシアの全艦艇（380隻）は停泊地より一斉に出撃した．ペルシア艦隊（750隻）はギリシア艦艇の出撃を知ると，キュノスラ半島を越え，サラミ

図 8　ギリシアの三段櫂船　　　　　　図 9　ギリシアの櫂船の碇石

ス水道に侵入した．こうしてサラミスの海戦が始まった．

　ギリシア軍の三段櫂船の舳先には"衝角"が付けられており，相手艦船に衝突して直接打撃を行うことができる構造をしていた(図10)．また，喫水が深く重い造りになっており，高波でも比較的安定して漕ぐことができた．

　ギリシア軍はサラミス水道に侵入してきたペルシア艦隊を確認すると，逆櫓を漕いでペルシア艦隊とは逆の方向，つまりサラミス島側に向かい，ペルシア艦隊を誘い込んだ．これは著述家のプルタルコスによれば，テミストクレスがサラミス水道に一定の時刻になると吹く風（シロッコ）を利用するための時間稼ぎとも言われている．

　ペルシア艦船は，兵を敵船に乗り移らせるために重心の高い造りとなっていたため，シロッコによる高波，また日没前の西風（マイストロ）による高波で，思うように動きがとれなかったと推察されている．戦闘海域も大艦隊を誘導するには狭すぎ，戦列が乱れたところにギリシア艦隊の船間突破戦法を受け，倍近くあるペルシア艦隊はギリシア艦隊に大敗を喫した．

図 10　ギリシア三段櫂船の舳先に付けられた衝角(相手船の船腹に衝突し穴をあける)　　　図 11　サラミスの海戦場所の現在の様子

図 12　ロードス島リンドスのアクロポリスのレリーフ　　図 13　マインツで発掘されたローマの軍艦

現在の海戦場所はギリシア本土とサラミス島を結ぶフェリーが頻繁に往復し，造船所などの工場もあり，喧騒とした雰囲気に包まれている（図 11）．

紀元前 2 世紀ごろの船として，ロードス島リンドスにあるアクロポリスにガレー船のレリーフが描かれている（図 12）．レリーフの作者はルーブル美術館にあるサモトラケのニケと同じピトクリトスと言われている．船体は，幅や深さに対し長さが小さく造られ，舵は船尾ではなく船尾近くの右舷に取り付けられている．

シチリア島のマルサーラ考古学博物館には，ローマとフェニキアの植民地カルタゴによる第一次ポエニ戦争でローマ軍に破れ，沈没したフェニキア船の骨組みの一部が展示されている．紀元前 240 年ごろの全長 35 メートルの木造船である．一部ではあるが実物を見ることができるが，リンドスのレリーフと似た形状であることがわかる．

ギリシアの三段櫂船のその後は，マインツのライン河畔で発掘された紀元後 4 世紀ごろのローマの船や，ローマとカルタゴが戦ったポエニ戦争において見ることができる（図 13）．

カルタゴでは四角形の商業の港の奥に円形の軍港が築かれた水域が残されており，ドックなどの建物はないが，船を引き揚げた船架跡は残されている（図 14, 15）．

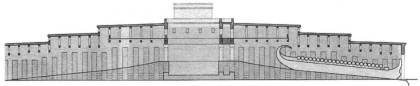

図 14　カルタゴの軍港

c．近　世

船の歴史にとって，「どの時代からが近世か」については意見が分かれるところである．ヨーロッパ世界で見ると，地中海から大西洋へ出て行った時代が一つの分岐

点と考えられる．ここでは，このあたりを近世ということにしよう．陸地に頼らないで航海するために，堅牢な船，風上にも進めることができる船，さらに航海を助ける機器の発達が，船にとっての新しい進化を示している．

(1) バイキング

アメリカ大陸に渡った最初のヨーロッパ人はバイキングであるといわれている．紀元後900年ごろのバイキングの船（オーセベリ船）が，ノルウェーのオスロにあるバイキング船博物館に展示されている（図16）．外板は板の長辺を水平にして重ねて張る鎧張りで，甲板はなく，舵は船尾ではなく船尾の右舷に取り付けられている（図17）．マストを立てて帆走することもできる．この船によって大西洋を横断して，アメリカ大陸北部，今のカナダの南部に到達した．バイキング船はノルウェーのほかデンマークでも見ることができる（図18）．

図15 カルタゴの円形軍港の船架跡

図16 オーセベリ船（バイキング船博物館，オスロ）

図17 オーセベリ船の舵

図18 デンマークのロスキレにあるバイキング船（長さ13.3 m，幅3.3 m，深さ1.6 m，紀元後1000～1050年）

(2) コロンブス

ヨーロッパからアメリカ大陸に渡り，その後の歴史を大きく動かしたのは，コロンブスである(図19)．1492年に長さ18m程度の3隻の船で大西洋を横断した．これは周到な航海計画，船体や航海計器の発達などさまざまな素地ができあがって成し遂げられた結果である．

船について見ると，サンタマリアほか3隻の船はいずれも中古の船であるが，上甲板を持ち，上部構造物として上甲板上に船楼を持ち，舵は船尾中央に備えられ，マストは3本で前の2本には主として推進力として用いる四角い形状の横帆，後ろの1本には船の操縦に用いる三角形の縦帆が備えられている（図20）．

図19　コロンブス　　　図20　サンタマリア

航海計器については，磁石が用いられるようになった．これにより沿岸航海のような目標がない大洋においても，一定の緯度に沿って東から西に向かう航海が可能となった．船上で経度を知ることはまだ難しく，もう少し後の時代における正確な時計の発明まで待たねばならない．

このように，コロンブスの時代における船舶や航海計器の発達がコロンブスの航海を生んだともいえる．

今コロンブスの生家とよばれる家はイタリアのジェノバにあり，コロンブスの墓は，スペインのセビーリアのカテドラル内で，当時スペインを構成したレオン，カスティーリャ，ナバーラ，アラゴンの4人の国王が柩を担いでいる（図21，22）．

コロンブス以後，スペインとポルトガルが海外進出に覇権を競うことになるが，スペインではコロンブス，ポルトガルではバスコダガマが英雄視されている．

(3) 磁気コンパス

航海計器の一つとして羅針盤とよばれる磁気コンパスは現在でも方位を知る大切な道具である．もともと羅針盤は中国で発明されたものといわれているが，イタリアのアマルフィーの船着場には磁気コンパスの発明者として当地出身の**フラビオジ**

図21 ジェノバのコロンブスの家(1451年ごろ，ジェノバ生まれ)

図22 セビーリアのカテドラルに納められたコロンブスの墓

図23 アマルフィー海岸に建つフラビオジョイアの像

図24 像の足元に記されたBUSSOLAとは磁気コンパスのこと

ョイア（Flavio Gioia）の像が建っている（図23, 24）．しかしこの人物の存在は地元の学者によっても確かではなく，おそらく西洋における磁気コンパスの発明者を特定することはできないであろう．コロンブスの時代，磁気コンパスはすでに西洋でも普及しており，新大陸発見の航海においても用いられていた．

(4) バスコダガマ

ヨーロッパからアフリカ南岸を経てインドへ航海した記録に残る最初のヨーロッパ人で，インドへの航路をヨーロッパ人として初めて「発見」した人物ともいわれる．このインド航路の開拓によって，ポルトガル海上帝国の基礎が築かれた．バスコダガマは1460年ごろ（1469年ともいわれる）にポルトガル，アレンテージョ地方のシーネスで誕生したといわれている．

航海に当たり，2隻の船を建造し，サン・ガブリエルほか3隻の船が1497年7月8日土曜日，大勢の観衆が見守る中，聖母修道院の修道士が執り行うミサの後，リスボンから出発した．喜望峰を回り，1498年5月21日にインドのカリカットに到着した．

ポルトガルの首都リスボンは湖のような広い川幅のテージョ川に面し，町の中心

図 25　ジェロニモス修道院

図 26　大陸発見のモニュメント

のコメルシオ広場も一面は川に面して造られている．きっとこの広場の船着場から多くの帆船が出港し，また入港した商船で賑わったことであろう．さらに河口に進むと，海外進出で得た富の象徴としてジェロニモス修道院が建てられている（図25）．修道院から川辺に向かうと，船が川に向かうように大陸発見のモニュメントが作られている（図26）．舳先に立つのはエンリケ航海王子，次にバスコダガマである．このモニュメントの下の広場に世界地図があって，地図にはポルトガルがその場所に到達した年号が記されている．日本のところは種子島に鉄砲が伝来した1543年ではなく，1541年と記されている（図27）．

　リスボン近郊にあるヨーロッパ大陸最西端のロカ岬に立ち，強い西風を体に感じつつ，詩人カモンイスの「ここに地果て，海始まる」という言葉を聞くとき，はるか昔，海外に向かった人々の熱き心を感じることができる．

　バスコダガマとカモンイスの柩はジェロニモス修道院内の教会の入口付近に相対して置かれている（図28）．

図 27　モニュメントの広場にある世界地図

図 28　バスコダガマの柩

(5) 帆船の発達

サンタマリアのような3本マストで前の2本に横帆，船尾側の1本に縦帆をもつ帆船は，その後，ドレークのゴールデンハインド，ヤンヨーステンやウイリアムアダムスのデリーフデ，支倉常長のサンファンバウチスタなどにもみられる．

カティーサークは1869年11月にスコットランドのスコットアンドリントン造船所で進水した．ジョンウィリス父子商会の2代目ジョンはテムズ川を下るアバディーンで建造されたサーモピリーという快速帆船を見て，この船に対抗できる帆船を造ろうと決心した．カティーサーク船尾の星印の下にあるWマークの周囲には，船主ウィリスの心意気を示すかのように「精神一到何事か成らざらん．（Where there's a will, there's a way.）」の格言を文字って，（Where there's a Willis a way）と記されている．

図 29　カティーサークの船尾　　　図 30　カティーサークを追い越すブリタニア

カティーサークは帆船の高速化という点で最も発達した一隻である．しかしこのころになると，エンジンの力だけで大西洋を横断する船が活躍するようになり，帆船による貿易も終焉を迎えようとしていた．カティーサークが進水した1869年にスエズ運河が開通したのも象徴的なことである． 　　　　　　　［庄司邦昭］

参考文献
1) 庄司邦昭：船の歴史，河出書房新社 (2010).
2) DaviD Howarth, StepheN Howarth：The Story of P&O, Revised Edition Weidenfeld & Nicolson Ltd. (1995).

1.1 船の役割

船と人のかかわり—現代

　現代において船の役割は大きく変化している．旅客船もかつての移動手段から航海そのものまで楽しむクルーズのための船になってきた．軍艦も三段櫂船に始まって以来，変遷を重ね，今では第二次大戦における戦艦，航空母艦，巡洋艦，駆逐艦といった区分も当てはまらなくなってきた．貨物船も一種類の貨物を専用に積むようになってきて，油送船，ばら積貨物船，自動車運搬船，LNG船などと積荷による分類がなされるようになってきた．

　その中で，日本の領土に関する明治初期の船の役割，旅客船にとっての一つの転機となるタイタニックの事故，移動手段として船から飛行機に移り変わるころの状況を眺める．

a. 明治丸と山尾庸三

　明治丸は現在国の重要文化財になっている2隻のうちの1隻で，東京海洋大学海洋工学部構内に保存されている（図1）．建造地はスコットランドのグラスゴーであり，日本に存在する唯一の鉄の船である．日本各地の灯台への補給などの目的で造られたが，当時の最新鋭の船ということで天皇陛下の御召船としても使えるように内部は装飾を凝らして造られている．多くの船員を育てたことなど特筆すべきことは多いが，小笠原諸島の領有をめぐって英国軍艦より先に小笠原父島に到着することにより平和裡に領土が確定し，日本が世界第6位の排他的経済水域をもつことに大いに貢献した．

図1　明治丸（重要文化財）

　明治丸がグラスゴーで建造された理由は，伊藤博文，山尾庸三の二人によるところが大きい．長州五傑といわれる，伊藤博文，井上馨，井上勝，遠藤謹助，山尾庸三が藩から外国へ密留学する命を受け，海軍の修業を目的として，1863年5月12日の夜，横浜港を密出航しロンドンに向かう．

　日本を出てから3年後の1866年（慶応2年），ユニバ

図2　山尾庸三

ーシティ・カレッジで学んでいた庸三は，本格的な造船技術の習得に意欲があり，イギリスでの世話役マセソンからスコットランド地方にある造船所のことを教えてもらったことを契機にグラスゴーに移る．貿易商のブラウン家に下宿し，昼間は，ネピア造船所の見習工として仕事をしながら技術を学び，夜はアンダーソンズ・カレッジの夜間授業に通い，科学の原理などを学んだ．

長州藩より明治元年（1868）6月を期限に帰国の命令を受ける．当時の日本では徳川幕府に代わり新政府が打ち立てられており，その新政府の重職である木戸孝允（長州藩）による，5年間の留学で得た技術を新しい国を創るため活かして欲しいという趣旨の帰国命令であった．

日本へ戻った庸三，一足先に帰国していた伊藤博文のもとで，民部省および大蔵省の役人となり，横須賀製鉄所（造船所）の事務の仕事に就く．その後，工部大学校の創設などに関わり，工部省で灯台寮（部局）があることから，庸三はその建設事業にも関わった．そして，見習工として技術を学んだグラスゴーのネピア造船所に，灯台巡視船を発注した．庸三が造船の専門家として発注したその船は「明治丸」と名付けられた．

明治丸は当時の最新鋭船ではあるが，現代においては小型の航洋船に属し，総トン数：1 027.57トン，長さ（甲板長さ）：68.6 m，幅：9.14 mである．1874年9月26日にイギリスのグラスゴーにあるネピア造船所で進水し，1874年11月に竣工，1875年2月20日に回航して横浜へ到着した．

1875年11月に小笠原へ航海し領有を主張した．1876年7月には東北北海道巡

図3　1875年11月小笠原父島二見浦の明治丸（左）と米国軍艦カリュー

幸の御召船となり，明治天皇が青森から函館へ御乗船になり，その後，函館から巡幸を終えて7月20日に横浜へ到着した．この日を記念して，後に海の記念日が制定された．1879年（明治12年）4月に琉球併合のため琉球藩主の王子を乗船させ東京へ戻った．1897年（明治30年）11月東京の商船学校に移管され，構内に係留されて練習船として使用された．1978年（昭和53年）5月に国の重要文化財となり，現在に至っている．明治の初め，日本はまだ造船業の創世期において最新鋭の船は海外の造船所によるところが多かった．日露戦争で活躍した戦艦三笠もイギリス製である．

b．タイタニック事故

　1912年4月，豪華客船タイタニックはニューファンドランド沖で氷山に衝突し，沈没した．この事故は世界的に取り上げられ，宮澤賢治（1896-1933）も『銀河鉄道の夜』の中に次のような文章を残している．本事故は宮澤賢治が15歳のころに発生している．

　　「あなたがたはどちらからいらっしゃったのですか．どうなすったのですか．」
　　さっきの燈台看守がやっと少しわかったように，青年にたずねました．
　　青年はかすかにわらいました．
　　「いえ，氷山にぶつかって船が沈みましてね，わたしたちはこちらのおとうさんが急な用で2ヶ月前，……」

（宮沢賢治 作，長谷川徹三 編；童話集 銀河鉄道の夜 他十四篇（岩波文庫），1951）

　タイタニックに関するイベントは100年たった今も盛んであり，映画「タイタニック」も3次元化され，建造地ベルファーストにはTitanic Belfastが開館し，出港地Southamptonでは羊毛倉庫に造られたMaritime Museum内にあったタイタニックの資料が新たに造られたSeaCity Museumの中で展示され，アメリカのロングビーチに係留されたQueen Maryの船内ではタイタニックを再現するツアーのコースが作られるなどさまざまな企画が存在する．

　タイタニックは1911年5月31日にベルファーストにおいて進水した．12時に進水を開始し62秒かかって水面に浮かんだ．その後，同地にて艤装工事が行われ，竣工後，1912年4月2日にベルファーストを離れ，サウザンプトンに向かった．途中で試運転を行い，サザンプトンに入港し，旅客などを乗船させ，1912年4月10日に同港を出港した．このとき，タイタニックのプロペラの吸引力によりアメリカ航路の客船ニューヨークのホーサーを切ってしまい，衝突寸前の状態となった．1911年には姉妹船のオリンピックがイギリス軍艦ホークと衝突事故を起こしており，大型船としての操縦性能が問題視されていた．1912年4月10日19時にフランスのシェルブールに着き，追加の乗客を乗せ，郵便物を受け取って出港し，4月11日の昼頃にアイルランドのクイーンズタウンに着き，その後，陸地を離れ大西洋をアメリカに向けて航海した．

　1912年4月14日23時40分に氷山に衝突し，船体が水没するのが翌15日02時20分であった．沈没した場所はマサチューセッツ州ボストンの真東1610キロメートルであり，ニューファンドランドのセントジョンズ沖604キロメートル，水深3773メートルの海底で，北緯41度43分35秒，西経49度56分54秒に船尾部が，北緯41度43分32秒，西経49度56分49秒にボイラー部が，北緯41度43分57秒に船首部が分散して発見されている．

c. タイタニック号の事故の考察

(1) 操舵号令

現在での外航船では，船を右転させる場合は「スターボード」，左転させる場合は「ポート」と号令をする．しかし以前の船舶においては号令が逆であった．

映画『タイタニック』で航海士が「スターボード」という号令を発し，操舵手は舵輪を回して船を左に回頭させた．これは現在とは逆であるが当時の号令どおり，すなわち当時の船で使われていた号令により，操舵手は舵輪を時計まわりに回し，船は左へ回転した．現在の号令へ変更されたのは，第一次世界大戦後の1918年の国際会議においてである．

余談であるが，日本の号令は昔から変わっていないので，映画『タイタニック』の吹き替えにおいて，当時の「スターボード」の意味の船を左に曲げるときを意味する取舵になるはずだが，現在の号令に対応して面舵と訳されている．

(2) 他の船の救助—カリフォルニアンの位置

タイタニックが沈没するころ，近郊には船がいた．リーランド社の貨物船「カリフォルニアン」ともう1隻「マウント・テンプル」がいたのではないかという説もあるが，公式記録では「カリフォルニアン」とされる．以下に公式記録の概要を述べよう．

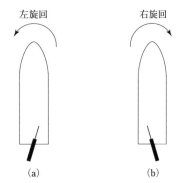

図4 操舵号令と船の回頭
改正前の「スターボード」は(a)，「ポート」は (b)，改正後の「スターボード」は (b)，「ポート」は (a)

アメリカの通商委員会の下につくられた特別小委員会では，カリフォルニアンの船長がタイタニックとカリフォルニアンの間に船がいたという証言に対し，夜が明けた後に該当する船は目撃されていない．船が北側のカリフォルニアンと南側のタイタニックの間を航行しようとすれば，必ずどちらかの船の横を通らなくてはならない．つまり氷山の海域にいた船は二隻で，タイタニックとカリフォルニアンだけだったと結論付けている．

タイタニックが打ち上げた信号弾とカリフォルニアンの航海士が見た信号弾の数はともに八発で一致している．タイタニックから発射された信号弾も，三度にわたってロード船長に報告された信号弾の色もすべて白色だった．さらに操舵員がタイタニックのブリッジから八発の信号弾を打ち上げた時間と，カリフォルニアンのブリッジで三人の航海士が南方の未知の船から打ち上げられた八発の白い信号弾を見た時間はほぼ同じである．ほぼ同じというのは二隻の船のブリッジでの時刻が12分違うからである．おそらくタイタニック船上では時間が正確に測られていなかっ

たと思われる．

　両船の距離についてはカリフォルニアンの航海日誌に記された位置と，タイタニックが無線で遭難信号を打電したときに伝えた位置から算出されているが，1981 年に，ある 4 等航海士がタイタニックの位置計算のために使ったブリッジの時計は，最後の見張りが始まる際にリセットされておらず，20 分進んでいたことが確認された．つまりこの航海士は誤った時間を使用し，14 海里余分に西に進んだ想定でタイタニックの位置を算出した．実際の事故現場は北緯 41 度 46 分，西経 50 度 14 分ではなく，やや南東寄りの北緯 41 度 43 分，西経 49 度 56 分であった．一方，カリフォルニアンの航海日誌には 1912 年 4 月 14 日の夜，22 時 20 分に停止したとき時の位置が北緯 42 度 5 分，西経 50 度 7 分と記されている．これが正しいなら位置計算をした航海士が算出したタイタニックの位置から北東に 19 海里離れることになり，目で見ることが不可能だとのロード船長の主張を裏付ける結果となる．タイタニックを正しい位置に修正してもまだ 20 海里近くの距離がある．だがカリフォルニアンの航海日誌の位置は約 4 時間前の太陽観測に基づく推測航法で算出されたもので，北北西からの 1.5 ノットの海流で進路が南南東に偏向したことを計算に入れていない．さらに氷原の入り口で漂泊中も船は流されていたはずで，これらを加味すると実際のカリフォルニアンは航海日誌の位置よりも約 9 海里押し流されていたことになる．つまり海流を考慮すると両船を隔てる距離はわずか 11 海里弱となり，沈みゆくタイタニックがはっきりと見えたはずである．

　タイタニックが沈んだ夜，カリフォルニアンとロード船長が意図的に救助を行わなかったことは明白である．そしてカリフォルニアンのブリッジから見えたのが，タイタニックであろうとなかろうと，トラブルが発生した船を救助に行く意思がまったくなかったことが問題である．

(3) 氷山との衝突

　北大西洋航路を天候や海の状況を考えずに全速力で航行するのは，当時の一流客船の一般的慣行であった．しかしいくら一般的とはいえ危険性がないわけではない．1912 年 4

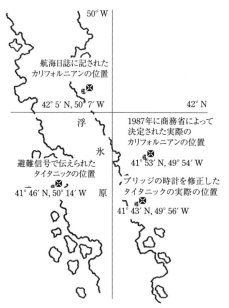

図 5　カリフォルニア号の位置

月15日までの40年間に北大西洋航路では人命が失われることがほとんどなく、そのため冒険的な習慣が当たり前となった。そして誰もその危険性に気付かなかった。1906年に起きたリパブリックの衝突沈没事故は何よりの警鐘となったはずだが36時間にわたる救助活動の困難さばかりが注目を浴びて、他のことは置き去りにされた。タイタニックの事故があって初めて人々は無謀な運航の危険さに気付いた。

船と氷山との衝突が起こることは珍しいが、このような全速力航行を続けていれば、いつかはその可能性が出現するはずであり、タイタニックでなければジャイガンティックか、あるいは別のイギリスの船でも事故を起こしていたかもしれない。

図6の氷山はほぼ間違いなくタイタニックが衝突した氷山で、氷山の基部に赤い塗料がついている。これは12時間以内にこの氷山が船と衝突したことを意味し、1912年4月15日の朝に、タイタニックの沈んだ場所から数キロメートル南の海上でプリンスアデルバートに乗船する首席客室係によって撮影されたものである。

図6　タイタニックの衝突した氷山

(4) 事故後の対応

本事故後、このような事故は単に一国における問題ではなく世界的に検討すべき事項という認識で一致し、1914年にロンドンで国際会議が開かれ、「海上における人命の安全のための国際条約」（SOLAS条約：Safety of Life at Sea）が採択された。しかし、第一次世界大戦のために発効されず、再度ロンドンで国際会議が開かれ、1929年にSOLAS条約が採択され、1935年に発効した。我が国では条約の発効にあわせて1933年に船舶安全法が制定された。

船舶の安全基準は世界的に1929年SOLAS条約で一応の統一をみた。しかし海運の国際性からその後も継続的な議論が必要であるという観点から、第二次世界大戦後の1948年にジュネーブで開かれた国際連合海事会議において、政府間海事協議機関（IMCO：Inter-Governmental Consultative Organization）の設立とその活動に関するIMCO条約が採択され、国際連合の下部機関として常設の海事専門機関がロンドンに設立された。この機関は1982年に名称を国際海事機関（IMO：International Maritime Organization）と変更し、現在に至っている。

さらに2008年5月にIMOにおいて、事故調査コードをSOLAS条約に盛り込む決議が採択され、その後、改正規定が2011年1月に発効し、SOLAS条約 XI-1章に「海上事故及び海上インシデント調査についての要件」という強制規定として追加された。事故調査コードでは船舶事故における原因究明と懲戒手続きとが分離されるた

め，我が国ではこれに対応するために海難審判庁の事故調査及び原因究明部門と，今まであった航空・鉄道事故調査委員会とを統合して，2008年10月に，国土交通省の外局として運輸安全委員会（JTSB：Japan Transport Safety Board）が設立された．

　運輸安全委員会の海事部門では船舶の事故およびインシデントの調査を行い，その結果を報告書にまとめて公表するとともに，事故に対する被害の軽減や再発防止に向けて，関係官庁や関係団体に勧告や意見を発出している．

　海外においても1989年3月24日にアラスカのプリンスウイリアム湾で約1080万USガロン（24万バレル）の原油を流出した「エクソンバルディーズ（Exxon Valdez）」の座礁事故に対し，アメリカ国家運輸安全委員会（NTSB：National Transportation Safety Board）が事故報告書を作成しているが，このような調査結果は事故防止のための規則に反映されるなど船舶の安全性向上に寄与している．

　2012年にはタイタニックの事故から100年を迎えた．この事故を契機に，SOLAS条約が生まれ，IMOができ，さらにIMOの決議によって運輸安全委員会が設立したことを思うとき，100年前の事故を繰り返さないよう，一層の安全性の向上と再発防止に努める必要があることを感じる．

d. トーマスマンの大西洋航海

　最後に人の輸送手段として一時代を築いた船の歴史を見よう．リューベックに生まれたドイツの作家トーマスマン（1875-1955）は第二次大戦前後に大西洋を10往復もしている．この時代はまさに，人の移動手段として船から航空機に代わる時代であった．

　トーマスマンの航海記録は「ドンキホーテとの大西洋横断旅行」と題して出版さ

図7　リューベックにあるトーマスマンの生家

図8　航空機に乗るトーマスマン

表 1　トーマスマンの航海記録

		出立年月日	発	着	乗船名
1回	往航	1934年5月19日	ブーローニュ	ニューヨーク	Volendam
	復航	1934年6月9日	ニューヨーク	ロッテルダム	Rotterdam
2回	往航	1935年6月10日	ルアーブル	ニューヨーク	Lafayette
	復航	1935年7月5日	ニューヨーク	シェルブール	Berengaria
3回	往航	1937年4月7日	ルアーブル	ニューヨーク	Normandie
	復航	1937年4月23日	ニューヨーク	ルアーブル	Ile de France
4回	往航	1938年2月12日	サザンプトン	ニューヨーク	Queen Mary
	復航	1938年6月29日	ニューヨーク	シェルブール	Washington
5回	往航	1938年9月17日	ブーローニュ	ニューヨーク	NewAmsterdam
	復航	1939年6月6日	ニューヨーク	ルアーブル	Ile de France
6回	往航	1939年9月9日	サザンプトン	ニューヨーク	Washington
	復航	1947年5月11日	ニューヨーク	サザンプトン	Queen Elizabeth
7回	往航	1947年8月29日	ロッテルダム	ニューヨーク	Westerdam
	復航	1949年5月10日	ニューヨーク	ロンドン	航空機
8回	往航	1949年8月5日	ロッテルダム	ニューヨーク	Niew Amsterdam
	復航	1950年5月1日	ニューヨーク	ストックホルム	航空機
9回	往航	1950年8月20日	ロンドン	ニューヨーク	航空機
	復航	1951年7月10日	ニューヨーク	ルアーブル	De Grasse
10回	往航	1951年9月29日	チューリッヒ	ニューヨーク	航空機
	復航	1952年6月29日	ニューヨーク	アムステルダム	航空機

れている．20回の航海のうち，5回は航空機を利用している（表1）．利用した旅客船も非常にさまざまで当時の代表的な各国の旅客船の図鑑を見るごとくである．現代のわれわれはアメリカにそしてヨーロッパに行くときに船を利用することなど思いもつかないであろう．　　　　　　　　　　　　　　　　　　　　　　　［庄司邦昭］

参考文献
1) チャールズ・ペレグリイーノ著，伊藤 綺訳：タイタニック百年目の真実，原書房 (2012)．
2) THOMAS Mann：Meerfahrt mit Don Quijote, Fischer Taschenbuch Verlag (2003)．

Volendam(フォーレンダム), 15 434 GT, 長さ 176 m

Berengaria (ベレンガリア), 52 117 GT, 長さ 277 m

Rotterdam (ロッテルダム), 24 149 GT, 長さ 203 m

Normandie(ノルマンディー), 79 280 GT, 長さ 314 m

Lafayette(ラファイエット), 25 178 GT, 長さ 187 m

Ile de France (イルドフランス), 43 153 GT, 長さ 241 m

図 9　乗船した船

船と人のかかわり—現代　21

Queen Mary(クイーンメリー), 80 774 GT, 長さ 310 m

Queen Elizabeth（クイーンエリザベス), 83 673 GT, 長さ 314 m

Washington(ワシントン), 24 289 GT, 長さ 215 m

Westerdam(ベスターダム), 12 149 GT, 速力 16 ノット

New Amsterdam（ニューアムステルダム), 36 287 GT, 長さ 231 m

De Grasse（ドグラース), 18 435 GT, 長さ 175.3 m

図 9　乗船した船（つづき）

1.1 船の役割

活躍する船の分類

　船は「人や物を載せて水上を運ぶもの」と辞書では定義されるが，船とは何であるかを正しく定義することは難しい．それほど船の形態はさまざまであり，輸送する貨物もさまざまある．日本では慣習的に大きな船を「船」，小さな船を「舟」，法律用語として「船舶」という語が用いられている．用途や大きさなどによって分類される場合，商行為を目的とした船を商船といい，商船は，原油，液化天然ガス（LNG），鉄鉱石，穀物，自動車，食料品，衣料品などその形や大きさが千差万別の貨物を運ぶ．大きさによる分類は船を貸し借りする場合や港湾の状況による場合が多い．ここでは船の分類の仕方について例をあげよう．

a. 作業による分類（運用上の分類）

①公用目的の船　　政府や公的機関によって航海する船．船員の教育訓練に用いられる練習船，離島の医療補助のための病院船，医療診察船，灯台や航路標識の修理や整備，測量を行う船，海洋自然観測などを行う観測船がある．また，軍事目的や沿岸警備のための軍艦や巡視船も公用目的の船といえる．

②商　船　　私用や商業目的で旅客や貨物を運ぶ船．商法684条により規定されている．商船のうち，船積港または陸揚港が日本以外である場合の外国航路を往来する船を外航船，もっぱら日本国内の港を航海する船を内航船と区別している．外航船の場合国際海上物品運送法の適用を受け，検疫法，関税法，港則法などの各種法令に定められた手続きをとる必要がある．

③漁　船　　もっぱら漁業に従事する船の総称．船舶安全法施行規則あるいは漁船法により定められている．

b. 大きさによる区分

　船を貸したり，借りたりして運航する不定期船やタンカーに多く用いられる．船の大きさを表すのに容積を基準としては総トン数が用いられる．国際的に統一された国際総トン数はIMO（国際海事機関）によって制定された「1969年船舶のトン数測度に関する国際条約」よって算定されたトン数である．重量を表すトン数として載貨重量トンがある．これは計画満載喫水線に至るまで，貨物と燃料および清水を満載した排水量トン数から軽荷重量トン（機関や法定で定める固定物を合算したもの）を引いたものである．

①ハンディサイズ　　18 000～50 000載貨重量トンのばら積船はハンディサイズとよばれる．大きさが手頃で，世界のほとんどの港に入出港できる便利さが名の由来

である．世界のばら積船の主流をしめる船型で，ばら積船運賃指数としてバルチック海運指数（不定期船運賃指数）に採用されている．

②**スモールハンディ**　28 000 載貨重量トンのばら積船．

③**ミディアムレンジ**　25 000〜55 000 載貨重量トンの液体ばら積船で，特に石油製品を輸送するプロダクトキャリア，クリーンな油を運ぶタンカーの呼称．

④**ハンディマックス**　45 000〜55 000 載貨重量トンのハンディ型のばら積船で，日本の公共埠頭に入港できるように全長を 185 m，喫水を 11.5 m 程度に抑えている船の総称．

⑤**スーパーマックス**　55 000 載貨重量トンを超えるハンディマックス型のばら積船．ばら積船運賃指数として，バルチック海運指数にも採用されている．

⑥**ラージレンジⅠ**　55 000〜80 000 載貨重量トンの大きさの船で，主に石油製品などの液体をばらで輸送するプロダクトキャリアに多い船型．

⑦**パナマックス**　パナマ運河を通航できる最大船型の船を示す．長さ 900 ft（約 274 m）以内（ただしコンテナ船客船は 950 ft（約 289 m)，幅 106 ft（約 32.31 m）以内の船で，載貨重量トンが概ね 60 000〜70 000 トンクラスの船を指す．荷役装置を持たない固体ばら積船が主流である．パナマックス（Panamax）は，Panama と maximum の合成語である．パナマ運河を通航できる船の大きさを表すときにもパナマックスの用語は使うので，タンカーに限らず，ばら積船，鉱石船，コンテナ船などにも用いられる．ばら積船運賃指数として，バルチック海運指数にも採用されている．

⑧**ラージレンジⅡ**　80 000〜160 000 載貨重量トンの大きさの船で，石油製品を輸送するプロダクトキャリアの呼称．

⑨**オーバーパナマックス**　パナマ運河を通航できる最大船型を超える船の総称．大きさを表す表現なので，タンカーに限らず，撒積船，鉱石船，コンテナ船などにも使われる．

⑩**アフラマックス**　アフラ（AFRA）とは，average freight rate assessment の略で，1954 年 4 月からロンドン・タンカーブローカー委員会が作成しているタンカーの運賃指数である．79 999 載貨重量トン型が「アフラマックス」と慣用的によばれるようになり，現在では 80 000〜120 000 載貨重量トン型タンカーを広くアフラマックスとよんでいる．タンカーのみに用いられる船型で，船幅が 42 m である．黒海，北海，カリブ海，東シナ海，南シナ海，地中海などで広く用いられる．石油輸出国機構（OPEC）非加盟であるような石油輸出国は，石油を輸出するために用いている港や運河が小さくて，大型の VLCC や ULCC を使うことができないので，アフラマックスタンカーを使わなければならないこともある．

⑪ケープサイズ　　150 000 載貨重量トン以上の大型ばら積船総称して「ケープサイズバルカー」とよぶ．大きさが非常に大きくパナマ運河を通航できず，喜望峰周りとなることによる．ばら積船運賃指数として，バルチック海運指数にも採用されている．

　なお，船の大きさにより運賃が決められている．その指針はアフラ（AFRA）が1954 年 4 月からロンドン・タンカーブローカー委員会で作成され，タンカーやばら積船の運賃指数として使われている．運賃は市況により毎日変化している．次に示す 6 船型の運賃が市況を反映しているといわれる．

① General Purpose：16 500〜24 999 載貨重量トン
② Medium：25 000〜44 999 載貨重量トン
③ Large 1：45 000〜79 999 載貨重量トン
④ Large 2：80 000〜159 999 載貨重量トン
⑤ VLCC：160 000〜319 999 載貨重量トン
⑥ ULCC：320 000 載貨重量トン以上

c.　荷物輸送の形態による分類

　一般に貨物が安価でその形状が一定の場合，それ貨物を専用に運ぶ船が造られる．ここでは簡単な紹介に留め，詳しくは各項目を参照されたい．

①一般貨物船　　汎用の船舶で，コンテナ船が登場するまでは定期船の基本型の船であった．一般に荷役設備を船上に装備し，どのような港でも寄港できる．

②コンテナ船　　規格化されたコンテナだけを運ぶ．

③ RORO 船　　トラックとそれに載せている貨物を同時に運ぶ船．カーフェリーのような船型だが客室はない．

④重量物船　　発電所の発電機や鉄道車両，タグボートなど重たい貨物を運ぶ船．

⑤タンカー　　液体のばら積みの貨物をタンクに積み込んで運ぶ船．

⑥液化ガス専用船　　天然ガスやプロパンガスなどを液体にしてタンクに積み込んで運ぶ船．

⑦ばら積専用船　　大豆や小麦などの食糧や石炭や鉱石などの固体を梱包せずに直接船倉に積み込んで運ぶ船．

⑧鉄鉱石専用船　　重い鉄鉱石を梱包せずにそのまま運ぶ船．

⑨石炭専用船　　石炭をそのままの形でばら積みして運ぶ船．

⑩自動車専用船　　自動車を自走して積み込み，寄港地で自動車を自走して下ろしていく専用船．

d.　船種や積荷で異なる船の大きさを表す単位

　貨物船の大きさは積載される貨物の重量で示す載貨重量トン（D/W）や容積で

示す総トン（G/T）がある．コンテナ船や自動車運搬船のように，貨物の形態から大きさを表す方法が一般的になっている．

コンテナ船では基本の ISO 規格の 20 フィートコンテナを単位とした TEU と単位が使われている．TEU は twenty-foot Equivalent Unit の略で長さ 20 ft（6.058 m）幅 8 ft（2.438 m），高さ 8 ft 6 inch（2.591 m）のコンテナを基準としてその積み個数でコンテナ船の大きさを表す．

自動車運搬船の場合，40 フィートコンテナは 2TEU として換算される．長さ 4.124 m，幅 1.55 m 高さ 1.65 m 以内の小型乗用車を基準として積付け台数で表示することが多い．

[井上一規]

参考文献
1) 日本船主協会，日本海事センター協力，日本海事広報協会編：Shipping Now 2015-2016．
2) 坂井保也監修，池田宗雄著：船舶知識の ABC（全版），成山堂書店（2002）．
3) Martin Stopford 著，篠原正人 監修：マリタイム・エコノミクス第 3 版（下巻），日本海運集会所（2014）．

1.1　船の役割

一般貨物船

　貨物船は主に貨物輸送を行う船で，旅客定員が 13 名以上となると貨客船となり，旅客を運ぶことができる．航空機による海外旅行が安くできるようになる昭和 50（1975）年ごろまで貨物船では 12 名までの乗客を乗せていた．当時の航空料金より安く海外に行けるので利用者も多かった．渡航時間がかかることと，貨物の状況や台風や季節風の強弱などの海上の気象の変化により入港，出港の予定が変わることや港湾設備の合理化と大型化に伴い貨物船の着岸する岸壁が町から離れることなどから旅客輸送のサービスは終焉した．現在，貨物の形態により輸送方法が専用化されてきたので，在来型貨物船といわれる．港湾設備の開発ができない離島や，港湾設備の開発途上の国への輸送に使われている．

a.　貨物船の運航形態

　貨物船の運航形態は一定の航路を，定期的に航行する定期船（ライナー，Liner）と特定の航路を定めず，貨物の有無によりその都度運航される不定期船（トランパー，Tramper）とがある．一般貨物船は用途によってこのどちらの運航形態もとれる船舶である．

b.　一般貨物船の構造

　食料，衣類，機械，家具，鋼材などさまざまな形態の貨物を船倉内に混載できる構造になっている．また，クレーンやデリックなどの荷役装置を甲板上に持ちどこの港にも寄港できる構造である．日本の国内輸送に従事する内航船の場合，総トン数 699 トン，499 トン，199 トンの船型がありそれぞれ 699 型，499 型，199 型とよばれる．

c.　一般貨物船の専用船化

　輸送を効率的に行うために，タンカーをはじめとし，鉱石，自動車などを専用に運ぶ船が誕生した．

（1）木材専用船

　丸太状の原木を専用に運ぶ船．原木が水に浮かぶ性質を生かし，積み港の沖合に錨を下ろして，運んできた原木を船の周りにいかだのように浮かべ，それを本船装備のクレーンで吊り上げて積み込む．この荷役方式を**いかだ取り**という．到着した港でも同じように船より原木を海上に降ろしていかだを組み，小型の引船で貯木場に運ぶ．港湾設備が不十分な港でも寄港できる．本船のクレーンやデリックは 30 トンクラスが主流である．積み荷は船倉内だけでなく，起倒式の柱を両舷に取り付け，

甲板上に船幅の3分の1ぐらいの高さまで積み上げて多量に原木を運ぶ．甲板上に多くの丸太を積むため，復原性が維持しにくいので，荒天時の荷崩れを防止するため船底のバラストの調整や海上の天候に注意するなどして安全に航行している．

(2) 冷蔵運搬船

バナナ，パイナップル，グレープフルーツなどの果物や，マグロ，タコ，イカ，エビなどの魚介類を，必要な温度で保冷して運ぶ船．冷凍船，あるいは冷蔵船ともよばれる．マイナス50度からプラス13度までの温度コントロールができる貨物倉を設備している．一般に冷蔵運搬船は4つの貨物倉を持ち，4層に仕切られている．貨物倉内の甲板の高さは2.2mで一般的なパレットの高さにあわせている．これにより揚積みの効率化を図ることができる．積荷を下ろす冷蔵倉庫や冷凍倉庫は大都市や近郊の港に多いので，近くの岸壁に着岸できる比較的小型の船型の7000～8000総トンが多く，運送時間短縮をもとめられるので，船速は17～20ノットと高速である．全世界の冷蔵貨物の海上貿易量の7割はこの冷蔵運搬船で運ばれている．

(3) 内航船

日本の製鉄所のほとんどは海沿いの工業地帯にあり，その製品である鉄板コイルは自動車の，シャーシーや車輪，ボディなどに多量に使われている．コイル1巻が10トンに及び，もしトラックで運ぶなら1台に1コイル積めば積載重量いっぱいになってしまう．内航に使われている499型一般貨物船は総トン数500トン未満で，貨物重量は1600トンまで積める．499型は荷役装置を持たず，貨物倉一つの船である．全長は60mと長く，コイル以外に鋼材やパイプなど陸上のトラック輸送では困難な長尺物も運ぶことができる．499型は鋼材専用に造られた船ではないが工場への素材輸送や製品輸送などに便利に使われている．

一方，荷役装置を持つ小型の貨物船は，伊豆諸島などの島々に食糧や生活雑貨，を定期的に輸送している．日本には離島が400以上あり，およそ150万人の人が住んでいる．これらの島々は周囲を切り立った地形で囲まれ，入江も狭いのでフェリーやRORO船といった船が寄港できる港湾設備を作ることが難しい．そういった港にはクレーンやデリックなどの荷役設備を付けた一般貨物船が活躍する．

図1 内航船の例［新和内航海運事業案内より］

［井上一規］

1.1 船の役割

コンテナ船

　現在の貨物船の中では，雑貨を輸送する最も高速の船である．衣類や電気製品，住宅小物などの生活雑貨から，アルコールや化学薬品などの危険な工業製品，自動車の部品などの多種多様な貨物を，国際規格のコンテナに収納して運ぶ．貨物はこのコンテナに入ったまま，船から降ろされ，自動車や鉄道などで運ばれ，工場や荷物を保管する倉庫などに届く．コンテナ内の貨物は人手に触られることがないので，安全に損傷がなく運べるメリットがある．

　19世紀後半欧米の工業化の進展によって，より迅速で安全な定期的な貨物輸送サービスが求められるようになった．帆船から汽船に移り，欧州，米国，アジアを結ぶ定期航路が開発され，旅客，郵便，貨物の運送に一般貨物船の高速化が図られた．1950年代になると航空機の発達が著しく，郵便や旅客は航空機による定期輸送に移っていった．そのような流れの中で，定期サービスの貨物船は荷主より，包装の軽減，貨物の損傷の防止，荷役時間の短縮などの要求が大きくなり，貨物をユニット化して荷役時間や損傷を防ぐ方法が試みられ，その先にコンテナに詰める現在の形態ができあがった．1966年に英国のキュナード，ベンライン，ブルースターライン，エラーマン，J&Gハリソンの5社がアソシエーティド・コンテナ・トランスポーテーション（ACT）というコンソーシアムを作り英国と豪州の間のコンテナ輸送サービスを開始したのが国際コンテナサービスの最初といわれる．

　その後国際定期航路のコンテナ化が港湾を含めて進展が急速に進み現在に至っている．

　コンテナによる輸送システムは海上，陸上一貫して，内部にある貨物が人手に触れることなく輸送されるので，複合一貫輸送あるいは海陸一貫輸送といい，ドア・ツー・ドアの物流として現在の主流となっている．コンテナ船には，コンテナだけを積むフルコンテナ船とコンテナと一般貨物を積むセミコンテナ船がある．フルコンテナ船で荷役設備を船上に持たないタイプが主流である．港のコンテナの揚積みをする陸上荷役設備，航路，主な構造，およびコンテナに分けて述べる．

a. 陸上荷役設備

（1）ガントリークレーン

　コンテナ船の輸送には専用のコンテナターミナルが必要である．コンテナターミナルには，入港するコンテナ船に積むコンテナを保管し，コンテナ船より下ろされるコンテナを陸送業者に渡すまで保管するコンテナヤードがある．船にコンテナを

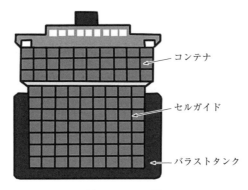

図 1　コンテナ船

積揚げするのがガントリークレーンとよばれる専用のクレーンである．1個 30 トン近くあるコンテナを吊れるだけの能力があり，コンテナを吊った状態で船の甲板上を移動する．船側一杯に移動するので 50 m を超えるリーチが必要である．クレーンのオペレータは，20 階建のビルに相当する（40 m 超）高い運転台よりクレーンを操縦する高度の技術が要求される．コンテナを揚積みする荷役能率は，1 時間に約 35 個である．

なお，わが国以外では，ガントリークレーンは門型クレーン（後述のトランステナー）のことを指し，わが国でいうガントリークレーンは「コンテナクレーン」または「Quay Crane」とよばれている．

（2）ストラドルキャリアー

岸壁上に置かれたコンテナを移動するのに使われる荷役機械で，コンテナを吊り上げながらコンテナヤードの中の所定の場所まで運んだり，トラックのトレーラに載せる作業をする特別のキャリアーである．運転席は建物の 2 階に相当する位置にある．

（3）トランステナー

岸壁上のコンテナをシャーシーに載せて移動する場合に用いられる荷役機械．横方向に移動がしやすいように，ゴム製のタイヤや車輪が付いている門型のクレーンである．コンテナを 4, 5 段積み重ねることができる．

（4）コントロールセンター

ガントリークレーンやストラドルキャリアーの動きをコントロールする場所である．コンピュータによってコンテナの入庫，出庫状況，格納場所，積荷，揚荷計画，荷役する船の喫水や燃料保管状況，バラスト水状況などを計算し，合理的な荷役計画に沿って指令をコントロールセンターより発信している．

b. 航路

コンテナ船には，設備が整った世界各地の基幹港湾（ハブ港）だけを結ぶ路線路を進む大型船と，ハブ港から地方港湾を結ぶフィーダー路線を進む小型船とがある．世界の大型ハブ港湾にはロッテルダム，コペンハーゲン，シアトル，オークランド，ロサンゼルス，シンガポール，香港，上海，高雄，釜山などがあり，日本の地方港湾は釜山や上海からの支線が延びるフィーダー港湾に当たる．世界各国の代表的な港湾や，横浜港や神戸港など日本のスーパー中枢港湾は，超大型コンテナ船が立ち寄るハブ港から外されないよう，大型投資や制度改善，国内外の集荷力強化などを進めている．

c. 主な構造・設備等

(1) セル構造

コンテナ船の船倉を上から見下ろすと，鋼鉄製の枠が走り，いくつかの区画に分かれている．この鋼鉄製の枠はセルガイドとよばれ，コンテナを前後左右にずれないようにまっすぐ導くレールである．このセルガイドによってコンテナを積み重ねる区画（セル）に分かれている（図1）．

一部の船では，船尾甲板上の係留作業用デッキの上にまで固定セル構造にしたものもある．コンテナ四隅の位置に備えられたセルガイトはちょうど垂直レールのようなもので，最上部にはエントリーガイドとよばれる斜体が付いていてガントリークレーンなどからコンテナを容易に積揚げできるようになっている．この構造全体がセル構造あるいはセルラー構造とよばれ，セル構造をもつ船倉はセルラーホールドとよばれる．

(2) 船上クレーン

大きなコンテナ船では，荷役設備の設置場所や重量の節約のために船上に荷役機器（クレーンなど）を備えない船が多く，コンテナの積揚げは，埠頭に設置されているコンテナ専用のガントリークレーンで行う．一方，2 900 TEU 以下の比較的小さなコンテナ船では，コンテナ専用のハブ港から地方の中小港湾に運ぶサービスが多いので，揚荷施設の未整備な港や公共岸壁での積揚げに対応するため，船上にクレーンを備えている傾向がある．

(3) ハッチカバー

船倉上部のハッチカバーにも特徴がある．大型のコンテナ船では，折りたたみ式やヒンジ式であるが，ポンツーン型で岸壁のクレーンによって開閉するようになっている．鋼製のポンツーン型ハッチカバーも最初はゴムガスケットで水密が考慮されていたが，貨物が風雨対応の鉄製のコンテナに入っているので船首の1番ハッチ以外はガスケットを付けない場合が多い．また，ハッチカバーの固定のための締め

付装置も，その上に積載されるコンテナ重量とコンテナの固縛で押さえられるために現在ではほとんどの船で省かれている．

(4) ラッシング・ブリッジ

コンテナの固縛作業やその解除を行う専門作業チームが作業を安全・迅速に行えるように上甲板上のコンテナ間に足場となるラッシング・ブリッジを持つ大型フルコンテナ船が登場している．また，ラッシングに加えて，従来船倉内だけだったセルガイドを上甲板上にまで伸ばしたセルガイド延長コンテナ船が登場している．このような設計ではハッチカバーそのものがなくなり，海水のしぶきや雨水が直接船倉内に侵入するので，排水装置が必要になる．消火設備も特に備えた設計となっている．船尾甲板上の係留作業用デッキの上にまで固定セル構造を備えた船もある．

(5) エンジン

コンテナ船のメインエンジンはディーゼルエンジンでスクリュー，プロペラを回して推進力を得ている．高速の航海速力を求められるため大出力のエンジンを搭載している．また冷凍コンテナ輸送には多量の電力が必要なため，発電機の容量が大きい．

船橋，居住区画，機関室は小型船ではほとんどが船尾に配置されているアフト・エンジン形式であるが，1 000 TEU を超えるフルコンテナ船では船尾から船の長さの1/4〜1/3程の位置に配置したセミアフト・エンジン形式が多い．8 000 TEU を超える大型船の場合，船橋を前の方に移して，操船の視界を確保し，エンジンルームを船尾に分けて設置する設計となってきている．燃費削減優先のエンジンが選択されており，大きな船ほどより大きく低速で回転するディーゼルエンジンを1軸直結の1軸推進器で駆動している．口径1m近いシリンダーのピストンを100回転/分程度で回転させて，12シリンダーで合計10万馬力程度のディーゼルエンジンが大型コンテナ船で標準的に採用されている．船体が大型であると同時に，一般に船速が25ノット程度と一般商船の中では最速の部類であり，そのため大型タンカーなどと比べ大型の主機を搭載している．二重反転プロペラの使用によってさらに燃費改善をすることが一般化している．

(6) 減揺装置

横揺れによるコンテナの荷崩れを防止するために，アクティブな減揺装置としてフィン・スタビライザーを，パッシブな減揺装置として減揺水槽（アンチローリング・タンク）を持つ船がコンテナ船の大型化に伴い，現れてきている．

d. コンテナ

物品の輸送のために用いられる鋼材やアルミニウムなどで製造された箱で，鉄道，トラック，船などと異なる輸送手段での積替えを円滑にするため，国際標準化機構

(ISO：International Standardization Organization) により外形，寸法，強度など規格化されている．

　海上コンテナの基本の外寸は長さ 20 ft (6.096 m)，幅 8 ft (2.438 m)，高さ 8 ft 6 inch (2.591 m) と長さ 40 ft (12.192 m)，幅 8 ft (2.438 m)，高さ 8 ft 6 inch (2.591 m) の 2 種である．なお，最近では高さ 9 ft 6 inch (2.895 m) の背高コンテナが一般化してきており，さらに長さ 45 ft (13.716 m) の長尺のコンテナも出現している．海上コンテナの総重量（コンテナ自身の重さを含めて）20 ft タイプでおよそ 17 900～20 320 kg，40 ft タイプで 26 770～30 480 kg である．コンテナの自重は 20 ft でおよそ 1 700 kg，40 ft で 4 000 kg である．コンテナによる輸送貨物の増加，多様化により使用されるコンテナの種類も増えており，ISO により規格化されている．

　コンテナには次のようなものがある．

① **ドライコンテナ**　　衣類や電気製品などの一般雑貨を運ぶ最も普及したコンテナ．

② **冷凍コンテナ**　　アイスクリームや肉類などの冷凍品や冷蔵品の輸送用のコンテナ．各コンテナに所定の温度を保持できる冷凍ユニットを持つ．

③ **フラット・ラック・コンテナ**　　屋根の部分，両側の面，扉の面を持たないコンテナで，主に重量物，コンテナに入らない貨物等を運送する．両側面と天井がないため，コンテナヤードに置いて上からも横からも荷役ができる．

④ **タンク・コンテナ**　　原酒，ワイン，醤油などの液体食料品や液体化学薬品等運ぶコンテナ．タンクを鋼材で枠組みした構造になっている．　　　　　　　［井上一規］

参考文献
1) 臼井潔人：海の物流システムの革新事例—商船の変遷史　コンテナ船—，日本海事新聞 1302 (2013)．
2) 坂井保也監修，池田宗雄著：船舶知識の ABC（全訂），成山堂書店 (2002)．
3) 日本船主協会，日本海事センター協力，日本海事広報協会編：Shipping Now 2015−2016．
4) LAMER 第 232 号 (2015)，日本海事広報協会．
5) 日本海事新聞（平成 27 年 8 月 20 日）．

1.1 船の役割

RORO 船

a. RORO 船輸送の特色

　船の前後から岸壁に渡したランプウェイを使いトラックやトレーラーの自走によって貨物を積揚げする方式の船を RORO（ロールオン・ロールオフ）船という．貨物の揚げ積みの迅速化と港湾の荷役設備に依存しない方法である．日本では国内輸送の定期航路で，国内輸送のモーダルシフトの受け皿として活躍している．RORO 船に対し，船や岸壁に設備されたクレーンなどで荷役する船を LOLO（リフトオン・リフトオフ）船という．

　国内輸送の場合，雑貨というカテゴリーで運ばれる日用品や，野菜や味噌・醤油などの食料品はカテゴリー別のロットは小さく，また多種類にわたるため，一般貨物船で運ぶ場合，貨物の揚積みに時間がかかり，積付け効率が悪くなりがちで，揚積みは熟練を要する作業であった．そこで，ロットを単一化しサイズを一定にしたパレットでユニット化するなどの効率化が図られた．LOLO 方式ほど多数の熟練荷役作業員を必要としない RORO 方式が定期的な国内輸送の主流となった．さらにコンテナにパレットを積み込んで載せたり，コンテナをトレーラーシャーシーに載せてシャーシーごと積み込んだりして効率化を進めるとともにトラック輸送とのリンクを進め，モーダルシフトの輸送システムとして広まっている．例えば，北海道で生産された牛乳などは冷蔵できるタンクに詰められトレーラーシャーシーごと船に積まれることで，輸送時間を短縮して都市圏へ運ばれている．

b. RORO 船の構造

（1）ランプウェイ

　RORO 船の多くが船尾と船首にランプウェイを備えている．特定の航路に就航する場合，岸壁側に斜路が備わっていることもある．ランプウェイは潮高の変化に対応できるように可動式となっており，車両が通行できる傾斜角を岸壁と船との間で確保できる構造になっている．国際航海に従事する外航船のランプウェイは右舷船尾にあるのが普通で，このため接岸は常に右舷付けとなる．外航船の大きなランプウェイでは国際規格の 40 フィートコンテナを積んだトレーラーシャーシーが他の荷物を積んだフォークリフト等と斜路上で行き合えるように船尾側で幅 25 m，岸壁側で幅 12 m あり，最大荷役荷重 1 000 トンで重量物を積めるものもある．

（2）倉　内

　RORO 船の内部は 2 層から 5 層程度の車両デッキが設けられている．上部デッキ

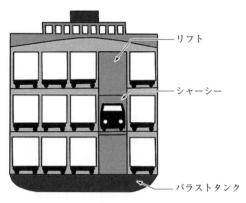

図 1 RORO 船

は大型トラックやトレーラーシャーシー，コンテナに対応するため高さが 4.2〜4.3 m 程度確保されている．下部デッキは高さを 2.1〜2.5 m ほどとし，トレーラーと乗用車混載または乗用車専用としている場合が多い．荷役はランプウェイのあるデッキから進入し船内ランプウェイで各デッキへ移動する方法が一般的だが，中には上部デッキ，下部デッキに 1 基ずつランプウェイを装備し，荷役を同時に行えるようにした船も存在する．デッキ内部は車両の走行の利便性を配慮して横隔壁を極端に少なくしている．一部の RORO 船では二重船殻構造によって外板との間にバラストタンクを設け，安全性に配慮しているものもある．

　国内輸送の RORO 船の積載能力は，12 m シャーシー何台，乗用車何台というように車両積載台数で表される．

　船倉への出入りに後部ランプウェイを備える標準的な RORO 船では，船内配置上，機関室の上を車両が通過するために，比較的背の低い中速回転ディーゼル・エンジンが搭載されていることが多い．

(3) RORO 船の荷役

　トレーラーで船内へと運ばれたコンテナの積載方法は 2 通りある．所定の位置まで自走してきたトレーラーが，トレーラーヘッドとよばれるトラクター部分から後部のトレーラーシャーシーに積まれたコンテナ部分を切り離して，トレーラーヘッドだけが船外へ降りる方法と，船内でシャーシーから大型フォークリフトでコンテナを卸して所定の場所に積み付け，シャーシーとトレーラーヘッドが船外へ降りる方法がある．後者の積み付け直す方法は，手間と時間がかかるが積載効率が上がるので外航 RORO 船に採用され，内航の RORO 船には前者が採用されている．トレーラーヘッドを含めた車両全体が船で運ばれることもあるが，外航海運では寄港国

国の道路交通の国内法がトレーラーの自走を制限する場合があるため，場所をとるトレーラーヘッドは一緒に運ばれることは少ない．

　重量のある貨物や鉄道車両のようなユニット化できない特定貨物は，マーフィートレイラー（(mafi trailer) とよばれる重量に耐えられる車高の低い台車に載せて，トレーラヘッドやフォークリフトで船内に引き入れる．大型のクレーンを必要としない荷役方法なので，ごく簡単な荷役設備しかない港でも荷役ができるメリットがある．

　RORO船でもすべての荷役をRORO方式で行うとは限らず，外航船では甲板上にクレーンなどでコンテナを搭載する場合も多い． 　　　　　　　　　　［井上一規］

参考文献
1）坂井保也監修，池田宗雄著：船舶知識のABC（全訂），成山堂書店（2002）．
2）日本船主協会調査広報部編：海運最前線シリーズ，日本船主協会（1999）．
3）日本船主協会，日本海事センター協力，日本海事広報協会編：Shipping Now 2015?2016．
4）（株）宇徳ホームページ　http://utoku.co.jp/business/port/ro.htm
5）日本内航海運組合総連合会ホームページ　http://bauji-kaiun.or.jp/about
6）Martin Stopford著，篠原正人監修：マリタイム・エコノミクス第3版（下巻），日本海運集会所（2014）．

1.1 船の役割

重量物船

　発電機，工場プラントの構成部品や大型建設物，大型建設機械，鉄道車両，小型船舶など重量物を専門に運ぶ船である．構造は一般貨物船に似ているが，甲板の強度や大きな吊り上げ能力を持つクレーン，デリックなどの重量のある貨物に耐えられる工夫がされている．

　荷役方式により LOLO 方式，RORO 方式および FOFO 方式がある．

a. LOLO（リフトオン・リフトオフ）方式

　巨大な支柱を持つ重量物用のクレーンやデリックを甲板上に設置している．在来貨物船では 50 トン程度のデリックであるが，重量物船では 300 トン前後から最大 600 トンの許容力をもつクレーンやデリックを設備する．重量物専用の荷役装置はデリック方式とクレーン方式がある．規格外の大きな荷物を船倉内に積むためハッチの数は少なく，在来の貨物船では 6 個程度のハッチ（船の貨物倉またはその他の区画へ貨物を搬入・搬出，人が出入りするために設ける開口の総称）を持つのに対して 3 個程度と少なく，また船倉内部は 2 層になっている．長い貨物を積むときに邪魔にならないように柱，隔壁に工夫がある．船倉に積めない大きなものは甲板上に積めるように甲板の強度も高めている．荷役中は重い物をクレーンや，デリックで吊り下げられ移動するので，船全体のバランスがとれるように大きなバラストタンクが設備されている．このバラストタンクに海水を注水，排水してバランスを調整するのでバラスト用の専用ポンプがある．左右や前後に海水を移動する細かい調整を行いながら荷役を行う．

b. RORO（ロールオン・ロールオフ）方式

　自らは荷役装置を持たず，運搬用台車（ドーリー）や車両などで積荷を乗り入れさせる．ドーリーは油圧ジャキを持った車高の低い車両で，造船所などで大きな船体を移動するのによく使われている．工場プラントや発電所，清水プラントなどは近くに岸壁がまだ作られていない場合もあるので，軍艦の揚陸艦のように直接海岸に乗揚げ（ビーチング）できるものもある．

　また，超浅喫水の船型でドーリーなどの自走による水平移動で重量貨物を積揚げしするタイプはモジュール船（モジュール運搬船）ともよばれる．大型のバラストタンクを設備して船体の姿勢を保ちながらドーリーの水平移動をする．ドーリーによる積荷の水平移動には半日程度要することもある．

c. FOFO（フラットオン・フラットオフ）方式

　自ら甲板を水面下に沈めて浮かぶ貨物を搭載する（半潜水式）の特殊な船である．海洋油田のプラットフォームや，小型船などの輸送に利用される．船体を没水させるので，小型のタグボートと台船の手配ですみ，積揚げに特別の荷役装置を使わない．

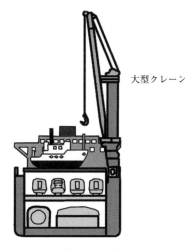

図1　重量物船

　以上a〜cの方式による重量物の海上輸送には，本船の荷役能力だけでなく，吊上計画（Lifting Plan），積付計画（Stowage Plan），固縛計画（Sea-fastening Plan）など，適切な貨物取り扱いのノウハウが必要である．詳細な貨物の図面や貨物の重心の位置，積出港，荷揚港の気象や潮流などの海象，港湾状況など事前の調査が必要で，荷主，船社，荷役業者によって詳細に検討されるため，船に積むまでに2〜4か月打ち合わせが続くのが一般である．また，貨物の固縛も固縛用の太いワイヤーが使用され必要に応じて直接船本体に溶接される．積揚げの荷役用具も特殊なものが要求されるので，それらの制作に2〜3か月要することもある．重量物輸送にはこのようにケースバイケースのことが多く，技術のノウハウと綿密な運送計画が必要である．　　　　　　　　　　　　［井上一規］

参考文献
1) http://www.nyk-hinode.com/fleet/i/index.html
2) 坂井保也監修，池田宗雄著：船舶知識のABC（全訂），成山堂書店 (2002)．
3) 日本船主協会調査広報部編：海運最前線シリーズ，日本船主協会 (1999)．
4) (株)商船三井ホームページ　http://www.mol.com.jp
5) 川崎汽船(株)ホームページ　http://www.kline.co.jp
6) 日本船主協会，日本海事センター協力，日本海事広報協会 編：Shipping Now 2015−2016．

タンカー

1.1 船の役割

　液体貨物を専用に運ぶ船を総称してタンカーという．原油，石油製品，重油など油製品を専用に運ぶ船を石油タンカー，合成樹脂やポリエチレンなどの石油化学製品の原料となる液体化学製品を運ぶ船をケミカルタンカーと区別する場合もある．石油や化学製品以外にオレンジジュースなど食料品を専用に運ぶ船もある．

a. 石油タンカー

(1) 分類

　石油タンカーあるいはオイルタンカーは，原油や石油を運ぶために設計された船である．石油タンカーは輸送する油製品によって，原油タンカーとプロダクトタンカーに分けられる．原油タンカーは大量の原油を油田から製油所まで輸送する船で，大型の船が多く，プロダクトタンカーは製品を運ぶので一般的に原油タンカーに比べて小さく，石油製品，すなわちガソリン，ジェット燃料，灯油，ナフサ，軽油，重油などを製油所から消費市場の近くまで輸送する．

　石油タンカーは，その輸送物だけではなく大きさによっても分類されている．載貨重量トン数が数千トン程度の国内輸送や港内輸送を行う，沿岸用タンカーから原油を運ぶ55万トンに達する超大型タンカーまである．主な大形タンカーの分類は下記のようである．

- ULCC：Ultra Large Crude Oil Carrier，30万重量トン以上，最大喫水21 m
- VLCC：Very Large Crude Oil Carrier，20〜30万重量トン，最大喫水21 m
- スエズマックス：15万重量トン，最大喫水18 m
  （2010年以降スエズ運河は浚渫され喫水21 mのVLCCが通峡可能）
- アフラマックス：約10万重量トン，最大喫水15 m程度
- パナマックス：5〜8万重量トン，最大幅32.2 m，最大喫水は熱帯淡水で12 m

　アフラマックスは満船でアメリカ本土に直接入れるタンカーで，本来はアフラスキームのLR-1カテゴリの最大の船型である79 999重量トンである．現在は約10万重量トンの原油，重油を運ぶタンカーを指している．パナマックスはパナマ運河を通過できる最大船型のタンカーである．パナマ運河ではガツン湖の水位によって喫水制限が下げられることがある．

(2) 原油輸送

　現在は油濁汚染防止の面や航海・荷役の安全性の面から原油を運ぶ大型のタンカーは30万重量トン級のVLCCが主流となっている．標準的なVLCCの大きさは全

長 333 m, 幅 60 m, 深さ 30 m である. 原油の満載時には, 深さ 30 m のうち, 約 20 m が水面下に沈む. わが国が輸入する原油の 90 % 以上はペルシア湾から大型タンカーで運ばれる. ペルシア湾地域から日本まで約 1 万キロメートルあり, 原油はおよそ 2 週間をかけて運ばれる. 原油は, 種類にもよるが, 多くは引火点が摂氏 60 度以下なので, 引火しやすいうえ, 原油の性質によっては毒性もあるので, 可燃性や毒性を適切に処理するための通風対策や防火対策が必要である.

30 万重量トン級の VLCC は長さが約 320 m, 船幅約 50 m, 喫水約 20 m もあるので慎重な操船が求められる. 船がここまで巨大になると, 止まっている状態からフルスピードの 14 ノット (26 km/時) になるまで 1 時間以上もかかる. また緊急停止でフルスピードからエンジンを停止しても止まるまで 1 時間以上かかり, その間に船は 10 km 以上も進むのである. したがって, 入港して係留するには自分の力では不可能で, 3 000 から 4 000 馬力のタグボートを 4〜5 隻使って船速や船の方向を制御して操縦する. また着桟の場合, 船の重量も大きいので 5 cm/秒以下のスピードでないと, 桟橋やフェンダーを破壊してしまう.

タンカーは年間およそ 20 億トンの石油を輸送している. 石油タンカーは現在でも世界の船腹量の約 40 % を占めている. この中で原油を運ぶ大型タンカーは世界の海上荷動き量の 30 % を占めている.

(2) プロダクトタンカー

プロダクトタンカーは積荷によってクリーンとダーティの 2 種類に分けられる. クリーンプロダクトタンカーはナフサ, ガソリン, 灯油, 軽油などの軽質油を, ダーティプロダクトタンカーは重油などの重質油を運ぶ. 原油に比べて石油製品は貨物の量が少ないため, 最大でも積載重量トンで 5 万トン程度の比較的小型のタンカーが使われてきた. ただ, 最近は大型化の傾向にあり, 最大 16 万トンまでの船型が見られる. クリーンプロダクトタンカーではタンク内の防食のために特殊なコーティング塗装が必要で, 船によってはステンレスなどの耐食性のある素材で造られることもある. また, 性質の異なる多種類の製品を運ぶことがあるので, タンク, 配管, ポンプを独立させて, 揚積みで製品混じるのを防いでいる場合もある.

一方ダーティプロダクトタンカーは, 貨物が重油やコールタールなど一定の温度以下では固体化する性質をもつことから, 全タンクにヒーティングコイルという貨物油を温める装置を設備している.

b. ケミカルタンカー

液体の化学物質をばら積みで運ぶために設計されたタンカーである. ケミカルタンカーは, 載貨重量トンが 5 000 トンから 40 000 トンほどで, ベンゼン, トルエン, キシレンなどの石油化学品や硫酸などの無機質化学品, 動植物油や糖蜜など液状の

特定の積荷に特化している．積荷の性質や一回に運ぶ契約量，積揚げのために寄港するターミナルの大きさの制約などの理由により，他の種類のタンカーより小型で載貨重量1万トン以下のタンカーが世界の3分の1を占めており，大型でも3～4万トン以下である．一回に運ぶ貨物の量も少ないので，各タンク，パイプライン，ポンプも独立しており，甲板上はラインが輻輳しており化学工場のようである．

c. 濃縮冷蔵オレンジジュースタンカー

マイナス10℃に保たれたタンクを持つタンカーで，主に濃縮したオレンジジュースをブラジルより運んでいる．タンカーはターミナルの前の埠頭に着桟し，ジュースフレキシブルホースと地下パイプラインを経由して，ターミナル20基のメインタンクが格納されているタンクファームへ送る．メインタンクからは，直接タンクローリーで出荷されるものと，ブレンドタンクとディスパッチタンクを経由してドラム充填ラインに送られるものとに分かれる．

d. シングルハルとダブルハル

ハルとは船体のことで，シングルハル（一重船殻構造）は船側が一枚の鉄板でできているタンカーである．シングルハルのVLCCでは船体の外板が一枚で，積荷の原油が外板一枚で海と隔てられているので座礁等による軽微な損傷事故でも原油流出事故の危険性があり，2001年4月に開催された国際海事機構（IMO）内の海洋環境保護委員会で，MARPOL（海洋汚染防止）条約対象であるシングルハル・タンカーの使用を原則船齢25年で順次廃止し，最終使用期限も原則2015年に決定された．同条約は2002年9月1日発効した．MARPOL条約締結国は，2015年以降においてシングルハル・タンカーの入港を拒否できる権利を有しているのでほとんどのタンカーはダブルハルである．

ダブルハルは船体外板を二重にして，二重外板の間のスペースをバラストタンクとする．以下に述べるバラストタンクの役割とともに，軽微な損傷による原油流出事故を防ぐ機能ももたせている．

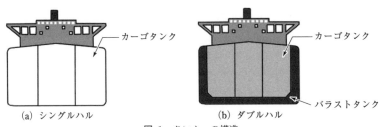

図1　タンカーの構造

e. 安全性の確保

タンク内の液体貨物は自由にタンク内を自由に移動するので，船が傾くとその方向に移動するので船が転覆しやすい．これを防ぐために多数の隔壁を設けて船の復元性を保つ構造になっている．

可燃性の液体を運ぶため，その液体より発生する気体が居室空間や，機関室空間に入らないように，居室や機関室は貨油タンクの後方に配置し，タンクとの間には空き区画（ボイド・スペース）やポンプルーム，燃料油により隔離するように配置されている．また空荷で荒天に遭遇した場合でもプロペラが水面上に出ないように十分なバラストタンクの設置が国際条約で定められている．

(1) バラストタンク

タンカーは産油国から消費国へ石油類を運ぶ一方通行の輸送を担う．消費国から産油国に戻る際には荷物を積まないので，巨大なタンクによる浮力で船体が浮き上がるのを防ぐため専用のバラストタンクに海水を注水して喫水を運航可能な状態に保つ．

船体の浮沈を調節するために消費国の海でバラストタンクに積まれた海水は，産油国での石油類の積荷前に海へ排出される．結果として消費国の海水が産油国の海へと運ばれる．これらの海水に含まれる水中生物が意図しない侵入者となる外来生物問題となっている．バラスト水を船内に取り込むときにフェルターで生物を入れないようにすればよいと思われるが，海水にはエビやカニの幼生をはじめ微小な生物が多数含まれているため，フィルターでは簡単には微小な生物を排除できない．21世紀初めの現代では同問題に配慮してバラスト水をできるだけ積まないようにするとともに大洋でバラスト水を置換している．

国際海事機関（IMO）では，船舶の移動に伴うバラスト水排出が生態環境に与える影響を配慮し，防止する目的でバラスト水管理条約が採択されている．

(2) イナート・ガス装置

積荷の油およびその残査（バラスト航海時）が発火するのを防止するために，ボイラーで燃焼した酸素の少ない排ガスを浄化したあと油槽内に送るイナート・ガス装置が設置されている．油槽内に不活性化ガス（イナート・ガス）を送り空気と置換するとこの不活性化ガスが満たされた石油/原油タンクにたとえ火が入っても，酸素がないために燃焼や爆発は起きない．

f. 原油タンカーの荷役

タンカーへの油の積荷は送油側の陸上よりポンプで送り込まれるが，揚荷の場合にはタンカー側のポンプによって送油される．カーゴタンクは2～3種類の油が混ざらないように分けて送油できるように配管されており，大量に送油できるメインの

ラインの1つと，残油を扱うストリップラインが1つある．揚荷時に使用するポンプは蒸気タービンで駆動され，大きなタンカーでは数台が設置されている．

　大型タンカーでの油の送受は万一火災が発生した場合，非常に危険であるため，陸から離れた海上のシーバースで行われる場合が多い．シーバースは陸岸から離れた桟橋の場合と大型ブイの場合がある．大型ブイは海底パイプラインによって地上設備と繋がっている．大型タンカーと大型ブイの間はフローティング・ホースによって接続され荷役が行われる．また，シーバースは港外に設置されるので，狭い港内の接岸作業と操船の危険や港の浚渫工事も省かれるメリットがある．

g. 運 賃

　原油取引は市場動向を見ながら行われるのが一般的であり，タンカーが航海中に積地や揚げ地が決まることが多い．運賃はワールド・スケール（WS： Worldwide Tanker Nominal Freight Scale）とよばれる国際的なタンカー運賃指標で決まる．WSによって運賃が決まるので，積地や揚地が変わっても運賃が決定できる．WSは想定可能なあらゆる積地と揚地間の標準船（75 000重量トンのタンカーで，平均速力，燃料消費量，平均燃料油の価格とグレード，停泊時間，港費などのすべての条件が設定されている）による1往復航海の基準運賃である．これをWSのフラットレート（WSレートの100％）とよばれる数値で，航海用船契約ではWS 60（WSの60％）やWS 70などのような表現を用いる．船主と荷主は契約時にタンカー市況や運航コストなどを考えてこの運賃率で決めるので，揚地や積地変更に柔軟に対応できる．

　タンカーの用船契約には航海用船契約のほか一定期間に渡って契約を結ぶ定期用船契約がある．　　　　　　　　　　　　　　　　　　　　　　　　［井上一規］

参考文献
1) LAMER 第232号（2015），日本海事広報協会．
2) 坂井保也監修，池田宗雄著：船舶知識のABC（全訂），成山堂書店（2002）．
3) 臼井潔人著：海の物流システム革新事例「商船の変遷史ばら積み船」，日本海事新聞1302（2013）．

> 1.1 船の役割

液化ガス専用船

　プロパンやブタン，天然ガスなどを加圧または冷却することで液体状態にして運ぶ船．

　液化ガスはプロパン，ブタンを主成分とした液化石油ガス（LPG）とメタンを主成分とした液化天然ガス（LNG）があり，それぞれ専用の船で運ばれる．

a．LPG 船

　LPG タンカー（LPG tanker）ともよばれる．LPG は一般には「プロパンガス」ともよばれ，家庭用燃料からタクシーなどの業務用燃料，石油化学原料など幅広く使われている．そのため，国内輸送も盛んで小型の内航船も多い．

　LPG 船にはガスの液化方法により，①常温で加圧する加圧式（圧力式），②常圧で冷却する冷却式（低温式），および③両方式の折衷の半冷却加圧式という種類に分けられる．

　加圧式は，大きい容量のタンクでは難しく，主に内航用など小型の LPG 船に用いられる．一方，冷却式（低温式）は，プロパンでもマイナス 42℃程度で液化できるため，LNG 船よりも技術的には容易で，外航用の大型 LPG 船はほとんど冷却式である．LPG 輸送の場合，売り先，積揚地が特定されないトレードに投入されることが多く，フレキシビリティが求められる．

　外航用の LPG 船では，日本から積地に向かう航海でも貨物タンク内をある程度冷やすために気化した LPG ガスで満たす．積地に着く 1 週間前ぐらいから予冷用の LPG で貨物タンク，荷役用のラインを冷やして，液化したガスが陸上のポンプで船内に送り込まれる準備をする．温まった状態のタンクやパイプラインに急な低温の LPG が積み込まれれば，温度差によってタンクやパイプラインを損傷するのを防ぐためである．積荷作業は，陸上のポンプから液化ガスが積み込まれ，タンク内にある気化ガスはベーパーラインとよばれるパイプを通って陸上側に返送される．基地内で気化ガスが外に漏れるのを防ぐ方法で安全に荷役する．

　積荷航海では，外からの侵入熱や，動揺で貨物内に発生した気化ガスは再液化装置により液化され貨物タンクに戻される．

　日本での揚荷は船の各タンクにあるカーゴポンプで陸上のタンクに揚荷される．このとき，ベーパーラインを通じて陸上より気化ガスが船に戻されタンクの圧力が一定に保たれる．このように積地でも揚地でも気化ガスを大気に放出しないクローズドシステムで地球環境保護と火災の危険を防ぎ安全に LPG は運ばれている．

b. LNG 船

　LNG 船は天然ガスをマイナス 162℃ の超低温で液化して運ぶ船．天然ガスは液化すると体積が約 600 分の 1 になるので，効率的な輸送ができる．超低温輸送のため，特殊な材質のタンクや配管などを用いる．輸送中の気化ガスは超低温のため再液化には装置が複雑で大型となるため，LPG 船のように再液化せず燃料とともに燃焼させるタービンエンジンで船の推進に用いている(c.(3) を参照)．

　LNG 船の以前は 125 000 m³（約 70 000 重量トン）の LNG 船が標準だったが，最近は 145 000 m³（約 77 000 重量トン）が標準である．なお，145 000 m³ の LNG 船が一航海で輸送する LNG の量は，一般家庭約 20 万戸の 1 年分に相当する．

　貨物タンクの方式には，ラクダのこぶのような球形のタンクを持つモス型と，薄い膜のようなステンレス鋼やニッケル鋼でタンクを作るメンブレム方式の 2 種類がある(図1)．貨物タンクの材質にはステンレス鋼やニッケル鋼，アルミ合金などが使われるがこれらは低温に強く，また防熱対策も十分になされている．モス型はタンクの圧力と LNG の重量に耐えられる方式で，タンクは球型で船体から独立している．メンブレン型のタンクはうすい膜のようで，タンクの外壁は断熱材を挟み船倉の内壁と密着している．

　船の構造は，衝突や座礁等からタンクを保護するために二重船殻構造となっている．

　なお，天然ガスは，現在，ブルネイ，マレーシア，インドネシア，カタール，オーストラリアから輸入されている．

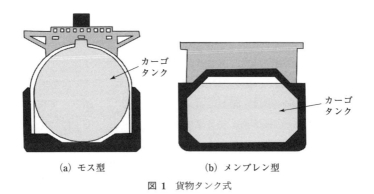

(a) モス型　　　(b) メンブレン型

図 1　貨物タンク式

c. 特別な設備等

(1) バラストタンク

　LNG，LPG タンカーはいずれも生産国から消費国へ液化ガスの一方通行の輸送

である．常に消費国から生産国への片道は荷物を積まない状態であるので，巨大なタンクがすべて浮力をもつために，船体が浮き上がり，船尾の舵やプロペラや船首のバルバス・バウが水面上に出て推進効率が低下する．専用のバラストタンクに海水を注水して浮力を相殺し一定の喫水を保って運航する．

(2) 救命艇

石油タンカーやLPG船，LNG船で火災が発生した場合には火災範囲が海面上に拡散することが考えられるため，これらのタンカーでは特別に設計された救命艇が装備されている．この救命艇は全体がカプセルになっており，自航して屋根に散水しながら避難する．火炎によって周囲の酸素が失われる場合に備えて，10分程度艇内に備え付けの酸素ボンベによって乗員の呼吸が可能になっている．

(3) LNG船の推進プラント

従来型LNG船の航行中に気化した天然ガス（ボイルオフガス，BOG）をメインボイラーのガス専焼バーナーやガス焚きディーゼルなどでエンジン用燃料として使用する．

21世紀に入り，LNGのBOG再液化を船上で行える小型再液化装置の実用化の開発が進み，LNGを燃料とするディーゼルエンジンの開発も進んだので，従来のタービン方式に加えて，LNGと重油の両方を燃料とする「二元燃料ディーゼル・エンジン」（DFD）や，重油のみを燃料とする「重油専燃ディーゼル・エンジン」（DRL）の採用が増加した．これらの他にも，2004年11月の74 000 m^{3}の「ガスドゥフランス・エナジー」の二元燃料ディーゼル発電・電気推進機関方式を採用している．

[井上一規]

参考文献
1) 坂井保也監修，池田宗雄著，船舶知識のABC（全訂），成山堂書店（2002）．
2) (株)商船三井ホームページ，"いろいろな船" http://www.mol.com.jp/iroiro-fune/pdf/iroiro2014.pdf

1.1 船の役割

ばら積船

　穀物や石炭などの固体貨物を梱包せずに運ぶ船である．積荷が倉内で動かないよう，船倉上部に傾斜をつけトップサイドタンクというバラストタンクを設置している．船自体に荷役装置を持つものと，もたないで陸上の装置を使って荷役をする船がある．船級協会は，ばら積船とは梱包されていない乾貨物を運ぶすべての船と定義している．

　ばら積船は，世界の商船の40％を占めており，その大きさは船倉が1つの小型ばら積船から載貨重量トン数が40万トンに達する巨大鉱石船まである．

　ばら積みされる貨物の中には，高密度，強腐食性，積荷の船内移動や自然発火の危険性のあるもつものがあり，安全性を保つために国際規制が導入されている．

a. 大きさによる分類

　主なばら積貨物船の分類は次のようである．
- ハンディサイズ：10 000〜35 000 載貨重量トン
- ハンディマックス：35 000〜55 000 載貨重量トン
- パナマックス：60 000〜80 000 載貨重量トン
- ケープサイズ：80 000 載貨重量トン以上

　従来は100 000〜180 000 載貨重量トンが標準とされていた．最近では300 000 載貨重量トンを超える大型船が出現している．

　10 000 載貨重量トン以下の小型船では，1つの船倉を持ち500から2 500トンの貨物を積み，河川航行ができるように設計されているものがある．橋の下でも航行できるように設計され，3人から8人の少人数の乗務員で運航できる．ハンディサイズとハンディマックスは穀物輸送から石炭輸送までよく用いられる．

　ハンディサイズとハンディマックスは10 000 載貨重量トンを超えるばら積船の中で71％を占めている．ハンディマックスの船は長さ150〜200 mで，52 000〜58 000 G/Wトン，5つの船倉に4つのクレーンを備えているものが多い．

　パナマックスの船は，パナマ運河の閘門の大きさに制約されており，長さ294.13 m 船幅32.31 m，喫水12.04 mまでである．

　ケープサイズの船はスエズ運河やパナマ運河を通航できないほど大きく，3大洋の間を行き来するためには喜望峰やホーン岬を回らなければならない．ケープサイズは専用化しており，93％は鉄鉱石または石炭を運んでいる．

b. 輸送地域による分類

特定地域に長期に配船される場合は，その地で受け入れられる最大の船が効率がよい．このような輸送地域による分類もあり，例えばギニアのカムサ港（Port Kamsar）で積込みのできる最大の長さであることから，最長 229 m の船をカムサマックス（Kamsarmax）という．他に輸送地域で現れる単位としては，瀬戸内マックス（Setouchmax），ダンケルクマックス（Dunkirkmax），ニューキャスルマックス（Newcastlemax）などがある．

c. その他の分類

(1) クレーン付きばら積船

荷役設備のない港でも貨物を積揚げできるようにクレーンやデリックを備えた貨物船で，輸送する貨物と就航する航路の点で柔軟性がある．

揚荷を効率的にするためにセルフアンローダー付きばら積船には，ベルトコンベアを備えている木材チップ専用のものもある．

(2) クレーンなし（ギアレス）ばら積船

貨物の積込み・積揚げに際して，港にある陸上設備に依存している．積揚げ地両方で陸上の荷役設備が完備している特定の貨物を運ぶ際に使われる．船型も大型にできる．クレーンなしばら積船を使用することにより，クレーンの装備・保守コストを削減することができる．

(3) 兼 用 船

液体と固体の両方のばら積貨物を輸送するために設計された貨物船である．原油を中東で積み，欧州で揚げたのち，ブラジルで鉄鉱石を積みアジアで揚げ，再び中東に向かうというようなトレードに使われる．ただし，兼用船は特殊な設計が必要で高価であるため，現在ではほとんど見られなくなった．

(4) レイカー

五大湖で一般的なばら積船で，閘門を通過しやすくするために船体が細く，前部に船橋を備えていることから区別できる．淡水域で運航されるため，腐食の影響が少なく海上を運航する船に比べて寿命が長い．

d. ばら積船の航海

ばら積貨物船の航海は市場の動向によって決定され，航路と積荷はしばしば変更される．例えば収穫期に穀物輸送に関わった船が，それ以外の時期には他の貨物を輸送したり，他の航路に移ったりする．不定期輸送に関わる場合，船員は積荷が完全に積載されるまで，次の寄港地を知らないことがしばしばある．ばら積貨物は積揚げに時間がかかるため，ばら積貨物船は他の種類の船に比べて寄港時間が長い．

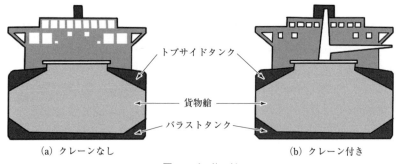

図 1　ばら積み船

e. 機関

ばら積船の機関室は普通船尾の近い船橋の下部にある．ハンディマックスより大きなばら積船では，2 ストローク式のディーゼルエンジンを積んでおり，プロペラシャフトに直接接続された大きな 1 つのスクリュープロペラを駆動している．船内電源は主エンジンと接続された発電機にほか補助発電機によって発電される．最も小型のばら積貨物船では，1 枚か 2 枚の 4 ストロークディーゼルエンジンが用いられ，スクリュープロペラと減速機を介して接続されている．ハンディサイズより大きなばら積船の平均速度は，13.5〜15 ノット（28 km/時）である．プロペラは，1 分間に 90〜100 回転ほどである．

［井上一規］

参考文献

1) 坂井保也監修，池田宗雄著，船舶知識の ABC（全訂），成山堂書店（2002）．
2) Martin Stopford 著，篠原正人 監修：マリタイム・エコノミクス第 3 版（下巻），日本海運集会所（2014）．
3) 日本船主協会，日本海事センター協力，日本海事広報協会編：Shipping Now 2015−2016．
4) 臼井潔人著：海の物流システム革新事例「商船の変遷史　ばら積み船」，日本海事新聞 1302（2013）．

> 1.1　船の役割

鉄鉱石専用船

　ばら積船の一種で重たい鉄鉱石の輸送に特化した専用船であり，サイドのバラストタンクが大きいのが特徴である．船の大きさは主として積地・揚地の港湾施設に左右されるが，23〜30万重量トンクラスが主流になりつつある．

a. 構　造

　わが国の鉄鉱石輸入では，鉄鉱石専用船のほか，鉄鉱石と原料炭のいずれも積める鉱炭兼用船が用いられることが多い．鉱炭兼用船を構造面から見ると，荷崩れを防ぐためのトップサイドタンクを持つ点など一般ばら積船（バルクキャリア）と同じであるが，比重の大きい鉄鉱石を積むために，船倉の強度が強化されている．また荷役効率をアップするよう積荷スペースを狭くし船体中心線部に貨物を高く積み上げることができる．

b. ジャンピングロード

　鉱炭兼用船の船倉の容積は，石炭なら船倉に満載できるように，船倉中央部のスペースだけを使っている鉄鉱石専用船よりも大きくしているが，比重が大きい鉄鉱石では，全船倉に満載すると満載喫水線をはるかにオーバーしてしまう．これを避けるためにすべての船倉に少しずつ積み付けると，今度は重い鉄鉱石がすべて船体下部に集まって，ボトムヘビーとよばれる不安定な状態になり，横揺れが激しくなる．

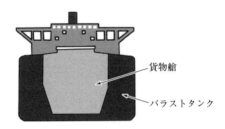

図1　鉱石専用船

　これに対応して，ジャンピング・ロードまたはオルタネート・ロードとよばれる積付け方法がとられる．一つおきの船倉に，鉄鉱石を強度上許される限度内でなるべく上まで積み付け，残りの船倉は空にしておく．この方法によってボトムヘビーの問題を解消することができる．もちろん鉄鉱石を積み付ける船倉は設計段階であらかじめ決まっており，この部分は部材や構造面で他の船倉より強化されている．

［井上一規］

参考文献
1) LAMER 第232号（2015），日本海事広報協会．
2) NS ユナイテッド海運（株）ホームページ　http://www.nsusship.co.jp/service/ore_bulk.html
3) 坂井保也監修，池田宗雄著，船舶知識のABC（全訂），成山堂書店（2002）．

1.1 船の役割

石炭専用船

　日常生活を送るわれわれにとって石炭はあまりなじみがないかもしれないが，わが国のエネルギー・発電の供給量を原材料別に見ると，LNG・原油につぎ，全体の25％強を占める重要な資源である．わが国はほぼ100％海外からの輸入に頼っているが，その石炭を輸送するための専用船である．発電所のバース事情を考慮に幅広浅喫水型船（喫水12〜14 m）が多い．

a. 石　炭

　用途から見た石炭は，製鉄用のコークスを作るのに用いられる原料炭と発電に用いられる一般炭とに分けられる．

　一般炭の需要の中心となるのは主に電力会社であるが，近年は石油の代替エネルギーとして，セメントや製紙，化学工場等のエネルギー多量消費型産業でも需要が伸びている．わが国の一般炭の主な輸入先はオーストラリアである．石炭の輸送は，輸送中の発熱メタンガスの発生など貨物として危険な要素が多い．このためIMOでは輸送中の貨物温度の測定やメタンガス濃度の計測などの安全対策についてBCコード（固体ばら積み貨物に関する安全実施基準）を定めている．

b. 分　類

　原料炭の輸入には十数万載貨重量トンの大型の専用船が用いられるが，一般炭の輸送にはオーバーパナマックス型（80 000〜90 000 D/Wトン）パナマックス型（50 000〜70 000 D/Wトン）ないし，ハンディサイズ（35 000〜40 000 D/Wトン）のばら積船が使われている．

　一般炭は安定した輸送力を確保することが重要であるため，一定期間にわたって特定の船が割り当てられる長期の専用船契約があり，また船を特定せずに契約期間と期間内に輸送される石炭の量を決める数量契約もある．日本国内の発電所の専用バースにあわせた，船型，喫水，ハッチ構成にしている．幅広浅喫水型のオーバーパナマックス型石炭専用船が長期に契約した発電所のベースになる石炭輸送に従事している．

［井上一規］

参考文献

1) 川崎汽船(株)ホームページ　http://www.kline.co.jp
2) 日本郵船(株)ホームページ　http://www.nyk.com
3) LAMER 第232号 (2015)，日本海事広報協会．

1.1 船の役割
自動車専用船

　自動車専用船あるいは自動車運搬船（PCC：Pure Car Carrier）は完成自動車を大量に海上輸送する目的で造られている．離島や長距離の自動車と旅客を運ぶフェリーとは構造が異なり大量輸送に特化している．外国航路ばかりではなく，生産工場と消費地を結ぶ等国内間の輸送にも使用されている．

　1960年以前の完成車の海外輸送は数も少ないので在来貨物船を用いて，クレーンやデリックで自動車を一台ずつ吊り上げ，船倉内に積載していた．1時間当たり15～16台の積み込みが限界で，船の揺れによる船倉内での移動に対して自動車を固定する作業も人手を要した．

　PCCは，効率性を求めるため次第に巨大化した．現在最大級の自動車運搬船として，2008年に南日本造船が建造した「スワンエース」，同型船「スウィフトエース」は，約58 600総トンの規模で，1回あたりの積載能力は12層の甲板で小型乗用車約6 400台である．ここでいう小型乗用車とはPCC船の大きさを表すのに一般的に用いられる単位である．小型乗用車の寸法は長さ4 125 m，幅1.55 m，高さ1.8 mである．PCC船は，船速も高速で，コンテナ船に匹敵する．貨物の揚積みは，貨物そのものが自走するという特色をいかしている．構造上の特色は水面上の構造物が他の船に比べて，ひときわ大きく，水面下は速度を上げるためスマートになっていることである．

　多量の小型乗用車を積むために，船体は鋼鉄製のビルのようである．内部は幾層もの甲板に分かれ，各階層を自動車が走れるようなランプウェイ（傾斜のある斜路）で結ぶ．海に浮かぶ大型立体駐車場のようである．自動車の積付け，積揚げは専門のドライバーによって自走する．最大級のPCCは12～13層の甲板になる．甲板の強度は一般貨物船では1平方メートルあたり2～3トンであるが，PCCでは0.15～0.2トン，高さも2 mと乗用車のサイズにあわせて積付けの効率化を図っている．背の高いトラックやバスなどを積む用途にあわせて，高さが調整できる可動式の甲板（ホイスタブルデッキ）を持っている船もある．

　操船上では，水面上の表面積が大きい構造のため，同じ風速でも他の船に比べて風圧の影響が大きい．操船性能を高めるために，舵を大きくしたり，バウスラスター（船首部分に装置されたプロペラ）をつけるなど設備を工夫し，操船方法にも特別の注意を払っている．

　わが国の自動車の輸出入は昭和40年代（1965年代）より急激に増加した．それま

では，他の貨物と混載して，一般在来貨物船で輸送することが一般的であった．自動車メーカーと海運会社が共同で自動車輸出の効率化と車体に傷がつかないような積載方法を考慮して，開発した自動車専用船である．それまでの船では，自動車の積揚げを船に装備されたクレーンで荷役を行う，LOLO 方式であったが，自動車を自走して揚積みする RORO 方式を採用することで，荷役時間の短縮と荷役時の貨物への損傷を大きく軽減できた．1965 年商船三井社は日本初の RORO 方式の自動車専用船「追浜丸」，昭和海運は同形船「座間丸」を建造した．これらの船は 1200 台の自動車輸送を行い，復航の貨物として小麦，大豆等のばら積貨物を積載するため，船上にクレーンを配置していた．「追浜丸」や「座間丸」のような船はカー・バルカー（Car-Bulker）とよばれた．1970 年川崎汽船は日本の 2070 台積みの専用船「第 10 とよた丸」を建造し，PCC という用語を使い始めた．

自動車は，船倉内に前後距離 30 cm，左右 10 cm の間隔に並べられ，クラスパーという特殊の固縛用ベルトで固定される．積荷はすぐれたドライビングテクニックをもつ 1 グループ 20 名前後のドライバーによって狭い船内を駆けまわって計画された所定の位置に正確に積付けられる．荷役も数千台の積込みをほぼ 1 日で終えてしまう．

最近では日本の自動車メーカーの海外生産が増えており，現地で組み立てるように，ある程度大きな部品にして海外に運ぶというノックダウン生産に対応したこれらの貨物を積み込むスペースを確保したり，トラックや建設機器などの重車両の積み付けに対応できるように，ランプウェイや甲板強度を上げ，甲板もリフトアップできるようにした PCTC（Pure Car/Track Carrier）が建造されてきている．ノックダウン生産用部品は折りたたみ式の再利用可能なケースや，木材梱包，コンテナバンによって，海外生産拠点工場に運ばれる．　　　　　　　　　　　　　［井上一規］

参考文献
1) 臼井潔人著：海の物流システム革新事例「商船の変遷史 自動車専用船」，日本海事新聞 1302（2013）．
2) 日本郵船(株)ホームページ　NYK Kids, www.nyk.com/kids/ship/car_index.htm
3) (株)商船三井ホームページ　www.mol.co.jp/services/carcarrier/index.html
4) 川崎汽船(株)ホームページ　www.kline.co.jp/service/car/
5) 日本船主協会ホームページ　www.jsanet.or.jp
6) LAMER 第 232 号（2015），日本海事広報協会．
7) Martin Stopford 著，篠原正人監修：マリタイム・エコノミクス第 3 版（下巻），日本海運集会所（2014）．
8) 坂井保也監修，池田宗雄著：船舶知識の ABC（全訂），成山堂書店（2002）．

漁　船

1.1　船の役割

a. 漁船の定義

　漁船とは二つの法律により定義される．一つは船舶安全法施行規則による船舶の一種別として定義されるものであり，もう一つは漁船法による水産漁業行政の一環として定義されるものである．両者は概略一致している．漁船法による漁船の定義は，次の4つである．

① もっぱら漁業に従事する船舶．
② 漁業に従事する船舶で漁獲物の保蔵または製造の設備を有するもの．
③ もっぱら漁場から漁獲物またはその製品を運搬する船舶．
④ もっぱら漁業に関する試験，調査，指導，もしくは練習に従事する船舶または漁業の取締に従事する船舶であって漁労(ぎょろう)設備を有するもの．

　上記の定義から，①は社会通念上，一般に漁船とよばれるもの，②は母船を指すが，現在では調査捕鯨母船が存在する程度である．③は活魚運搬船などである．④は水産系大学，高校の練習船，試験研究機関の調査船，漁業取締船などである．なお，乗客を乗船させて，釣りなどに供する遊漁船は漁船に該当しない．

b. 漁船の認定

　漁船の認定を受けるには，根拠地を管轄する都道府県知事の備える漁船原簿に登録しなければならない(漁船法)．そして，登録票の交付を受けた者は，登録漁船および登録票に都道府県知事の検認を5年ごとに受ける必要がある．また，船名および漁船登録番号を船体に標示する．

　漁船登録番号：都道府県の識別標，漁船の等級標，横線，番号で表示される．
　［例］ TK1-1200：東京都，総トン数100トン以上の海水面動力漁船,登録番号1200
- 都道府県名(例)　北海道：HK，宮城県：MG，東京都：TK，兵庫県：HG，山口県：YG，愛媛県：EH，長崎県：NS，など
- 漁船の等級標　1：総トン数100トン以上の海水面動力漁船
　　　　　　　　2：総トン数100トン未満5トン以上の海水面動力漁船
　　　　　　　　3：総トン数5トン未満の海水面動力漁船
　　　　　　　　4：総トン数5トン以上の海水面無動力漁船
　　　　　　　　5：総トン数5トン未満の海水面無動力漁船
　　　　　　　　6：淡水面動力漁船
　　　　　　　　7：淡水面無動力漁船

c. 漁船の従業制限（航行区域）

　漁船は，決められた区間を航行する一般船舶と業態が異なることから，航行区域（遠洋，近海，沿海，平水など）の代わりに従業し得る漁業の種類を定め，安全を確保している．これらに従事するものを従業制限という（漁船特殊規則）．国土交通省が実施する船舶検査に合格した漁船は，その船舶検査証書の航行区域の項目に従業制限が明記される．なお，漁船の船舶職員（海技免状保有者）は，甲，乙，丙の三区域ごとに人数などを定めている．

(1) 総トン数20トン以上の漁船
- 第1種従業制限（第一種漁船）：主として沿岸の漁業に従事する漁船をいう．
- 第2種従業制限（第二種漁船）：主として遠洋の漁業に従事する漁船をいう．
- 第3種従業制限（第三種漁船）：トロール漁業，捕鯨業，母船式漁業に従事する漁船の業務，漁獲物またはその加工品の運搬業務，漁業に関する試験，検査，指導，練習または取締業務に従事する漁船をいう．

(2) 総トン数20トン未満の漁船
- 小型第1種従業制限（第一種小型漁船）：主として本邦の海岸から100海里以内の海域において従業する小型漁船をいう．
- 小型第2種従業制限（第二種小型漁船）：主として本邦の海岸から100海里を超える海域において従事する小型漁船をいう．

d. 漁船の乗組員

　漁船の目的は，漁獲物を取得することにある．したがって，漁労操業時の責任者は漁労長であり，その監督下にある船長，機関長，通信長，各部の職員（海技従事者）および部員が乗船している．これが一般船舶と異なる点である．なお，通信長は通信業務だけでなく，あらゆる情報の管理解析を行う場合が多い．

e. 船　体

(1) トン数

　総トン数20トン以上の漁船では，一般船舶と同様に，船舶の総トン数の測度に関する法律に基づき国土交通省が算定（測度）して証書を交付する．また，20トン以下の小型漁船では，小型漁船の総トン数の測度に関する政令に基づき都道府県が測度して証書を交付する．

(2) 材　質

　船体の材質は，下記の3種類が採用される．

① 繊維強化プラスチック：繊維強化プラスチック（fiber reinforced plastics：FRP）は総トン数20トン未満の漁船に多用される．一つのメス型により量産が可能である，経済的に優れている，船体が軽い，補修が容易などの利点がある．欠点と

しては衝撃力に弱い，火災に弱い，リサイクルが容易でないなどがある．

② アルミニウム：アルミニウムは 20 トン未満の漁船，特に北海道で多用される．鋼船に比べて軽い，FRP よりも強度が高い，塗装が不要，リサイクルが可能などの利点がある．欠点としては溶接時の工程管理が必要，クラック（割れ）が生じやすいので定期的な保守が必要などである．

③ 鋼：鋼は加工性が高く，構造物としての強度も高いので大型漁船に多用される．

f．推進システム

漁船の推進システムは，原動機とスクリュープロペラを組み合わせたものである．特殊な例として，網の損傷を防止するため，ウォータージェット（ポンプで水流を後方に噴射して推力を得る方式）を採用している場合もある．

機関出力は，一般船舶の場合，日本工業規格に準拠して連続最大出力（機関が安全に連続使用できる最大の出力であり，これを強度計算の基礎としている）が決められている．しかし，漁船では漁船法による推進機関の馬力数の規定により算出される．例えば，漁船法馬力数 48 kW と称する．この数値は過去において上記の連続最大出力と乖離していたが，現在は概略一致している．

漁船に搭載できる機関は，漁船法に基づく動力漁船の性能の基準により，計画総トンごとに推進機関の馬力数の上限が定められており，さらに漁船用機関として認定を受けた機関以外は搭載が認められていない．また，漁場によっては，搭載できる機関の型式および推進機関の馬力数も決められている．例えば，瀬戸内海の小型機船底びき網漁船では推進機関の馬力数の上限が 48 kW で，無過給である．

原動機とスクリュープロペラの組み合わせは以下の三つに分類される．

(1) 船内機

概ね 5 トン以上の漁船に採用される．機関は船内に設置され，機関からの伝達軸およびプロペラ軸が船体後方を貫通し，プロペラを回転させる．変針はプロペラの後方に取り付けられた舵を回転させることにより行われる．機関は 4 ストロークディーゼル機関が採用され，燃料には所属する漁協の燃料供給事情にもよるが 100 kW 以下では軽油，100 kW 以上では A 重油である．後進は機関出力端に設置されたクラッチ付減速機により行われる．

(2) 船内外機

小型漁船に多く採用されるシステムであり，3〜5 トン程度の漁船で使用される．機関は船内に設置され，伝達軸を介して後部トランザムに取り付けられたドライブユニットを駆動する．同ユニットにはプロペラが取り付けられ，ユニット自体が舵のように左右に回転することができる．機関は 4 ストロークディーゼル機関が採用され，燃料には軽油が用いられる．近年の船内外機では，後進は機関出力端に設置

(3) 船外機

和船型の沿岸小型漁船に多く採用されるシステムであり，1トン以下の漁船に多く使用される．船外機は機関，減速機，舵およびプロペラを一体化した持ち運びが容易な推進システムである．これを船体後方のトランザムの船外側に取り付けるだけで，動力船として使用できる．機関は，以前は2ストロークガソリン機関が主流だったが，最近は環境面を考慮した4ストロークガソリン機関が多い．

図1　船内機　　　　図2　船内外機　　　　図3　船外機

g. 音響計測装置

音響計測装置とは，超音波を水中に発射し，その反射波が帰ってくるまでの時間を測定することにより魚群，水深，潮流などを計測する装置の総称である．漁船では，特に魚群などの情報入手が漁獲量に影響するので，非常に重要な装置である．

(1) 魚群探知機

船底から垂直方向（海底方向）に発信された超音波が魚群に反射して，戻ってきた反射波を受信し，その信号強度に応じて色階調により魚群の有無を表す装置である．また，海底までの距離を計測するものが音響測深儀である．

(2) 全周形スキャニングソナー

何百という発信振動子を半球または円筒の円周方向に配置し，そこから超音波を同時に送波し，短時間で全周方向を探査する装置である．現在では魚群の探索に欠かすことのできない装置である．また，コンピューターによる反射波の信号処理により魚の量および体長組成を解析する計量魚群探知機などもある．

(3) 漁網監視装置

水中にある漁具の形状を計測し，その情報を漁船へ伝送する装置である．トロール網口の上部に超音波送受波器を取り付け，魚群や網口下部，海底，水面までの距離を計測し，漁船に伝送する．

(4) 多層潮流計

海中の流速を計測する装置である．船底から発信された超音波が計測水深層（プランクトンなどを利用）で反射するとき，ドップラー効果により潮流を計測する．

h. 冷凍装置

魚体の鮮度保持には魚体の冷却および凍結が有効であり，それを成し遂げる装置が冷凍装置である．魚体の付加価値を上げるため，漁船では非常に重要な装置である．

(1) 冷　却

砕氷，シャーベットアイス（シャーベット状の氷）などに接触させるあげ氷法と，氷水に魚体を浸す水氷法がある．

(2) 凍　結

魚体を凍結させる場合，−5℃前後の温度帯を最大氷結晶生成帯という．この温度帯を早く通過させることを急速凍結といい，品質を悪化させない重要な要因となる．これを実行させる方法として下記のものがある．

① 管棚式急速凍結法：凍結室には側面および天井と魚体を乗せる棚に，冷却管を張り巡らせ，管内に冷却物質を通過させることにより，急速凍結を行う．セミエアブラストともよばれている．まぐろはえなわ漁船に多く採用されている．

② 送風式急速凍結法：送風機と蒸発器が一組になったユニットクーラーを用いた，冷気送風のみによる急速凍結法である．

③ ブライン浸漬式急速凍結法：ブラインとは0℃以下になっても凍らない液体である．例えば，塩分25％の食塩水では−20℃まで凍結しない．このブラインに漁獲物を浸漬し凍結させる．この方法は，一度に多量の漁獲物を処理するかつお一本釣り漁船やまき網漁船で多く採用される．生きたままのかつおをこの方式で凍結したものをB1製品（ブライン凍結一級品）とよんでいる．

(3) 冷凍装置

冷凍装置は，ガス冷媒による2段圧縮1段膨張式が主流であり，圧縮機にはスクリュー式や高速多気筒式が多く採用される．また，冷媒は，世界的な規制措置によりCFC12を用いた装置は見られないが，2020年に全廃予定のHCFC22は，2015年現在でも依然多くの新造冷凍装置に使用されている．HFC系の混合冷媒であるR404Cなども一部に見られる．近年では大容量の冷凍装置に，自然冷媒であるアンモニアを使用したシステムが復活している．

i. 各種漁船

漁船は，最適な漁具を用いて，最適な漁法により，対象魚を効率よく捕獲する装置といえる．このため，漁具を効率よく稼動させる船体形状および漁業機械（漁具を扱うための機械）を有している．代表的な漁船を説明する．

(1) まぐろはえなわ漁船

まぐろはえなわ漁業とは，海中に敷設された約150 kmの1本の幹縄と，それに約50 m間隔で取り付けられた枝縄で構成され，枝縄の先端にある釣り針により1尾ず

図 4　近海まぐろ小型漁船（19 トン）　　図 5　海外まき網漁船（744 トン）

つ漁獲する漁業である．これらの作業は船橋前（胴の間）で行われるためその部分の舷が低く，幹縄を巻き揚げるラインホーラが設置される．また，遠洋まぐろはえなわ漁船では日本に数年間は帰港しないので大型船，近海まぐろはえなわ漁船では小型船が多い．

(2) まき網漁船

　まき網漁業とは，魚群を 1 枚の長方形の網で巻き，網下部を閉じ巾着状にして漁獲する漁業である．後部甲板には大きな網（例：長手方向 2 250 m×縦方向 420 m）が置けるようになっている．また，網を海面に投入するとき，小型艇（スキフボート）を降ろして網を引きずり出す．遠洋で操業する海外まき網漁船，近海で操業する中型まき網漁船，沿岸で操業する小型まき網漁船がある．

(3) かつお一本釣り漁船

　かつお一本釣り漁業とは，竿と釣り針で 1 尾ずつ釣り上げて漁獲する漁業である．漁獲する場合，遊泳するかつおの群に生き餌（生きたかたくちいわし）を撒き，散水装置により海面を波立たせる．船首は乗組員が座りやすい形状である．また，遠

図 6　遠洋かつお一本釣り漁船（499 トン）　　図 7　さんま棒受け網漁船（39 トン）

洋かつお漁船では大型船，近海かつお漁船では中小型船が多い．

(4) さんま棒受け網漁船

　さんま棒受け網漁業とは，船体の周囲に取り付けられた多数の集魚灯でさんまを集魚し，片舷（左舷）から展張された網ですくい取る漁業である．この漁船はさけます流網漁業にも従事する場合が多く，小型漁船が多い．さんまの漁期には，800 kVA 程度の別置きの集魚灯用発電機を上甲板上に設置するため，毎回総トン数を 30 トン前後に変更する場合が多い．LED を用いた集魚灯も導入されている．

(5) 底びき網漁船

　底びき網漁業とは，海底に袋網を沈めてこれを船体側に引き寄せたり，袋網を船体で曳いて漁獲する漁業である．袋網の開口方法は，上下方向にはフロートと錘により行われ，左右方向にはオッターボード（拡網板）で開かせる板びき，2 艘で開かせる 2 艘びき，網の海中への投入だけで開かせる掛け回しなどがある．

　オッターボードのよる遠洋底びき網漁船をトロール漁船といい，後部甲板が広く，大きなトロールウインチが設置される．船尾には網の揚降ろしが容易なようにスリップウェー構造（滑り台）を有している．船内に冷凍加工場を有する大型船もある．2 艘びき底びき網漁船は同型船 2 隻が常時ともに行動し，両舷に巻上げ用ワープウインチおよびキャプスタンがある．掛け回しによる底びき網漁船は後部甲板が広く，大きなワープウインチと両舷に巻上げ用のウインチなどがある．

(6) 漁業練習船

　水産系大学には総トン数 1 000 トンを超える大型練習船を有する．ほとんどの練習船はオッターボード式底びきの機能を有し，乗組員および実習生あわせて 80 名前後のベッド数を有する．また，水産系高校では総トン数 500 トン未満のまぐろはえなわ漁船の機能を有する練習船が多い． ［酒井久治］

図 8　2 艘びき沖合底びき網漁船（125 トン）

図 9　漁業練習船（1 886 トン）

1.1 船の役割

軍　艦

a. 軍艦の変遷と種類

　一般に軍用に供される船舶はひとまとめにして軍艦とよばれるが，艦船とよばれることもある．これは元来，船そのものが水に浮かんで人や物資を運搬できるものを指しているが，艦という船は監を取り付けて敵の攻撃に対する備えをした船，すなわち軍船・戦船（いくさぶね）を表すことから艦船というよび方が一般的となっているのである．また，艇は小さな船を意味することから，比較的小型の艦船を艇として区別して用いられることもあり，艦艇とよばれることもある．

　古くから海洋国家においては，保有する軍艦の質と量によって得られる，いわゆる海軍力が，国運を左右したことは古今東西の歴史が証明している．古代の軍艦は，櫂（かい）や艪（ろ），あるいは帆走で敵の軍艦に接近して艦首を相手に突き立てて破壊するか，敵艦に戦闘員を移乗させて制圧することが海戦の常とう手段であったが，16世紀に入りイギリスが軍用船に大砲を積み，各国がならうようになり本格的な軍艦の形を整え始めた．その後，搭載される武器の発展と多くの海上戦闘の経験によって，次第に戦闘艦艇としての形態もさまざまとなり，種類も増え，建造技術や生産能力の向上もあって大規模な軍艦が生み出されるようになった．さらに18世紀後半には，蒸気機関が実用化され，産業革命が進展して，軍艦もそれまでの木造から鋼鉄製に移り変わり，戦闘艦艇の形態も一段と変貌したのである．

　元来，軍艦は自らの攻撃力に見合った防御力を保有するという概念で建造する傾向があり，各国海軍の主力軍艦は，巨砲と厚い装甲の組み合わせを基本とした技術的選択を優先する時代があったが，一方で戦闘様相も複雑になって軍艦の任務も多様化してきたため，役割に応じた種類の軍艦を建造するようになり，任務に見合った搭載武器の選定と必要な規模の排水量となり，各国の国力に応じて発展を遂げて今日に至っている．

　19世紀後半は，イギリスが防御装甲付の戦艦を計画し，各国も衝角（ラム）と砲塔を持つ装甲艦を保有するようになり，魚雷の発明によって魚雷発射管を装備した水雷艇も出現，さらには潜水艇も加わって海軍力増強が隆盛を極める時代であった．日本をはじめとして各国は日清・日露戦争を契機に主力の戦闘艦艇の大型化，大口径砲の採用が本格化し，真の大艦巨砲主義時代に突入したのである．さらに，20世紀初頭のイギリス超ド級戦艦の出現（「ドレッドノート」図1，表1），第一次世界大戦における潜水艦（ドイツのUボートなど）の活躍，これに対抗する駆潜艇の出現，

図1 戦艦「ドレッドノート」
（イギリス，1906年就役）

図2 戦艦「大和」（日本，1941年就役）

表1 「ドレッドノート」と「大和」の主要目

		ドレッドノート	大　和
満載排水量（トン）		21 845	72 809
全　　長（m）		160.6	263.0
全　　幅（m）		25.0	38.9
喫　　水（m）		8.0	10.4
主　　砲（cm）		30.5	46.0
		（45口径5基）	（45口径3連装3基）
装甲 (mm)	舷側	279	410
	甲板	76	200〜230
	主砲塔	279	650
	司令塔	279	—
	艦橋	—	500

　機雷作戦に供する敷設艦や掃海艦艇，沿岸砲撃用の砲艦など多くの新艦種が出現してきた．また航空機の実用化により水上機母艦も出現している．戦後は航空母艦や沿岸警備艇も新たに加わり，第二次世界大戦ではさらに対潜艦艇や海防艦艇の多種多様化，上陸作戦に供する上陸用艦艇，戦闘を支援する輸送艦艇や補給艦艇などの支援艦艇の量産建造も相まって莫大な種類の軍艦が生まれてきたのである．当時の世界最大の軍艦は，旧帝国海軍の戦艦「大和」（図2，表1）であり，日本の最高水準の技術を結集して建造され，戦後の日本の造船業の発展の礎と解されている．
　第二次世界大戦後は，核兵器やミサイルの発達，航空機や潜水艦の戦術転換によって大艦巨砲主義に拘泥する必要もなくなった．すなわち，かつては個々の実力勝負の感があったが，打撃力（破壊力）が格段に進歩したために，かつてのような厚い装甲の防御鋼板といった発想は薄れて，探知されない技術，降りかかる火の粉（ミサイルなど）をたたき落とす技術や迫ってくる攻撃兵器のセンサーに対する欺瞞，指揮通信技術といったような新たな技術が必要とされるようになった．そしてさまざまな駒をもった団体戦へと変わり，各国は安全保障上必要な海上戦力の保持に努め，原子力推進艦艇や高度な技術の兵器が装備された新型艦艇を自国の国力や経済

力，周辺環境に即した形で海軍力として保有・運用しているのである．

軍艦の変遷と種類の多さは一般船舶とは趣も異なる独特の分野を形成し，搭載武器も含め，関係する工学も特殊である．そこで，多種多様な種類を保有していたわが国の旧帝国海軍の類別（表2）と代表的海軍国である米国海軍の類別（表3）を過去・現代の代表的な例として示す．

表2 旧帝国海軍の軍艦類別一覧（終戦時の主要艦艇の類別のみ）

艦　艇	特務艦艇
戦艦，航空母艦，一等巡洋艦，二等巡洋艦，水上機母艦，潜水母艦，敷設艦，練習戦艦，練習巡洋艦，一等駆逐艦，二等駆逐艦，一等潜水艦，二等潜水艦砲艦，海防艦，一等輸送艦，二等輸送艦，水雷艇，掃海艇，駆潜艇，敷設艇，哨戒艇	工作艦，運送艦（給油艦，給炭艦，給炭油艦，給兵艦，給糧艦，雑用艦），砕氷艦，測量艦，標的艦，練習特務艦，敷設特務艇，哨戒特務艇，駆潜特務艇，掃海特務艇，海防艇，魚雷艇

表3 米国海軍の艦艇類別一覧（各国もほぼ同様の記号を付与して分類している）

種　類	記号	種　類	記号
原子力航空母艦	CVN	高速戦闘支援艦	AOE
航空母艦	CV	補給艦	AOR
戦艦	BB	給油艦	AO
原子力ミサイル巡洋艦	CGN	給兵艦	AE
ミサイル巡洋艦	CG	戦闘給糧艦	AFS
ミサイル駆逐艦	DDG	工作艦	AR
駆逐艦	DD	潜水艦母艦	AS
ミサイル・フリゲート	FFG	駆逐艦母艦	AD
フリゲート	FF	潜水艦救難艦	ASR
原子力潜水艦	SSN	救難艦	ATS, ARS
原子力弾道ミサイル潜水艦	SSBN	航洋曳船	ATF
潜水艦	SS	電纜敷設艦	ARC
揚陸指揮艦	LCC	海洋観測艦	AGOR
汎用強襲揚陸艦	LHD, LHA	測量艦	AGS
強襲揚陸艦	LPH	貨物揚陸艦	LKA
ドック型輸送揚陸艦	LPD	汎用揚陸艇	LCU
ドック型揚陸艦	LSD	対機雷艦	MCM
戦車揚陸艦	LST	機雷掃討艇	MHC
航洋掃海艇	MSO	病院船	AH
小型掃海艇	MSB	運送艦	AP
水中翼哨戒艇	PCH	車両輸送艦	AKR
水中翼ミサイル哨戒艇	PHM	ミサイル試験艦	AVM

b．軍艦に求められる技術的要件と特徴

軍艦はとりもなおさず兵器である．したがって，脅威に対して常に優勢であるべきで，特に兵器としての技術優勢を常に求められるため，ひっくり返らずに浮いて走ることのできるビークルである「船舶」としての基本的技術のほかに，任務遂行

に必要な有力な武器技術が不可欠である．さらに，運用環境はもちろん海洋であり，厳しい耐環境性が強く求められる．そして特徴として多くの乗組員の生活の場でもあるため，平時から有事にわたり機能させるための複雑な構成要素の均衡が重要となってくる．また，複雑かつ高度な技術構成であるため非量産的で，建造期間も長く（建造開始から就役まで通常約4～5年を要する），前段階の開発のフェーズを考えれば，概ね10年近くを要するビークルである．近年の軍艦に要求される兵器システムとしての性能の変化は目まぐるしいものがあり，その実現のためにあまり長期の開発期間が許容されにくくなってきていて，昨今の商業製品開発と同様に，多くの汎用技術の採用などによる最新の技術の適時なシステム化も顕著となってきている．

軍艦の用途は，一義的には軍事力の行使による戦闘およびその支援に供することであるため敵対する相手の戦闘能力に応じて求められる深刻な技術的要件が数々存在することになるが，特に戦闘に供する艦艇には相手を少しでも凌駕する索敵能力を含む攻撃力と，相手の攻撃に堪えて戦闘を継続できる防御力が重要であるため，その要求を満たすには，使用条件，装備，構造様式，素材など基本的技術事項のみならず多くのことが特別に要求されることになる．すなわち，

① 数百トンから数万トンに及ぶ各艦種に応じた複雑な艦内配置と必要な容積，
② 十分な予備浮力と安定性能，
③ 戦闘に必要な低速域から高速域での効率的航走性能と長い航続距離，
④ 荒天中でも十分堪え得る船体強度と安全航走性能，
⑤ 多種多様な武器やセンサーの全能発揮を担保する配置，艤装およびそのインフラ機能，
⑥ 多数の乗員（数百人から数千人規模）の生活環境の維持機能，

などが基本的な技術的要件となる．

これにさらに最近の戦闘様相や戦術を加味すれば，高い隠密性や抗堪性，優れた操縦性能など一般船舶にはほとんど要求されることのない破格の諸性能が確実に担保されなくてはならないというのも大きな特徴でもある．その結果，軍艦の艤装密度は一般の商船に比べてきわめて大きくなり，一般商船（バルクキャリアを例とする）と海上自衛隊の護衛艦（長さが0.7倍，排水量が0.08倍の護衛艦）を比べた場合，自衛艦の保有馬力および必要総電力は約7倍もあり，速力が約2倍，配管の総長さは約3倍，電線の総長さは約8倍（護衛艦の全長の約2000倍に相当する）にもなっている．

一方で搭載兵器システムは，最近の軍艦に関するキーワードとして「任務の多様化」，「技術革命」，「国際情勢の複雑な変化」などがあげられるように，湾岸戦争を

はじめとする中東におけるさまざまな紛争，海賊対処などにおける各国軍艦の戦略的・戦術的役割がかつてのように軍艦対軍艦が直接対峙した戦闘のみならず，軍事作戦の空間的拡大と時間的圧縮が一層進化しているのである．米海軍では「トランスフォーメーション」という「変革」を意味する言葉を掲げて急速に進化しているが，それには「弾道ミサイル防御」，「対テロ作戦」，「非対称戦闘」というような戦闘様相も含めたもので，必要な技術的要件を備えた新しい軍艦を保有するようになり，各国海軍も同様な方向に向けて追随しつつある．

　具体的には，①大型航空母艦保有への回帰の兆し，②対地攻撃システムの飛躍的な能力向上，③レーダーシステムの多機能化の進展，④ソナー探知技術の能力向上および複合システムとして多機能化，水測予察関連技術開発への努力，⑤統合運用への装備体系化の兆しと高速・高知能化による統合戦闘能力の向上，などがあげられる．このほかに，通信電子関連システム，生物・化学・特殊兵器，ロボット，ミサイル，エネルギー，電子関連等の基礎技術も軍艦の兵器技術の構成要素として脚光を浴びつつある．特に最近は無人機の活用が顕著となってきている．また，攻撃兵器については，先鋭化・長射程化・精密誘導化の進展が著しくなってきている．

　また最近各国が一番着目して開発が進展している軍艦に関する技術は，「先制探知→類識別→攻撃・廃滅→回避」という戦闘シナリオに沿って，従来はプラットフォームが中心であった戦闘が，今後はネットワーク化が進み，ネットワークセントリックワーフェアー(network centric warfare：NCW)という概念，いわゆる C4 ISR (command control communication computers intelligence surveillance reconnaissance) を重視するというコンセプトである．これを満足するレベルまで構築するには要素技術がたくさんあり，その各要素技術を確立させたうえで，それを背景として，各種戦闘に対応した武器体系を駆使して，常に優位性が確保できるような兵器システムでなければならないのである．そのような特質を踏まえたうえで，軍艦として性能的・機能的な面でさらに向上が求められる対象を列挙すると次のようになる．

① 戦闘能力については，攻撃力，防御力，運動性能，継戦能力など．
② 多様性については，Blue/Shallow Water Operation（深海/浅海戦術の両用性）や High/Low Concep（高度/低度のコンセプトの混在），有事拡張性など．
③ ステルス（隠密性）については，音波，電波，赤外線，磁気，水中電界などの各種センサーへの対応性能など．
④ 省力については，省人，節労，自動化などの多方面での対応．
⑤ 抗堪性については，長期滞洋能力，行動持続力，耐妨害性，危機管理機能など．
⑥ 稼働性については，高度な信頼性，整備性の具備など．

そのほか，国際的相互運用性，投資可能な経済性などソフト的なことも新たな要素にもなってきたことも近代的な軍艦の特徴である．

c. 今日の代表的な軍艦

昨今の海洋安全保障環境の変貌する中で，新たに誕生する予定の最も近代的な軍艦の代表例として米国海軍の原子力空母（CVN）ジェラルド・R・フォード級（図3）とミサイル駆逐艦（DDG）ズムウォルト級（図4）の完成予想図とその概要を示す．

図3 米国海軍の次世代原子力航空母艦(2009年建造開始，2015年就役予定)：満載排水量101 600トン，全長333 m，原子炉2基搭載．乗員は航空部隊要員を含み約4 600名．搭載航空機約75機．高度なステルス性能と新型の電磁カタパルトを装備．

図4 米国海軍の次世代ミサイル駆逐艦(2009年建造開始，2015年就役予定)：満載排水量14 797トン，全長183 m，統合電力システム推進艦．二重船殻，高いステルス性能，マルチ化された各種センサーと高度な戦術指揮管制システムを搭載．乗員約100名．62口径155 mm砲2基，70口径57 mm砲2基，ミサイル発射装置4基（各20セル）により多種多様なミサイル発射が可能．

このほか，米国ではすでに就役が始まっている新型船型の沿海域戦闘艦艇，欧州各国の共同開発の成果としてのシステム化が進んだ新型戦闘艦艇，中国の航空母艦，海上自衛隊の航空機搭載型の大型護衛艦や大気非依存型潜水艦やシステム化の進んだ護衛艦など世界各国で多くの新しいタイプの艦艇が就役している．また，それらと連携した形で多くの無人機システムの出現とネットワーク化の進展を鑑みれば，近年の軍艦が歴史的な大きな変節点を迎えているところであるといえる．

［幸島博美］

1.1 船の役割

海上保安庁の船艇

a. 船艇の役割と位置付け

海上保安庁（以下，海保という）の船艇は多種多様である．これは海保に課せられた任務が世界第6位にランクされるわが国の広大な排他的経済水域（exclusive economic zone：EEZ，領海を含め447万 km^2）内における警察・消防的業務はもとより，海底を含む海洋観測・測量や5 300基以上にも及ぶ灯台などの航路標識の保守管理などきわめて広範多岐にわたっていることに起因する．

したがって，海保の船艇は任務を遂行するために必要な構造，設備・性能を備えていなければならないことが海上保安庁法にも明定されている．要は，海保の船艇は海上保安官を現場に運ぶのみに終わらず，それをツールとして自在に操り与えられた任務を遂行しなければならない．そのため，海上保安官は一般船舶と同じく船舶職員および小型船舶操縦者法上の海技資格の保有が必須であり，一級，二級海技士（航海・機関）といった上級免状を受有している者も多い．海保の定員は1万2千人余りに過ぎず，船艇に乗組む約半数の海上保安官（固定されず，海陸交流人事により定期異動）は船舶運航に携わる役割分担（航海・機関・通信・主計調理のほか，運用司令，航空要員も加わる）と同時平行的に別建ての各業務処理分担の下で海難救助作業などの任務にあたることとなる．

このように，限られた定員で，海上という一般社会から隔絶された領域で船艇を用いて千変万化の気象・海象と折り合いをつけながら，専門性の高い多岐にわたる業務を効率的に遂行するためには海保独自の教育訓練機関（海上保安大学校，海上保安学校）による海上保安官の養成は欠かせない．後述するように，両校の実習においても大型巡視船を使用しており，現場即戦力要請を意識している．

また，海保の船艇の設計・造修は装備技術部門が担当しているが，海陸交流人事により船艇に乗組んでいた海上保安官が今度は設計担当になるなど，自らの体験をも踏まえた血の通った船艇の仕上りも期待でき，海上保安官の自家養成ともあいまって，海保の船艇運用システムは，総じて効率的な「自己完結機能」を十分有しているものといえる．職員一人ひとりが何役もこなすことができ，業務の効率化が求められる近年にあって，時代の先取りをした組織といえよう．

b. 船艇の任務とその特性の歩み

海保は終戦後の混乱期1948（昭和23）年に，日米両軍の敷設機雷や撃沈された沈船などが至るところで航路を塞ぎ，密航・密輸・密漁などが横行，無法地帯と化し

たわが国沿岸の秩序回復のため，非軍事の海の統合治安機関として米国沿岸警備隊（U.S.C.G.）を範として創設された．

海保の任務遂行のための現場正面勢力である船艇の消長は，その後の海保の任務の変遷と表裏一体であり，例えば航路啓開のための機雷処分の任にあった海保掃海船隊は，朝鮮動乱期に極秘任務に就き大きな犠牲を強いられた時期を経て 1951（昭和26）年に新たに海保から分派発足した海上警備隊（海上自衛隊の前身）に移管された．

また，戦後復興のシンボル的な役割を担ったわが国の南極観測事業の中心母胎となった初代南極観測船宗谷（総トン数は約3200トン，以下トン数表示は総トン数）は，戦時中は灯台補給船，戦後は海保巡視船として活躍していたものを砕氷能力やヘリ・セスナ機の搭載能力を付与するなどの大改造を施し，1956（昭和31）年の第一次航海から第六次までの任務をまっとうした時点で時の政治判断により，本業務は海上自衛隊（以下海自という）に移管された．しかしながらこの任務における技術と経験は後年のヘリ搭載型の大型巡視船を生み出す原型として大いに活かされることとなったのである．

他方，1952（昭和27）年，韓国李承晩大統領の竹島を含む一方的な李ラインの設定による十数年にわたる日本漁船の不法な大量拿捕・抑留，昭和40年代にはマリアナ海域での遠洋漁船の集団海難や東京湾の大型LPGタンカーの衝突火災などが相次いだ．国際的な動きとしても1973（昭和48）年の国連海洋法会議において領海が3海里から12海里へ拡大するとともに200海里漁業水域の設定などの新海洋秩序の形成を経て，1979年のSAR条約（海上捜索救難条約）の締結により，わが国の責任区域はグァム・ウェーク島沖合（わが国のEEZをほぼ包含）にまで及び，これらの動向への適確な対応が求められ，大型消防船やヘリ搭載型などの航続距離の長い大型巡視船の登場を促した．

また，1992（平成4）年にはフランスからわが国までの無寄港プルトニウム輸送船の巡視船「しきしま」（後述）による直接護衛や，2001（平成13）年九州南西海域における工作船事件や相次ぐ海賊事案の発生および多年にわたるEEZにおける権益の保全および領海警備等業務の広域化など，海保の船艇勢力の拡充要因は増大の一途をたどっている．とりわけ，沖縄県の尖閣諸島の国有化（2012年9月11日）以来，中国公船が日常的に周辺海域に出現し，領海警備中の巡視船と対峙するなどの緊迫した事態に対処するため，専従艦隊の早急な整備が喫緊の課題である．

c．船種・船型別の特徴

(1) 船　種

現在，「船長」などの海上保安官の専属定員の張り付いた船艇は380隻余ある．そ

のうち巡視船などの比較的大型の「船」が130隻，巡視艇などの概ね100トン未満の「艇」を約250隻保有している（区分については「船型別要覧」を参照）。ほかに専属定員のつかない監視取締艇，放射能調査艇（米原潜等入港時の測定用），実習艇等が70隻余である。これらの船艇は全国約140ヶ所余の海上保安部署・分室などを基地として担任水域の業務特性，気象・海象などを考慮して配属され，部署長らの指令に基づき行動し，巡視船は，現場到着後には搭載艇を使用して業務を遂行することも多い。

業務種別で見ると，内外の不法船舶の監視取締り，海難救助，消防・防災（油などの汚染防除を含む），航路警戒などの広範な警備救難業務に従事する巡視船艇が圧倒的多数を占め約360隻，測量船艇および灯台見回り船艇が各10隻余となっている。

(2) 要求性能

主力の巡視船艇の業務上の要求性能は，①堪航性(たんこうせい)（荒天時の耐波性），②高速性，③高操縦性，④武器・被害制御性（ダメージコントロール），⑤曳航性，⑥消防性，⑦汚染防除性などであり，その多くはこれらの性能を満遍なく備えた「汎用型」である。

不審船・工作船対策を主目的として速力30～40ノット以上，射程が長く射撃精度を向上させた機関砲や船体の防弾強化など②や④の機能を突出させたいわゆる「特化型」も所要隻数を配備し，虞犯海域に展開させている。消防船も⑥や⑦の性能「特化型」で臨海石油コンビナートなどの所管部署に配備されている。

船体の材質は，巡視船は鋼が主流で，高速型は特殊鋼あるいは軽合金，巡視艇は軽合金（一部に鋼，特殊鋼）である。主機関は，測量船昭洋の電気推進を除き，いずれもディーゼル2～4基である。

推進方式は，操縦性能の優れた可変ピッチプロペラ（「船の分類」の項参照。以下「CPP」という）の2軸，排水量型が巡視船の主流であるが，ウォータージェット3～4軸の半滑走型（「船の分類」の項参照）の高速船も増えつつあり，両者の混成型もある。巡視艇は2～3軸の在来スクリュープロペラ型（固定ピッチ型，以下FPPという）と，高速性と浅海域での活動を重視したウォータージェット滑走型とがある。複数軸は高速性，高操船性，被害制御性に優れているため海保の船艇は伝統的にこのタイプを採用している。

海保の船艇の耐用年数は，「船」が25年，「艇」が20年とされているが，近年の緊縮予算では代替船新造は難しくなりつつあり，30年を経過した老朽船も目立ち，キール・フレーム・外板など船殻の堅牢なヘリ搭載型大型船はこれを延命・機能向上させるケースも見られる（後述の巡視船「そうや」の項参照）。

[船型別要覧]

　PLH：ヘリ搭載大型巡視船（Patrol Vessel Large with Helicopter の略称）

- ヘリ2機搭載型（約5300〜6500トン）とヘリ1機搭載型（約3200トン）があり，第一〜第十一管区（内海所管の第六管区を除く）に各1隻以上配備され，主としてEEZなどの外洋で活動し，有事の際は船隊指揮船として機能．
- 船名は旧国名，配属地にちなんだ（以下同じ）海峡・山名．
- 全船排水量型，2軸CPP，バウスラスター（「船の性能」の項参照）およびヘリ離発着時の安定性向上のためフィンスタビライザー（「船の性能」の項参照）装備，速力20ノット以上，全船機関砲装備．

PL：大型巡視船（Patrol Vessel Large の略称）

- 公称船型3500トン型，3000トン型，2000トン型，1000トン型があり，2000トン以上および1000トン型の一部はヘリ甲板・給油タンク装備．約40隻（主力は1000トン型）で外洋配備．
- 船名は島，半島・岬・湾・山名など．
- 排水量型，2軸CPP，ヘリ甲板付のPLはフィンスタビライザー装備，速力20ノット前後がほとんどであるが，一部は半滑走型，4軸ウォータージェットタイプ，速力30ノット以上のものもある．全船機関砲装備．

PM：中型巡視船（Patrol Vessel Medium の略称）

- 公称船型500トン型，350トン型などがあり，約40隻で主として沿岸部配備．
- 船名は，島，川など．
- 約10年前の不審船・工作船事件以来PM型の約半数が半滑走型，主機3基3軸のウォータージェットタイプ，速力35ノット以上の高速船に切り替えられている．在来型は主機2基2軸約20ノット以上．機関砲装備．

PS：小型巡視船（Patrol Vessel Small の略称）

- 公称船型180トン型，特130トン型，高速特殊警備船型（40ノット以上の対不審船・工作船特化型）があり，本船型以上を「巡視船」と呼称．約30隻で沿岸部（一部内湾）配備．
- 船名は，山，湾，湖など．
- 主機2基2軸CPPから，FPPとの混成を含む3基3軸（ウォータージェット2〜3軸）までの滑走型で速力30〜40ノット以上．その多くは防弾性能などを強化．機関砲装備（一部内湾型を除く）．

PC：大型巡視艇（Patrol Craft の略称）

- 大きさは約50〜200トン，約60隻で沿岸〜内湾の外国漁船取締りから狭水道における交通整理などの幅広い業務に従事し，このタイプ以下のPC, CLを「巡視艇」と呼称．
- 船名は，「○○なみ」，「○○ぐも」，「○○づき」，「○○ぎり」など気象・海象に地

名を冠したものが多い．
- 長さや総トン数，速力などの性能に少なからぬ差異があり，最も多種多様性に富む船型．また，長さを基準に 35，30 メートル型などと呼称することが多い．
- 主機 2 基 2 軸 FPP からウォータージェット滑走型まで幅広く，速力は 20 数ノットから 30 ノット以上．機銃装備（内湾型はこれに代わり消防能力強化など）．

   CL：小型巡視艇（Craft Large の略称）
- かつてはこの下のランクに CS が在籍．大きさは約 20 トン，約 170 隻で内湾〜各港内パトロールをはじめ，ときには沿岸域まで広範な警備救難業務に従事．
- 船名は「○○かぜ」など「かぜ」に地名を冠したものが多く，ほかに「○○ぎく」「○○さくら」「○○ゆり」など．
- 主機は 2 基 2 軸 FPP および浅海域用ウォータージェット型があり，速力 20〜30 ノット以上．

   FL：消防船（Fire Fighting Boat Large の略称）
- 約 200〜300 トンの双胴型で，15 万重量トンクラスのタンカー火災への対処を想定．タンカー入港実績の多い東京湾など主要石油コンビナート所管の海上保安部署 5 ヶ所に各 1 隻配備．
- 船名はすべて「○○りゅう」で統一．
- 主機は 2 基 2 軸 CPP，速力 10 数ノット．

   FM：消防艇（Fire Fighting Boat Medium の略称）
- 分類上は巡視艇の消防能力特化型．FL 型が配備された部署を補完する形で，前記 5 ヶ所の石油コンビナートに準ずるタンカー入港実績をもつ関門港などを所管する 4 ヶ所の部署に各 1 隻配備．
- 船名はすべて滝の名称．
- 約 55 トンの単胴型 3 基 3 軸 CPP，速力 10 数ノット以上．

   HL, HS：測量船（Hydrographic Service Vessel Large, Small の略称）
- 水深，沿岸〜海底地形，海潮流などの海洋情報は航海者に不可欠のもので，これらの測量など事前の調査観測を広範な EEZ で約 5〜3 000 トンの 10 数隻で実施．後述する「昭洋」は電気推進であるが，ほかの HL はディーゼル 2 基 2 軸，HS は 1 基 1 軸と 3 基 3 軸 CPP で，海底火山の噴火や群発海底地震観測を念頭に無人遠隔操縦が可能なものもある．
- 速力 10 数ノット．
- HL の船名はすべて「○洋」の漢字表記が戦前の旧海軍水路部時代からの伝統で本庁海洋情報部直属．HS は「○○しお」で管区配属．

   LM, LS：灯台見回り船（Light-House service Vessel Medium, Small の略称）

・かつて在籍したLL型は航路標識業務の民間委託などにより解役され，約20〜50トンの10数隻で島嶼，岬角，狭水道，港内などに点在する灯台，灯浮標などの航路標識の維持管理・点検などに従事．
・主機は2基2軸，速力10数ノット．

d. 代表船型のプロフィール

① 巡視船しきしま（ヘリ2機搭載型PLH）

図1 しきしま

わが国はもとより，U.S.C.G.はじめ世界各国の海上保安機関の中で最大級の巡視船．1992（平成4）年，フランスからの「あかつき丸」によるプルトニウム輸送に際し，関係沿岸国からの要請を受け，南半球回り無寄港の直接護衛中，環境保護団体グリーンピースの執拗な妨害行動を適確に斥け，大任を果す．以降，EEZなどの広域パトロール，国際的諸任務に就く．総トン数約6500トン，長さ約150m，幅17m，深さ10m．武器は35ミリ連装機関砲，20ミリ機関砲など，防弾などダメージコントロール機能強化．

② 巡視船やしま（ヘリ2機搭載型PLH）

例年東京湾で行われる海保の観閲式・総合訓練において観閲官（国土交通大臣・海上保安庁長官）が多数の観覧者とともに乗船して船隊・航空機隊の観閲を実施するとともに，展示される総合訓練の指揮船としての任に当たる．1979（昭和54）年の海上捜索救難条約（SAR条約）加入によりわが国の責任区域が200海里以上まで飛躍的に増大しことを受け

図2 やしま

て導入．EEZ哨戒など広域的任務に従事．5300トン，速力23ノット以上，長さ130m，幅15.5m，深さ8.8m．武器35ミリ機関砲，20ミリ機関砲．

③ 巡視船そうや（ヘリ1機搭載型PLH）

初代南極観測船「宗谷」の船名と衣鉢を受け継ぐ砕氷型巡視船（ヘリ搭載型の第1船）で北海道周辺〜北洋を管轄する第一管区に配属され，冬季氷海に閉じ込められ

図3 そうや

た漁船群の救出，先導などに威力を発揮．砕氷型巡視船は，「そうや」のほかPM型の「てしお」があるが「そうや」は主として外洋，「てしお」は根室海峡など沿岸部で活動．「そうや」は今船採用の船殻を残して大改装する「延命」方式の第1船（2010年竣工）．ヘリ離発着時の動揺緩和用フィンスタビライザーはPLH型唯一の折畳み式．砕氷能力厚さ約1.5m, 3 100トン，速力21ノット以上，長さ98.6m, 幅15.6m, 深さ8m. 武器40ミリ機関砲，20ミリ機関砲．

④ 巡視船いず（3 500トン型PL）

1995（平成7）年発生した阪神淡路大震災の際，陸上の管区本部，保安部指令機能が大きなダメージを受けた教訓から，大災害発災時の代替機能をもつ大型巡視船として登場．大災害や大海難発生時の指揮母船として活動する災害対応型のヘリ甲板付大型巡視船．そのため船橋後部に災害対策本部用の広いOIC室，通常操

図4 いず

船設備のほかシステム操船用ジョイスティックレバー，遠隔海中捜索装置（ROV）などを装備．3 500トン，速力20ノット以上，長さ110m, 幅15m, 深さ7.5m. 武器20ミリ機関砲．

⑤ 巡視船こじま（3 000トン型PL）

図5の写真の背景に見える海上保安大学校（広島県呉市）の練習用巡視船で，ヘリ甲板付大型巡視船としての標準的装備および実習生約60名収容の居住区，迎賓設備などを備えた教育訓練特化型．卒業後配属される各現地の実情を体感するための国内各海域・各港での実習訓練，領海警備・外国船取り締まりなどの国

図5 こじま

際的業務慣熟のためのパナマ～スエズ運河経由世界一周の遠洋航海にも従事．巡視船には珍しい船首バルバスバウ型．2 950 トン，18 ノット以上，長さ 115 m，幅 14 m，深さ 7.3 m．武器 35 ミリ機関砲，20 ミリ機関砲，13 ミリ機銃．同型姉妹船に海上保安学校の PL みうらがある．

⑥ 巡視船ひだ（2 000 トン型 PL）

1999（平成 11）年の日本海・能登半島沖における不審船事案についで 2001（平成 13）年九州奄美南西海域における北朝鮮工作船銃撃事件で，沈没後引揚げられた工作船の構造や船内から押収された武器の性能などの分析の結果生まれた堪航性，高速性，武器・ダメージコントロール性の優れた大型巡視船．不審船・工作船対策として

図 6　ひ　だ

高速機動船隊編成時の指揮船機能をもつ．1 800 トン，ウォータージェット 4 基，速力 30 ノット以上，長さ 95 m，幅 12.6 m，深さ 5.6 m．武器 40 ミリ機関砲，20 ミリ機関砲，防弾仕様とヘリ甲板スペース確保のため，煙突を廃し，後部舷側排気としたのが特徴的．

⑦ 巡視船あそ（1 000 トン型 PL）

図 7　あ　そ

⑥の巡視船ひだと同じく不審船・工作船対策強化の一環として生まれた高速高機能の新船型で，事案発生時編成される複数の高速機動船隊の中核としての役割を担う．770 トン，ウォータージェット 4 基，速力 30 ノット以上，半滑走型，長さ 79 m，幅 10 m，深さ 6 m．武器 40 ミリ機関砲，防弾等ダメージコントロール強化．

⑧ 巡視船はてるま（1 000 トン型 PL）

尖閣諸島周辺海域は昼夜兼行での切れ目のない巡視船艇の配備により，わが国の主権が保たれているものの近年の中国の公船や漁船などの領有権主張活動の尖鋭化に備え新たに拠点機能強化型として配備されたヘリ甲板付大型巡視船．現場海域は

最寄の石垣海上保安部から約90海里（167 km）も離れているため船隊を組む小型巡視船艇の補給などの母船的機能を果たす．1 300トン，ウォータージェット4基，速力27ノット以上，長さ89 m，幅11 m，深さ5 m．武器30ミリ機関砲（最前部の筒先は遠隔式放水銃）．後部舷側に主機排気筒．

図8　はてるま

⑨　巡視船かとり（1 000トン型 PL）

図9　かとり

昭和50年代初頭の漁業水域200海里をはじめとする新海洋秩序の形成や SAR 条約の加入によるわが国の捜索救難責任区域の飛躍的拡大を受けてわずか数年のうちに外洋向けの大型汎用巡視船（1 000トン型）が26隻建造されたが，そのうちの1隻．船齢32年，本船を含め10隻が代替建造待機中．680トン，速力20ノット，長さ78 m，幅9.6 m，深さ5.3 m．武器20ミリ機関砲．

⑩　巡視船ふじ（350トン型 PM）

350トン型 PM も1 000トン型 PL と同様，昭和50年代に建造されたものが多いが，1999，2001（平成11，13）年の不審船・工作船事件を受けて，その代替建造は概ね高速化・警備能力強化を指向．本船もそのうちの1隻で，船型も従前の前部船橋から中央にシフト，船体の軽量

図10　ふ じ

化を図るなど外観を一新．活動海域は沿岸が主体となるが外洋でも諸任務に当たる．335トン，ウォータージェット3基，速力35ノット以上，半滑走型，長さ56 m，幅8.5 m，深さ4.4 m．武器20ミリ機関砲．

⑪　巡視船きりしま（180トン型 PS）

2001（平成13）年の九州（奄美）南西海域工作船事件では同型船のみずき，いなさ

図 11 きりしま

などと追跡捕捉船隊を組み，その一翼として銃撃戦を含む工作船の封じ込めに活躍．不審船・工作船事案は1963年(昭和38)年以来日本海〜九州沿岸で頻々と発生しているが，本船は1985(昭和60)年の日向灘事件を契機に装備された高速船のうちの1隻．180トン，ディーゼル3基中2軸がFPP，1基はウォータージェット，速力35ノット以上，長さ43 m，幅7.5 m，深さ4 m．武器20ミリ機関砲．

⑫ 巡視艇はまぐも (35メートル型 PC)

東京湾，伊勢湾，瀬戸内海の狭水道には海上交通安全法上の航路が設定され，その周辺海域にはこのタイプの巡視艇が24時間体制で大型タンカーなど通航船の衝突・乗揚げ事故防止のための航法指導などを実施．在来の23メートル型を大型化し，前記の航路哨戒中，油火災事故などが発生した場合，即時現場対応が可能となるよ

図 12 はまぐも

う消防機能を強化付与した大型巡視艇．110トン，24ノット以上，長さ35 m，2基2軸FPP，幅6.3 m，深さ3.4 m，マスト頂部の放水銃は高さ17 mまで伸長可能．放水時の姿勢制御のため小型船には珍しいバウジェット装備．

⑬ 巡視艇やえぐも (30メートル型 PC)

図 13 やえぐも

日韓の国境対馬周辺海域に配備され，韓国からの高速密漁船取締りを主任務とする高速巡視艇．船首部の特殊軽量防舷材は，停船命令に応じず高速で逃走を図る被疑船舶に後方から接近し強行接舷，海上保安官移乗のため必須．88トン，ウォータージェット2基，速力36ノット以上，長さ32 m，幅6.5 m，深さ3.3 m．武

器 13 ミリ機銃.

⑭ 巡視艇やまゆり（20 メートル型 CL）

本船に代表される小型巡視艇は，業務面でも操船面でも小回りが利いて利便性が高いため，港内〜内湾を主体に，時には沿岸海域にまで活動範囲を拡げて海保のあらゆる業務を担務. 現在 CL 型は若干隻を除きこの 20 メートル型に統一. 26 トン, 速力 30 ノット以上, 2 基 2 軸 FPP, 長さ 20 m, 幅 4.5 m, 深さ 2.3 m.

図 14　やまゆり

⑮ 消防船ひりゅう（FL）

図 15　ひりゅう

2011（平成 23）年 3 月発生した東日本大震災により，東京湾の千葉県市原市所在のコスモ石油事業所の LPG タンクが爆発火災炎上した際，横浜防災基地から駆けつけ，海上災害防止センターの消防船と協働して海上からの連続放水に努め被害の拡大を防止. 双胴型消防船 5 隻中唯一の第二世代の新型消防船. 280 トン, 2 基 2 軸, 速力 14 ノット以上, 長さ 35 m, 幅 12.2 m, 深さ 5.5 m. 特殊な FPP およびバウジェットによりその場回頭も可能. 放水銃 7 基（水・泡）により毎分 46 000 L 放水可能など.

⑯ 測量船昭洋（HL）

海保の船艇中唯一の電気推進式の船舶で，各種の測量・海洋観測機器に加え，地震計や無人遠隔操縦測量艇（マンボウⅢ）などさまざまな周波数の音波を使用するため，船内の静謐性保持を最大の要求性能としたことによる. 本船の電気推進システムが評価され，1998（平成 10）年の「シップ・オブ・ザ・イヤー」を受

図 16　昭　洋

賞．水深・海岸・海底地形の測量，海潮流などの海洋観測に加え，大陸棚調査，地震・火山噴火予知調査も実施．右舷後部の白色の搭載測量艇（マンボウⅡ）は噴火現場など危険海域調査用で有人運航も可．4隻のHL中最大の3 000トン，2軸，17ノット以上，長さ98 m，幅15.2 m，深さ7.8 m．なお，乗組員はすべて海上保安官である．

⑰ 灯台見回り船こううん（23メートル型LM）

図17 こううん

わが国沿岸を航行する船舶の目標となる多数の灯台や内湾狭水道・港内航路を示す灯浮標の設置，維持管理は海保の主要な任務の一つで，その見回り点検を海上から実施する船舶．巡視艇とほぼ似通った船型であり，乗組員は巡視艇との人事交流のある海上保安官でもある関係上，認知した海難の救助など警備救難業務処理も実施．船尾両舷は灯浮標接舷時の任務のため防舷材で強化．50トン，2基2軸FPP，速力17ノット以上，長さ24 m，幅6 m，深さ2.8 m．

［武井立一/資料提供：海上保安庁］

1.2 さまざまな船の分類
法令による分類

　船舶は各種法令によって規定されている．ここでは，商法，海上運送法，船舶法，船舶の所有者等の責任の制限に関する法律，船舶油濁損害賠償保障法，小型船舶の登録等に関する法律，国際海上物品運送法，関税法，特定船舶の入港の禁止に関する特別措置法，船舶安全法，海上衝突予防法，海上交通安全法，港則法，国際航海船舶及び国際港湾施設の保安の確保等に関する法律，海洋汚染等及び海上災害の防止に関する法律，船員法，船舶職員及び小型船舶操縦者法において船舶をどのように規定しているか説明する．

　また，法令によっては「船舶」という用語だけではなく，「一般船舶」，「特定船舶」，「外国から来航した船舶」，「国際船舶」，「国際航海船舶」，「小型船舶」といった用語が用いられているので，そのような船舶についてあわせて言及する．

a. 商法（第三編　海商）

　商法では，「商行為をなす目的を以って航海の用に供するもの」を船舶と規定し，「端舟その他櫓櫂(ろかい)のみを以って運転し又は主として櫓櫂を以って運転する舟は適用外」としている．すなわち，商行為ができる櫓櫂以外の推進装置を有する船舶で実際に商行為を行う船舶を本法に適用するものとしている．

b. 海上運送法

　本法は，海上運送事業の運営にかかわる法律で同事業に使用する鋼製船舶について規格を定めている．ただし，本法では「総トン数五トン未満の船舶，ろかいのみをもって運転し，又は主としてろかいをもって運転する舟のみをもって営む海上運送事業には適用しない」としている．また，日本船舶であって，「総トン数二千トン以上の船舶で船舶安全法にいう遠洋区域又は近海区域を航行区域とする船舶，本邦の港と本邦以外の地域の港との間又は本邦以外の地域の各港間における船舶運航事業に専ら使用されている船舶，船舶職員及び小型船舶操縦者に関する省令で定める基準に適合する船舶，液化天然ガス運搬船，ロールオン・ロールオフ船」であるとする要件に該当する船舶を本邦と外国との間において行われる海上輸送の確保上重要なものとして**国際船舶**として分類している．過去に，この国際船舶の中には近代化船と称し，運航要員数を減少し最終的に日本人船員11名(船長，機関長，甲機両用船舶職員である運航士4名と甲機両用部員4名，事務部員1名)で運航された船舶が存在した時期もあった．

c．船舶法

　本法は，日本国籍の船舶を規定する法律であり，「日本の官庁または公署の所有する船舶，日本国民の所有する船舶，代表者全員及び執行役員の2/3以上が日本国民である日本の会社が所有する船舶，代表者全員が日本国民である法人の所有する船舶」を**日本船舶**と規定している．日本船舶として登録するためには，所有者が日本に船籍港を定め，その船籍港を管轄する管海官庁に総トン数を登記することが必要で，登記が済むと船舶原簿に登録される．そして登録により船舶国籍証書の交付を受けることになり日本国籍船となる．船舶国籍証書の交付を受けた日本船舶は，国旗掲揚，船舶名称，船籍港，番号，総トン数，喫水の尺度などを標示する義務を負うことになる．なお，同法の施行細則では船舶の種類を**汽船，帆船**に区別している．日本国籍の外航船舶隻数は，1972（昭和47）年の1580隻を頂点に減少を続け2007（平成19）年には92隻まで減少した．翌2008（平成20）年，トン数標準税制（日本船舶に係わる利益について，通常法人税に代えて，みなし利益課税を選択できる制度）の導入により隻数の増加が見られ2010（平成22）年には119隻まで回復した．

　上記のような日本国籍船の減少は，日本の船主が実質支配船の国籍を**便宜置籍国**に移籍あるいは新規登録する仕組み（船籍を便宜置籍国に置き，同船を傭船し運航する形式の船舶）を採用したことにより進行した経緯がある．

d．船舶の所有者等の責任の制限に関する法律

　本法は，船舶が起こした事故による損害に対する船舶の所有者等の責任の制限に関し必要な事項を定めており，適用する船舶を「航海の用に供する船舶で，ろかい又は主としてろかいをもって運転する舟及び公用に供する船舶以外のものをいう」と規定している．判例では東京湾内や同湾の河川（いずれも平水区域のみ）を航行する船舶は該当しないとされている．

e．船舶油濁損害賠償保障法

　本法は，船舶に積載されていた油によって船舶油濁損害が生じた場合における船舶所有者などの責任を明確にし，船舶油濁損害の賠償等を保障する制度を確立することにより，被害者の保護を図り，あわせて海上輸送の健全な発達に資することを目的とし，「タンカー」と「一般船舶」と区別している．そして一般船舶を「旅客又はばら積みの油以外の貨物その他の物品の海上輸送のための船舟（ろかい又は主としてろかいをもって運転するものを除く）」と規定している．

f．小型船舶の登録等に関する法律

　本法は，「小型船舶」の所有権の公証のための登録に関する制度などを定めることにより，「小型船舶の利便性の向上を図り，もって小型船舶を利用した諸活動の健全

な発達に寄与すること」を目的としている．小型船舶とは，「総トン数二十トン未満の日本船舶又は日本船舶以外の船舶であって，漁船法に規定する漁船，ろかい又は主としてろかいをもって運転する舟，係留船その他国土交通省で定める以外のもの」としている．

g. 国際海上物品運送法

本法に定められる船舶は，「商行為をなす目的を以って航海の用に供するもの」と規定されており，船舶が商行為を目的とするか否かによって適用船舶であったりなかったりすることになる．なお，「端舟その他櫓櫂のみを以って運転し又は主として櫓櫂を以って運転する舟は適用外」としており，貨物や人員の輸送能力が極めて限られているものを除外している．したがって，船舶が貨物や乗客を積載するかどうかで本法が適用するか否か変わることになる．

h. 関 税 法

本法は，関税の確定や輸出入についての税関手続きの処理に関する必要な事項を定める法律であり，船舶を外国貿易船と沿岸通航船に区別し，外国貿易船を適用船舶としている．すなわち，船舶が外国貿易に従事するか否かで適用が変わることになる．したがって，外国航路の従事している船舶が何らかの理由により国内輸送に転じた場合には本法が適用されないことになる．

i. 検 疫 法

本法は，「国内の常在しない感染症の病原体が船舶又は航空機を介して国内に侵入することを防止するとともに，船舶又は航空機に関してその他の感染症の予防に必要な措置を講ずること」を目的としており，「外国から来航した船舶（外国を発航し，又は外国に寄港して来航した船舶，航行中に外国を発航し，又は外国に寄港して来航した船舶から人を乗り移らせ，又は物を運び込んだ船舶）に適用するもの」としている．

j. 特定船舶の入港の禁止に関する特別措置法

本法は，2004（平成16）年6月18日公布され同6月28日から施行された特別措置法で「近年におけるわが国を取り巻く国際情勢に鑑み，わが国の平和及び安全を維持するため，特定船舶の入港を禁止する措置について定めるものとし，閣議決定で定める特定の外国の国籍を有する船舶，特定の期間に特定の外国の港に寄港した船舶，特定の外国と上記2項の関係に類する特定の関係を有する船舶を特定船舶」と規定している．現在も施行中で，これまで朝鮮民主主義人民共和国籍船舶に適用されてきている．

k. 船舶安全法

本法は，日本船舶を対象として「堪航性を保持しかつ人命の安全を保持するのに

必要な施設を備えなければ航行の用に供せない」と規定している．したがって，堪航性を保持していないものは本法では船舶と認められないことになる．この法律でいう堪航性とは，「船舶に必要な免状及び資格を有する船員を含め十分な乗組員を乗船させ，安全な航海を可能とする必要設備・資材・船用品を装備し，かつ保守・整備が適切に行われ，航海に耐える十分な燃料・清水・食料等が補給されている状態」を指している．傭船契約において対象船舶が堪航性を維持できない場合にはオファイヤー（傭船中断）となり，傭船者（運航船社）よりその期間の傭船料が船主に支払われないことになる．

l. 海上衝突予防法

本法は，船舶の衝突を防止するための航法に関する法律であり「水上輸送の用に供する船舟類（水上航空機を含む）」を船舶と規定しており，さらに船舶を動力船，帆船，漁労に従事する船舶，水上航空機，特殊高速船，運転不自由船，操縦性能制限船，喫水制限船といったように，船舶の操縦性能によって法律の適用する船舶を区別している．それぞれの船舶間で衝突のおそれがある場合には，2船の遭遇状況に応じて一方の船舶に避航義務を課し，他方の船舶に対し針路・速力の保持義務を課している．したがって，船長や当直航海士は，他船と遭遇する場合には自船が本法でどちらの船舶に規定されるかを適正に判断する必要がある．例えば動力船は，帆船や漁労に従事する船舶に対しては避航義務を有する．また，運転不自由船とは機関故障状態にある船舶，操縦性制限船とは曳航している船舶，喫水制限船とは余裕水深のきわめて少ない深喫水の船舶を指し，一般船舶はこれらの船舶に対し避航義務を有する．

m. 海上交通安全法

本法は，船舶交通が輻輳する海域における船舶交通の安全を図ることを目的とする法律であり，「水上輸送の用に供する船舟類」を船舶と規定し，一般船舶の他に巨大船，漁労に従事している船舶を特別な船舶として区別し，それぞれの船舶間の航法上の権利・義務を規定している．なお，本法の適用する水域は，東京湾，伊勢湾，大阪湾，瀬戸内海の特定水域である．

n. 港 則 法

本法は，「港内における船舶交通の安全及び港内の整頓を図ること」を目的とする法律である．船舶の中で「汽艇，はしけ及び端舟その他かいのみをもって運転し，又は主としてろかいをもって運転する船舶は，雑種船として入出港及び停泊，航路及び航法上の規定の中でそれ以外の船舶」と区別されている．

o. 国際航海船舶及び国際港湾施設の保安の確保等に関する法律

本法は，「国際航海船舶及び国際港湾施設についてその所有者等が講ずべき保安の

確保のために必要な措置を定めることにより国際航海船舶および国際航海に従事する日本船舶であって旅客船又は総トン数が五百トン以上の旅客船以外のもの，日本船舶以外の船舶のうち本邦の港にあり，又は本邦の港に入港をしようとする船舶で旅客船又は総トン数が五百トン以上の旅客船以外のもの」としている．なお，本法は，船舶および港湾施設のテロ対策を目的とする国際条約を国内法に取り入れた法律である．

p. 海洋汚染等及び海上災害の防止に関する法律

　本法は，「海洋汚染等及び海上災害を防止し，海洋環境の保全等並びに人命・身体・財産の保護に資すること」を目的とした法律で，船舶を「海域において航行の用に供する船舟類」としている．したがって，本法の適用対象となる船舶の範囲は広範にわたり，海洋環境の保全に対し船舶に厳しい規制が行われていることがうかがえる．

q. 船　員　法

　本法は，「日本船舶又は日本船舶以外の国土交通省の定める船舶に乗り組む船長及び海員並びに予備員」に関する法律で船員の労働条件に関する基準を定めるとともに，船員の権利義務を定め人命および船舶の安全を図ることを目的としている．「総トン数五トン未満の船舶，湖，川若しくは港のみを航行する船舶，政令の定める総トン数三十トン未満の漁船，船舶職員及び小型船舶操縦者法に規定する船舶であってスポーツ又はレクレーションの用に供するヨット，モーターボート，その他の航海の目的，期間及び態様，運航体制等からみて船員労働の特殊性が認められない船舶以外の船舶で国土交通省の定めるもの」としている．

r. 船舶職員及び小型船舶操縦者法

　本法は，「船舶職員として船舶に乗り組ませるべき者の資格並びに小型船舶操縦者として小型船舶に乗船させるべき者の資格及び遵守事項等」を定め，もって船舶の航行の安全を図ることを目的としており，「船舶を日本船舶，日本船舶を所有することができる者が借り入れた日本船舶以外の船舶又は本邦の各港間若しくは湖，川若しくは港のみを航行する日本船舶以外の船舶であって，ろかいのみをもって運転する舟，係留船その他国土交通省の定める船舶を除く」としている．　　　　　[津金正典]

1.2 さまざまな船の分類
外観上の分類

　外観から見た船の分類について，いくつかの分類方法に沿って示す．

a. 船型

　船体の最上層の全通甲板を上甲板といい，上甲板上にある船楼の付き方により船型が分類される．船楼とはその上部に甲板を有し，両舷の船側に達する構造物をいう．したがって両舷の船側に達しない構造物は甲板室とよばれるが，甲板室の有無は船型に影響しない．

　船楼にはその位置により，船首楼，船橋楼，船尾楼などがある．船首楼は船首からの波の打ち込みを防ぎ，船橋楼はそこに操舵室を設けるとともに機関室口を保護し，船尾楼は操舵装置の位置を高くして安全を図るとともに低速時の追い波の打ち込みを防ぐ．

(1) 平甲板船（図1(a)）

　上甲板上に船楼がない最も簡単な船型である．船楼はないが甲板室が設けられていることが多い．甲板上を船の前から後ろへ通行したり，甲板上での作業には便利だが，波が甲板上に打ち込みやすい．

(2) 船首楼付平甲板船

　平甲板船に短い船首楼を設けた船型である．このような船型の船では船体中央部に船橋をもった甲板室を設ける場合が多い．

(3) 船首尾楼付平甲板船（図1(b)）

　平甲板船に短い船首楼と船尾楼を設けた船型である．船首楼付平甲板船とともに，大型タンカーや大型鉱石運搬船などに多く見られる．

(4) 三島船（図1(c)）

　上甲板上に船首楼，船橋楼および船尾楼を設けた船型である．かつては貨物船の代表的船型であったが，最近はほとんど用いられなくなった．

(5) ウエル甲板船（図1(d)）

　三島船の船体中央部にある船橋楼を後方に延長して船尾楼と連結させ，長船尾楼とした船型で，長船尾楼船ともいう．船首楼と長船尾楼の間のくぼんでいる部分をウエルといい，暴露しているウエル上甲板をウエル甲板という．また同じ考え方で長船首楼をもつ長船首楼船もウエル甲板船である．

(6) 全通船楼船（図1(e)）

　上甲板上に船首から船尾まで全通する船楼を設けた船型である．外見は平甲板船

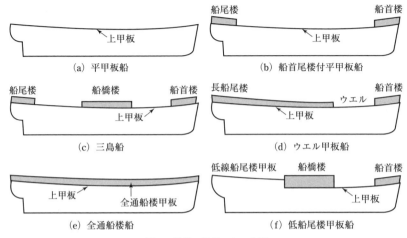

図1 船楼の位置による分類

と似た船型になるが，上甲板が乾舷甲板となるため，満載喫水の制限から水面上の舷が高くなる．重量の割に容積の大きい軽量貨物を運ぶ船などに適する．

(7) 低船尾楼甲板船（図1(f)）

船尾の上甲板を1mくらい高くした船型で，小型の中央機関船において，軸路などのために失われた船尾船倉のスペースを増加させる目的で造られた船型である．

b. 機関室と船橋の位置による分類

機関室の前後位置と船橋の前後位置により分類される．機関室は船内にあるため外観からは見えないが船橋は外観から判断することができる．

機関室の位置として船首部，中央部，船尾部が可能性としては考えられるが，船首部に機関室が作られることは今までにはない．したがって機関室として中央部と船尾部の2ケ所，船橋として船首部，中央部，船尾部の3か所が考えられ，あわせて

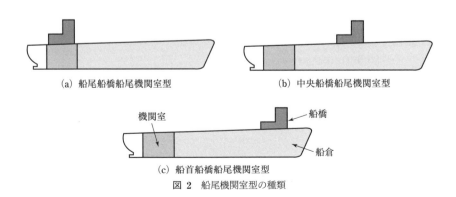

図2 船尾機関室型の種類

6通りの組合せがあるが，ここではよく使われる船尾機関室型について見る．

(1) 船尾船橋船尾機関室型（図2(a)）

現代のタンカーや鉱石運搬船，コンテナ船などほとんどの種類の船舶に採用されている．機関室が船尾にあるとスクリュープロペラとの距離が近くなるため，プロペラ軸が短くて済み，軸路も短くなるので貨物スペースが大きくなる．前方を見て操船するためには船橋が船首にあるほうが好ましいが，機関室と船橋とが接近するメリットや貨物スペースと居住スペースを分けるという観点から，船橋も船尾におかれるケースが多い．

(2) 中央船橋船尾機関室型（図2(b)）

最近はあまり見られないが，かつては油タンカーなどに多く見られた．

1962年10月7日に佐世保重工業佐世保造船所で竣工した当時は世界最大のタンカーであった日章丸は，この型である．佐世保重工業と石川島播磨重工業が協同で設計を行なった．単機としての最大出力28 000 PSはタンカーに搭載された最大の蒸気タービンであった．1978年に台湾の高雄で解体された(図3)．

(3) 船首船橋船尾機関室型（図2(c)）

船尾に特殊な揚荷装置などを設けるような船舶や，船尾に作業スペースを広くとる漁船などでは，船首に船橋を配置することがある．前方視界を確保するため，甲板上に積載できるコンテナの段数が制限される．　　　　　　　　　　　　　［庄司邦昭］

図3　日章丸（1962年10月7日竣工）

1.2 さまざまな船の分類

船体の材質による分類

　船体に用いられた材質は，古くは木であった．もともと水よりも軽い材質が選ばれたのは当然のことといえよう．しかし船が大型化し強度などの面で木材では及ばなくなり，鉄が選ばれて船の材料として主流を占めるようになった．最近では鉄と炭素の合金である軟鋼が船体の主要な材料として使用されている．現在でも木材は小型船に用いられているが，さらに最近ではアルミニウム，FRP（強化プラスチック）なども用いられている．変わった材料として，第二次世界大戦中に鉄の不足を補うためコンクリート船も造られた．

a．木　船

　船が造られた初期の段階から木の船は造られていた．初期の木船は日本のみならず諸外国においても木をくり抜いてつくられた．やがて1本の木をくり抜いた丸木舟では大きな船を建造することができないためさまざまな工夫がみられるようになった．

　初めは丸木舟の船側に板を継ぎ足して大きくしたが，それでも間に合わず，海水の侵入を防ぐための外板と船の強度を保持する構造部材を組み合わせて造るようになった．この考え方は現在の船でも基本的には同じである．したがってキール，フレーム，ビームなどの構造部材は木船の時代から受け継がれてきた部材である．

　木船に使用される木としてはギリシア，ローマ時代はレバノン杉が多く用いられた．腐りにくくエジプトのミイラの保存の材料としても用いられた実績がある．その後は樫の木などが固い材料として船舶用として重用されてきた．木材は産業革命のころに鉄道の枕木の材料や製鉄用の木炭の材料として用いられ，造船用として木材が不足することとなった．

図1　アドリアティック

歴史上最大の木船は1857年に建造された北大西洋航路の旅客船アドリアティックで，総トン数は4 145トン，長さ105.15 m，幅15.24 mであった（図1）．

b. 木鉄交造船

船舶用に用いられた木材の不足とともに新しい材料が考えられるようになった．その一つが鉄である．本格的に鉄が用いられる前には一部に鉄，一部に木が用いられた．それを木鉄交造船という．

木鉄交造船の建造方法はアイルランド・ダブリンのワトソンによって1839年に発明された．1851年にはジョルダンによってリバプールで総トン数787トンのチューバルケインという最初の木鉄交造船が造られた．その後，特に1850年ごろからヨーロッパとアジアを結ぶクリッパーよばれる高速帆船にこの方式が用いられた．1863年建造のテーピング，1869年建造のカティーサークなどは外板が木でフレームなどの骨組みが鉄の木鉄交造船である．

カティーサークは総トン数963トン，全長85.34 m，幅10.97 mであり，1869年11月にスコットランドのダンバートンで進水し，現在はイギリスのグリニッジに保存されている（図2）．

図2　カティーサーク（イギリス，グリニッジ）

c. 鉄　船

初めての鉄船として記録されるのはトーマスウィルソンによって1819年に建造されたバルカンである．この船はクライド運河で客船として使用され，その後は，石炭運搬船として1875年まで使用された．汽船として最初の鉄船はアーロンマンビーである．総トン数116トン，全長36.6 m，幅5.18 mで1822年にロンドンのテムズ川岸で組み立てられた．英仏海峡を渡りフランスのセーヌ川での交通に用いられた後，ナント上流のロワール川でも使用された．

88　1章　船とは何か？

図3　グレートブリテン

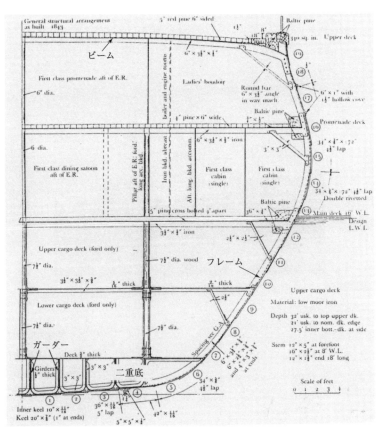

図4　グレートブリテンの内部構造（SS GREAT BRITAIN）

大型で大西洋横断にも就航可能な鉄船としては 1845 年に竣工したグレートブリテンがある（図 3）．グレートブリテンの内部構造（図 4）は二重底構造でフレーム，ビーム，ガーダーというような現在の大型船とほとんど同じ構造部材が使われており，大型船の基本構造はこの当時から変わらずに次の鋼船の時代へと受け継がれていった．

グレートブリテンは 1846 年 9 月 22 日にアイルランドのダンドラム湾で座礁し，放置されていたが，約 1 年後の 1847 年 8 月 27 日に離礁し再び使用されたことも，鉄船の丈夫さを示す要因になった．

わが国の重要文化財の明治丸も建造地は英国のグラスゴーだが，日本に現存する唯一の鉄船として保存されている（図 5）．外板は新しく張り替えられた部分が多いが，ビームやフレームは建造時のまま残っている．

図 5　明治丸（東京海洋大学海洋工学部保存）

d.　鋼　船

現在の大型船には，鉄と炭素の合金である鋼が用いられ，鋼の中でも炭素の含有率が低い低炭素鋼の一つである軟鋼が用いられている．現在，多様な貨物を積載するために造られた大型のタンカーやコンテナ船などのほか，あらゆる種類の船舶に使用されている．鋼船の例として示す汐路丸は大学の練習船として用いられた例である（図 6）．

e.　コンクリート船

第一次世界大戦時に，鉄が不足したため，米国のハドリーがフィラデルフィアで応急船団用にコンクリート製の船やはしけを建造する仕事に携わった．船名は不明

図 6　鋼船　汐路丸（東京海洋大学練習船）

図 7　第一武智丸（手前）と第二武智丸（奥）安浦漁港，排水量 2 300 トン，長さ 64 m，幅 10 m（兵庫県高砂市にて 1944 年 5 月建造）

だが，このころに造られた船がコンクリート船の最初であろう．

日本でも第二次大戦中に鋼材が不足したためにコンクリート船が開発された．武智丸（図7）は1944年に建造されたが，現在は防波堤として使用されている．構造部材の厚さによる貨物の積載効率や曲線形状の製作が難しいため推進性能などについては鋼船に劣るが，強度や耐久性については十分な能力があるものと考えられている．船ではないが船を係留する浮桟橋（ポンツーン）にはコンクリートで造られたものが見られる．

f. アルミニウム船

比較的小型の船舶にはアルミニウムで造られた船が見られる（図8）．鋼に比べて錆びにくいことや，軽量であることが特徴としてあげられる．

g. FRP船

船体を強化プラスチックで作成したFRP船も比較的小型の船舶には多く見られる．母型を造ると，型にあわせて複数の同形船を比較的安価に造ることができるので，海事系の学校で漕走練習するカッターやプレジャーボートなどに広く用いられる．（図9，図10）

[庄司邦昭]

図8　アルミニウム船
　　　やよい（東京海洋大学所属）

図9　FRP船　カッター（東京海洋大学所属）

図10　FRP船　あさま
　　　（鳥羽商船高等専門学校所属）

1.2 さまざまな船の分類
推進機関による分類

　初期の船の推進機関は人力，畜力などが主流であった．その後，大型の船で大西洋を横断するようになるには，これらの力では難しく，自然の力である風力が利用されるようになった．さらに産業革命を経て機械力が導入されてくると船舶の推進機関としてのエンジンが作られるようになってきた．ここでは機械力としての推進機関について分類する．

a. 蒸気往復動機関

　機械力が船の推進機関として用いられたときに，最初に用いられた．ボイラーにより蒸気を作り，蒸気をシリンダーの中に注入して，シリンダー内のピストンを上下運動させ，クランク軸へ回転運動として伝達される．最初に機械力が用いられたのはこの蒸気往復動機関と噴射推進器によるもので，1782年にアメリカのワシントンD.C.とアレキサンドリアとの間に就航した80フィートの船であった．

b. 蒸気タービン

　蒸気タービンの歴史は古く，その原理は古代アレキサンドリアの工学者かつ数学者であったヘロン（10〜70年ごろ）が考案したさまざまな仕掛けの中に「ヘロンの蒸気機関」とよばれるものがある．これは蒸気を円周上のノズルから噴出させることで回転力を得るもので，人類史上で蒸気機関が登場した最初である．現在の反動式蒸気タービンの原型とされる．

　実際に船舶用に使用されたのはチャールズパーソンズ（1854〜1931）によって造られたタービニアにおいてである．タービニアは排水量44.5トン，3基のタービンで，3軸に9個のスクリュープロペラを持ち，出力合計2 400馬力，速力35ノットであった．1897年6月26日に行われたビクトリア女王即位60周年の記念大観艦式においてポーツマス軍港港外において高速航行し注目を集めた．その後，大型船にも使用されるようになった．

図 1　ヘロン蒸気機関

図2 セランディア

c. ディーゼル機関

　1897年にドイツのルドルフディーゼル（1858-1913）が実用化に成功した内燃機関である．内燃機関とは燃料をエンジンの内部で燃焼させるもので，シリンダーの中でガソリンに点火するガソリン機関も同様である．エンジンの外で燃焼させるものは外燃機関であり，燃料を燃やしてボイラーで蒸気を作り，蒸気をシリンダーの中に送る蒸気往復動機関や蒸気を羽根に吹き付ける蒸気タービンなどが相当する．

　ディーゼル機関では，空気を圧縮して高温になったところに重油を霧状にして送り込み爆発させるので，ガソリン機関のような点火装置はない．

　ディーゼル機関を搭載した最初の船は1912年にデンマークで建造されたセランディアである（図2）．

d. ガスタービン

　蒸気タービンにおける蒸気に代わって燃料の燃焼などで生成された高温のガスによりタービンを回し，回転力を得る機関である．重量や体積の割に高出力が得られることから，現在ではほとんどの航空機（ヘリコプターを含む）に用いられ，また，始動時間が短く冷却水が不要なことから非常用発電設備として，さらに1990年代から大規模火力発電所においてガスタービンと蒸気タービンの高効率複合サイクル発電（コンバインドサイクル発電）としても用いられている．

　船舶用のガスタービンは，主機関に使用する他に船内発電用として，また，船に限らず地上のものと同様に非常用発電機のエンジンとして使用される．主機関として使用される場合には，一般的な減速歯車経由でプロペラ軸へと接続されるものと，発電機で発電した電力で電動機を駆動するターボエレクトリック方式がある．減速

歯車を使用するものでは，逆転用の歯車を組み合わせるものは少なく，可変ピッチプロペラによって後進を行うものが多い．

　軽量大出力の艦艇用機関としてガスタービンエンジンを最初に採用したのはイギリス海軍で，1958 年に進水したブレイブ級哨戒艇に使用されている．世界初のガスタービン推進の大型艦といえるのは，1962 年から建造が始まった旧ソ連海軍の満載排水量 4 510 トンの 61 型（カシン型）ミサイル駆逐艦である．イギリス海軍は 1966 年に 14 型フリゲートの一艦をロールスロイス社の推進機関に改造して試験を行った．以後のイギリス海軍ではガスタービンと蒸気タービンとの組み合わせによる推進機関を経て，1973 年の 21 型フリゲートや 1975 年の 42 型駆逐艦でオール・ガスタービン化されている．1980 年に竣工した満載排水量 20 500 トンのインビンシブル級航空母艦は当時世界最大のガスタービン推進艦であった．

　これらの国々に続いてアメリカ海軍では 1973 年に竣工したスプルーアンス級駆逐艦や 1976 年に竣工したオリバー・ハザード・ペリー級ミサイルフリゲートが航空エンジンを舶用に転用したガスタービンによる推進機関を採用している．

　海上自衛隊では，11 号型魚雷艇などに航空用エンジンを転用したガスタービンを搭載するとともに，昭和 29 年度計画乙型駆潜艇「はやぶさ」に防衛庁技術研究本部と三菱重工業長崎造船所が共同で開発し，製造したガスタービンがディーゼル機関と組み合わされて試験的に搭載された．しかし本機の運用実績は芳しくなく，1970 年（昭和 45 年）に撤去された．その後しばらく，護衛艦の主機には蒸気タービンとディーゼル機関が主機に採用され続けたが，1977 年（昭和 52 年）度計画で，「いしかり」と「はつゆき」型がガスタービン船として建造されることとなり，続く 1988 年の「あさぎり」型でも採用された．エンジンは川崎重工業がライセンスを受けて生産した．1996 年に一番艦が竣工した「むらさめ」型とその改良型である「たかなみ」型は世界的にも珍しいメーカーの異なるガスタービンエンジンの組み合わせによる艦艇である．このように現代の艦艇においてはガスタービン主機が主流となっている．

　民間船舶の多くは熱効率が非常に優れた低速回転ディーゼル機関が用いられている．高速フェリーなどでの軽量化のためや，排気ガス中に含まれる窒素酸化物の排出が少ないことなどから，ガスタービンも徐々に使用され始めている．特に水中翼船，ホバークラフトなどでは主流となってきている．また従来の舶用機関に比べてガスタービンの運転時に発生する音で，低周波成分が少ない点が評価され，大型客船用のターボエレクトリック方式の推進機関の主機として採用された例もある．また 1990 年代半ばの日本では，モーダルシフトに関連して内航船の速度向上をめざす二隻のテクノスーパーライナー（TSL）実験船が建造された．三井造船の空気圧力

式複合支持船型（エアクッション艇）「飛翔」，および川崎重工業の揚力式複合支持船型（水中翼船）「疾風」は，いずれもガスタービンエンジン主機によるウォータージェット推進の高速船であった．

燃費が圧倒的に高く，エンジンそれ自体の価格と保守にかかるコストもディーゼル機関より高額となり，整備のために取り外さなければならないことから船内配置が制約されるなど，ガスタービンは，舶用主機関としては不利な点が多いので，軽量である利点を生かせる用途にのみ使用されている．

e. 電気推進船

電気推進による船舶は，推進機関と推進器を回転させる軸とが直結されておらず，推進機関によって造られた力で発電機を動かし，電気を作り，その電気により電動機を作動させ，推進器を動かす．

したがって，主機がプロペラ軸と直接連結されていたものが，いわば発電機と電動機によって切り離され，それらを電線で結ぶことによって，プロペラ軸のスペースを減らすことができ，機関室の設計における自由度は増す．また従来から船内の照明などのために発電機は備えられていたので，大型化はされるが新しい装置を導入するものでもない．

2003年12月に竣工したクイーンメリーⅡもガスタービンとディーゼル機関で発電し，電動機によりプロペラを回転させている．

最近では主機の代わりに電池を搭載して電池により供給された電力で推進器を駆動させる電池推進船も見られるようになった．電池の性能が向上したこともあり，陸上施設にプラグを差し込んで充電し，一定時間を航行できるようになった．船内の電源はすべて電池で供給できるようになればディーゼル機関のような主機は不要となり，二酸化炭素を発生しない船が出現することになる(図3)．[庄司邦昭]

図3 電池推進船 らいちょう

> 1.2 さまざまな船の分類

推進方式による分類

　船が進むためには周囲の水や空気に対して，推進力を得るために何らかの作用をする必要がある．人力は，船の推進のために，船の歴史が始まって以来用いられているが，人力が使われるときの推進方式としてはオール，日本では櫓や櫂が用いられている．また風を推進に利用していた時代は帆が推進装置として用いられていた．

　産業革命以降，機械力が推進機関として用いられるようになり，機械力にあわせて推進器もさまざまな方式が採用されている．

a. 噴射推進器

　機械力によって動かされる推進器として初めて登場した．1782年，ジャミスラムジーはベンジャミンフランクリンにより提案された装置を長さ約24mの旅客船に実用化し，アメリカのワシントンD.C.とアレキサンドリアの間を就航させた．

　その機構は船内に渦巻きポンプを備えて海水を吸い込み，吸い込んだ海水を噴射口から噴射し，船はその反動で推進する．噴射口の向きを変えることができるようにしておけば，前進，後進，旋回が容易にできる．

　効率があまり良くないため一般には用いられないが，次のような特長があるので，海難救助艇，上陸用舟艇，消防艇などに用いられる．

① 船外に突出する部分が少ないので，損傷のおそれが少ない．
② 噴射口を船の中央付近におけば，船が激しく動揺しても，推進器が水面上に出る心配がない．
③ 渦巻きポンプは船を推進するだけではなく，必要に応じて，船内の排水や消火用にも利用できる．

b. 外車推進器

　船の中央部の両舷，または船尾に水平な回転軸を水面上におき，水車のような形をした外車を備えて回転させ，外車の周囲に取り付けた羽根で水を掻いて船を推進する．船体に対する外車の取り付け位置により，船側外車船と船尾外車船の2種類があり，羽根の取り付け方により，外車と羽根が固定された固定羽根外車（固定翼外車）と羽根が水面にできるだけ直角になるようなリンク機構をもった羽打外車（可動翼外車）の2種類がある．

　初めて外車推進器が用いられたのは1783年7月15日にフランスのジュフロアダバンが長さ45mの蒸気船ピロスカーフをリヨン付近のソーヌ川で15分間走らせたときである．

図 1　コメットのエンジン

1788 年にはパトリックミラーとウィリアムサイミントンが外車推進器を持つ船をダルスウィント湖で走らせた．1802 年にはサイミントンによりシャロットダンダスが建造され，実用上この推進器の性能が評価された．アメリカではロバートフルトンが 1807 年にハドソン川に沿ったニューヨークとオーバニーを結ぶ旅客船クラーモントに使用され，商業的に成功を収めた．イギリスで最初の商業的成功を収めた外車船は 1812 年のヘンリーベルによるクライド川でのコメットであった（図 1）．

1819 年にエンジン付きの船として初めて大西洋を横断したサバンナ，1838 年 4 月 23 日 10 時に機械力のみにより初めて大西洋を横断したシリウス，4 時間遅れで到着したグレートウエスタンはいずれも外車船である（図 2）．グレートウエスタンの成功により，エンジンを使った大西洋定期旅客船航路が開かれた．

外車推進器は当時としては効率も良く，このころの時代にはほとんどすべてのエンジン付きの船に採用された．しかし次のような欠点もあるため次第に螺旋推進器が使われるようになった．

① 推進器が大型のため，回転数を遅くする必要があり，同じ馬力を出す螺旋推進器に比べ，大きく，重くなる．
② 船の喫水が変わると，推進力が変化するので，遠洋を航海する船には不利である．
③ 船が横揺れすると，推進力が著しく低下するばかりでなく，損傷を発生しやすくなる．
④ 波浪の影響により，推進力が変化する．

しかし，河川，湖沼，港湾内などの平水域で，今もなお使用されている．

c.　螺旋推進器

螺旋面を持つ数枚の翼と，それらの翼を保持してプロペラ軸に固定するためのボスとから構成される．螺旋面とは一本の直線がその一端を軸のまわりに一定の角速度で回転しながらその軸に沿って一定の速度で前進するときにできる面である．

翼の輪郭は楕円型，末広型，烏帽子型などがあり，ボスと翼とを一体で作る一体型，翼をボルトでボスに取り付けた組立型がある．

図 2　大西洋を横断した 3 隻の船（右から，サバンナ，シリウス，グレートウエスタン）

螺旋推進器はこのような翼が水中でねじを切るように進むことにより推進力を発生する推進器である．外車に比べ，構造が簡単で効率も良く，故障を起こしにくいため，現在では広く用いられている．

最初に用いられたのは，1804 年にジョン・スティーブンスによりニューヨークの汽船である．スミスやエリクソンがそれぞれ独自の形式の螺旋推進器に対し特許を取るなどにより，認識されるようになり，1838 年には 237 GT のアルキメデスが進水し成功を収めたり，1845 年のブルネルの造ったグレートブリテンがスクリュープロペラを持った船として初めて大西洋を横断したことによっても優秀性が認められるようになった(図 3)．同年にテムズ河口で螺旋推進器船のラットラーと外車推進器船のアレクトが綱引きをして，ラットラーがアレクトを引っ張る結果になることも螺旋推進器に移行するきっかけとなった．

螺旋推進器の利点としては次のようなことがあげられる．

図 3　グレートブリテンの船尾（6 枚羽根のスクリューと舵．スクリューは複製だが舵は当時のまま）

① 比較的，小型で軽い．
② 船体の喫水が変化し，推進器の没水深度が変化しても，推進器の性能に対する影響を受けにくい．
③ 外車に比べ波など水面の変化の影響を受けにくい．
④ 外車に比べ高速度で回転するので，推進機関にとっても都合がよい．

最近では，螺旋推進器に対し，いくつかの改良型が作られている．

(1) 可変ピッチプロペラ

可変ピッチプロペラは翼の角度（ピッチ）を自由に変化させて，所定の角度に機械的に固定する構造としたプロペラである．主機の回転を一定方向かつ一定速度にしたまま，プロペラの翼の角度を変えることにより，前進，停止，後進にできる．引船やトロール船のようなプロペラの荷重の変化の大きい船やタービンのように逆回転のできない機関の船に適している．

(2) コルトノズルプロペラ

コルトノズルプロペラはプロペラの周囲に円筒状のコルトノズルを設け，プロペラの効率を高めるとともに，ノズル自体にも推力を発生させる，スクリュープロペラの改良型である．

(3) 二重反転プロペラ

二重反転プロペラはプロペラ軸を内軸と外軸にして互いに逆回転させ，それぞれの軸端に前後に逆向きのスクリュープロペラを並列で配置した一組のスクリュープロペラである．プロペラ後流の捻れが減少し，直進性に優れるため，以前は魚雷用のプロペラとして採用されていたが，船舶の大型化，高速化に伴い，大出力に対応できる新しいプロペラとして注目されている．

(4) ポッド推進器

ポッド推進器は，モーターとスクリュープロペラを装備した推進器で，初めは砕氷船に開発された．その後，大型客船にも使用されている．2003年3月21日に進水した総トン数148 528トンのクイーンメリーIIには21.5 MWのポッド推進器が4基装備され，一つの船で搭載されたポッドの総出力としては世界最大である．

(5) サーフェスプロペラ

サーフェスプロペラは航走時にプロペラの半分を水面上に露出させた状態で作動させ，プロペラの効率は低下するが，船体付加物の抵抗を減らすことにより，推進性能を高めることができるプロペラである．高速艇のプロペラとして使用されている．

d. 鉛直軸推進器

推進器に船の操縦を兼用させようという考えのもとに作られた推進器である．通

常は推進器を回転させる軸は水平方向に設備されているが，この推進器は水面にほぼ垂直に作られている．

　この形式で，広く用いられているものの一つが，フォイトシュナイダープロペラである．この推進器は鉛直軸のまわりに回転する円盤をはめ込み，円盤の周縁部に櫓の先端のような形をした翼を4～6枚垂直に取り付けたもので，この円盤を船底部で回転させることによって船を任意の方向に推進することができる．この操作はブリッジから行うことができ，前進，後進，旋回はもちろんのこと，その場回頭や横移動，推進器を回転したままでの船の停止も可能である．

　さらにこのような利点だけではなく，舵や軸ブラケットなどが不要になるため抵抗の減少にも寄与する． 　　　　　　　　　　　　　　　　　　　　　　　　[庄司邦昭]

1.2 さまざまな船の分類

航走状態による分類

　船舶にとって浮力をいかに利用するかということは重要なことである．貨物や人を運ぶときに，その重量は浮力などによって打ち消され，船を移動させる力には影響しない．さらに船舶はこのような浮力を利用しつつ，それ以外の力も利用して船全体の重さを支えている．

a．水　上　船

　船が水面上にあり，船体の一部が水面下に入りこむことによって，押しのけた（排除した）水と等しい重さの重量を支えることができる．これを"アルキメデスの原理"といい，この原理を利用していることから，排水量型ともいわれる．現在使われている多くの船舶はこの型に属する．

b．半 没 水 船

　船体を，浮力をつくりだす部分と，荷物を積載する部分に分けた船型である．水面付近の断面積を小さくすることによって，波浪の影響を受けにくくし，造波抵抗（ある程度速い速度で船が水上を動くとき，水から受ける主な抵抗）の軽減にもなる．

　この形式の中で，特に双胴型の船は半没水型双胴船（SSC, semi submerged catamaran の略）とよばれ，魚雷のような形をした2本の浮体にストラット（支柱）を立てて両浮体間にデッキを渡し，その上に操縦室や旅客室が作られている．1981年に建造された「シーガル2」は，672総トン，全長35.9 m，型幅17.1 m，深さ5.8 m，主機としてディーゼル機関2基（8 100馬力），速力（最大）27.0ノット，旅客定員は402名である．

c．滑　走　艇

　船舶が高速で航行すると，ほとんど船体が水面下に入らないで航行するようになる．このとき船体は水の動圧で支えられるので，動圧型ともよばれる．モーターボートなどがこれに属する．ある長さの船に対し，船速が増すと，船首波と船尾波の干渉が起きなくなる．その時点以上の高速で航行すると船舶は滑走状態になる．

　船型としては，船体断面が丸みをもった丸型艇，角ばった断面をもつ角型艇がある．それらの形状を図1，図2に示す．

　丸型艇としては古くは1896年のパーソンズのタービニア，第一次大戦の魚雷艇などがある．図1(a)に示すように，イギリスのNPL（National Physical Laboratory），スウェーデンのLindgren，アメリカ海軍シリーズ63による3種の船型によりシリーズテストの結果が発表されている．

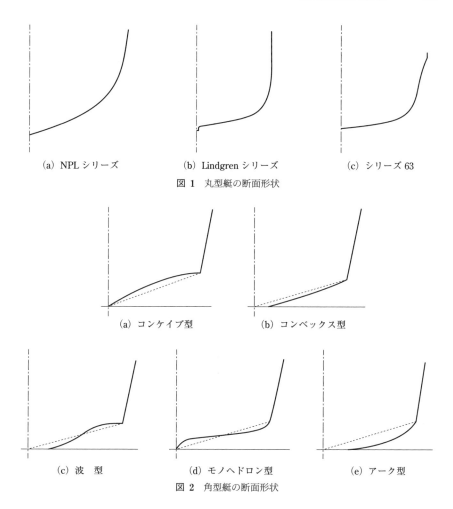

(a) NPLシリーズ　　(b) Lindgrenシリーズ　　(c) シリーズ63

図1　丸型艇の断面形状

(a) コンケイブ型　　(b) コンベックス型

(c) 波型　　(d) モノヘドロン型　　(e) アーク型

図2　角型艇の断面形状

　角型艇は船側から船底に至る途中に大きな角を持つハードチャイン艇と，船側と船底がほぼ直角をなすディープV艇の2種に分けられる．さらに船底部の断面は図2のような5種の形状がある．

d. 水中翼船

　水中翼船に使われている翼は，空気中の飛行機の翼と同様に，その発生する揚力の大部分は翼の上面の圧力低下によりもたらされる．最初の水中翼船はイギリス人のトーマスモイが翼の実験を水中で行うために建造された．1861年にロンドンのサリー運河で船体から出た3組の水中翼により船体が水面から離れたという記録が残されている．

　今日，水中翼船に用いられている水中翼の形式には図3に示すようなものがある．

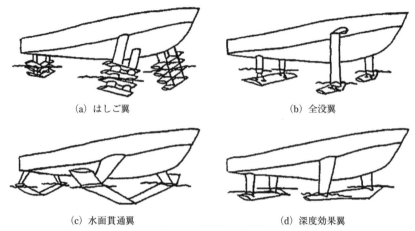

(a) はしご翼 (b) 全没翼
(c) 水面貫通翼 (d) 深度効果翼

図3 水中翼船の翼形状

図3において，全没翼形式以外の翼は固定翼であり，制御することなしに自己安定性を得るように考えられている．全没翼形式は水中の3～4枚の翼が水の上昇流や下降流に応じて，軸の周りで翼全体の傾きを変えたり，後端のフラップを上下させたり，空気を送り込んだりして，たえず揚力を制御して安定性を保っている．

e. 空気クッション船

1959年にイギリスにおいて空気クッションに支えられて海面上を航行する船が現れた．これはSRN1とよばれ，英仏海峡で実験が行われた．

現在用いられている空気クッション装置の例を図4に示す．プレナムチャンバー形式（図4a.）では送り込まれた空気が周辺の壁の下から散逸する．周辺噴射口形式

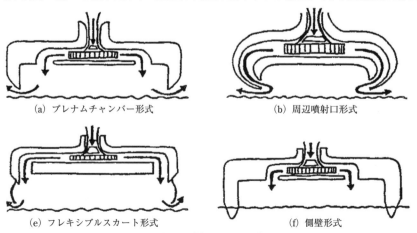

(a) プレナムチャンバー形式 (b) 周辺噴射口形式
(e) フレキシブルスカート形式 (f) 側壁形式

図4 空気クッション船

(同図 b.) では内傾したスリットに沿って吹き下りる空気がクッション圧を外気圧以上に保つ．フレキシブルスカート形式（同図 c.）では浮揚高さを増大させ，比較的波の大きな海面上でも致命的な空気の散逸なしに航行することができる．側壁形式（同図 d.）では空気が船首と船尾でしか散逸しないので，浮力が大きくなり，安定性が増すが，反面で抵抗は増加する．

f. 潜水船

船体が水中にあり，水中を航行する船舶が潜水船である．海底探査船や水中遊覧船などに利用され，小型のものは潜水艇ともよばれる．特に軍用では潜水艦という．水中で航行する船は水面を航行する船に比べ造波抵抗がない分，効率が良い．燃料を燃焼させる空気の供給について，耐圧構造にする必要から船殻が厚くなるなどの問題があるが，今日では有人深海調査船が造られ，なかでも水深 6 500 m まで潜ることができる「しんかい6500」は有名である．

g. 表面効果翼船

水面効果を利用して水面から数十センチメートル～数メートルの高度で航行する船舶である．

水面効果翼船や表面効果翼船（wing-in-Surface-Effect-Ship, SES, Ground Effect Machine（GEM）といくつか異なる名称があるが，いずれも基本原理は同一である．外見は主翼の短い航空機に近く，その翼によって揚力を得て浮上する．ゆえに航空機に準じる速度で航行することができ，一方で水面効果によって大きな揚力を発揮し，通常の航空機では不可能なほどの大重量を搭載できる．また水から受ける抵抗が殆どなくなることも利点として考えられる．それほど普及してはいないものの第二次世界大戦頃から現在まで研究と開発が行われており，民間用や軍用として少なくない数の機体が製造されている．

わが国でも，中国運輸局などが産官学で共同開発をすすめており，試作機の「あかとんぼ」が造られているが，船体と翼は水面上にあり，船外機のみが水面下に設けられている． [庄司邦昭]

図5　あかとんぼ

1.2 さまざまな船の分類

船の個性を表す用語と単位

a. 船　名

　船舶の名前は建造時（進水式時）に命名される．日本船舶にあっては昔から「丸」を末尾に付けることが多く海外からは「マルシップ」とよばれている．丸の由来は定かではなく幼名につける丸や城郭の楼閣の丸からきているなどの説がある．

　一般に，地名（例：東京丸），人名（例：秀吉丸），会社名（例：NYK ANTARES），神社名（例：金比羅丸），山（例：もんぶらん丸）・川（例：天龍丸）・湾（例：OSAKA BAY）といった地形名，橋の名前（例：ごーるでんぶりっじ丸），星の名前（例：スピカ丸）や古典から取る名前（例：大成丸，進徳丸）などが多く見られる．内航船では同一船名の前に番号を付けて同一船主に所属することを示す船名（例：第一浪速丸）を付けているものがある．戦前の戦艦では旧国名（例：大和，武蔵）が用いられた．また，同一船名を継続して名付ける場合もあり，過去の船舶を一世・二世（例：ぶらじる丸二世）で呼称することもある．

　表記には漢字・ひらがな・かたかな・英文アルファベットが用いられ，船首の両舷上部と正船尾に書かれる．文字は有名人，書道の先生や関係荷主の役員などに書いてもらうことが多い．

b. 国籍・船籍港

　船舶は，国民と同じように国籍と戸籍を有している．船舶法で日本国籍船（日本船舶）は，国旗を掲揚し，船体には船舶名称，船籍港，番号，総トン数，喫水の尺度などを標示しなければならないとされている．船舶を旗国に登録することにより国籍を得られるが，便宜置籍船といって実質的な船主の国に登録をせず，税制上などの取り扱いで有利な国に登録する場合がある．主な便宜置籍国として，パナマ，リベリア，マーシャル群島，バハマなどの国々があげられる．

c. 船舶の寸法

　船舶の寸法は，船舶の容積や操縦性能に大きく関係するが，そればかりではなく，港湾の水域施設，例えば航路・泊地の可航幅，水深の設定あるいは岸壁の延長・水深の設定に深くかかわりをもつものである．

（1）長　さ

　船舶の船首尾方向の長さを表す寸法で，全長と垂線間長がある．全長は，船首部の先端から船尾部の先端までの長さを表し，垂線間長は，船首垂線（船首満載喫水線と船首部とが交わる垂線）から船尾垂線（船尾満載喫水線と舵柱線とが交わる垂

線）までの長さを指す．全長は，岸壁の長さ，航路の幅，泊地の直径などを設計する際に基本となる寸法である．また，陸上荷役装置の必要走行距離にも影響を与える寸法である．

(2) 幅

船舶の左右方向の最も広い距離を表す寸法で，船舶の右舷の外板端から左舷の外板端までの長さを全幅という．既存パナマ運河は，特にこの全幅によって航行制限がなされ，最大通航全幅は 32.2 m とされている．また，陸上荷役装置のアウトリーチ（岸壁から海側の荷役可能な距離）に影響を及ぼす寸法である．

(3) 深さ

船舶の上下方向の長さを表す寸法で，船底から上甲板までの垂直距離を深さという．この寸法は，荷役岸壁に設置される荷役設備（コンテナターミナルのガントリークレーン，原油タンカーや液化天然ガス運搬船のバースのローディングアームなど）の高さを設計する上で影響を与え，受入船の荷役が問題なく行われるように配慮する必要がある．

(4) 喫水

船底から水面までの長さを表す寸法である．左右舷の船首，船体中央および船尾

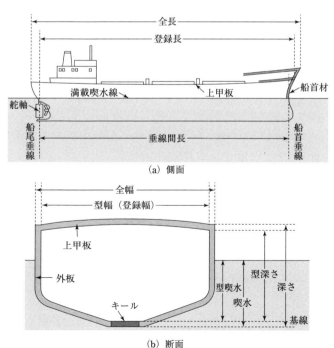

(a) 側面

(b) 断面

図1 船の長さ，幅，深さ，喫水[2]

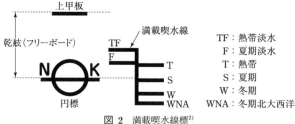

図 2 満載喫水線標[2]

に記されている喫水票から喫水を読み取り，その平均喫水を求め，海水比重を考慮することにより排水量が求められる．穀物，鉱石，石炭などのばら積貨物は積荷前/揚荷前の喫水と積荷後/揚荷後の喫水の差から積荷重量/揚荷重量が求められる．したがって喫水の計測は，貨物の海上輸送にとって大変重要なものである．喫水の読み取りには目視と計器計測が行われるが波やうねりがある場合には船体と波が互いに動揺するので計測しにくくなる．

喫水は，また港湾の水域施設（岸壁，航路，泊地）の水深を設計するのに重要な寸法である．通常，港湾の水域施設は，受け入れ最大船型を目安に設計され，水深についていえば最大入港喫水に余裕水深（船舶航行による浅水影響による船体沈下，ヒービング，ピッチング，ローリングによる船体沈下，変針時の船体傾斜による沈下量や絶対余裕など）を加えた水深が設計水深となる．

d. 機関の出力

機関の出力は，ある排水量の船舶をある速力で単位時間内に単位距離を推進させる仕事量であり，kW で表示される．新造時の試運転時に試験される 100% 出力である「最大出力」，通常の大洋航海をする場合の出力で最大出力の 85〜90% である「常用出力」，主機関の減速・停止を行うことになる船舶の輻輳する海域や入出港時に使用される「スタンバイ出力」がある．

また，主機関の出力がプロペラまでどのように伝わり船体を推進させるかを表す出力として，主機関内部で発生する「指示馬力」，実際に主機関の外部に出されたときの「制動馬力」，プロペラ軸に伝えられる「軸馬力」，最終的にプロペラに供給される「伝達馬力」，船体をある速力で推進させるのに必要な「有効馬力」などがある．出力の単位は，以前は馬力（1 馬力は，75 kg の重さを 1 秒間に 1 m 持ち上げる仕事量）で表されていたが，現在は kW（キロワット，1 馬力は 0.7355 kW に相当する）が使用されている．

航海中，同一出力で主機関を運転しても海気象特に風および波浪による影響で速力（回転数）が増減し，荒天時には静穏時に比べ速力が低下することになる．また，同一出力で主機関を運転しても排水量によって速力（回転数）は変化し，排水量が

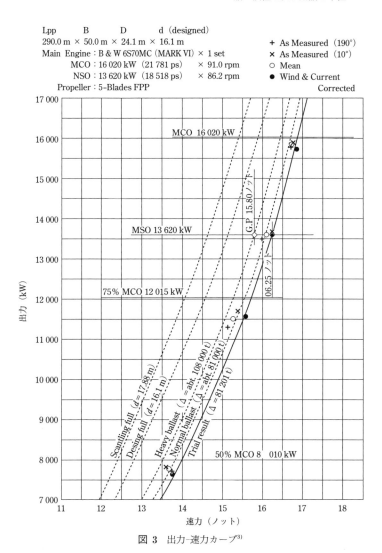

図 3　出力-速力カーブ[3]

小さくなると速力は上昇する．主機関の性能を表すものとして速力と出力の関係を示す図に出力-速力カーブがある（図3）．

e．速　力

(1) 速力の単位

　船舶の前後運動，左右運動の速さを表すもので，通常はノット（1ノットは1 852 m/時）で表示される．また非常にゆっくり移動する着桟時あるいは着岸時の「着桟速力」「着岸速力」はcm/秒で表される．

(2) 速力の分類

　速力の基準となるものによって「対水速力」と「対地速力」に分類される．対水速力は船舶が水に対する運動する速さであり，対地速力は海底面に対し運動する速さである．両者の違いは船舶の航行域の水が動いているかどうかにより発生する．水の流れがない場合には対水速力と対地速力は同一であるが，逆流の場合には対水速力が対地速力より大きく，順流の場合には対水速力は対地速力より小さくなる．河川を航行する船舶を想像すると，このことが理解しやすい．着岸する場合の操船や狭水道を航行する場合の操船には水の流れ（通常は潮汐流）の影響を含む対地速力を正確に把握しないと岸壁との衝突や座礁といった海難事故を起こす危険がある．

　また，船舶の進む方向により速力の名称が異なる．船首方向に進む「前進速力」，船尾方向に進む「後進速力」，タグボートやサイドスラスターを使うことによって発生する左右方向の「正横速力」に分類される．着岸時の正横速力の制御は大切で，過大速力で着岸すると岸壁防護用の緩衝材であるフェンダーを損壊させ，さらに船体外板を損傷させてしまうため非常にゆっくりした速力（数 cm/秒）に制御される．

　その他に，航走する海域で区別する「入港・出港速力」，「着岸・離岸速力」，「航路航行速力」，「沿岸航行速力」，「大洋航行速力」などの分類もある．さらに，機関出力をベースにした最大出力で航走する場合の「最大速力」，常用出力で航走する場合の「常用速力」，主機関をいつでも使用できる「スタンバイ速力」に分類される．船種別に最大航行速力を見ると，一般に軍艦の速力は 30 ノット以上，コンテナ船や大型客船は 20～25 ノット程度，タンカーやバルカーは 15 ノット程度である．

　最近，燃料価格の高騰により回転数を下げて航行する減速航行が採用されることがあり，この場合の速力は「省エネ速力」と呼称される．

(3) 速力の計測

　速力を計測する計器を「ログ」とよんでいる．これは，かつて帆船時代に船尾から扇形をした板（ログ）を投げ込み，これに結ばれた細い索（ログライン）が 14 秒間でどれだけ繰り出されたかによって速力を測定したことに由来する．ログラインには基準点から 7 m（正確には 7.2 m になるがログの移動を考慮して 7 m としていた）ごとに結節（ノット）が付けられていて，例えば基準点の通過から 14 秒後に 4 結節までログラインが出れば速力が 4 ノットとなる．当時の時間測定には砂時計が用いられていた．また，手裏剣のような X 文字型の木片を船首から投げ込み，船首付近の基準線を通過した時刻から船尾付近の基準線を通過した時刻までの所要時間を測定して，基準線間の距離を所要時間で除し速力を求めることもある．現在使用されている船舶に装備する対水速力を測定するログには，静圧と動圧の差を利用した圧力式ログや電磁誘導現象を応用した電磁ログがあり，対地速力を測定するログ

には，船首尾方向に音波を出し両者のドップラー効果現象を応用した音波ドップラーログやグローバル・ポジショニング・システム（global positioning system）を利用したログがある．

f．トン数

船舶の「トン数」は，大きさを容積で表す指標で税金，岸壁使用料，水先料などの算定基準になるため，どのように設定するかは昔から大きな問題であった．幾多の変遷を経て 1969（昭和 44）年，現在の国際海事機関（IMO）である政府間海事協議機構（IMCO）で船舶のトン数の測度に関する国際条約が採択され，現在のトン数測度の国際基準が固まった経緯がある．なお，同条約は 1982（昭和 57）年に発効している．わが国では，「船舶のトン数の測度に関する法律」を施行し，以下のとおり船舶のトン数の定義をしている．

(1) 国際総トン数

船舶のトン数の測度に関する国際条約および同条約の付属書の規定に従い定めた主として国際航海に従事する船舶の大きさを表すための指標である．具体的には，閉囲場所（外板，仕切りもしくは隔壁または甲板もしくは覆いにより閉囲されている船舶内のすべての場所）の合計容積を m^3 で表した数値から除外場所（開口を有する閉囲場所内の場所で当該開口の位置，形態または大きさが国土交通省令で定める基準に該当する場所）の合計容積を除外して得た数値に同省令で定める係数を乗じて得た数値でトン表示をしたものである．

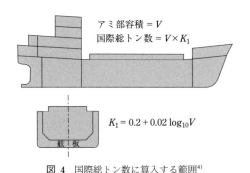

図 4　国際総トン数に算入する範囲[4]

(2) 総トン数

日本における海事に関する制度において船舶の大きさを表すための指標である．具体的には，国際総トン数により算定した数値に国土交通省令で定める係数を乗じて得た数値にトンを付して表示をしたものである．G/T と表記される．

(3) 純トン数

　旅客または貨物の運送の用に供する場所とされる船舶内の場所の大きさを表すための指標である．具体的には，貨物積載場所（貨物の運送の用に供される閉囲場所内の場所）の合計容積をm^3で表した数値から当該貨物積載場所に含まれる除外場所の合計容積を控除して得た数値に当該数値ならびに上甲板および基準喫水線の位置を基礎として国土交通省令で定める係数を乗じて得た数値にトンを付して表示をしたものである．ただし，その数値が国際総トン数の25/100に満たないときは，当該国際総トン数の25/100に相当する数値とする．また，旅客定員が13名未満の船舶も同様とする．旅客定員が13名以上の場合には，旅客定員の数および国際総トン数の数値を基準として国土交通省令で定めるところにより算定した数値となる．N/Tと表記される．

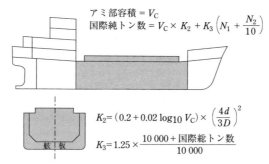

アミ部容積 = V_C
国際純トン数 = $V_C \times K_2 + K_3 \left(N_1 + \dfrac{N_2}{10}\right)$

$K_2 = (0.2 + 0.02 \log_{10} V_C) \times \left(\dfrac{4d}{3D}\right)^2$

$K_3 = 1.25 \times \dfrac{10\,000 + 国際総トン数}{10\,000}$

N_1：定員8名以下の客室の旅客定員，N_2：N_1以外の旅客定員，
D：船舶の中央における型深さ（m），d：船舶の中央における型喫水（m）

図5　純トン数に算入する範囲[4]

(4) 載貨容積トン数（capacity）

　船舶の積むことのできる容積で貨物倉の合計容積を表す指標である．すなわちどのくらいの容積の貨物が積載できるかを表すもので，40 ft^3（立方フィート，英国式採用）あるいは1 m^3（メートル法採用）を1トンとして算定する二つの方式がある．最近では後者が使われることが多い．S/T（Space ton）と表記される．

(5) 載貨重量トン数

　船舶の航行の安全を確保することができる限度内における貨物などの最大積載重量を表すための指標である．具体的には，人または貨物その他国土交通省令で定める物を積載しないものとした場合の船舶排水量と比重1.025の水面において基準喫水線に至るまで人または物を積載するものとした場合の排水量との差をトンにより表すものである．わかりやすく述べると，全排水量から船体重量，乗組員，食料，乗組

員の持ち物，船上の船用品などの重量を差し引いた重量となる．DWT と表記される．
(6) 満載排水トン数（displacement tonnage）

満載喫水状態における船舶の没水部が排水する海水の重量，すなわち，船舶全体の重量を指し，軍艦の大きさを表すのに用いられる指標である．また，座礁した船舶を救助（サルベージ）する際，排水トン数は必要浮力を算定するための重要な指標となる．M/T（metnc ton）あるいは K/T と表記される．

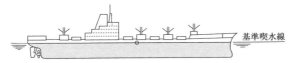
(a) 満載排水量（基準喫水線まで，人または物を積載した場合の排水量）

(b) 軽荷重量（貨物，人，燃料，潤滑油，バラスト水，タンク内の清水および，ボイラ水，消耗貯蔵品ならびに旅客，および乗組員の手回品を積載しない状態における排水量）

図 6 載貨重量トン数[5]

g. 載貨能力

船舶の載貨能力は，船舶の有する載貨容積トン数と載貨重量トン数によって決定される．真の載貨能力（重量）は，載貨重量トン数から燃料，清水，乗組員，食料，乗組員の持ち物，船上の船用品などの重量を差し引いた重量となる．真の載貨能力（容積）は，載貨容積トン数からブロークンスペース（積付け時に発生する貨物と貨物あるいは貨物と船体との空間および積付け資材の容積）を差し引いた容積となる．また，実際に積まれる貨物容積と貨物重量は積載される貨物の性質によって異なってくる．すなわち，容積勝ちの貨物の場合には満載喫水にはまだ余裕があるものの載貨容積が満載となり，重量勝ちの貨物の場合には貨物容積にまだ余裕があっても満載喫水に達し満載となる．そのため一般貨物船ではフル・アンド・ダウン（full and down，貨物艙が一杯で，満載喫水に達している状態）を理想の貨物積載状態としている．自動車船は，標準車種の最大積み付け可能台数が載貨能力となり，コンテナ船では 20 フィートコンテナ換算（TEU という）で何個のコンテナが積載できるかを公称の載貨能力としている．

h. 乾舷と航行区域

乾舷は国土交通省令である満載喫水線規則に定められており，乾舷用深さ（乾舷甲板）の上端から満載喫水線までの垂直距離であって，船舶の復原性に関係する指

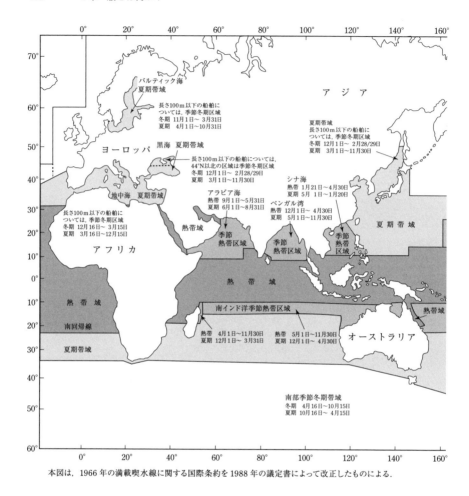

本図は，1966年の満載喫水線に関する国際条約を1988年の議定書によって改正したものによる．

図7　満載喫水線帯域図[6]

標である．一般に乾舷が大きい船舶は，波浪の打ち上げも少なく，また浮力が大きくなり復原性能が良い状態となる．航行時の乾舷は，貨物積載量すなわち運航喫水により変化するが，満載喫水線規則によって船舶の乾舷（喫水）に応じて船舶の航行区域が季節によって定められており，航行帯域・航行区域には夏期帯域（夏期乾舷），北太平洋季節冬期帯域（冬期乾舷），北大西洋季節冬期区域・北大西洋季節冬期第1帯域および第2帯域（冬期北大西洋乾舷），熱帯帯域・季節熱帯区域（熱帯乾舷），夏期淡水区域・帯域（夏期淡水乾舷），熱帯淡水区域・帯域（熱帯淡水乾舷）に区別されている．

[津金正典]

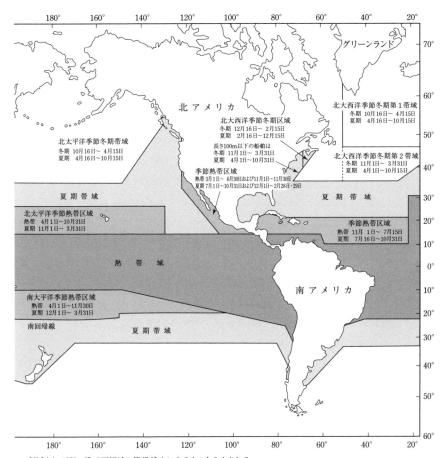

[注] (1) 下記の港は両区域の限界線上にあるものとみなされる．
　　　Ho Chi Minh City. Valparaiso. Santos, Hong Kong, Sual, Port Darwin, Aden, Berbera.
　　(2) 二つの帯域または区域の境界線上にある港は，船舶が通過してきた，または進入しようとする帯域または区域の中にあるものとみなす．
　　(3) ---WNA満載喫水線が適用される大西洋の部分の限界線．

参考文献

1) トン数法研究会：トン数法の解説，海文堂，1985，p. 75．
2) 池田良穂監修：プロが教える船のすべてがわかる本，ナツメ社，2009，pp. 94, 98．
3) Universal Shipbuilding Corporation：船長のための操船資料，2003，p. 9．
4) 中部運輸局海事技術専門官（船舶測度官）：パンフレット「船のトン数とは？」
5) トン数法研究会：トン数法の解説，海文堂，1985，p. 46．
6) 海上保安庁：大洋航路誌，2002，図1.26．

1.3 船旅

客　船

a. クルーズ市場

　船によるレジャーの多様化の中で，クルーズの定義は特にない．客船に乗ることを目的として船内でのレジャーや滞在，洋上ライフを楽しむことがクルーズの共通概念といえる．21世紀に入りクルーズ船の市場は拡大傾向にある．北米マーケットで展開するクルーズ会社と旅行社で組織するアメリカ団体 CLIA（Cruise Lines International Association）によると2014年のクルーズ人口はおよそ2130万人，2000年のクルーズ人口は1002万人であって倍増している．現在成長をみせているのは欧州各国とアジアである．北米は2000年690万人，2014年1001万人，イギリスは2000年80万人，2014年172万人，ドイツは2000年28万人，2014年169万人，アジア（日本を除く）は2000年1万人以下，2014年133万人である．日本のクルーズ人口は国土交通省海事局外航課調べでは2000年21万64人（含む内航フェリー24人）2014年23万14人（含む内航フェリー500人）である．

b. ビジネスモデルとしての客船区分

　現在，欧米では大衆クルーズ市場開発を目的にメガシップを競うように建造している．大型化し大衆受けするリーズナブルの価格でクルーズを楽しめるモデルである．一方従来の5〜7万総トンのクルーズ船できめ細かなサービスをセールスポイントにしている船もあり，ビジネスモデルによりクラス化が図られている．クルーズ船はそのサービス内容と価格帯により大きく4つに区分される．

（1）カジュアルクラス（マスクラス）

　1泊あたり100米ドル前後のクルーズである．日数は3日から7日間で決まった港を発着するクルーズである．代表はカリブ海で大型の5万総トンから15万総トンの船が就航している．カジュアルクラスのクルーズは現在アジアにも拡大してきている．有料のレストランを多くしたり，カジノのスペースを広げたり，託児所を設けるなどしてファミリーユースにも対応している．

（2）プレミアムクラス

　1泊あたり200米ドルを超すクルーズ料金である．日数は7日から14日程度になる．アラスカや地中海などのベストシーズンに就航したりする．乗客定員は500人から1000人程度で2万総トンから10万総トンの船が多い．

（3）ラグジュアリークラス

　1泊あたり350米ドルから400米ドルで，2週間から3か月以上のクルーズ日数を

有する．乗組員1人当たりの乗客数は2人以下でサービスを行っている．ベストシーズンの北アメリカ東岸や，欧州，地中海航路，パナマ運河通行航路や世界1周航路と航路のバラエティが多い．

(4) ブティッククラス

小形の豪華客船によるクルーズで1泊あたり600米ドルを超える．1万総トン前後の船が多く，極地クルーズやベストシーズンの世界各地を回る．きめ細かいサービスを提供することを売りにしている．乗客定員は500名以下が多い．

上記(1)から(4)の区分は欧米流のサービスであり，日本籍のクルーズ船の場合，独自のサービスがあるが，あてはめるとすれば，プレミアムクラスかラグジュアリークラスである．

c. 船内の設備

船内の設備は大きく分けて乗客全員が使うパブリックスペースと客室に分けられる．パブリックスペースには，レストラン，シアター，バー，サロン，サウナ，スパ，プール，ショッピングアーケードやカジノなどである．パブリックスペースについては船の規模やクルーズ会社のカラーが出ている．多くのフロアの後方にパブリックスペースを配置した「バーチカルタイプ」と特定のフロアにパブリックスペースを全面的に配置した「ホライゾンタイプ」がある．パブリックスペースをいかに楽しむかもクルーズの醍醐味である．

客室は大きく分けてスタンダード，ミニスイート，スイート]がある．客室は基本的には，面積，配置，客室内の付帯設備（バスタブ，シャワー，ベット数など）によってグレードが決まり，クルーズ料金が決まる．

(1) スタンダード

設備としては部室面積は15～18平方メートルのスペースがあり，窓付き，窓なし，ベランダの有無によって料金が異なる．部屋の設備は基本にはホテルと同じでベッド，テーブル，椅子，テレビ，電話，洗面所，トイレ，シャワー，タンスである．定員は2名だが，このクラスの場合4名の場合もある．4名の場合はベットが壁や天井に昼間は格納される．

(2) ミニスイート

ミニスイートの場合は部室面積は30平方メートル前後で，寝室と居室が分かれている．ベランダ付の船の場合はほとんどベランダが付いている．

(3) スイート

概ね部室面積は50平方メートル以上あり，広々とした居室と寝室がある．浴室もあり，展望も考えて上層階にあることが多い．

どんなタイプの客室を選ぶかは予算と好みによる．低料金の客室で，パブリック

スペースを徹底して楽しむリピーター（何度もクルーズ船に乗り楽しんでいる人）も多い．キャビンのタイプは海側に面したベランダ付き，大型窓付きのアウトドアキャビン，インサイドキャビンは窓なし，プロムナードなど通路に面した窓付きがあり，車いす対応キャビンもある．初めてのクルーズの場合はベランダ付のミニスイートの客室が無難である．解放感のある大海原も楽しめ，天候や時間もわかりやすい．リピーターの中には再度同じキャビンの利用を要望したりする場合もあるが，旅行社，クルーズ会社に早めに連絡することで要望がかなうことも多い．

d．クルーズ船のスタッフとクルー

（1）乗組員

大型クルーズ船は2000人以上のスタッフ，クルーが乗船している．したがって国籍は数10か国になり国際的なチームで働いているといえる．船内は分業システムでそれぞれのスタッフやクルーが決められた職務を分担している．スタッフやクルーは制服（ユニホーム）を着ているのでそれによって役職や職務がわかる．

職員には4本から1本の金色のラインが縫い込まれており，階級を示している．キャプテン，スタッフキャプテン，チーフエンジニア，ホテルマネージャーなどの責任者は4本，1等航海士，1等機関士，クルーズデイレクターなどは3本である．台座の色で職種を表しており，キャプテン，航海士は金色のラインのみ，チーフエンジニアや機関士は紫色の台座に金色のライン，ホテルスタッフは白地の台座に金色のラインである．

クルーズ船の船内の仕事を大きく分けると船の運航と旅客サービスのホテル業務といえる．全体をとりまとめているのがキャプテンとなる．

（2）運航部門

キャプテン：船長，全部門の最高責任者

スタッフキャプテン：副船長，安全運航の責任者

チーフエンジニア：機関長，エンジン，船内の空調など機関部門の責任者

クルーズドクター：船医

オフィサー：職員の総称

クルー：船で働く船員の総称

（3）ホテル部門（サービス部門）

ホテルマネージャー（ジェネラル・マネージャー）：サービス部門の総支配人

チーフパーサー：インフォメーションから船内サービス担当の責任者

パーサー：金銭の管理，キャビンの管理などを行う

クルーズディレクター：イベントの企画や説明，パーティーのアレンジなど運営企

［企画の総責任者］
ツアーディレクター：寄港地でのオプショナルツアー，シャトルバスの手配など．
［寄港地でのイベントの責任者］
コンシェルジェ：旅客対応のサービス掛，一般ホテルのコンシェルジェに相当．
クルーズコーディネーター：外国船クルーズなどでは日本人客に対応する案内．
［相談のスタッフ］
レストランマネージャー：メートルディーとも呼ぶ，メニュープランからテーブルサービスまでの責任者，一般ホテルのレストランマネージャーに相当．
チーフシェフ：総料理長．
バトラー：元来は執事の意味．ラグジュアリークラス以上のサービスの船で導入されている．
キャビンアテンダント：キャビンの掃除をしたり，アメニティグッズの交換をしたりするサービススタッフ．船によっては，スチワード，スチワーデスとよぶこともある．

e. 国内外のクルーズ会社等

(1) 国内のクルーズ会社

わが国では1989年に本格的なクルーズ客船が登場し1991年までに続々と就航した．また，世界的には海外旅行ブームの中でクルーズ振興の波が起こったが，日本市場では長引く景気低迷もあり，クルーズを利用する日本人乗客数は，1989年の15万人から2009年の16万人とほぼ横ばいであった．2013年，日本チャータクルーズが客船事業から撤退し，現在運航しているのは三井客船「にっぽん丸」，日本クルーズ客船(株)の「ぱしふぃっくびいなす」，郵船クルーズ(株)の「飛鳥II」の3船である．

(2) 外国クルーズ会社との主な販売代理店

欧米のクルーズ会社は従来までのブランド名を残しながらもM&Aが繰り返され，現在では(1)カーニバル・コーポレーション系列，(2)ロイヤル・カリビアンクルーズ系列，(3)スタークルーズ系列，(4)アポロ・マネージメント系列，(5)その他，独立系という4資本系列に集約されている．

日本において，海外のクルーズ会社の企画は，販売総代理店（GSA）をとおして日本では販売されている．主な販売総代理店とクルーズ会社を表1に示す．

(3) クルーズ事業関係団体

内外の主な関係団体には（一社）日本外交旅客船協会（JOPA），CLIA（Cruise Lines International Association（米）），PSA（The Passenger Shipping Association（英））などがある．

［井上一規］

表 1 外国クルーズ会社の主な販売代理店（2013 現在）

国内の販売総代理店名	外国クルーズ会社
アンフィリオン・ジャパン(株)	カーニバルクルーズライン，シークラウト・クルーズ，ルイス・クルーズ，オーソドックス・グルーズ，リバージュ・ト・モンド，アヴァロン・ウォータウェイズ
インターナショナル・クルーズ・マーケッテイング(株)	シルバーシー・クルーズ，ルフトナー・クルーズ，アクア・エクスペディション，ザワード，ザンベジクイーン，ポールゴーギャン
(株)MSC クルーズジャパン	MSC クルーズ
(株)オーシャンドリーム	アラヌイ・クルーズ，バイキングリバークルーズ，ユニワールド，ヨーロビアン・ウォーターウェイズ，アッサムベンガル・ナビゲーション
(株)オーバーシーズトラベル	コスタ・クルーズ，ホーランド・アメリカ・ライン，シーボーン・クルーズ・ライン，ディズニー・クルーズライン
(株)カーニバル・ジャパン	キュナード・ライン，プリンセス・クルーズ，シーボーン・クルーズ・ライン
(株)クルーズライフ	クァーク・エクスペディション，アンタークティカ21，ポーラー・ラティチュード
(株)ジェイバ	ブルマントゥール・クルーズ，カンパニー・デュ・ポナン，オリオン・エクスペディション・クルーズ
スター・クルーズ・ピーティーイー・リミテッド(スタークルーズ日本オフィス)	スタークルーズ，ノルウェージャンクルーズライン
セブンシーズリレーションズ(株)	ウインドスター・クルーズ
(株)ツムラコーポレーション	タリンク・シリヤ・ライン，DFDS シーウェイズ
フッティルーテン・ジャパン	フッティルーテン(沿岸急行船)
(株)ティーアンドティー	オーシャニア・クルーズ
(株)ターミナル	シーボーン・クルーズ，ホーランド・アメリカ・ライン
マーキュリートラベル(株)	カンパニー・デュ・ポナン，サガ・クルーズ，ルイス・クルーズ
(株)ミキ・ツーリスト	ロイヤル・カリビアン・インターナショナル，セレブリティクルーズ，アザマラ・クラブ・クルーズ，
(株)メリディアン・ジャパン	ルイス・クルーズ，スター・クリッパーズ
郵船クルーズ(株)	クリスタル・クルーズ，ハパグロイド・クルーズ
郵船トラベル(株)	ディズニークルーズライン
PTS リージェントオフィス	リージェント・セブンシーズ・クルーズ

参考文献

1) クルーズアドバイザー認定委員会 編：クルーズ教本（平成 26 年版），日本外航客船協会．
2) 飯田芳也：わが国におけるクルーズ発展の可能性，城西国際大学紀要，第 19 巻第 6 号 (2010)．

1.3 船旅

客船の就航水域

　クルーズ船の旅行では船そのものを楽しむ目的と行き先を楽しむ目的がある．目的の海域の検討も重要である．日本人観光客の多いエリアとしては，アジア，オセアニア，南太平洋，エーゲ海，カリブ，ハワイ，パナマ運河などがあげられる．今日は世界的にクルーズブームでもあり，世界中の海に大型クルーズ船が就航している．
　クルーズにはサービスする海域の人気や季節，気候などの特性を考慮して一定のコースを定期的に周遊する定点型クルーズと，船そのものの特性を生かしてルートを毎回変える不定期周遊クルーズがある．それぞれの海域のベストシーズンにあわせて就航しているので，行きたいときに行きたいコースがあるか事前に確かめる必要がある．北欧のクルーズシーズンは6月から9月半ば，エーゲ海・地中海は3月から10月と冬の間クルーズ船は就航せず，それらの船は暖かいカナリア諸島めぐりやカリブ海へ船が移動していることが多い．アジアクルーズやミクロネシア・ポリネシアクルーズは気候がよく通年クルーズが楽しめる．日本旅客の場合7泊以下のショートなクルーズ利用が多かったが，2013年以降8泊以上のクルーズを楽しむ傾向が見えてきた．

表1　外航クルーズ泊数別乗客数推移　　　　　（単位：千人）

泊　数	2012年	（シェア）	2013年	（シェア）	2014年	（シェア）
1泊	23.5	19.5％	28.6	20.7％	18.3	13.3％
2泊	3.8	3.2％	3.4	2.5％	3.6	2.6％
3〜4泊	15.2	12.6％	27.8	20.1％	14.7	10.7％
5〜7泊	51.0	42.4％	53.2	38.5％	45.5	33.0％
8〜13泊	16.9	14.0％	17.9	13.0％	48.6	35.3％
14泊〜	9.9	8.2％	7.1	5.1％	7.0	5.1％
乗客数	120.3	100.0％	138.1	100.0％	137.8	100.0％
人泊数	1119.5		1022.4		1231.7	
平均泊数	9.3泊		7.4泊		8.9泊	

［国土交通省海事局外航課調べ（平成27年5月15日）］
　（注）　1．人泊数は各クルーズ客数に泊数を乗じたものである．
　　　　 2．端数処理の為合計値が合わない場合がある．

a．海　域

（1）アジア
　アジア各国を周遊する日本発着のクルーズと上海，シンガポール，香港などのハ

表 2 アジア各国の主な発着地

国 名	発 着 地
韓 国	釜山(Busan), 済州島(JeJu Do), 仁川(Inchon)
中 国	大連(Dailan), 煙台(Yantai), 青島(Qingdao), 上海(Shanghai), 厦門(Xiamen), 香港(Hong Kong)
台 湾	基隆(Jilong), 高雄(Gaoxiong)
ベトナム	ハロン(Ha Long Bay), ホーチミン(Ho Chi Minh City)
タ イ	レムチャバン(Laem Chabang), プーケット島(Phuket)
ミャンマー	ヤンゴン(Yangon)
マレーシア	ペナン(Penang), ポートケラン(Port klang), コタキナバル(kota Kinabalu)
シンガポール	シンガポール(Singapore)
モルジブ	マーレ(Male)
フィリピン	マニラ(Manila), セブ(Sebu), エルニド(El Nido)
ブルネイ	ムアラ(Muara)
インドネシア	バリ(Bali)
イ ン ド	チェンナイ(Chennai), コーチン(Cochin), マンガロール(Mangalore), ゴア(Goa), ムンバイ(Munbai)
スリランカ	コロンボ(colonbo)

ブポートを発着する周遊クルーズが主体である．航海期間は 2 日から 6 日が多い．アジア各国の主な発着地を表 2 に示す．

(2) オセアニア・南太平洋

　寒い冬の日本を離れ暖かいオーストラリアやニュージーランド，南太平洋の島々を日本発着の定番クルーズとして人気が高い．また航空機を利用して，ポリネシア海域やハワイ諸島にわたり周囲をクルーズするのも人気がある．オセアニア・南太平洋地域の主な発着地を表 3 に示す．

表 3 オセアニア・南太平洋地域の主な発着地

国 名	発 着 地
オーストラリア	シドニー(Sydney), ケアンズ(Cairns), ブリスベーン(Brisbane), ホバート(Hobart), メルボルン(Melbourne), フリーマントル(Fremantle)
ニュージーランド	オークランド(Auckland), ウエリントン(Wellington), ピクトン(Picton)
仏領ポリネシア	タヒチ(Tahiti), ボラボラ(Bora Bora), パペーテ(Papeete), モーレア(Moorea)
ニューカレドニア	ヌーメア(Noumea)
ミクロネシア	チューク島(Chuuk Island)
北マリアナ諸島連邦	サイパン(Saipan)
アメリカ	グアム(Guam), ハワイ諸島(Hawaii Island)

(3) 中東・アフリカ

　エジプトの古代遺跡を寄港地から探索，アフリカ南端の都市ケープタウンの訪問などが楽しめる．主な発着地を表 4 に示す．

(4) 地中海，エーゲ海

　5 月から 10 月のシーズンには世界中の客船が集まるクルーズの人気スポットで

表4 中東・アフリカの主な発着地

国　名	発　着　地
アラブ首長国連邦	ドバイ(Dubai)
オーマン	サラーラ(Salalah)
イエメン	アデン(Aden)
ヨルダン	アカバ(Aquaba)
エジプト	サファーガ(Safaga)，ハルガダ(Hurughda)，シャルムエルシェイク(Sharmelsheikh)，ポートサイド(Port Side)，アレキサンドリア(Alexandria)
ポルトガル領マディラ	マディラ(Madeira)
モロッコ	カサブランカ(Casablanca)
セネガル	ダカール(Dakar)
南アフリカ	ケープタウン(Cape Town)，ダーバン(Durban)，ウォルビス・ベイ(Walvis Bay)

表5 地中海，エーゲ海の主な発着地

国　名	発　着　地
スペイン	マラガ(Malaga)，バルセロナ(Barcelona)，バレンシア(Valencia)
フランス	マルセイユ(Marseille)，カンヌ(Cannes)，ニース(Nice)
モナコ	モンテカルロ(Monte Carlo)
イギリス領ジブラルタル	ジブラルタル(Gibraltar)
イタリア	ジェノバ(Genova)，ナポリ(Napoli)，メッシーナ(Messina)，ベニス(Venezia)
マルタ	バレッタ(Valletta)
クロアチア	ドブロニク(Dubrovnik)
ギリシア	ピレウス(Pilaeus)，ボーロス(Volos)，サントリーニ(Santrini)，ロードス(Rodhos)，コルフ(Corfu)
トルコ	イズミール(Izmir)，クサダシ(Kusadashi)，イスタンブール(Istanbul)
ルーマニア	コンスタンツァ(Constanta)
ウクライナ	オデッサ(Odessa)

ある．ピレウス，ベニス，ジェノバなどの起点から地中海やエーゲ海の島々をめぐる3泊から6泊のクルーズが多い．主な発着地を表5に示す．

(5) 西欧，北欧

北欧は短い夏を楽しむクルーズで人気の地域である．コペンハーゲン，ストックホルム，グダンスクなど北欧の美しい都市を訪ね，太陽のなかなか沈まない長い昼を楽しむ．見慣れた西欧の都市を大航海時代のように海から訪ねるのも人気がある．主な発着地を表6に示す．

(6) 北米，アラスカ，カリブ海

北米西海岸からアラスカ，あるいは東岸のニューヨーク，ハリファックス，マイアミなど人気が高い．マイアミ，フォートローダーデールはカリブ海のフライ＆ク

表6 西欧，北欧の主な発着地

国 名	発 着 地
ポルトガル	リスボン(Lisbon)，ポルト(Porto)
イギリス	リバプール(Liverpool)，サウサンプトン(Southampton)，ドーバー(Dover)，ロサイス(Rosyth)
アイルランド	ダブリン(Dublin)
フランス	ルアーブル(Le Havre)，オンフール(Honfluer)，ボルドー(Bordeaux)
ベルギー	アントワープ(Antwerp)
オランダ	アムステルダム(Amsterdam)，ロッテルダム(Rotterdam)
ドイツ	ワルネミュンデ(Warnemuende)，ハンブルグ(Hamburg)，キール(Kir)
デンマーク	コペンハーゲン(Kopenhagen)
エストニア	タリン(Tallinn)
ロシア	サンクトペテルブルグ(Sankt Petersburg)
ポーランド	グダニスク(Gdanisk)
スウェーデン	ストックホルム(Stockholm)
フィンランド	ヘルシンキ(Helsinki)
ノルウェー	オスロ(Oslo)，ベルゲン(Bergen)，ノール岬(Nordkapp)，ホニングスボーグ(Honningsvaag)
アイスランド	レイキャビック(Reykjavik)

表7 北米，アラスカ，カリブ海の主な発着地

国 名	発 着 地
アメリカ	サンフランシスコ(San Francisco)，シアトル(Seattle)，ロサンゼルス(Los Angeles)，ニューオリインズ(New Orleans)，マイアミ(Miami)，フォートローダーデール(Fort Lauderdale)，ニューヨーク(New York)
アメリカ(アラスカ)	ケチカン(Ketchikan)，シトカ(Sitka)，ジュノー(Juneau)，スキャグウェイ(Skagway)，スワード(Seward)，アンカレジ(Anchorage)
カナダ	バンクーバー(Vancouver)，ハリファックス(Halifax)
メキシコ	カボサンルーカス(Cabo San Lucas)，マサトラン(Mazatlan)，アカプルコ(Acapulco)，カンクン(Cancun)，コズメル(Cozumel)
パナマ共和国	パナマ運河(Panama canal)
バハマ	ナッソー(Nassau)
コスタリカ	プンタレナス(Puntarenas)
英領ケイマン諸島	グランドケイマン(Grand Cayman)
ジャマイカ	オーチョリオス(Ocho Rios)
プエルトリコ	サンファン(San Juan)
アンティグア・バーブーダ	セントジョン(Saint John)
米領ヴァージン諸島	セントトーマス(Saint Thomas)
オランダ領	キュラソー(Curacao)，アルバ島(Aruba)
フランス領	マルティニーク島

ルーズの拠点でもある．主な発着地を表7に示す．

(7) 南米，南極

　世界最南端のウシュワイア市を起点に南極クルーズ専門の客船もある．主な発着先を表8に示す．

表 8 南米,南極の主な発着地

国 名	発 着 地
チ リ	バルパライソ(Valparaiso),プンタレナス(Punta Arenas)
ブラジル	サルバドル(Salvador),サントス(Santos),リオデジャネイロ(Rio de Janeiro),ベレン(Belem)
アルゼンチン	ウシュワイア(Ushuaia),プエルトマドリン(Puerto Madryn),プエノスアイレス(Buenos Aires)
南 極	アイチョ島(Aichoisland),クーバービル(Cuverville Island),リビングストン島(Livingston Island),デセプション島(Decdption Island)

(8) 国内クルーズ

 日本の国内クルーズは,日本一周,九州一周などの周遊型と東北三大祭り,各地の花火大会といったイベントを組み込んだクルーズなどがある.夏休みやクリスマスシーズンなどには,首都圏,関西圏,九州圏を起点にした手軽なワンナイトクルーズが定番化している.またアジア圏などの国際クルーズの国内寄港部分だけを販売する国内クルーズも多い.

(9) リバークルーズ

 日本では大型の船舶が航行できる河川はないが,欧州のドナウ川,セーヌ川,エジプトのナイル川,南米のアマゾン川など世界には多数ある.船舶は小型であるが客室の設備を充実させた客船がこれらの川でリバーククルーズを展開している.代表的な船社はバイキング・リバー・クルーズ,ユニワールド,AMAウォーターウェルズなどである.

参考文献
1) クルーズアドバイザー認定委員会編: クルーズ教本(平成26年度版).
2) 坂井保也監修,池田宗雄著:船舶知識のABC(全訂),成山堂書店(2002).

1.3 船旅
客船の楽しみ方

a. 「船」そのものが目的

クルーズ客船旅は，飛行機や電車と異なり，客船そのものが"快適な滞在空間"となっていることである．客室に入ったその瞬間から"洋上の別荘"というような感覚になる．船上には，スポーツ施設，カフェテリア，レストラン，劇場，ダンスラウンジ，ショッピングアーケード，カジノなどがある．アイススケートリンク，ロッククライミング（ボルダリング）といった施設のある豪華客船もある．

b. 手ぶらな旅行

自らの客室に荷物を置いてしまえば，下船するまで船上や寄港地で手ぶらな休日を楽しむことができる．陸の周遊旅行のようにスーツケースを引きずりながら移動するわずらわしさから解放される．寄港地での上陸はトランジット扱いなので，パスポートも船に預けたままで楽しめる．一般的には接岸された岸壁にツアーバスが用意されており，それに乗って寄港地の観光を楽しむ．ショッピングバックとカメラを持っての身軽な観光は一般ツアー旅行では考えられない．税関や入国管理の手続きも（CIQ）船内でできるので，航空機の旅行に比べて気軽である．

c. 快適な船内環境

寄港地がジャングルであろうと，孤島であろうと，船の中はシャワーやレストラン，バーもあり，船に一歩入れば快適な生活空間である．

d. 心を癒す空間

ひとたび港を出れば，あたりは360度大海原の中，澄み切った潮風と満天の星を楽しむことができる．心地よい潮風に当たりながらデッキチェアで過ごす一日は心身の疲れを癒してくれる．仕事や日常の雑念から離れて，太陽とともに進むリズムの中で自然のリズムを取り戻す空間が得られる．

e. 船の上でのコミュニケーション

クルーズで知り合った友人とは，クルーズが終わっても陸上で再び集まることが多い．食事や，寄港地での出来事など一つの共通体験を海上コミュニティで得るのでその"フレンドシップ"はまた一味違ったきずなを得る．しかし，毎日はマイペース自由空間である．

クルーズでも団体がベースとなっているインセンティブツアー，洋上スクール，修学旅行ではこういった船上での共通体験を活用している．

f. 多彩な船上イベントプログラム

　早朝のデッキ・ウォーキングから深夜のダンスパーティーやディスコまで船内のイベントは盛りだくさんある．その日の天候や運航状況を考えて数々のゲームやカルチャー教室などのプログラムが作成されている．毎日キャビンに届けられる船内新聞や船内テレビに翌日の予定が紹介されている．参加するのも自由である．外国船の場合は英文主体であるが，日本人スタッフやクルーズコーディネータがいる場合，和訳版を届けてくれる．

g. 安全と防犯対策

　乗船下船の際は厳格な搭乗者チェックが，穏やかな雰囲気の中で行われている．不審な人物や関係者以外の乗船は厳しく制限されている．テロや伝染病などの危険が予測される地域への航海はコースや日程など事前情報をもとに的確に分析してもっとも安全で安定したルートをとる．乗船すると発行される「クルーズカード（パッセンジャーパス）」は船内でのIDカードになる．船内での身分証明書とクレジットカードを兼ねている．船内での決済はこのカードで行われ，下船時の清算となる．

h. 寄　港　地

　クルーズには目的地に移動しているという実感が薄い．船自体がゆったりと移動しているので，クルーズを楽しむ人にとっては，寄港地のほうからやってくるという感じになる．夜遅くまでダンスを楽しんだあと目がさめれば寄港地という具合である．

i. 日常と非日常のバランス

　旅行は日常から離れて非日常の体験をするために行う．いつもと違った環境で心身をリフレッシュするのが目的である．キャビンを別荘代わりに使うクルーズはこの目的にかなうものである．

j. クルーズ客船での一日

　初めてクルーズ客船の旅を申し込んだ人は，乗船前に「毎日が海の上で退屈するのでは？」と心配する人が多いといわれている．しかし，乗船してみると数多くの船上でのイベントやエンターテイメント，ショートミュージカル，マジックショー，ショッピングモールなどがありその心配は杞憂に終わる．ここではクルーズ客船で1日を過ごす一例を紹介しよう．

　日の出．デッキでジュースやモーニングコーヒーを楽しむ．そのあとデッキ・ウォーキング．リドデッキバーやプロムナードデッキのカフェなどではジュースやコーヒー，ビスケットなどを用意して早起きを楽しむ人のためにサービスをしている．

　7時30分ごろ，朝食のサービスが始まる．ダイニングルームやビュッフェレストランで好みによって朝食をとる．日本籍船の場合和食もある．好きな時間にとれる

図1　朝食と朝の運動

ように10時ごろまで朝食サービスをしている．

　9時ごろからフィットネス教室やダンス教室，手芸教室などのカルチャー教室が開講する．同時に開講されるので好みの講座をとるか，プールやジャグジー，プロムナードデッキなど好きなところで過ごす．10時ごろにはカフェで午前のお茶がサービスされている．朝食と昼食を兼ねたい人のための食事も用意されている．

　12時ごろ，レストラン，デッキカフェ，カフェなどで昼食サービスが始まる．天気の良い日にはデッキ上でバーベキューのサービスをしている船もある．ゆったりとした食事の後の13時半ごろには午後のカルチャー教室が開講する．15時ごろカフェでアフタヌーン・ティーのサービスが始まる．夜のディナーやパーティーの

図2　プールやダンス教室

ため，シャワーをあびてドレスに着替えるのもいいだろう．

　18時ごろにはカクテルパーティー，あるいは知人とちょっとビールという感じでパブ風にバーが開いている．ディナーは18時30ごろから．メインダイニングでそ

図 3　夕食とディナーショー

の日のドレスコードに従って夕食をとる．フランス料理，イタリア料理，スペイン料理等シェフが腕によりをかけたディナーである．メインダイニングの席は乗船時に決まっていることが多い．

20 時 30 分ごろ，エンターテイナーによるマジックやショートミュージカルなどのメインショーがグランドステージで始まる．メインのショーは船内新聞やテレビでプログラムが知らされている．22 時ごろにはダンスホールでダンスタイム，あるいはカジノ，ショッピング，ナイトシアターなどの好みのナイトライフを楽しむのもいいだろう．23 時ごろには夜食のビュッフェがレストランで用意されている．

25 時にはおおよそのサービスが終わり，全体が静かになる．1 日を各人の好みで食事や行動を選択して過ごしている．カルチャー教室やパーティーの情報などは船内新聞や船内テレビで事前に知らされている．一日静かにデッキ，カフェ，図書室などで読書するのもよい． ［井上一規］

1.3 船旅

船旅の計画

a. 企業種によるクルーズプランの分類

　クルーズプランは一般の旅行会社によるものや船旅専門の旅行会社によるものなどさまざまあり，概ね以下のように分類できる．

（1）旅行社の企画によるもの

　旅行会社が企画して募集するものである．旅行社が1隻チャーターして行うものと，クルーズ会社の企画によるクルーズに旅行社の添乗員や，クルーズアシスタントグループをつけて団体で借りているものもある．

（2）クルーズ倶楽部など船旅専門の旅行社の場合

　船旅専門会社がクルーズ会社企画のものを販売するものがある．予約を受けたあと，クルーズの説明会などを開催して同じクルーズに参加するメンバーを事前が会うチャンスをつくるしてクルーズに行く前から楽しみを盛り立てる企画もある．

（3）クルーズ会社独自の企画によるもの

　クルーズを運航するにあたって，日数，ルート（コース），寄港地，予算等クルーズ会社が計画し企画する．クルーズ会社のスタッフが寄港地の観光（ショア・エクスカーション）も現地に赴き検討している．

（4）クルーズアドバイザーの利用

　クルーズアドバイザーとは，クルーズアドバイザー認定委員会（事務局は日本外航旅客船協会）がクルーズ旅行に関するスペシャリストとして認定するもので，クルーズコンサルタント（C.C）およびクルーズマスター（C.M）の2段階で構成さる．さまざまなクルーズ会社や旅行社企画のプランから自分にあった旅行計画を立てる早道になる．クルーズによっては契約のタイミングによる特典や旅行会社が多くの客室を抑えているなどのインセンティブも活用できることもある．

b. 追加オプション

　乗船そのもの楽しみに加えて寄港する港での観光ツアーはセールスポイントの一つである．船が快適な宿泊施設なので，列車や車で行かれないところを訪れることができる．南極や氷河地帯，ジャングル，孤島などの大自然の中の寄港地を快適な状態で尋ねることができる．ショア・エクスカーションはクルーズが売り出されると同時にオプションツアーとして販売されることが多い．ビザやポートチャージの手配がある場合もあるので事前の予約が必要である．

c. 予約

(1) 予約金

クルーズの運航には長時間の準備が必要になる．そのため，販売は一般パッケージツアーに比べて早くから開始される．世界一周クルーズなど，2年前に企画され，1年半前から販売される例もある．したがって，予約が開始されるのも早いので予約金の早期支払いが行われており，予約金の支払いで正式の予約となる．

(2) 最終支払い

クルーズ料金の最終支払いは出港の3, 4か月前というケースが一般的である．陸上ツアー旅行は直前まで発生しないのと異なる．外国クルーズにおいては90日前からキャンセル料が発生するものもある．

クルーズ料金は，このほかにポートチャージ，船内消費の支払い，チップ，燃油サーチャージがある．

(3) キャンセルチャージ

日本籍船による日本発着の長期クルーズでは，一般の海外旅行約款が適用されるが，海外発着のクルーズの場合，往復に航空機を利用するので，一般の海外旅行と同じ標準旅行業約款が適用されている．標準旅行業約款では出発の30日前からキャンセルチャージの対象になっているが，多くの外国のクルーズ会社の旅客運送約款では45〜120日前からキャンセルチャージの対象になっている．

(4) キャンセル保険について

日本船の世界一周クルーズのような91日以上のロングクルーズでは5か月前からキャンセルチャージが発生する．また外国船による海外のクルーズでは4か月前からキャンセルチャージが発生するものもある．本人やキャビン予約者の故意ではなく，やむ得ない事情によるキャンセルについて保険が商品化されている．クルーズの販売に当たっては必ずキャンセル保険の内容を説明することが義務付けられている．

(5) さまざまな特典

クルーズ料金は航空運賃や一般のパッケージツアーの料金のように半年から3か月前になって決まることはない．ロングクルーズなどは2年も前から販売ネットワークで世界的に販売される．供給量が限られているので「早期販売・早期手仕舞い」の販売形式である．

販売の期間が長期になるので，クルーズ会社ではさまざまなクルーズ料金の特典を設けている．例えば，クルーズ中に次のクルーズを船内で予約する「オン・ボード・ブッキング」，リピーター向けの特典，早期予約の特別料金，同伴者として別室を申し込む場合の特典，3人目，4人目に対する家族特別割引などあるので予約する前に確認するとよい．

d. 乗船のガイド

　旅行会社企画のクルーズでは，まず各旅行会社に問い合わせるとよい．クルーズ船運航会社の企画クルーズにおいては，クルーズ会社の窓口，クルーズデスクなどに問い合わせるとよいが，最近はインターネットでの申込ができ，必要事項を記入して送ると返信がくる場合が多い．

e. 申し込み後の手続き

　クルーズ出発日の約1か月前に（ワンナイトクルーズでは10日前ぐらいに），日程表やオプショナルツアー申込書，バゲージタグ，その他乗船の案内などが送られてくる．日程表にはクルーズ中のイベントやドレスコード，寄港地でのオプショナルツアーについても記載されている．出発の約2週間前に乗船券が届く．日本発のクルーズの場合，出発日前に船に手荷物が届くように宅配便で送る準備をする．

f. 旅行保険について

　旅行中の万一の病気・傷害や事故，荷物の紛失などに備えて，出発前に任意の旅行保険へ加入する．特に海外クルーズでは，海外旅行保険の加入を旅行社から求められる．

g. 乗船当日の一般的な流れ

(1) 乗船受付

　港に到着後，受付にて乗船券を提出すると，乗船カード（乗船証兼部屋の鍵）が渡される．乗船カードは乗船中のIDであり，船内でのショッピングやカジノなどの支払いを行えるクレジットカードのような機能ももつ．精算は下船前に行う．

(2) 手荷物の預かり

　大きな手荷物は，乗船受付時に係員に預け部屋まで運んでもらう．日本乗船の場合，宅配便で事前に送っておけば，部屋の前まで運んでおいてもらえる．

(3) 出国手続（海外クルーズの場合）

　パスポート（旅券）を出入国管理官に提出し，検印を受ける．税関の手続もここで行なえる．船の着岸している岸壁，あるいは客船ターミナルでこれらの手続きが行える．

(4) 乗　船

　乗船口では，乗組員の出迎えがある．セキュリティチェックも兼ねており，乗船カードを見せてから乗船する．船の方でも歓迎の雰囲気をつくっている．

(5) 下　船

　乗船中の船内でのショッピング，有料の飲食，オプショナルツアーなど乗船カードを提示して支払った代金を精算する．クレジットカードを登録しておくとよい．2泊3日以上のクルーズの場合，日本での下船ならば宅配便で自宅に荷物を送ることができる．海外での下船の場合，荷物を客室の前に置いておけば岸壁まで運んでくれる．

[井上一規]

2章　海を渡る（航海）

2.1　航　海
航海の目的と方法　航海の条件　航海の安全と危険　航海の歴史

2.2　運　航
航路：船のルート　船員　航海計画

2.3　航行支援
航行支援設備　航行支援情報

2.4　操　船
船の性能　操船方法　機関運転管理と機関保守管理　航海計器　国際機関と関連法規

2.5　海難事故
海難　衝突　乗揚　沈没　火災　漂流

2.1 航海

航海の目的と方法

a. 航海の目的

　船種によりそれぞれ航海の目的は異なる．船舶の業務から航海の目的を見ると以下のようである．

① 商船（貨物を輸送する船舶）は，積載された貨物を揚荷港まで損傷・変質・滅失することなく安全に輸送することが航海の目的である．

② 客船は，運航スケジュールに従って乗客に船旅を楽しんでもらいながら航行することを目的とする．

③ 調査船や観測船は，航行中あるいは洋上停船中に水路調査，海気象観測，資源探査を目的とする航海を行う．

④ 漁船は，漁労を目的とする．

⑤ 練習船は，実習生の訓練を目的とし航海を行う．

⑥ 巡視船・漁業監視船は，海難救助，航行管制，密航船・密漁船や不審船の取り締まりなどを航海の目的とする．

⑦ 軍艦は，有事に備えた訓練や軍事行動を航海の目的とする．

⑧ 海上工事を行うクレーン船などの作業船は，工事現場間の移動を航海の目的とする．

⑨ 大型船の操船を支援するタグボート・エスコートボートは，港内・湾内での支援作業あるいは他港への応援作業のための港間の移動を航海の目的とする．

⑩ ヨットやレジャーボートは，レジャー航海を目的とする．

　このように船舶はそれぞれ異なる目的をもって航海を行っている．

　また，船舶の運航面から航海の目的を見ると，出発港を出港し目的港（到達港）まで安全に到達することである．ただし，客船の1日クルーズとか，調査船の洋上調査航海のように出発港と目的港が変わらない航海もある．原則としてある港を出港したら，出港届に記載した当初の目的港に向かって直行航海することが船長に義務付けられている．さらに，複数港を寄港する場合には往航・復航別あるいは両者をあわせた航海といった仕分けがされている．すなわち往航では空荷で積地に向かう航海を目的とし，復航は貨物を積載して揚地に向かう航海を目的とする．そして両者全体を通じての貨物輸送に係る航海という目的をもつことになる．

　一方，往航で積荷を複数の寄港地で順番に揚げ，すべて揚げ切ってから復航を開始し複数の寄港地で積荷を順番に行うような航海では，それぞれの港間における航

海ごとに目的が存在する．コンテナ船の場合には複数の寄港地を定期スケジュールに従って揚荷・積荷を同時に行いながら巡回する航海を行うが，この場合の航海の目的は，スケジュールどおりに運航し予定された貨物を揚積みすることとなる．

b. 航海の方法

航海には出発港から目的港に直行する航海，あるいは複数の寄港地を巡回する航海などいろいろなタイプが存在するが，ここではまず，出発港と目的港の2港を直行で結ぶ航海の方法について，具体的にどのように航海をするのか概要を述べる．

ある航海の目的港が決定したら，航海計画の立案に入るが，まず海図カタログを利用して当該航海に使用する複数の関係海図を揃える．海図が揃ったら大縮尺海図を用いて大まかな針路線（コースライン）を設定する．このとき，水路誌などに記載されている常用航路や推薦航路の有無を調べ，ある場合にはこれを参考とする．次に使用海図に予定の針路線を記入する．沿岸航法では針路に沿った顕著な陸上物標を利用して，その近辺に変針点を順次設定し，変針点間を直線（針路線）で結ぶ．そしてその針路線の進行方位（針路）を同直線の上側に記入する．この場合，通常海図は上部方向が真北に設定され右回りに360°を取られているので，三角定規を使い針路線の方位を求める．引き続き2変針点間の距離を求める．距離は海図の緯度を用いて算定されるので，2変針点をデバイダーの両足で刺し，その両足間の長さを針路線と同緯度付近の緯度尺に当てて，緯度差（距離）を分単位（マイルに相当）で読み取る．この作業を出発点から目的港の最終到達地点まで各変針点間で繰り返しすべての針路と全距離を確認する．

航海に際しては，適当な時間間隔で船位が設定された針路線付近にあるかどうか確認しつつ，変針点に至れば次の針路に変針し，再び針路線を維持するように航行していく．もちろん他船との見合い関係から衝突回避のための避航操船，あるいは

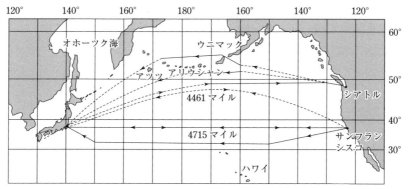

図1 北太平洋の航路図（点線部が大圏航路）[1)]

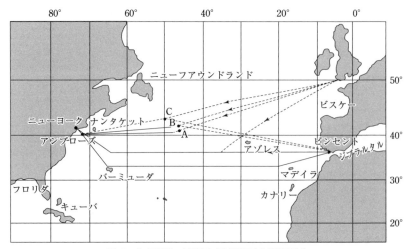

図2 北大西洋の航路図（点線部が大圏航路）[1]

漁船群との遭遇を回避する操船がその都度取られることになる．この避航操船が済み無事回避したら再び針路線に戻る針路設定を行うか，あるいは次の予定変針点に向かう新しい針路線を設定するか決定し，それぞれの措置をとる(2.2 運航「航路：船のルート」を参照)．

　大洋航海の場合，特に高緯度海域で東西方向に長距離にわたり航海する場合には最短距離となる大圏航法が採用される．この航法を採用する場合，一般に使用する漸長海図上に針路線を描くと曲線になるので厳密にいうと常時変針する必要があるが，これは厄介なことなので大圏針路線沿った形で，通常1日単位で同一針路を航行する航法が採用される．ただし，針路線上で荒天が予想される場合には，計画航路を変更し荒天域を避ける避航航路がとられることはいうまでもない．日本の港をベースにとると北米，パナマ運河，南米西岸への航路には大圏航路が採用されている (2.2 運航「航路：船のルート」を参照)．

　針路の一定の航程線航路と大圏航路との距離差を横浜～サンフランシスコで比較すると約250マイル (1マイル=1.852 km) である． ［津金正典］

参考文献
1) 渡辺加藤一：特殊航法と航海計画, pp.195〜199, 海文堂 (1965).

2.1 航海

航海の条件

a. 航海の環境的条件

　船舶が航海を行う場合には，船舶を取り巻く環境の影響を強く受ける．環境は，自然環境，交通環境，航行支援環境に分類されるが，それぞれの環境は船舶が航行する水域に応じて変化する．

(1) 自然環境（海気象・地形）

　船舶にとってもっとも楽な航海は，天気がよく，雨・風・波浪がなく，海面が静穏で視界が良好な海気象状態である．これに対して強風や高波浪にさらされる場合には，プロペラの露出や船首尾が上下する縦揺れ，船体が左右に揺れる横揺れ，あるいは上下動が激しくなるため，動揺の小さくなる針路に変更や減速を行い船体損傷や転覆を防ぐ処置をとらなければならない．また，豪雨，霧による視界不良時には衝突防止のため減速し，霧中信号の吹鳴を行いながら低速で航行する必要がある．時には航行を止め投錨し霧が晴れるのを待つこともある．

　昼夜の別も船舶航行に影響を与える．大洋には海域によってほぼ一定方向に流れる海流が存在するし，沿岸水域には潮汐による水面の上下動と潮流がある．さらに冬季には，流氷が発生し船舶の航行に環境を与える．タイタニック号の氷山との衝突事故は有名である．

　地形面では，航行水域が制限される狭い海峡や内海域，喫水の制限を受ける浅水域，多数の島々やサンゴ礁が点在する危険な水域といった地形が船舶航行に強い影響を与える．また，スエズ運河やパナマ運河あるいは河川のような特殊な航行を行う環境もある．特に運河では船団航行が行われるという特徴がある．

(2) 交通環境（船舶の航行状況）

　船舶は，他船との衝突を回避するため，航行時にはできるだけ船舶が輻輳していない海域を望むが，海峡，湾の出入り口，河川，港付近など，必然的に船舶が集まる水域を航行しなければならない環境におかれることがしばしばある．この環境は，船長に対し衝突防止という操船面において緊張を強いることでストレスを与える厳しいものである．事例としては，日本では来島海峡や関門海峡，外国ではシンガポールおよびマラッカ海峡があげられる．一方，大洋航海においても漁船の操業海域（サケマス漁の海域）やイカ釣り漁船群の操業する三陸沖の沿岸海域などでは，輻輳水域と同様に当直者に緊張を与える環境が存在する．

　最近では海賊の発生するソマリア沖の水域も船員にとって脅威をもたらす交通環

境の一つとして考えられる．

(3) 航行支援環境（情報）[1]

　上記の交通環境が厳しい海域や港湾では航行分離帯の設定と航行規定の制定，航行域を示す灯浮標の設置などの支援が行われている．さらに陸上局や監視船による交通情報の提供・航行管制，航行警報といった支援を行う航行支援施設（一般に vessel traffic searvise，ポートラジオとよばれる）が設置されるなど船舶航行環境が整備されつつある．日本では海上保安庁が運用を行っているVTS（マーチスとよばれている）が国内の7カ所（東京湾，伊勢湾，名古屋港，大阪湾，備讃瀬戸，来島海峡，関門海峡），また主要な外航船の入出する港湾には同庁のハーバーレーダーや民間会社が運用するポートラジオが存在し情報提供を行っている．船舶にとっても第三者からの航行支援は船舶安全確保や海難防止の観点から非常に有益なものとなっている．

b. 航海の物理的条件

　船舶には，船種（汽船/帆船/櫓かい船など）・船型（大型/小型など）によって物理的な能力である速力，航続距離，操縦性，復原性，耐航性などが異なる．このことは船舶によって航海能力が異なることを意味し，船舶には遠洋・近海・平水といった航行区域が設定されている．それぞれの航行区域の船舶のハード面の航海能力に対しては船舶安全法などの規則が規定されている．また，その能力を維持するため定められた間隔による検査が義務付けられている．一方，ソフト面の航海能力は，運航者の能力・経験，乗組員数によって差異があり，最低限の能力を確保するために，船舶の総トン，主機関の出力および航行区域によって船舶職員の資格（海技免状）や乗船必要人数が規則により定められている．海技免状については，5年間に1年間の乗船をしない場合には免状維持のための更新講習が課せられている．また，海技免状所有者が海難事故を起こした場合には海難審判により，戒告・免許停止，免許取消しの裁決が下される．

c. 航海の経済的条件

　船舶の費用は船費と運航費に分けられるが，航海の経済的条件としては後者を極力，削減することが求められる．船舶の中でも特に経済性が要求される商船にあっては，航海において極力，燃料消費量を減少させること，価格の安い補油地を選択することなどに努力を傾注している．特に前者にあっては，原則的に最短距離となる航路の選定，荒天海域を回避し予定着時にあわせた減速を導入した最適航路運航が採用されている．そのため効率の良い最適航法を行うためには長期の気海象予測の精度が重要な要素となっている．

　また，船舶に最適航路を推奨する民間のサービスも存在する．もう一方の運航費

である港費(入港税,岸壁使用料,水先料,タグ支援料,綱取り料など)の削減も経済的条件として重要事項であり,寄港地の最適化も図られている.特に寄港地において船混み(バース不足,ストライキ,台風・ハリケーン・サイクロンによる港湾機能の障害発生など)のため長期滞船が発生すると船舶の回転率が悪化し経済性を損なわれることから,配船には工夫が要される. [津金正典]

参考文献
1) 井上欣三:海の安全管理学,pp.30-31,成山堂書店(2008).

2.1 航海

航海の安全と危険

a. 安全の確保[1,2]

　船舶が安全運航を遂行するためには，人（運航者），船舶および環境について考慮がなされなければならない．

　海上には常時，荒天，視界不良，流氷・着氷，津波，落雷といった船舶運航を阻害する自然の危険が存在する．また船舶運航上では火災，衝突，座礁，浸水，機関故障，海賊といった多種の海難を誘起する危険が存在する．そのため人命（船員，乗客），船舶，貨物の安全を確保するハード・ソフトの基準を規定し，ハードに対しては建造検査，製品検定に加え定期的な検査が行われ，ソフトに対しては船員教育，資格・免状・講習などの規定がある．また，海難事故の発生した場合には海技免状を有する船員に対しては懲戒などの裁決があり，さらに事故原因の調査究明が行われている．そして船舶の旗国は国際条約に準拠した国内法を定め，関係主管庁が監督をしている．

　最近では，船舶運航にあたって飛行機のコックピット情報管理（cockpit resource management）を参考とした船橋情報管理（bridge resource management，BRM）の考え方が定着している．船橋において船長あるいは，水先人がただ1人で操船を行うのではなく，当直中の航海士，乗組員，タグ乗組員，陸上支援者といった関係者間の情報の共有化や互いの協調，適切な機器の適時利用を行うことで航海の安全が図られるようになった．船橋のみならず船首尾の係留作業や機関室の機関作業においても同様なマネージメントが取り入れられている．

　また，コンピュータの進歩により実験用あるいは訓練用のツールとして製作された操船シミュレータが積極的に利用されるようになった．海上交通の安全管理の観点からは，交通輻輳の解決や航路・泊地などの港湾計画の策定において，対象水域の海上交通実態調査を行い，その結果を基に海上交通現象のモデル化を図り，そのモデルを操船シミュレータ実験に融合させることで操船者のヒューマンファクターを取り込んだ安全性の予測評価を行うことが可能となり，より実際的な安全対策の立案が行われるようなった．船員の訓練の面ではリアルタイムの操船シミュレータが積極的に利用されるようになった．その結果，学生・航海士・船長・水先人が船橋当直や操船の訓練を行う際に，実際に近い臨場感をもって行うことができるようになり，船舶運航の安全確保に寄与している．

　一方，SOLAS条約では1998年7月から船舶の安全運航の管理を徹底させる対策

としてISMコード（International Safety Code）を強制化し，その結果，船舶管理会社は，同コードに則った安全管理システムを構築し，これを文書化した上で実施し，かつ旗国政府の審査を受け，証書（document of complianceおよびsafety management certificate）を取得しなければ国際航海に従事できないこととなった．この施策は，船舶の安全運航は船舶のみに委ねるものではなく，船舶を管理する会社も含めて総合的に安全管理に向けたとして定着することとなった．

b. 危険の回避[1,2]

　海上固有の危険を回避するために，陸上関係機関から船舶には海気象情報や海賊情報が定期的に提供されている．また航行支援に関する航海情報も随時，提供されている．一方，船主あるいは船舶管理会社は，船舶運航管理規程を設け，船長に安全管理の遂行に努めさせるとともに，船舶の運航マニュアルの中で運航上の手順や遵守事項を定め，船舶の安全運航に努めている．旗国政府は，条約の規定に基づき船舶のハード面の基準を設け定期的な検査を行うとともに，寄港国にあっては自国籍・外国籍にかかわらずポートステートコントロールを適宜実施し，問題点の指摘や不備事項を改善させ，安全な船舶管理・運航が継続されるように監督を行っている．

　前述のa.で述べられているISMコードでは危険に対する予防的措置の観点から，次の事項を規定している．

- 船舶運航時の「安全な業務体制」と「安全な作業環境」の確保
- 予想されるすべての危険に対する予防措置の確立
- 安全および環境保護に関する緊急事態への準備を含めた陸上・海上要員の安全管理技術の継続的な改善
- 適用される強制要件および強制規則の遵守

　これは事故原因の連鎖（ドミノ理論）を断ち切ることをまず目指し，不幸にして断ち切れず事故に至る場合については緊急事態を想定し緊急対応計画を設定することとし，さらに安全管理システムを改善させるスキームとしてフィードバックループ（feed back loop）とよばれるPDCAサイクル「Plan（計画）→ Do（実行）→ Check（検証）→ Action（改善）→ 再びPlan」の実施を求めている． ［津金正典］

参考文献
1) 井上欣三：海の安全管理学，pp. 30-31，成山堂書店（2008）．
2) 新日本人船員・海技者育成基金管理運営委員会：SI実務教本（第一編），P1-C-1～P1-C-18（2013）．

2.1 航海
航海の歴史

　船による航海も，初めのうちは，川を渡る，湖を渡る，といった程度であった．やがて海に出るようになっても，陸に沿った航海が中心であった．
　長距離航海の記録をたどってみると，次のようなことが見られる．
・紀元前 1500 年頃：エジプトでは北アフリカ（プント）との交易をしていた．
・紀元前 7 世紀：フェニキア人がアフリカ大陸を一周した．
・1 世紀頃：ヒッパロスがインド洋を航海した．
・10 世紀頃：バイキングが北大西洋をヨーロッパからアメリカに航海した．
・12 世紀頃から：ポリネシア人がカヌーにより太平洋を航海した．
・15 世紀始め：鄭和により西アジアや東アフリカ航海がなされた．
・1492 年：コロンブスにより大西洋横断がなされた．

　これらを見ると，航海が次第に陸から離れ，大洋を航海するようになっていったことがわかる．このような航海に必要なものが，羅針盤，海図，そして船体そのものの改良であった．ここでは，15 世紀から 19 世紀後半の明治時代に至る主な航海の歴史をたどってみる．

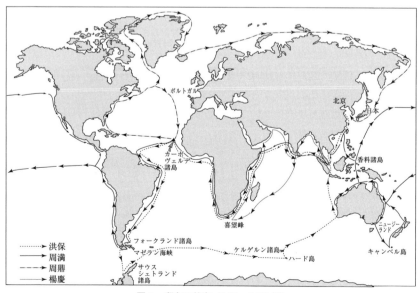

図 1　鄭和の航海（1421〜1423 年）

a. 鄭和の航海

　15世紀初めの中国，明時代の武将である鄭和(1371-1434)の率いる船隊は西アジア，東アフリカさらに大西洋に航海した．コロンブスによるアメリカ発見の航海より半世紀も前のことである．島などにより水域が二方に分かれると船隊を二分して航海を続け，訪問地には痕跡を残している．1421～1423年には，ほぼ全世界をまわったとされている（図1）．

　そのときに使用された，大型の船のことは「宝船」とよばれており，その船の舵心材が北京の中国歴史博物館（現中国国家博物館）に展示されている（図2，図3）．人物の大きさと比較した図を見ても宝船の大きさが想像される．

図2　鄭和の宝船の舵心材

図3　宝船の舵心材

b. コロンブスの航海

　イタリアの探検家であるコロンブスは1492年にサンタマリア(図4)，ピンタ，ニーニャの3隻の船で大西洋横断の航海を行い，アメリカ大陸発見のきっかけをつくった．

　コロンブスの第1次航海は，1492年8月3日にスペインのパロス港を出航し，1492年10月12日午前2時にサン

図4　サンタマリア模型

サルバドル島を発見した(図5)．このときはアメリカ大陸には到達していないがその後の数次にわたる航海ではアメリカ大陸に到達し，このような大洋を横断する航海が冒険ではなく，必ず目的地に到達できるという手段をもったという意義は大きい．

c. マゼランの世界一周航海

　1519年から1522年にかけて，スペインの探検家であるマゼランが指揮する5隻の船により世界一周航海が行われた（図6）．

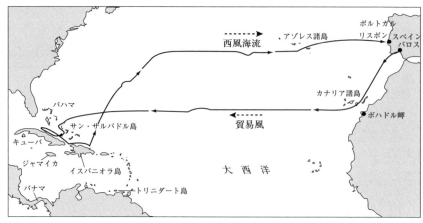

図 5　コロンブスの第 1 次航海
[プリンクボイマー, ヘーゲス「海に眠る船」をもとに作成]

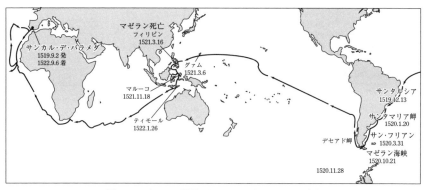

図 6　マゼランの世界一周ルート（1519〜1522 年）

　1519 年 8 月 10 日, マゼランが乗船する旗艦トリニダッド（110 トン), カルタヘーナ船長が乗船するサンアントニオ（120 トン), ケサダ船長が乗船するコンセプシオン（90 トン), メンドーサ船長が乗船するビクトリア（85 トン), セッラン船長が乗船するサンティアゴ（75 トン）の 5 隻がスペインのセビーリアのラムエラ桟橋を離れ, 1519 年 9 月にはギアダルキビル川の河口のサンルカルバラメダ港を出航し外洋に向かった.

　1520 年 10 月 21 日にはサンティアゴを除く 4 隻が後にマゼラン海峡とよばれる南アメリカ南端の海峡に入り, 11 月 27 日にマゼラン海峡を通過し, 1521 年 3 月 6 日にマリアナ諸島を航行した. しかしセブ島に近いマタン島で住民と戦闘を交え, マゼランほか 6 人の乗組員が死亡する. その後ビクトリアただ 1 隻がエルカーノの指

揮のもと18人が乗船し，1522年9月8日にセビーリアに帰還した．

ビクトリアは1992年のセビーリア万国博覧会のときに復元建造されている．当時の記述などから推定して復元したビクトリアは全長25.90 m，キール長さ16.00 m，最大船幅6.72 m，深さ3.32 mである．

d. ドレークの航海

イギリスの航海者であるドレークの乗船したゴールデンハインドは，1577年11月に英国のプリマスを出航したが強風で引き返し，1577年12月に再度，プリマスを出航した(図7)．プリマスを出航後，ベルデ岬諸島，マゼラン海峡，チリ，ペルー，パナマ，サンフランシスコ，フィリピン，インド洋，喜望峰，アフリカ西岸を経て，1580年9月にプリマスに帰港し，西まわりの世界一周を達成した．

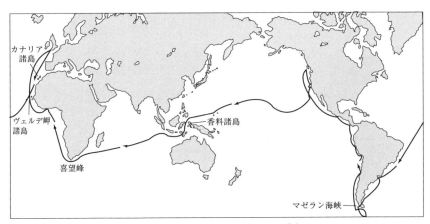

図7 ドレークの航海（1577〜1580年）

図8 ゴールデンハインド（復元）

ドレークとその仲間は地球を一周した最初の英国人となり，初めて指揮官とともに地球一周航海を成し遂げたことになった．この航海は英国の繁栄にとって最も重要な貢献をした．

サーフラン・シスドレークは，1543年頃に英国南部デボン州クラウンデールに生まれた．幼少期に大物海賊ホーキンズ家に寝泊まりする中で航海術を身につけた．地球一周航海の後，1581年4月4日にナイトの称号を授与され，1588年にはスペイン無敵艦隊を破った．

当時の船はおよそ 400 年前に壊れてしまったが，実寸で復元されたゴールデンハインドは 1973 年にデボンで建造された（図 8）。この復元船ではチューダー王朝時代すなわち 16 世紀の戦艦の様子を見ることができると同時に，同時代の船乗りの生活などを体験できる。ガンデッキの低さには驚く。当時の平均身長が 5 フィート 4 インチ（約 163 cm）でドレークは 5 フィート 6 インチ（約 168 cm）だったようである。

諸寸法および性能は，全長 37 m，水線長 23 m，幅 6 m，メインマスト高さ 27 m，セイル面積 386 m^2，排水量 305 トン，帆走速力 8 ノットである。

e. クックの第 3 次航海

ジェームズ・クックは 1728 年英国のヨークシャーで農夫の次男として生まれた（図 9）。庶民の出身であったが，海軍で異例の出世をとげた。1750 年バルト海を運航するメアリーに乗船，1769 年 6 月 3 日の金星の太陽面通過を観測するよう命じられるなど数度の航海を指揮しているが，特に太平洋の航海，博物学への関心など従来の軍事目的以外の航海が特筆される。

図 9 移築されたクックの家
（メルボーン，フィッツロイパーク）

第 3 次の航海は，1776 年 7 月 12 日にクック艦長が乗船するレゾリューションとクラーク艦長が乗船するディスカバリーの 2 隻で英国を出航した（図 10）。1777 年 1 月にタスマニア着，1777 年 12 月 7 日にボラボラ島を出航 1778

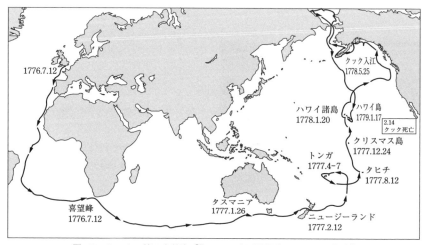

図 10 クックの第 3 次航海［「クック 太平洋探険」をもとに作成］

年1月2日にクリスマス島を出航，1778年2月2日にサンドウィッチ諸島を出航し，1778年8月10日にベーリング海峡に達している．その後，1779年1月17日にハワイにて死亡した．

レゾリューションは，18世紀の英国の小型帆船で1770年に進水，1771年に大改装後レゾリューションに船名を変更した．クックが第2次航海では海軍中佐，第3次航海では海軍大佐として乗船し，史上初めて南極圏への突入を果たした帆船である．3本マスト，排水量462トン，全長33.73 m，キール長さ28.50 m，全幅9.30 m，喫水3.99 mで，武装として6ポンド砲12門，半ポンドスウィヴェル砲12門を持ち，乗組員は110人で，艦載艇はピンネス，大型救命艇などがあった．1782年6月10日，フランスに拿捕され，喪失した．

f. ビーグルの航海

科学者チャールズ・ダーウィンが乗船したビーグルは1831年12月に英国を出発し，1836年10月に帰国するまでの約5年間，南アメリカ，南太平洋，オーストラリア，インド洋などを調査したが，その間ダーウィンは各地の地質，生物を詳しく観察し記録した．

ビーグルは，1831年12月27日に英国のプリマスを出航し，1832年12月1日にはティエラ・デル・フエゴ島に到着，1834年3月にフォークランド諸島に立ち寄り，4月にサンタクルス川河口で修理，6月にマゼラン海峡を通過，7月に南アメリカ西岸のバルパライソに寄港，1835年9月15日チャタム島（現サンクリストバル島，ガラパゴス諸島）着，12月30日にニュージーランドへ寄港，1836年1月にはオーストラリアのシドニー着，1836年10月2日にファルマス港に帰着した（図11）．

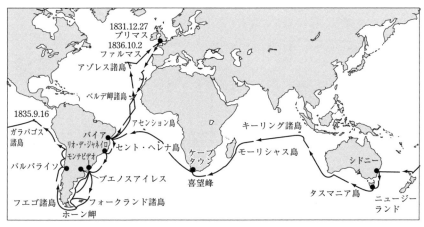

図11　ビーグルの航海（1831〜1836年）
[松永俊男：「チャールズ・ダーウィンの生涯」朝日新聞出版をもとに作成]

ビーグル木造帆船の軍艦で，3本マストバーク型であった．

ダーウィンは1809年2月12日にイングランド，シュロップシャーのシュールズベリーで生まれた．ビーグルによる航海の後，1859年11月22日に「種の起源」を発表し，1882年4月19日に死亡した．

g. チャレンジャー探検航海

チャレンジャー（HMS Challenger）は英国の軍艦，海洋調査船であり，1858年に建造された．本船によって行われたチャレンジャー探検（1872〜1876年）による海洋誌的・生物学的調査は近代海洋学の出発点となった．船名が同じ他のチャレンジャーと区別するため，チャレンジャー6世とよばれることもある．

チャレンジャーは，1872年12月21日に英国のポーツマスを出港，1873年1月3日にリスボンに入港，1873年1月18日にジブラルタル入港，1873年8月27日セントポール岩礁到着，1873年10月28日にケープタウン着，1874年2月16日に南極圏に入り，1874年3月17日にメルボルン到着，1875年4月11日に横浜入港し，日本沿岸を調査し，サンドウィッチ諸島，タヒチ，マゼラン海峡などを経由して，1876年5月24日にポーツマスへ帰港した（図12）．

チャレンジャーは排水量2 343トン，全長226フィート（61 m），船幅30フィート，エンジン出力1 234馬力であり，探検航海の後，1878年に退役し，1921年にスクラップとして廃棄された．

チャレンジャーの航海によって得られた成果は通称チャレンジャーレポートして有名である．この調査によって，世界の海の地形の全体的な様子が初めて明らかにされた．これは航海ルートを見ても，ただ世界一周するだけでなく，大西洋を何度

図12 チャレンジャー航海（1872〜1876年）

か往復するなどによって調査の様子を知ることができる．また海底に至る水温の状態についても調査され深海において水温や密度はほとんど変わらないことを示した．そのほか，海洋における堆積物を体系的に調べ，その分布状況を明らかにするなど，海洋地質学の基礎を築いた．さらに，深海に生物が存在することを示したり，マンガン団塊を採取したり，海洋学の起源をこの航海におくのもごく自然のことである． ［庄司邦昭］

2.2 運航

航路：船のルート

　航路とは一言でいえば船舶の航行する道のことである．しかし海上には一部の水域を除いて陸上の道路のように決められた道があるわけではなく，各船の船長によって航海ごとに都度設定されるものである．船長は，自船の船種（貨物船，コンテナ船，自動車運搬船，バルカー，タンカーなど），載貨状態（満載，半載，軽荷），季節，海気象状態（風況，波浪，潮流），航行距離，船舶航行の輻輳度，昼夜などを考慮して安全航行ができるよう航路を策定している．したがって各船がそれぞれ違う航路を航行することになるが，なるべく短距離の航路を航行したい，極力荒天を避けたい，濃霧を避けたいといった理由などから，航路によっては長年にわたる経験をベースとした推奨航路が存在し，航海者向けの案内書である水路誌に記載されている．この推奨航路は，もちろん船型によっても異なるもので，極端な例をいえば，風を利用した帆船時代の推奨航路と汽船時代のそれとは大幅に異なっている．

a. 航路の分類

　航路は，まず法定航路とそれ以外の一般航路に分類される．法定航路は特定の水域において法律によって設定される航路であって，わが国の場合では港則法によって規定される港内の航路，海上交通安全法によって規定される適用水域内に設定された航路，さらに港湾法によって規定される航路がある．

　法定航路以外の航路は，船長が自由に設定する航路であって，設定される航行水域によって名称が異なる．航行水域で見ると，沿岸航路（湾内・内海航路，狭水道航路を含む）と大洋航路に分けられる．さらに大洋航路は，技術的・地理的な見地から分類される大圏航路，航程線航路，両者を組み合わせた集成大圏航路がある．

　海運会社は，営業上で定期就航する地域を表示するために欧州航路・北米航路・南米航路・豪州航路・ハワイ航路といった航路名の分類を行っている．

(1) 法律上の分類

　日本において航路を規定する法律としては港湾法，港則法，海上交通安全法がある．港湾法は航路の設計基準や維持管理を規定しており，港湾区域内の水域を航路と泊地に区別している．そして，航路は当該港湾に入出する船舶の船型，輻輳度，航路の長短に応じて幅と水深が設定される．港則法と海上交通安全法は，船舶の運用面から航路および航法を規定しており，航路航行時に操船者はその規定を遵守する必要がある．そのような立法主旨の違いから港湾法と港則法の航路は必ずしも一致するものではない．

(2) 港則法上の航路

特定港（喫水の深い船舶が出入できる港または外国船舶が常時出入する港であって，政令で定めるもので現在79港ある）の航路では，船舶に航路航行義務（海難を避けようとする場合，やむをえない事由のある場合を除く），航路内における投錨・曳航解除の禁止義務（危険回避，運転不自由，船舶の救助の場合は除く）が課せられ，また航路内の一般航法として，航路内優先，並列航行の禁止，行合い時の右側航行，追い越し禁止の規定が適用される．さらに，各港にそれぞれ特別航法も規定されている．したがって特定港の航路を航行する場合，操船者は一般航法規定と各港の特別航法を遵守することが要求される．

(3) 海上交通安全法上の航路

本法に定められる航路には浦賀水道航路，中ノ瀬航路，伊良湖水道航路，明石海峡航路，備讃瀬戸東・北・南航路，宇高東・西航路，来島海峡航路，水島航路があり，特別な航法が適用される．特に来島海峡航路は潮流の流向により航行航路が変更するという世界にも類をみない航法が採用されている．一般的航法として，航路内優先，巨大船優先，全長 50 m 以上の船舶の航行義務，速力制限，追い越し信号の吹鳴，行先信号の表示，航路の横断方法，航路への出入または横断の制限，錨泊の禁止といった規定があり，さらに各航路には特定の航法が規定されている．また，巨大船，危険物運搬船，曳航船などには航行に関する通報義務などの特別規定がある．各航路には海上交通センター（VTS センター）が設置され，船舶航行の監視と情報提供が行われている．当該航路を航行する管制対象船の船長は航行時刻を前日の正午までに通報する必要があり，荒天時には予想着時の設定に苦労をしている．

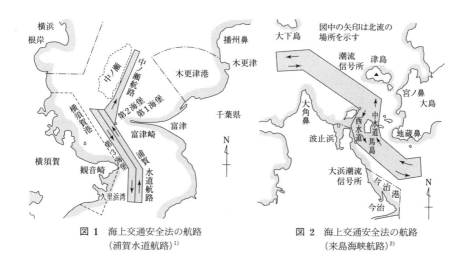

図 1　海上交通安全法の航路
　　　（浦賀水道航路）[1]

図 2　海上交通安全法の航路
　　　（来島海峡航路）[2]

加えて，これらの航路は好漁場と合致していることから漁船の操業が航路内で行われることがあり，一般航行船の船長の悩みの種となっている．

(4) 立地・形状などで分類される航路

航路を立地の面から分類すると，港湾の入出港航路，海峡・狭水道・河川の航行航路，さんご礁内の入出港航路などに分類される．

形状から分類すると直線航路と屈曲航路がある．外国の河川航路はほとんど屈曲航路である．操船者にとって屈曲航路の方が操船上の難しさがあることは論を待たない．

航路水深が航路外水深と一様であるか，航路部だけが深くなっている掘割式であるかによる航路の区別もある．特に大型バルカーが入出港する日本の鉄鋼港湾には掘割式の航路が多い．また，航行距離により短航路と長航路に分けられる（一般に港湾の入出港航路は比較的短く，海峡・水道・河川の航行航路は長い）．水深を補う潮高利用の航路もある．特に海外の鉱石・石炭などの積み出し港湾には高潮時に積み切りを行い，すぐに出港させる航路を有する場合が多い．自然の恵みともいえる潮高を有効活用し，貨物の積載量を増量させるものである．西オーストラリア州の鉄鉱石の輸出港であるダンピア港の入出港航路は有名で，うねりの影響を受ける沖合い航路にはDUKC（dynamic under keel clearance）システムとよばれるユニークな方法が採用され，同航路に設置された波高計のデータから船体動揺量を予測し航行中の余裕水深（船底と海底までの距離）を加味した出港喫水を設定している．

(5) 管制航路

管制の有無から分類すると管制航路と自由航行航路がある．特に，港湾の入出港航路には管制航路が多く，日本の場合には航行時間帯が設定される場合もある．この航路は管制船（大型船）が入出港する場合には，他船の運航を制限することになるため，管制船以外の入出港船舶の船長や水先人は管制状態，管制の切り替え時刻に大変神経を使うことになる．管制により入出時間の制限を受けることになるが，交通流が整流され航行安全上の環境状況が大幅に向上するという利点を有する．一般的に使用される主な管制信号には，X（管制船のみ航行），I（入航船および管制対象船の出航），O（出航船および管制対象船の入航），F（航行自由）があり信号所に標示される．最近では500総トン以上（外航船では300総トン以上）の船舶に搭載されているAIS（automated identification system）から発信されている船舶の全長を判定し互いに行き会える船舶を指定する個別管制が，東京西航路，横浜航路，千葉航路などで採用され始めている．

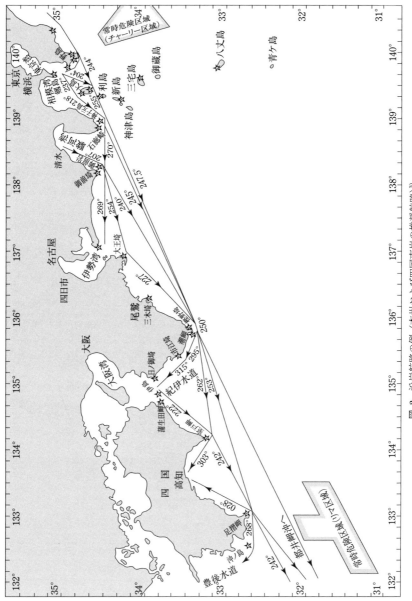

図 3 沿岸航路の例（本州および四国南岸の推奨航路）[3]

b. 沿岸航路

　沿岸航路は，陸岸伝いに航海する航路であって江戸時代の北前船や樽廻船の航路もこれに属する．当時は地乗り航路とよばれ，陸地の著名物標（特に山）を目印にして船位を確認しながら航海をしていた．江戸時代の末期の諸外国との通商航海条約の締結に基づき観音埼のような主要な岬に近代的な洋式灯台の築造が開始され，明治に入って完工している．その後，順次全国に灯台築造が展開され沿岸航路の整備が進められた．そしてこれらの灯台を変針目標とする沿岸航路が順次設定されていった．沿岸航路は，陸岸に沿って船舶の喫水に対し必要な余裕水深がある水域を最短距離で航行するように設定される．したがって一般に大型船と小型船では陸岸からの離隔距離が異なり，大型船は小型船に比べ沖寄りの航路を航行する場合が多い．また，沿岸航路には，沿岸に沿って航行する航路に加えて狭水道航路も含まれる．これには湾内航路，海峡航路あるいは水道航路といったものが含まれる．

　沿岸航路は，船舶も輻輳している上に付近に浅所，障害物などが存在している水域に設定されるので，航行時には正確な船位の確認，他船との衝突回避が常に要求されることになる．

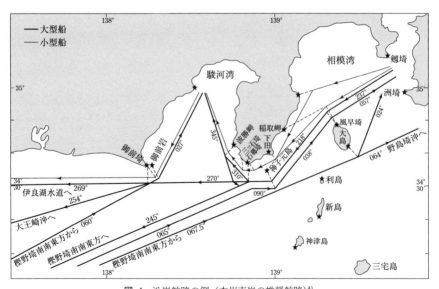

図 4　沿岸航路の例（本州南岸の推奨航路）[4]

c. 大洋航路

　大洋航路は，沿岸あるいは島沿いに航海するのと違い，陸岸が目視あるいはレーダーで確認がまったくできない水域の航路である．大洋においてどのような航路を

航路：船のルート　153

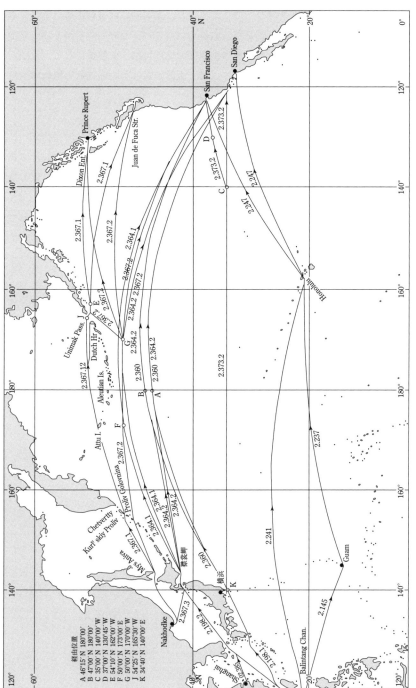

図 5　航路図（太平洋航路の例）[5]

採用するかは季節，船舶の性能などにより異なり，基本的には最短距離の航路を選択する．最短距離はいわゆる大圏航路（曲線）になるが，この大圏航路とは出発地点・到着地点および地球中心を含む地球横断面の切り口が示す曲線になる．大圏距離は，高緯度になるほど，東西にわたるほど，距離が長くなるほど航程線航路（針路一定の直線）との距離差がでる．

d． 迂 回 航 路

船舶の危険を回避するために，常用航路とは違う航路を採用する．特に台風，ハリケーン，サイクローンとの遭遇を回避するため，進路を予測し，その中心からある距離を離し荒天海域から遠ざかる針路をとる．一般に北半球の場合には台風の進行方向の右半円は風も強く，極力左半円を航行するようする．最近の問題としては，海賊の襲撃を回避するため常用航路よりも陸地から離して航行することが行われている．特にアフリカのソマリア沖では護衛艦艇に守られた特定の迂回航路を複数の船舶が船団を組んで航行している．

e． 分 離 航 路

IMOでは船舶航行が輻輳する水域に対し，分離航路を設定し行き会い関係の船舶どうしの衝突防止を図っている．イギリス海峡およびドーバー海峡の分離航路を図

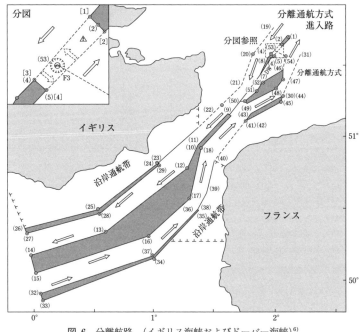

図 6 分離航路（イギリス海峡およびドーバー海峡）[6]

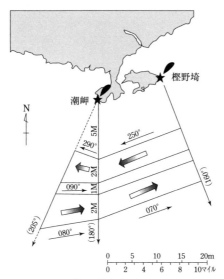

図7 日本船長協会自主分離通航方式
(潮岬沖自主分離通航帯)[7]

に示す.同海峡を東西に往来する船舶は東行・西行用の航路をそれぞれ航行することが義務付けられている.日本では日本船長協会が日本沿岸の船舶輻輳水域に自主分離通航方式を策定し,船舶を一方通航させる自主分離通航帯を設けている.ただし,これは自主的なもので強制力をもつものではない.　　　　　　　[津金正典]

参考文献
1) 運輸省船員局教育課監修:航海科図集,成山堂,1974,p.244.
2) 運輸省船員局教育課監修:航海科図集,成山堂,1974,p.247.
3) 海上保安庁:本州南・東岸水路誌,1991,p.85.
4) 海上保安庁:本州南・東岸水路誌,1991,p.86.
5) 海上保安庁:大洋航路誌(航路図),2001,p.85.
6) 海上保安庁:航路指定(IMO),2004,p.137.
7) 改訂自主分離通航方式,日本船長協会HP(2011).

2.2 運航

船　員

　船員は，船員法により「日本船舶又は日本船舶以外の国土交通省令の定める船舶に乗り組む船長および海員並びに予備船員をいう」と規定されており，「船員手帳」を受有する者である．海員とは船長以外の乗組員を指し，予備船員は船舶に乗り組むために雇用されているが船内で使用されていないものをいう．また，乗り組む船舶により外航船員と内航船員に分類される．なお，船員自身は自らを船乗りと呼称することもある．以前は，日本籍の外航船はすべて日本人船員により，運航されていたが最近は，外国人船員との混乗が一般的である．内航船の場合には，カボタージュ規制によりすべて日本人により運航されている．

a．役　職

　船内の船員は，船長と海員に分類され，かつ海員は職員および部員に分けられている．外航船の場合には，船長および職員は，国家試験に合格し所定の海技免状（一級海技士：航海・機関・通信，二級海技士：航海・機関・通信，三級海技士：航海・機関・通信）を有する者で船長・航海士，機関長・機関士，通信長・通信士の役職がある．航海士は航海当直，機関士は機関当直の責任者となる．また，海技免状を有しないが事務長・事務員も職員とされる．ただし，最近の船舶では客船，練習船などを除き，通信長・通信士，事務長・事務員が乗船することはない．部員の場合は，甲板部に甲板長・甲板手，甲板員，機関部に操機長，操機手，操機員，事務部には司厨長，司厨手，司厨員の役職がある．また，客船のみに存在するホテル部門員の職種があり，LNG船（液化天然ガス運搬船）にはガス航海士，ガス機関士という専門職もある．一般的な貨物船の役職を図1に示す．

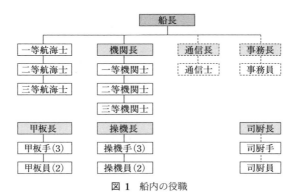

図 1　船内の役職

b. 職　務
(1) 船長の職務
　船長は，船舶の運航に関する権限として「指揮命令権」が与えられている．一方，船長として遂行しなければならない以下のような義務がある．
　① 発航前に船舶が航海に支障がないかどうか検査する義務，航海の準備が整ったら遅滞なく発航し予定の航路を変更しないで到達港まで航行しなければならない航海の成就義務．
　② 船舶が入出港するとき，狭水道を航行するとき，船舶に危険の虞がある場合には甲板で自ら指揮を執る甲板上の指揮義務．
　③ やむをえない場合を除き，自己に代わって船舶を指揮する者にその職務を委任した後でなければ船舶を去ってはならない在船義務．
　④ 自己の指揮する船舶に急迫した危険があるときは人命と積荷の救助に必要な手段をつくさなければならない処置義務．
　⑤ 船舶が衝突した場合には互いに人命および船舶の救助に必要な手段を講じなければならない処置義務．
　⑥ 他の船舶または航空機の遭難を知ったときは人命の救助に必要な手段をつくさなければならない救助義務．
　⑦ 異常気象や船舶の航行に危険を及ぼすものに遭遇した場合の報告義務．
　⑧ 緊急時に備え非常配置表を定め操練を実施しなければならない義務．
　船長は通常の当直に入ることはなく，入出港時，揚投錨時，狭水道航行時，霧中航行時，沿岸航行中で主要地点通過時，正午の新針路決定時，操練時，海難発生時のような緊急時などには船橋に昇り直接指揮をとり必要な命令を下す．大洋航海中は夜間命令簿に当直航海士宛ての必要事項を記載し就寝し不測の事態に備える．また，船入出港時には代理店および官憲（特に税関，移民官，検疫官）と応接し，入出港手続き事務処理を行う．停泊中に Port State Control などの寄港国の官憲による検査があれば対応する．時には本船見学者の対応をすることもある．
(2) 機関長の職務
　機関長は，機関部の長として主機関をはじめとする諸機器の運転，関連機器の保守整備に関する一切の責任を有する．燃料の在庫管理，補油量の決定なども重要な職務である．スタンバイ時以外には機関制御室での機関監視は行わず，通常時は機関室の巡検，保守整備作業の指揮，機関関連の事務処理などを行う．
(3) 航海士の職務
　航海士の職務は国籍，船社によって多少の違いがある．ここでは日本の商船の一般的な職務を紹介する．

一等航海士は，船長に何かあった場合には代行することになる．航海中は通常，4時〜8時，16時〜20時の合計8時間の航海当直に従事する．入出港時には船首のスタンバイ業務に立ち係留作業を指揮する．さらに，投揚錨時には船首に立ち，船長の号令に応じて錨・錨鎖作業の指揮をとる．積荷の管理は一等航海士の重要な職務で，荷役計画・積付図の作成，荷役業者との打ち合わせ，荷役資材の発注，貨物の固縛，危険物荷役の立会など，荷役に関する一切の責任をもつ．また，清水の管理や補水発注も重要な職務である．操練時や海難発生時には船橋の船長の指揮の下で現場監督に従事する．

　二等航海士は0時〜4時，12時〜16時の航海当直に入直する．入出港時には船尾のスタンバイ業務に立ち係留作業の指揮をとる．停泊荷役中は後述の三等航海士と分担して荷役現場の監督を行う．専門的な業務としては，航海計器の保守点検，航海計画の立案，海図の管理（発注，改補を含む）などがある．操練時や海難発生時には一等航海士を補佐し，現場作業に従事する．

　三等航海士は，8時〜12時，20時〜24時の航海当直に入直する．入出港時には船橋にあって船長の補佐としてテレグラフの操作，ベルブック（航行記録，機関操作記録）の記入，水先人の送り迎え，機関室との連絡などを行う．また，当直以外の入出港，荷役などに関する航海日誌の記載などを行う．停泊荷役中は二等航海士と分担して荷役現場の監督業務，バラストの操作，荷役書類の作成を行う．甲板資材の管理も担当する．操練時や海難発生時には船橋で船長を補佐し記録，外部との連絡などに従事する．

(4) 機関士の職務

　機関士は機関長の指揮の下で職務をとる．入出港時および沿岸航海中は機関制御室に一等機関士，二等機関士，三等機関士が交代で入直し，機関運転の監視を行う．大洋航海中は，夜間の機関室を無人化とするMO運転に入り，昼間は機器の整備作業に従事する．各機関士の担当機器は，船社によって多少の違いがあるが，日本の商船の一般的な担当を紹介すると，一等機関士は主機関担当，二等機関士は発電機担当，三等機関士はボイラーおよび冷凍機担当である．またコンテナ船では冷凍コンテナの運転監視は三等機関士が担当する．操練時や海難発生時には機関関連の部署につく．

(5) 甲板部員の職務

　甲板長（通称，ボースン）は，一等航海士の指揮の下に甲板部員を束ねる．航海中は航海当直には入直せず，甲板手，甲板員を指揮して船体整備，甲板機器，甲板資材の保守整備を行う．また，甲板部の器具類と資材の管理を行う．入出港，投揚錨時には船首に立ち，一等航海士の指揮の下に係留および投揚錨作業を行う．停泊

荷役中は，荷役現場で荷役機器の操作，陸上から来る荷役作業員との折衝，あるいは船体整備作業に従事する．

甲板手は，入出港時，狭水道通航時，運河通航時には操舵手として船長の号令の下に操舵を行う．航海中は各航海当直に立ち，操舵，見張り，船内巡検業務を行う．停泊荷役中は，舷門当直（乗下船者の確認，係留索の監視など）と甲板長の指揮下で荷役当直に従事する．甲板員は，航海当直には入直せず，甲板長の指揮の下で船体整備，甲板機器，甲板資材の保守整備に従事する．

入渠中は，一等航海士の指揮の下に造船所との修理契約である修理仕様書により発注されている甲板部関連の工事の完工チェック，あるいは主管庁および船級協会による検査の立会いを行い，修理工事と検査が完全に行われるように努める．さらに，本船が担当する整備作業を実施する．操練時や海難発生時には一等航海士の指揮の下で，甲板部員を率いて現場作業に従事する．

(6) 機関部員の職務

操機長は一等機関士の指揮の下に機関部員を束ね，機関・諸機器の保守整備作業に従事する．また，操練時や海難発生時には同様に一等機関士の指揮の下で，機関部員を率いて現場作業に従事する．機関部員のうち操機手は入出港スタンドバイ，沿岸航海中には機関士とともに機関制御室に入直し，機器の監視・運転に従事する．操機長および操機員は入直せず，航海中・停泊中を問わず機関関連の諸機器の保守整備作業に従事する．また，補油作業にも従事する．

(7) 事務部の職務

事務長の乗船する船舶では事務長，そうでない場合には一等航海士の下で，司厨長は船員の給食および食料の管理を行う．そのため食料の発注，受け取り，船内保管を行う．また入出港時に官憲が乗船時した場合には船長および一等航海士の命令に応じて接待を行う．司厨手および司厨員は調理，配膳，食器洗浄などを行うとともに，必要に応じて司厨長の業務を手伝う．操練時や海難発生時には一等航海士の下で応急器具・資材などの運搬に従事する．

c. 水先人

水先人は，国家から水先免状が与えられた者で，担当する港あるいは水域の事情に精通し，船舶から要請された場合に船長に代わり操船を行う海技者である．以前は，3 000総トン以上の船長履歴3年が水先試験の受験条件とされていたが，最近は従事する船舶の総トン数に応じた一，二および三級の水先人資格が設けられ，一級水先人の受験資格は2年の船長経験に短縮されている．また，三級水先人については，練習船実習を含み1年の乗船履歴で受験可能となった．

水先業務は，港内水先，湾内水先，内海水先などに分類される．最近は，東京湾，

伊勢湾，大阪湾では港内水先と湾内水先が合体し同一水先人が両方の水先業務を行うようになった．現在，日本全国で，北海道には釧路，苫小牧，室蘭，函館，小樽，留萌，本州には八戸，釜石，仙台湾，秋田船川，酒田，小名浜，鹿島，東京湾，新潟，伏木，七尾，田子の浦，清水，伊勢三河湾，尾鷲，舞鶴，和歌山下津，大阪湾，内海，境，四国には小松島，九州には関門，博多，佐世保，長崎，島原海湾，細島，鹿児島，沖縄県には那覇，合計 35 に水先区がある．なお，水先区になっていない港湾，例えば茨城港日立港区，敦賀港，御前崎港などには，水先人免状は所持していない水先類似行為者がおり，類似の業務を引き受けている．

　実際どのように業務を行うかを港内水先の例で説明する．入港船あるいは出港船の船長は船舶代理店を通して水先人事務所に水先業務の依頼を行う．依頼を受けた水先人事務所は，入港あるいは出港予定時刻の少し前に乗船するよう担当水先人に連絡する．入港の場合には港外に設定された水先人乗船地点に水先艇で出向き，到着した本船に乗船し業務を開始する．一方，出港船の場合には停泊している岸壁に出向き乗船することになる．入港船の水先業務の終了は係留作業あるいは錨泊作業の終了時点であり，また出港船の場合には，港外の所定の下船地点時で終了する．なお，乗下船時は本船と水先艇の動揺状態が異なることや縄ばしごを使用することから，特に風が強い場合や波が高いときは非常に危険な状態となる．そのため，各水先区では海気象の引き受け基準を設定している．荒天時には，場合によっては比較的波高が低い防波堤の中で乗下船することもある．　　　　　　［津金正典］

2.2 運航
航 海 計 画

　船舶が航海を行う場合には，その期間の長短にかかわらず船長は必ず航海計画を立案し，その計画に従って運航する．どのような航海かは，船舶運航会社から船長に示される航海指図書によって寄港地，積荷内容が決定される．船長はその指図書に従い航海計画を航海ごとに策定する．一般外航商船の場合には二等航海士が立案することが多い．ここでは外航商船の水域別，船種別の航海計画について説明する．

a. 水域別航海計画

　外航商船は2国間あるいは多国間の海上貨物・乗客の輸送に従事する．したがって荷役や乗客の乗下船，補油・補水を行うために港湾に入出港する必要があり，必然的に港湾に至る沿岸を航海する必要がある．また，大洋を横断し他国との往来をしなければならない．そのため，外航商船では沿岸航海の計画と大洋航海の計画があわせて立案される．

　計画は必要海図，水路書誌，パイロットチャートなどを参考に立案され，航海計画図，距離表といった書式で作成される．航海計画図は，航路計画および航海情報の全体的な概念図，距離表は，各航海における港間の距離，所要時間，時刻改正量

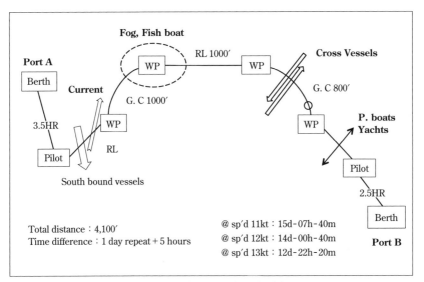

図 1　航海計画図（日本-北米の例）

DISTANCE TABLE M. S. VICTORIA MARU VOY, NO. 74 OUT BOUND							
Ports \ Av. Speed	DISTANCE	13.0	13.5	14.0	14.5	15.0	REMARK
KOBE Via Nojima Si —— 42 N	7 979	25-13-45	24-15-05	23-17-55	22-22-15	22-03-55	10 hrs ahead & 1 day repeat.
Via Hatizyo —— 37-10 N	8 060	25-20-00	24-21-05	23-23-40	23-03-50	22-09-20	
Via Hatizyo —— 33-50 N BALBOA	8 117	26-00-25	25-01-15	24-03-45	23-07-50	22-13-10	
CRISTOBAL	44	About 8 hrs.					
VALLETTA	5 315	17-00-50	16-09-40	15-19-35	15-06-35	14-18-20	6 hrs ahead
TRIPOLI	201	0-15-25	0-14-50	0-14-20	0-13-50	0-13-25	1 hrs ahead
BENGHAZI	352	1-03-05	1-02-05	1-01-10	1-00-15	0-23-25	
ISTANBUL	810	2-14-20	2-12-00	2-09-50	2-07-50	2-06-00	
BOURGAS	144	0-11-05	0-10-40	0-10-15	0-09-55	0-09-35	
CONSTANTZA	168	0-12-55	0-12-20	0-12-00	0-11-35	0-11-10	

図 2　距離表：全体（黒海航路往航の例）

Distance table　　Kuwait ……Kobe

Kuwait (anchorage)

517	Little Quoin L't									
571	54	Ras al Kuh (055) 13'								
1776	1259	1205	(13-20N, 73-50E)							
2088	1571	1517	312	Tangasseri P't L't (060) 13'						
2128	1611	1557	352	40	Vilinjam L't (052) 9'					
2154	1637	1583	378	66	26	Muttam P't L't (047) 13'				
2371	1854	1800	595	283	243	217	P't de Galle L't (037) 15'			
2397	1880	1826	621	309	269	243	26	Dondra Head L't (015) 14 ½'		
3284	2767	2713	1508	1196	1156	1130	913	887	Ie Meule L't (190) 5'	
3682	3165	3111	1906	1594	1554	1528	1311	1285	398	One Fathom Bank L't (349) 6.3'
3878	3361	3307	2102	1790	1750	1724	1507	1481	594	196　Takong K. L't (338) 0.7'
3922	3405	3351	2146	1834	1794	1768	1551	1525	638	240　44　Horsburgh L't (135) 1.4'
6601	6084	6030	4825	4513	4473	4447	4230	4204	3317	2919　2723　2679　Kobe (Anchorage)

@ 13.5……20-08-05
6601'　@ 14.0……19-15-30
@ 14.5……18-23-10

図 3　距離表：港間（クウェート-神戸の例）

などを整理し当該航海の全体を表示するものと，2港間の起程点/変針点/到達点間の詳細距離と所要時間を表示するものがある．後者の距離表は，それぞれの港間について作成される．

(1) 沿岸航海計画

沿岸航海計画は，陸岸に近い航路上を船舶が安全かつ経済的に航行するための針路の設定，変針点の設定，船首目標の設定，変針目標の設定，変針計画，通狭計画，入出港計画などから構成される．沿岸航路では，針路を変更する変針点の目標として主要灯台が採用されることが多いので沿岸航海計画を立案する際には灯台表により当該灯台の灯質を事前に調べることが重要である．また，潮汐表を用いて通過する航行日時の水道の流向・流速を調査すること，天測歴を使い寄港する港湾の日出没時刻や薄明時間を調べることが必要である．

ここで，沿岸航路計画の一例として横浜港から神戸港に至る一般船舶の全体的な沿岸航路計画を紹介する．

① 横浜港の本牧埠頭から離岸し，続いて横浜航路を航行し横浜港外に向い，港外から東京湾内を南下し浦賀水道航路に入域しさらに南下する．この間は航行航路がほぼ規則で決められているので航海計画上，特段配慮することはない．なお，浦賀水道航路には速力制限区間があり，同区間では12ノット（22.2 km/時）を超える速力で航行してはならないとされているので注意を要する．

② 浦賀水道航路を出たら東京湾水先人が下船する．水先人の下船時には極力風下舷を作るために，変針をして水先艇が波浪影響を受けないようにする必要がある．ここで伊豆大島の北方あるいは南方に向かうかを決定しなければならない．北方航路の方が距離は短いが内航船が輻輳するので同島の南方を航行することが多い．

③ 伊豆大島を通過し伊豆半島の南端の石廊崎沖経由で紀伊半島南端の潮岬に向けて直航する．潮岬周辺の水域は大変船舶が輻輳するため日本船長協会では自主分離通航方式を策定し東西を航行する船舶の航路を分離しているので，その自主分離通航帯を航行する．

④ そして，潮岬を迂回したら，紀伊日ノ御碕沖に向かう．この水域も潮岬沖と同様に日本船長協会の自主分離通航帯が設定されているので，これを航行し北方に航進し，淡路島と紀伊半島に挟まれた友ヶ島水道に向かう．水道に入る前に大阪湾水先人を乗船させるので，スタンバイエンジンとする必要がある．また，水先艇に対し風下舷を作るための変針も考慮する必要がある．この水域は航行船舶が集中し操業漁船も多いので他船の動向には注意を要する．

⑤ 水先人の乗船後，友ヶ島水道を抜けたら神戸空港沖に向けて増速し大阪湾内を航行し神戸港沖に到着する．

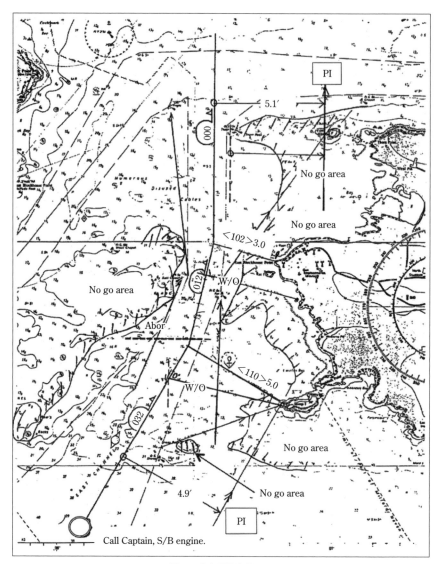

図 4　狭水道航海計画図

次に沿岸航海の中で重要な狭水道通航時の航海計画について説明する．
① 計画立案に際し，まず使用海図上で no go area（進入不可水域）を記入する．この水域は（本船の喫水＋余裕水深）以下の水深域で，この水域に入れば座礁の虞があることを示す．
② 次に本船の操縦性能などを考え，abort point（これ以上航進したら逆戻りでき

ない地点）を記入する．この地点は，最悪の場合にはこの地点に至る前に進入の中断を決断する必要があることを示す．

③ 次に自船の取る針路（コースライン）を記入する．記入にあたっては，適当な船首目標と正横方向の変針目標を定める必要がある．

④ 針路の記入を行ったら，変針時に有効な WOP（wheel over position）と PI（parallel index）を記入する．WOP は変針をする際に次の針路に正確に乗せるための操舵開始地点を示し，PI は自船の位置が針路の左右いずれに偏っているかレーダーで即座にわかるようするための操船支援情報である．

(2) 大洋航海計画

大洋航海は，まったく陸地を見ずに行う航海である．現在では GPS（global positioning system）が稼動したことで常時船位が確認できるようになっているが，昔は限られた時間に太陽や星の高度を測定して船位を確認する天文航法を基本として航海を行っていた．一例として日本の横浜と北米西岸のロスアンゼルスを往復する大洋航海の航海計画について説明する．

横浜を出帆し東京湾を抜け，房総半島を迂回し犬吠埼沖まで沿岸航海を続ける．この地点からいよいよ大洋航海に乗り出すわけであるが，ここで確実な船位をクロスベアリングやレーダーで求め，これを起程点として太平洋を横断するための新針路を設定する．この針路設定が大洋航海計画の最も重要な事項で，早着を期待する航海か，燃料消費を極力抑える省エネ航海か，甲板上の貨物保全を考慮する安全航海かなどにより採用する航路が異なる．特に荒天が予想されない限り大圏航路といって地球上の2地点を最短距離で結ぶ航路を採用することが一般的である．この航路は曲線航路であるため，厳密に航路上を航行しようとすると常に少しずつ針路を変えていなければならない．これは煩雑な作業となるので通常は1日（正午〜正午）単位で針路を設定し，1日その針路で航行する方法がとられる．

計画した航路において荒天が予想されない限り同航路に沿って東航を続けアメリカ大陸のコンセプション岬沖に到達する．大洋航海の最終段階で初めて陸岸に接近することをランドフォール（land fall）とよんでいる．現在は GPS で常時，自船位置の確認ができるのであまり神経を使わなくなったが，自船の設定針路とログとよばれる航程計で示される航走距離から得られる推測位置を基本とする推測航法による大洋航海では，午前および視正午に行う太陽高度観測と朝夕の日出没前後に行う星の高度観測によって船位を得るだけであるため，ランドフォール時にはレーダーで正確な位置を確認するまで緊張することが多かった．特に曇天が続き天体の高度観測ができない日々が続く場合には特にそうであった．ランドフォールする場合，最初にレーダーに映る陸映は岸線ではなく後方の高い山地であって岸線がはっきり

166   2章 海を渡る（航海）

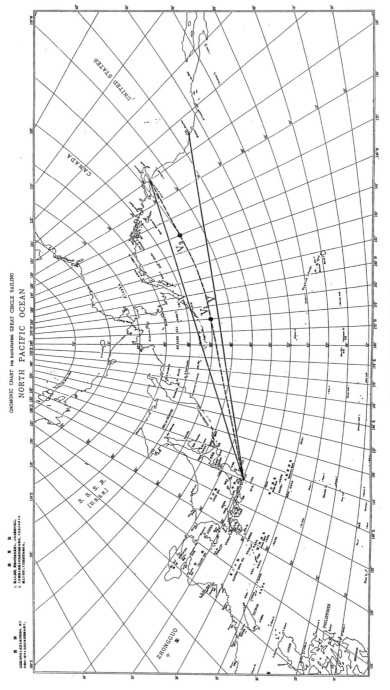

図5 北太平洋大圏航法図

映って来るまでは注意が必要である．事前にレーダーの探知能力と山の高さから，最初に映ると思われる山の位置を推定することが航海計画立案上必要である．続いてサンタバーバラ海峡に入り沿岸航海を行いロスアンゼルス沖に到達する．

　海峡通狭時の必要連絡事項，水先人乗船に向けての減速計画も航海計画立案時に検討をする必要がある．また，同港の航行規則についても事前調査する必要がある．復航は，この逆で，コンセプション岬沖で起程点を設定し，犬吠岬沖まで大圏航路で航行し，その後，房総半島を回り東京湾に入り，浦賀水道を抜け横浜に到達する．冬季は西寄りの風，波が卓越するため特に採用大圏航路には十分配慮する必要がある．

　大洋航海の計画する上で多用されるものとして大圏航法図と満載喫水線帯域図がある．前者は採用大圏航路を調べるとき，後者は自船の喫水に応じてどの水域を航行できるかを判定するときに使用される．

b． 船種別航海計画

　採用航路は船種によっても変わってくる．例えば原油タンカーの場合にはペルシャ湾と日本の往復を最短距離で行うためマラッカ海峡を航行するが，超大型タンカー（50万積載重量トン船型）の航路は，マラッカ海峡の水深が不十分であるためスマトラ島の南側を航行し，スンダ海峡あるいはロンボック海峡を航行することになる．客船の場合には，乗客に景観を楽しんでもらうために，常用航路よりも陸岸に接近する場合が多い．重量物運搬船は甲板上に大きな貨物を積載して航行することが多く，波浪による貨物の損傷，貨物の移動流出を防止するために，極力荒天を避ける航路を採用する．

（1）コンテナ船の航海計画

　コンテナ船はいわゆる定期船とよばれるもので，各船社が荷主に対し発表しているスケジュール（寄港地の入出港日時）を常に維持する必要がある．したがって荒天に遭遇してもスケジュールの遅延が極力発生しないように主機関の出力に余裕をもたせる必要がある．特に北米西岸から東岸に向けて鉄道に接続して貨物を輸送するサービスでは，列車の発車時刻に間にあわせる必要があり，特に定期維持が重要である．航海計画は，荒天回避と最短時間を優先し季節に応じて航路を選定することになる．なお，リーマンショック後は燃費セーブのため，減速航海も実施され，通常の航海計画とは違った計画が策定されている．

（2）不定期船の航海計画

　原油タンカー，LNG船，鉱石船，石炭船，チップ船，自動車船は，特に入出港日時を設定しているわけではなく航海ごとに都度，貨物の積地揚地を決めて航海する．両地が決まっていて往復航海を継続する場合と複数の積地揚地港間を行き来する場

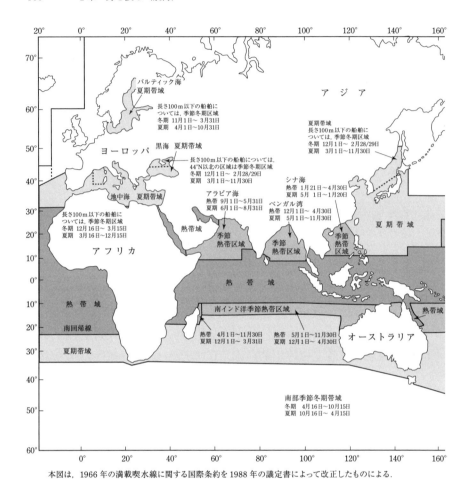

図 6　満載喫水線帯域図

合がある．前のシャトル運航を行う船舶では原則的には往復航路がほぼ同一航路となる．LNG 船や自動車運搬船以外は船速が遅いので，荒天に遭遇しないよう航海計画を立案することが必要である．また，LNG 船，自動車運搬船およびチップ船は船体形状から海面上の風圧面積が大きく，風による圧流に対して注意する必要がある．特に狭水道航行では針路計画の中で圧流を考慮することが重要である．

(3) 客船の航海計画

　客船は，コンテナ船同様に各クルーズの予定がはっきり設定されており，そのスケジュールが厳守される．ただし，寄港地の政情不安あるいは事故発生で寄港取り

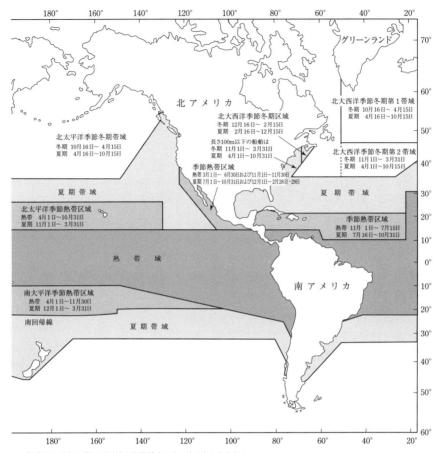

[注] (1) 下記の港は両区域の限界線上にあるものとみなされる．
　　　Ho Chi Minh City. Valparaiso. Santos, Hong Kong, Sual, Port Darwin, Aden, Berbera.
　　(2) 二つの帯域または区域の境界線上にある港は，船舶が通過してきた，または進入しようとする帯域または区域の中にあるものとみなす．
　　(3) ---WNA満載喫水線が適用される大西洋の部分の限界線．

止めとなることもある．航海計画は，乗客に景色を堪能してもらうために，陸岸あるいは島礁に接近させる航路を取るなどの配慮をする．ときどき，入港できる岸壁のない寄港地では沖で錨泊して，ボートを下ろし乗客を岸に送り迎えすることもある．このような場合の航海計画では陸岸までの距離，適当な水深，波浪が遮蔽されるなど，適切な錨地の設定が重要な要素となる．

[津金正典]

2.3 航行支援

航行支援設備

　船舶が安全な航海を行うには船舶運航者の知識・経験は重要であるが，それのみで成就するわけではなく，各種の航行支援設備が必要である．これらの設備は，各国が自国の領海において整備を行っているが，マラッカ海峡のようにアジアの主要海運国が財政援助を行って整備している水域も存在する．

a. 航路標識（船の道しるべ）

　航路標識にはまず，特殊水域（航路，浅水域，沈船が存在する水域など）であることを航行船舶に示す灯浮標（図1）があり，夜間航行の備え灯火が点灯される．国際ルールにより，浮標の塗色や灯質が統一的に定められている．ただし，国際水域によってA方式とB方式が存在するので注意が必要である．

　灯台(図2)は，大洋航海から沿岸航海に入るべく陸岸に接近する船舶が位置を確認できるように，原則的に突出した陸岸部の先端に設置されている．また，多数の岬に灯台が設置され，沿岸航海用の灯台網が形成されている．港湾では船舶の入出

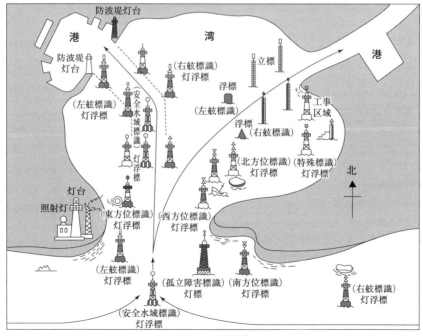

図1　灯浮標例[2)]

港の出入り口を示すために防波堤端に設置される．なお，主要灯台の光達距離は，設置位置の高度や光力によって異なる．

導灯・導標は，狭い航路や屈曲する航路の中心線を示し船舶が航路を逸脱しないようにする支援装置で，通常は2組の灯火あるいは物標により両者を見通す重視線を形成し，その線上に船舶があれば航路の中央を航行していることが一目でわかるようにしている．なお，2組の導灯・導標が設置できない地形的条件がある場合には指向灯が設置され，船舶から見える色（通常は赤色・緑色）によって安全な航行水域にいるかどうか，あるいは航路の中心にいるかどうかを示すようにしている．

灯浮標に設置されたレーダービーコン（レーコン，図3(a)）は，船舶レーダーから発射されたレーダー電波を受信すると，これをトリガーとしてただちに応答しレーダー帯域内の符号化された電波を発射するもの

図2　灯台（観音崎灯台）[1]

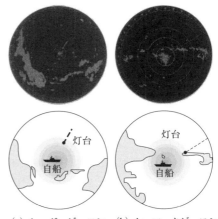

(a) レーダービーコン　(b) レーマークビーコン

図3　レーダービーコンおよびレーマークビーコン[2]（上：レーダー上の信号の現れ方，下：写真の説明）

で，船舶レーダーがその返送信号を受信するとレーダー画面上に符号が表示されることで，レーダービーコンの位置を知ることができるようにしている．

レーマークビーコン（図3(b)）は，船舶レーダーで受信できる周波数の電波を常時発射しており，船のレーダーアンテナが送信局に対面したとき，レーダー画面上に自船から送信局の方向へ破線を表示するものである．

b. 航行援助施設（船の航行を支える施設）

国際的にはVTS（vessel traffic service）とよばれるもので，日本では海上保安庁のマーチス（図4）やハーバーレーダーがこれに相当する施設である．航行船舶に関係情報を流すとともに航行状況を監視し，必要に応じて危険の存在を連絡し，対応措置をとるように勧告している．最終判断はあくまで航行船の船長にあるとの前

図4 来島マーチス[3]

提で運用が行われている．マーチスは海上交通安全法水域をカバーする7ヶ所（東京湾，伊良湖水道，名古屋港，大阪湾，備讃瀬戸，来島海峡，関門海峡）に設置されている．

諸外国では各港湾，内海水域などに設置されている．例えばシンガポール海峡，米国西岸のジュアンデフカ海峡，オランダのユーロポート（ロッテルダム港），ドイツのハンブルグ港（含むエルベ川）が有名である．ここでは航行あるいは入出港船に対し，交通情報，気海象情報などの支援情報を 24 時間体制で提供している．一方，VTS に加え VTCS（vessel traffic control service）もある．VTS が単に情報提供のみを行うのに対し，VTCS はさらに航行管制を行う施設であって，狭水道や港内航路における大型船の単独航行や，港湾の入港・出港時間帯を設定するなどの航行管制を行っている．

ポートラジオは，公的あるいは民間の情報提供機関で港湾に入出港する船舶に対し，水先人の乗下船時刻，着岸壁，錨地，港内気海象などの情報を提供している．通常はレーダー画面や AIS 情報画面で関係船の動静を把握し，船舶からのよび出しのある場合や連絡事項がある場合に VHF 無線電話で関係船と連絡を取り合っている．

c. 水　先

特定水域や港湾に精通している免状を保持する水先人が，要請船に乗船して航行操船，着離岸操船を行う業務を水先という．外国では外国船に対し強制的に水先人を乗船させる強制水先制度が一般的であるが，日本では必ずしも強制ではなく，水先法により強制水先区（横須賀，佐世保，那覇，横浜川崎，関門の港域と東京湾，伊勢三河湾，大阪湾，来島海峡，通狭のみの場合の関門）の 10 水域と任意水先区（釧路，苫小牧，室蘭，函館，小樽，留萌，八戸，釜石，仙台湾，秋田船川，酒田，小名浜，鹿島，東京湾，新潟，伏木，七尾，田子の浦，清水，伊勢三河湾，尾鷲，舞鶴，和歌山下津，大阪湾，内海，境，関門，小松島，博多，佐世保，長崎，島原海湾，細島，鹿児島，那覇の 35 水域）が設定されている．

強制水先区の場合は特定の船型以上の船舶は必ず水先人を乗船させる必要がある．ただし，航海認定制度が設けられ，強制水先区を特定の期間内に特定の回数の航行をした船長にはその規定が免除されることになる．

任意水先区は水先要請のあった船舶に対し水先業務を引き受ける体制をとるもの

で，要請があった場合には必ず引き受ける義務がある．

また，水先業務を大きく分けると湾内や内海を嚮導（きょうどう）する業務と港内を嚮導する業務の2種類がある．前者では瀬戸内海，東京湾，伊勢湾，大阪湾，関門海峡が対象水域である．東京湾，伊勢湾，大阪湾では，これまで港内水先と湾内水先とが別々に行われていたが，水先法の改正により同一水先人が両水先業務を行うようになった．

水先人には一級・二級・三級水先人の資格があり，それぞれの級に対し水先できるトン数が規定されている．これも水先法の改正によるもので，以前は特定のトン数以上の船長履歴が3年以上ある船員に限り水先人試験の受験ができる制度であった経緯がある．三級水先人については航海士の経験のない大学卒業者が特定の訓練を行い，「水先免状」を取得することで水先業務を行うことができるようになった．

水先人は，原則的には個人営業者であるがそれぞれの水先区にある法人の水先人会の会員となって業務に従事している．各水先人会は事務所，水先艇を持ち，水先要請の引き受け，担当水先人の配乗などを24時間体制で行っている．　　［津金正典］

参考文献
1) 海上保安庁交通部：海上交通ルールと航路標識，pp. 4〜5, 23〜26, 34〜35, 43 (2003).
2) 海上保安庁灯台部：安全な航海のための電波標識の利用を，pp. 5〜8, 13 (2000).
3) 海上保安庁第六管区海上保安本部：来島海峡通航ガイド，p. 1 (2001).

2.3 航行支援

航行支援情報

a. 海　図

　海図は船舶運航者にとって最も重要な航行支援情報であって，自船の現在位置がどこか，自船のまわりの航行環境（地形，水深，航路標識の有無など）がどうか，自船の進むべき針路をどのようにするかといったことを判断するのに常時利用されるものである．また，航海計画を立案する上で，あるいは寄港する港湾の状況がどうかを確認する上でも利用される．現在，海図を大きく分けると紙海図と電子海図がある．紙海図には作成方法や使用目的によってさまざまな種類の海図がある．

　作成方法による違いでは主として漸長海図（図1）と大圏図（図2）に分けられる．漸長海図はメルカトル図法（正角円筒図法）により作成された海図で，特徴は緯度線の間隔が高緯度になるほど広くなることである．同図は2地点間の実際の針路線が正しく描けるため，一般航海に広く利用されている．大圏図は，心射方位図法（大圏図法）で描かれた海図で，特徴は地球上の任意の大圏（2地点間が最短距離となる円弧）が常に直線で表されることである．2地点を結ぶ大圏上の通過地点を求める際に利用される．

　また，海図を使用上から分類をすると航海用海図，水路特殊図，小港湾図，特殊海図（ロラン海図）に分けられる．航海用海図には，総図，航洋図，航海図，海岸

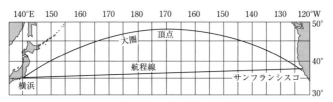

図1　漸長海図（大圏航路が曲線）[1)]

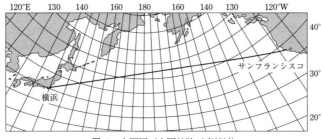

図2　大圏図（大圏航路が直線）[1)]

図，港泊図があり，主に船舶の航海に供されている．水路特殊図には，水深図，海底地形図，漁業用海図，一般特殊図などがある．

次に電子海図であるが，本海図は，船舶に衛星航法（GPSによる航法）が導入されたことにより急速に発達した電子データによる海図である．電子海図は紙海図に収録されているデータを水深，海底質，地形，航路標識などの諸データを航路階層的に分類し，ディスプレイ上に表示することができるようになっている

図 3　ECDIS[2]

が，航海用海図としては紙海図と同等の情報表示を行って使用する必要がある．電子海図（図3）は，外航船に搭載義務のある Electric Chart Display and Information System（ECDIS）の基本データベースで，同装置を2台装備する船舶は紙海図を搭載しなくても航海ができることとなった．

海図は利用者に常に最新情報を提供するため，海図発行機関から補正・訂正の必要がある場合あるいは新規の情報がある場合には，水路通報により必要な情報が利用者に伝えられる．利用者は水路通報の情報に基づき海図の改補を行い，最新情報版として利用している．電子海図の場合には電子ファイルにより改補が行われるため，紙海図に比べ同作業が軽減されることとなった．

海寄港国のポートステートコントロールにおいて使用海図の海図改補が行われていないことを指摘された場合には，すぐに改補を行うか，最新版を購入しない限り出港停止の処置がとられる．

b．水路書誌

水路誌と特殊書誌をあわせて水路書誌とよぶ．水路誌は，各水域の船舶運航者に航海上必要とされる海気象，航路，港湾泊地，沿岸の状況を詳述している書誌である．また，特殊書誌には，航路標識の要目（灯台や灯浮標などの位置，灯質，到達距離など）を収録した灯台表，標準港および主要水道の潮汐および潮流を記載した潮汐表，天文航法に必要な天球上の天体（太陽・月・惑星・常用恒星）の位置を記載した天側歴・同略歴，加えて天側計算を筆算で行うのに利用する対数計算用の表値を記載した天側計算表がある．

なお，全世界をカバーする水路誌には英国海軍水路部発行のものと米国海軍水路部発行のものがあり，世界中の外航船に利用されている．　　　　　　［津金正典］

参考文献

1) 沓名景義，坂戸直輝：海図の知識，pp. 3～8，成山堂（1967），
2) 東京計器株式会社 HP．

2.4 操船
船の性能

a. 推進性能

　船舶は建造時に海上公式試運転（海上公試，sea trial）を実施する．海上公試の一環として新造船の推進性能を確認する速力試験が実施される．通常，船舶建造契約により造船所は船主に対し，静穏状態（風や波浪の影響を受けない状態）・満載状態における契約速力を保証しているため，速力試験時の海気象は極力平穏時を設定するなど，周到な準備のもとに行われる．しかしながら，どうしても風，波浪の影響を受けることが避けられないので，風，波浪影響が発生する場合には，測定データを補正し平穏時データに推定することが行われる．

　実際に船舶が航海する場合には静穏状態はほとんどまれで，風影響・波浪影響を受ける環境下において，いろんな載貨状態で航行することになる．風影響・波浪影響をみると，特に荒天下では船体動揺により船速が大幅に低下する．載貨状態からみると，同じ回転数で主機関を運転する場合には船体重量の大きい満載状態の方が軽貨状態より速力が低下する．また，新造あるいは定期検査を終了し出渠してから

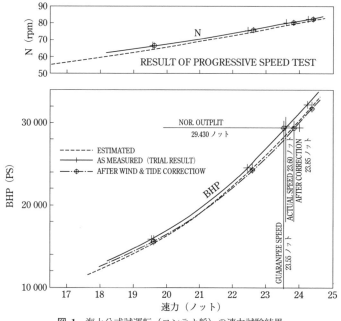

図1　海上公式試運転（コンテナ船）の速力試験結果

表 1 船舶の速力の例　　　（単位：ノット）

	大型コンテナ船	大型バルカー
巡航全速	22.8	15.2
スタンバイ全速	12.0	11.1
スタンバイ半速	10.2	9.5
スタンバイ低速	8.5	6.7
スタンバイ微速	6.7	4.9

はフジツボなどの付着による船体汚損が次第に進行して船体の摩擦抵抗が増加し同じ回転数で運転しても速力が減少してくる．

推進性能の指標となる速力には，巡航速力が重要である．なぜならばビジネスとして船舶運航を考える場合，運航スケジュールを左右するのはこの巡航速力であるからである．この速力は通常，主機関の最大出力の90％程度で航行する速力で，出港して輻輳海域を通過後，船長が変速をすることがもうないと判断した場合にスタンバイエンジン（stand by engine）を解き一定針路・一定速力で航行する場合に使用される速力である．一方，入出港操船時や狭水道航行時には速力をしばしば変更することが要求されるため，増減速が自由にできるスタンバイ速力（stand by speed）を使用する．スタンバイ速力には全速（full），半速（half），低速（slow），微速（dead slow）の4種類がある．大型コンテナ船と大型バルカーの満載時のスタンバイ速力を表1に示す．

b.　操縦性能

操縦性能は推進性能と同様に海上公式運転時に確認される．船舶の操縦性能として重要なものは，旋回性能，保針性能および停止惰力性能であり，これらの性能を左右するものは船型，主機関および舵である．旋回性能は，他船や障害物を避航する場合，変針点で針路を変更する場合などの変針操船に重要な影響を与える性能である．保針性能は，狭水道や運河のように狭い航路を蛇行せずに直進する必要がある場合に要求される性能である．また停止惰力性能は，他船や障害物との衝突回避を図るために機関停止・後進機関を発動し，どの程度の距離で停止できるかを示す性能である．

ここで，海上公式運転で計測される操縦性能は水深が十分にある場合におけるもので，浅水域における性能は違うものになることに留意する必要がある．これは船底と海底との余裕水深が小さくなることによって発生する浅水影響による．

これらの性能に影響を及ぼす主要素としては，船型（特に船首尾形状），舵面積，主機関の後進出力などがあげられる．海上公式運転において行われる試験には一定速力・一定舵角で行われる360°回頭旋回試験，一定舵角で左右の一定変針を行うZ試験（Zig-Zag試験），全速前進状態から機関停止・後進全速とし船体停止させる

表 2 船舶の操縦性能準則値

性　能	性能基準値*
旋回性能	縦距：4.5 L 未満，旋回径：5.0 L 未満
船首揺れ	20/20 degree Zig-Zag 試験の場合：1次行き過ぎ角度 (1st overshoot angle) が 25°以下 20/20 degree Zig-Zag 試験の場合：1次行き過ぎ角度が，$L/U<10$ では 10°未満，$10<L/U<20$ では 10 以上 20°未満，$30<L/U$ では 20°以下
針路保持性能	2次行き過ぎ角度が "1次行き過ぎ角度+15°" 以下
初期停止性能	10°変針の場合，進出距離が 2.5 L 以下
停止性能	進出距離が 15.0 L 以下

* L は船の全長，U は船の全幅．

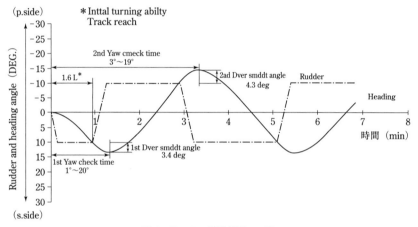

図 2 Zig-Zag 試験結果の一例

緊急停止試験などがある．

IMO では深水域，満載状態での操縦性能基準値を表 2 のとおり策定している．避航操船で重要な性能である旋回性能は，舵を一杯に取ったとき，縦距（advance）が全長の 4.5 倍未満，旋回径（tactical diameter）が全長の 5.0 倍未満，また，停止性能は，全速前進から機関停止・後進全速で船体停止するまでの進出距離（track reach）が全長の 15 倍以下としている．

c. 燃費性能

燃料価格が高騰する中で省エネ運航の重要性が高まっている．一般に船舶は，建造仕様である巡航速力をもって最短航路を航行し早着することが要求される．特に定期寄港スケジュールを常に維持する必要があるコンテナ船では，この傾向が強い．しかしながら燃料価格の高騰に対応するために速力を減速し燃費削減を図ることも行われている．これは燃料消費が速力の 3 乗に比例するという原則に対応するもの

である．

　燃費性能は基本的には推進性能に左右されるもので船型設計（抵抗減少）が重要であることはいうまでもない．一方，同船型でも運航方法によって燃費が左右されることも忘れてはならない．最適航路の選定により極力，波浪影響を減少させ航行距離が増加しても航海全体で消費燃料を最小化しようと方策がとられる．また，着時に余裕がある場合には早期に減速したり，航行時の船体重量を軽くするために積載バラスト量を削減したり，半載時における最適トリムを採用することが重要である．満載時の最適設計トリムは0，すなわち船首および船尾喫水が同じ状態となるが，それ以外のコンディションでは必ずしもトリム0が推進性能上最適ではない．そのため，バラスト量とトリムのバランスを考え，最適運航コンディションとすることが大事である．

　最近はハード面での省エネ装置の開発が積極的に進められている．その主なものを列挙すると，摩擦抵抗あるいは風圧抵抗を小さくしたり，船体重量を軽減する省エネ船型，推進効率を向上させる二重反転プロペラ，整流フィン，プロペラボスなどの船体・プロペラまわりの省エネ付加物，空気潤滑による船体抵抗軽減などがある．一方，ソフトの面からも上述の最適航路（ウェザールーテイング）とよばれる省エネ方策も講じられている．これは船舶の運航ルートを気象・海象を予測し，評価基準を最小あるいは最大にする航路で，省エネ面では燃料消費量を最小にしようとする航路が採用される．

d．運 用 限 界

　船舶は，ハードとしての運用限界を有する．すなわち，常時全力で航行することは不可能で，通常は主機関出力を最大出力の90%程度を常用出力として航行している．荒天時には船体動揺による転覆防止，波浪による船体損傷の防止あるいは機関保護の観点からさらに出力が下げられる．したがって船舶の運用限界は積荷状態，海気象状態によって変化するもので常に一定ではない．

　また，船舶が接岸する場合に過大な速力で接岸すると船体，フェンダー，場合によっては岸壁の損傷を引き起こす．したがって接岸する場合には船体，フェンダーなどの許容吸収エネルギー以内の接岸エネルギーで接岸する必要がある．通常は10〜15 cm/sが許容接岸速度とされている．ただし，大型船では5 cm/s程度の接岸速度で岸壁と極力平行に着岸操船が行われている．なお，強風下では十分のタグ支援を得ないと着岸時に過大接岸速度になる場合や岸壁まで押しきれない場合もある．離岸時には岸壁から離れないことも生じることもある．このことは支援力により船舶の運用限界が異なることを意味するが，経済性の観点からあわせて運用限界が策定される場合が多い．

［津金正典］

2.4 操船

操船方法

a. 避航操船

　船舶が自船の設定した航路に沿って航行する場合，他船あるいは浮遊物と遭遇することが発生する．この遭遇状態には，自船と他船が正面あるいはほぼ正面に向かい合う「行き会い」状態，自船あるいは他船のどちらか一方が追い越す「追い越し」状態，また自船と他船の針路が横方向から交差する「横切り」状態があり，この状態が持続すれば衝突ないしは衝突のおそれがある場合には，状況に応じて両船が針路を変更，あるいはどちらか一方が他船の針路を避けることになる．また突発的に自船の船首方向に障害物や浮遊物の存在を発見した場合には衝突を避けるために針路変更および船速変更を同時に行わなければならない．このような状況において針路変更あるいは速力変更することを避航操船という．

　針路変更を行う場合には舵を左あるいは右を適当に取って針路を変更するが，どちらに取るかは国際海上衝突予防法の規定に従って決まる．例えば互いに針路が交差している「横切り」の場合には他船を右舷に見る船が針路変更を行い，他船を左舷に見る船は針路，速力を保持する義務がある．互いに「行き会い」の場合には，互いに針路を右舷方向に変更して，衝突を回避する．「追い越し」の場合には，追い越す船が先行する船に対し針路変更をして追い越しを行う．この場合，他船の右舷側を追い越すことが一般的である．上記3種類の見合い関係を図1に示す．

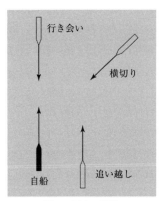

図1　見合い関係

b. 入出港操船

　船舶は，荷役，乗客の乗下船，補油・補給などを行うために港に寄港する．沿岸航海あるいは大洋航海を終えて港外に投錨あるいは直接着岸する場合に行う操船と岸壁・錨地を離れこれから沿岸航海あるいは大洋航海を始める場合に行う操船を入出港操船といい，水先人の乗下船，変針，速力の増減速，サイドスラスターの使用，タグボートの支援といった諸作業・操作が行われる．

　ここで，大型船の入港操船について述べる．

① 巡航速力で目的港に航進し，水先人乗船時間にあわせ，機関スタンバイ1時間前を船橋から機関室に連絡する．

② その連絡を受けて機関室では主機関の回転数を徐々に低下させていき，機関スタンバイが令する時点でスタンバイ全速に近い回転数になるようにする．通常はプログラム減速の処置がとられ徐々に減速するように考慮されている．スタンバイ速力は船種・船型・機関出力によって異なるが一般に大型船では，全速が11〜12ノット，半速が8〜10ノット，低速が6〜8ノット，微速が4〜6ノットに設定されている（1ノットは時速1マイル（1852m）の速力）．通常，スタンバイ中はA重油が使用されるため，スタンバイ時間の約1時間前から燃料がC重油からA重油に切り替えが行われる．ただし，最近ではC重油をそのまま使用する船舶が多くなっている．

③ 港外に設定されている水先人乗船地点に達すると水先艇が本船に近づき4〜6ノットで並走しながら水先人が水先はしごに乗り移る作業が行われる．したがって水先人の乗船時には水先人の要求スピードになるよう港外から減速調整を行う必要がある．また，水先人乗船時には，水先はしごを風下側にセットし波浪影響を避けるようにしている．

④ それからは水先人が操船することになるが，操船開始に先立ち本船からパイロットカード（本船の主要目や操船性能が記載されているカード）が提示され，水先人からは操船計画（減速計画，タグボートの配置，着岸舷の表示など）が船長に示され，互いに確認を行う．

⑤ 続いてタグボートのライン（索）をボートから引き上げて本船のボラード（係船柱）に係止する．この状態でタグボートは本船を引くことが可能となる．ただし本船の速力が6ノット以上であるとタグそのものが随伴するのに手一杯で押し引きは難しい．所定の岸壁の一船長手前ぐらいの位置まで徐々に速力を下げ，そこから後進機関あるいはタグボートによる制動により船体を係留位置に停止される．なお，大型船では岸壁と少なくとも船幅の1〜2倍の離隔距離を保ち岸壁と平行した上で，タグボートによる押しによりそのまま平行着岸する方法が励行される．

小型船の場合には，水先人を乗船させることはまれで直接船長が操船を行っている．

c. 狭水道操船

狭い水道とは，例えば来島海峡，三原瀬戸といった船舶の航行できる水域が限定される細長く屈曲した航路を指す．このような水道は一般に潮流が強く流れることから操船者にとっては難所となる．ゆっくり航行したいところであるが，あまり速力を落とすと舵効きが低下し，所定の針路を保持することが難しくなる．したがって，このような水道を航行する場合には深甚なる注意が必要となる．航行に先立ち，航海計画を策定する．

それにはまず針路に対する船首目標（山頂，建物，灯台，立標）を設定し自船の

進む方向を簡単に確認することを考慮する．最も好ましい目標には重視目標というものがある．これは針路をある程度の距離を隔てた二つの物標の方向に設定するもので，二つの物標が一線になって視認されるときは，自船が所定針路上にいることを示している．一方，二つの物標がずれて見える場合は，針路線より左右いずれかに自船の位置がずれていることを示す．このような船首目標があると自船の針路上を航行することが容易となる．諸外国の河川航路では，屈曲して航路の連続することが多く，水道全域にわたり夜間にも対応できる重視目標（二つ１組の立標）が点々と設置されている．

また，「航海計画」の項 (1) で述べた parallel index (PI) も有効な操船方法で，これに使用できる物標を選定しておくことが必要である．次に，針路に対して正横方向にあるわかりやすい変針目標を設定する必要がある．これは針路を変更する変針点が容易に確認できるようにするためのものである．船舶は舵を切ってもすぐに回頭（旋回）運動を開始することがないので，通常は設定した正横目標の少し手前の地点（wheel over position：WOP，「航海計画」の項 (1) 参照）で操舵を開始することになる．操舵開始地点と操舵角の大きさは，船速，変針角度の大小に応じて操船者が決定する．一般には，操舵角を小さくして長い時間操舵を続ける方法と，大きな舵角で短時間操舵する方法があるが，どちらの方法を採用するかは操船者がその場，その時の状況に応じて判断することになる．この場合，号令どおりの操舵をする操舵手の技量も操船上重要であることはいうまでもない．したがって日頃の操舵訓練をおろそかにしてはならない．

d．緊急操船

船舶の緊急操船としては，緊急的に障害物を避航する場合や浅瀬への乗揚げを回避する場合，自船からの落水者の救助を行う場合あるいは遭難船の救助を行う場合などがあげられる．緊急避航は一般的に主機関を全速後進として減速を行うとともに舵を左右に一般（左右 35°のどちらか）にとり，なるべく早期に回頭し障害物あるいは浅瀬を避ける方法である．場合によっては減速せずに速力を維持し舵効を最大限に使って早期に回頭をする操船も行われる．落水者に対しては，その事故にすぐに気付いた場合にはまず落水者の側に舵を一杯に取り，船尾を落水者から離し（キック現象という）プロペラ水流に巻き込まれないようにした上で，ウイリアムソンターンを行い，原針路の正反対の針路に本船を載せ，ただちに減速を行

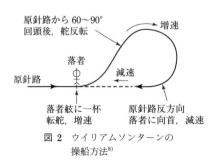

図2 ウイリアムソンターンの操船方法[8]

い落水者に接近する．

　遭難船あるいは救命いかだに接近する場合は，本船が停止した場合に本船と遭難船のどちらが早い速力で風に圧流されるかをまず確認する．その上で遭難船の風上側から接近するか，風下側から接近するかを決定する．

e．荒天操船

　極力荒天に遭遇しないように針路設定を行うことを心がけるものであるが，通常，荒天を発生させる低気圧の速力は船舶より速いため，荒天を避けることが難しくなる場合も多い．荒天時には風速，波高が高まり船体は横揺れ，縦揺れ，船首揺れの回転運動と上下揺れが特に激しくなる．そのため，プロペラのレーシング（海面から露出し空転），船首のパンチング（船首船底が水面と激しくぶつかる現象），波の打ち込み現象が頻繁に発生し，船舶を危険状態に陥らせる．適切な対応策を講じないと主機の排気温度が上昇し主機関停止，船体折損，甲板機器の損傷，甲板貨物の流出や損傷といった重大な事態となる．そのためまず減速と変針を行うことになる．

　波を船首方向から受けると縦揺れ（ピッチングという）が大きくなり，レーシングやパンチングが頻繁に発生する，これを避けるため減速を行い同時に波浪を船首左右20°〜30°方向から受けるように針路を変更する．あまり角度を大きくし正横方向に近づけると横揺れ（ローリング）が激しくなり，転覆のおそれも出てくる．減速の限界は舵効が得られる速力を維持する必要があること，主機関がトルクリッチにならないようすること，長時間の低速運転を避けるなど制約も多い．最悪の場合には反転し波を船尾方向から受けるようにするが，その時機決定には十分注意する必要がある．波を船尾に受ける場合は追い波を船尾に受けやすくなること，減速しないとブローチングという現象に巻き込まれ，舵が効かなくなり横転するおそれも発生する．特に小型船は十分に注意を払う必要がある．　　　　　　［津金正典］

2.4 操船
機関運転管理と機関保守管理

機関部の乗組員は船の推進機関等の設備の運転および保守を行い安全運航および経済運航を行っている．以下に機関関係機器，機関運転管理と保守管理（整備，修理）に関して説明する．なお，ここでは主機関（以後，主機という）がディーゼル機関の船とする．

a. 機関関係機器

機関関係機器には，船を推進するための機器だけではなく，種々の機器が備わっている．図1に機関関係機器を示す．

(1) 主機および軸系

主機とは，プロペラを回す機関のことで，それ以外を補機関（以後，補機という）といっている．大型の商船において液化天然ガス運搬船では，主機に蒸気タービン機関が一部採用されているがほとんどはディーゼル機関である．主機からプロペラまで動力を伝達する装置を軸系といい中間軸，プロペラ軸がある．中間軸は，中間

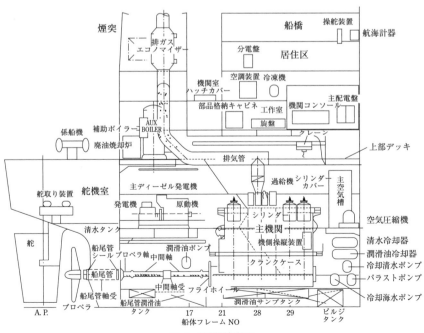

図1 機関関係機器

軸受け，プロペラ軸は船尾管軸受けにより支えられている．プロペラ軸の海側端は，プロペラに接続されるが，プロペラ軸が船体を貫通する場所を船尾管という．船尾管には，船尾管シール装置があり船外からの海水の浸入を防いでいる．

主機の構成は以下のようである．

① 主機を始動するための圧縮空気を供給する空気供給系：空気圧縮機と圧縮空気槽など

② 主機の燃焼を持続させる燃料を供給する燃料供給系：燃料油清浄機，燃料油加熱器，燃料油供給ポンプなど

③ 燃料の燃焼により高温になった主機の燃焼室部品を冷却する清水冷却系：清水ポンプ，清水冷却器など

④ 軸および軸受けの摩擦部に潤滑油を供給する潤滑油供給系：潤滑油清浄機，潤滑油冷却器，潤滑油供給ポンプなど

⑤ 清水冷却器や潤滑油冷却器を冷やす海水冷却系：海水ポンプ

(2) 発電と配電

船内には電気で動く機器が沢山ある．船内の照明，レーダーなどの航海計器，錨を巻き上げるウインドラス，舵を動かす操舵装置，機関室内の各種ポンプを駆動するモーターなどである．電気は発電原動機と回転エネルギーを電気に変換する発電機（一般に，両機器を含めて発電機という）により電気がつくられる．発電原動機は一般にディーゼル機関であるので，主機と同じように燃料供給系，潤滑油系などで構成されている．発電された電気は主配電盤で制御され，各末端の分電盤や電動モーターなどを一括制御する起動パネルに供給される．発電原動機の起動・停止，回転数（周波数）制御，発電機の制御（電圧制御，負荷制御，安全装置の作動）は主配電盤が行う．船内で電源がなくなること（ブラックアウト）は運航上，非常に危険であるので，主配電盤が船内の電力供給の維持を行う機能をもっている．

(3) 蒸気の発生と供給

蒸気は，主機および発電原動機の燃料の加熱や居住区の暖房などに利用される．蒸気を発生するのは補助ボイラーと排ガスエコノマイザーである．補助ボイラーは，バーナーから噴射された燃料の燃焼ガスが熱源となりボイラー水を加熱して蒸気を作るが，排ガスエコノマイザーは，航海時に主機の排気ガスを熱源（約350℃）とする．

(4) 船体制御関係機器

船体姿勢（船の前後・左右の傾き，船の喫水）を調整するにはバラストポンプを使用し海水をバラストタンクに張・排水して行う．船の変針は船尾にある舵取り装置により舵を操作するが，動力は電気および油圧が使用される．

(5) その他

① 清水供給系は，船内全体に清水を供給するもので，清水タンク，清水ポンプなどから構成される．

② 荷役関係機器は，タンカーでは，蒸気タービン駆動の原油を移送するカーゴポンプがある．

③ 防災用機器として，火災警報器，海水消火ポンプ，化学消火装置，二酸化炭素貯蔵装置，水密扉などがある．

④ 海洋汚染防止機器には，船を運航する過程で出る廃油を処理する装置や船底の油混じりの水（ビルジ）を処理するビルジ処理装置などがある．

⑤ 生活環境系機器には，居住区を暖房・冷房する空調装置，食料を冷蔵・冷凍する冷凍装置，整備関係の機器では，鋼材を削る旋盤，溶接装置，部品・船用品を搬送するクレーンなどがある．

b. 推進動力発生の概要

主機の始動からプロペラまでの動力伝達についてのながれで説明する（図1参照）．

① まず，主機が始動するために主空気槽から主機のシリンダーカバーに配置している始動弁経由でシリンダー内に圧縮空気が供給される．始動弁の開閉は制御機器が自動で行う．

② 圧縮空気の力でピストンが上下運動するとシリンダー内の空気が高温・高圧になり，その時点で各シリンダーに順番にシリンダーカバーの燃料弁を通して燃料が供給され燃焼し，回転が持続される．

③ 燃焼後の排気ガスは，過給機，排気管，排ガスエコノマイザーを通り煙突から排出される．排気ガスは，高温・高圧であるので過給機の排ガスタービンの回転エネルギーに利用される．

④ 排ガスタービン軸の他端には空気ブロワー（扇風機の羽根のようなもの）が付いており，外気を吸い込みシリンダーに燃焼空気として供給する．

⑤ 排気ガスの熱は，水の入った管群で構成されている排ガスエコノマイザーでも利用され，蒸気を作り，補助ボイラーに供給する．船によっては，蒸気は蒸気タービン駆動の発電機に利用される．

⑥ 主機関で発生した回転力は，中間軸，プロペラ軸を介してプロペラに伝達される．

c. 機関運転管理

機関運転管理は，毎日の運転管理，荒天航海時の運転管理および船体汚損時の運転管理がある．ここでは船級のM0（エムゼロ）資格，すなわち，機関室を無人にで

きる資格をもった船舶と仮定して説明する．M0 にする目的は，航海当直を機械に任せ，乗組員のマンパワーを保守作業（機械の整備，修理）に当て，省力化しようとするものである．

(1) 毎日の運転管理

一例を説明する．大洋航海中は，機関士 1 名と機関部員（部員）1 名がペアで当番する．

① 朝の機関部全員（機関長，機関士 3 名，部員 4〜5 名）で当日の作業の打ち合わせを行った後，機関士 2 名と当番以外の部員 2 名で M0 チェック用紙に従い M0 チェックを行う．この M0 チェックは，船内機器の運転状況を順番にチェックし記録するものである．

② 記録結果を当番機関士が分析し対応する．例えば，潤滑油タンクの油量が下がっていれば補給し，異常に下がっていた場合，配管のクラックによる漏れかどうか原因を確認する．主機の潤滑油温度が上がっていれば潤滑油冷却器の海水弁を操作して海水の供給量を増やし冷やす．1 人で手に負えない異常があれば機関部全員で対応する．

③ 当番機関部員は，M0 チェック作業ではなく毎日の定例当番作業を行う．その作業は，燃料清浄系では燃料清浄機など運転され，燃料からスラッジ分（ごみ，砂，水など）を分離しスラッジタンクに集められているが，その処理（例えば移送，焼却）である．ほかに，燃料系などの各種ストレーナの掃除，燃料・潤滑油・清水の消費量計算，油切れの機械に油を差す，液位の下がった潤滑油タンクへの油移送による補給，機関室の底に溜まったビルジの移送作業などがある．

④ M0 チェックや定例当番の作業が順調に済むと M0 が可能となる．日中は，当番機関士と機関部員は警報を傾聴しながら保守作業を行う．

⑤ また，17 時〜翌朝 8 時までは機関室は無人になるが，異常があれば当番機関士や機関長の部屋に警報が鳴り，就寝中であれば起きて，機関室に出向き対応する．なお，港内や沿岸を航海中のときは M0 運転ではなく当直運転となる．

(2) 荒天航海時の運転

荒天時は船がローリング（横揺れ），ピッチング（縦揺れ）し機器運転に不具合を与えるため M0 は解除され，機関士と部員がペアでの当直運転となる．

荒天航海時の運転の注意点として，絶対に主機をトリップ（停止）させないことである．トリップして船速が低下すると波の影響で船が転覆する可能性があるからである．不幸にもトリップした場合，すぐに主機を再始動する必要がある．トリップの原因は主機の過回転や潤滑油圧力の低下などがある．例えば，ピッチングが強くなりプロペラが海面より出るとプロペラの抵抗が減り主機が過回転する．動揺に

より潤滑油圧力が変動し低下する場合もある．これらの場合，主機はトリップする．また，船体抵抗の増加で主機の馬力が上がり燃料の噴射量が増えると燃焼室内の燃焼温度（燃焼温度は，排気温度で推定する）が上がり，燃焼室の部品に故障を起こす原因となるので，船の速度を落とし対応する．

(3) 船体汚損時の運転管理

商船は，定期的にドックに入り船体を洗浄し，再塗装する．このドック間隔は一般に2.5年であるが，船体の塗装の剝げや衰耗で生物が付着し汚損（船体汚損という）となり，船体抵抗増，船速の低下となる．また，プロペラが汚損しても船速が低下する．船速が低下するので船速を回復するために主機の回転数を上げようとするが，シリンダーに入る燃料が増え排気温度が上がり，それ以上の燃料を噴射することはできないので，船速を下げたままで運転を行う．船速を回復するために，寄港時にダイバーを入れて船底やプロペラの掃除（アンダーウォータークリーニング）を行う．ひどい汚損の場合は，臨時にドックに入れて船底を掃除する．

d. 機関保守管理

機関保守は，船級規則に基づく検査（船級維持検査）による保守と乗組員が定期的に行う保守（整備），機器の異常時に行う保守（修理）がある．

船級維持検査は，国際条約に基づく検査で，合格すると船級証書が発行される．船体保険や貨物保険をかけるためには，この検査は必須条件である．船級維持検査は，1年ごとの年次検査，2年または3年目に行う中間検査，5年目に行う定期検査があり，5年で全設備が検査される．機関関係では，機器が多いことから継続検査が認められ，5年を越えない機間で機器の開放検査を一巡する．継続検査では，乗組員が開放整備し，機器の摩耗状況，整備状況，運転状況などのデータを記録し，機関長が船級検査官に提出することによって機器の状態に問題がなければ合格と認められる．

(a) 排気弁棒

(b) ミリンダーライナーの点検作業

図2　主機の大きさ

乗組員が定期的に行う保守には，主機の排気弁取り替え，ピストン抜き取り整備など部品の寿命から開放期間を決めているものや，潤滑油冷却器などの冷却器の海水側掃除，補助ボイラーの燃焼室掃除などのように経験上で開放期間が決められているものがあるが，全機器に対して整備スケジュールが組まれている．航海中は，主機の整備はできないので主機の整備は停泊時に行い，航海中は取り替えた部品の整備を行い，予備品を作る作業を行っている．図2は排気弁棒と停泊時に主機のシリンダーライナーの点検を行っているときの写真であり．主機の大きさがわかる．

［金子 仁］

2.4 操船

航海計器

a. 航海計器全般

　船舶が航海する上で船位，針路（船の進む方向），速力，水深の情報がまず必要である．すなわち，現在，自船がどこにいるか，どのような針路にどのような速力で航走しており，現在の水深がどうかということを確認し安全を図っている．

　人間は五感によって上記の情報をある程度は確認できるが，あくまでも視界が良い場合，静穏な場合に限られてしまう．そのため，常時，必要な情報を入手するために航海計器が改良・開発が継続的に行われてきた．

b. 針路・方位測定（コンパス）

　方位測定には，計器を使用せず目視で確認できる方法がある．重視線方位という方法で2物標が1直線上に重なって見える場合には船舶（厳密には測定者）が必ずその見通し線上にいることを示すことになる．この方法は屈曲する河川の航路の中心を常時確認できるように，2物標を設置して利用されることが多い．また，この重視線は，海図上の2物標の重視線の方位とジャイロコンパスで測定された重視線方位を比較することにより，ジャイロコンパスの誤差測定に利用されることもある．

　方位を測定する計器としてはまず磁気コンパス（図1）がある．これは地球が磁性体であることを利用して針に磁北を指させる計器であって，磁北を中心に360°に方位を分割して表示している．かつて帆船時代は18方位を目盛にしていたこともあった．ただし，使用に当たっては磁北と真北の差（偏差），船舶自体がもつ磁性による指針のずれ（自差）を考慮する必要がある．至って簡便なものであるため，現在でも船舶の法定備品として装備が義務付けられている．

　磁気コンパスに代わり真北を指すコンパスとして開発された計器としてジャイロ

図1　磁気コンパス[1]

図2　ジャイロコンパス[1]

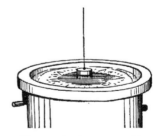
図3　レピーターコンパス用シャドーピン[2]

コンパス（図2）がある．高速回転するジャイロローターの回転軸は一定方向を指し続けるという特性に，その回転軸が地球の自転に追従し旋回・静止する装置を付加することで回転軸（指北端）が真北を指すようにしたもので，現在では小型船を除きすべての船舶で使

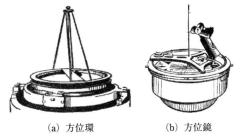

(a) 方位環　　　　(b) 方位鏡

図4　方位測定用の方位環および方位鏡[2)]

用されている．地球の自転に追従し指北させる方法の違いにより，スペリー式とアンシューツ式の2種類があり，それぞれ得失を有している．船橋にはジャイロコンパスのレピーターコンパス（図3）が複数設置されており，他船，物標，天体の方位を測定するのに利用されている．方位測定用の方位環，方位鏡を図4に示す．ジャイロコンパス以外ではレーザー光線を利用したレーザーコンパス，GPSを利用したGPSコンパスもある．

c. 速力測定

　船舶の速力には対水速力と対地速力がある．対水速力は海水（あるいは河川水）に対する船舶の移動速力であり，対地速力は地球地面に対する速力である．対水速力はプロペラなどの推進装置により船舶が得られる実力の速力であるが，一方，対地速力は対水速力に水の動き（例ば潮流，河川流）を加味した地面に対する実際の速力である．沿岸航海などの潮流影響を受けやすい水域，河川航行時，あるいは着離岸する港内操船では，操船者にとって対地速力が操船上，重要なデータとなる．対水速力は，船体汚損による速力低下，波浪による速力低下を把握する上で重要なデータである．

　昔からいろいろな機器が測定機器として考案・開発されている．最もシンプルなものとしてダッチマンログとよばれる方法がある．この方法は，航走中の船舶から前方に木片（ログ）を投げ込み，その木片が船首付近の測定場所を通過したときに船首計測者が手旗を振り，船尾計測者に計測開始を伝え，その後木片が船尾の測定場所を通過したときまでの経過時間を測定し，船首尾の測定場所間の距離を測定時間で除し速力を求めるというものである．

　帆船では船尾から細いロープを付けた扇型の木片を流し，所定の時間（砂時計で砂が落ち切る時間）に繰り出されるロープの長さを測定し，速力を求めていた（ハンドログ，図5）．このロープには適当な間隔で布切れ（ノット）が結び付けられており，繰り出された布切れの数を数え速力を読み取ることから速力の単位がノットとなった経緯がある．

図 5　ハンドログ[2]

また，船尾から流したロープの先に取り付けられたローターを回転させ，その回転数から速力を求めたサルログ曳航（ログ，図6），船底にプロペラを取り付け，その回転数から速力を求めるパテントログ，船底に設けた水孔にかかる静圧と動圧の差から速力を求める圧力式ログ，さらにフレミングの右手の法則を利用した電磁式ログ（船底から短いセンサーを出す，図7）が開発された．

以上はいずれも対水速力を求める速力計で，対地速力が測定できる計器としてはドップラーソナーが（ドップラーログ，図8）開発された．これは船底の送受振器から前後方向に超音波を発射して海底面からの反射波を受信しドップラー効果を利用して

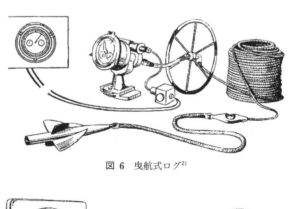

図 6　曳航式ログ[2]

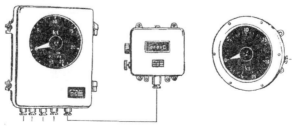

図 7　電磁ログ[2]

速力を求めるもので，操船者にとって画期的な計器となった．特に大型のタンカーやバルカーの着離桟操船では目視で判定が難しい微速力が測定表示されることで，きわめて有効な計器として受け入れられた．ただし，弱点として水泡により送受波が乱反射して測定値が乱れることがある．なお，ドップ

図8　ドップラーログ[1]

ラー速力計で海底面からの反射波が受信できない深海域では，水深150m付近に存在するプランクトンを反射体として速力計測をすることが行われている．また，最近ではGPSの測位情報から，その位置変化量を基に対地速力が得られるようになった．

　シーバースなどでは，桟橋に設置された送受波器から超音波（水中）あるいはレーザー（空中）を発射し船体から戻る反射波の到達時間を測定し桟橋までの距離と接岸速力を測定する距離速度計が設置され，操船者に情報が与えられる．特に大型タンカーバースや天然ガス船バースでは設置されているところが多い．

d. 水深測定

　水深確認は，船舶の座礁を防止する上で，絶対に必要な情報である．長年にわたり実施されてきた測深調査結果が海図の水深として表示されているが，それはあくまでも過去の測深値であるということになる．そのため船舶が現場で測定する計器が必要であった．

　一番シンプルでかつ現在でも使用されている機器としては，レッド（手鉛，図9）がある．これは，ほぼ鉛製の角錐型をしたものにロープを取り付け，それを静かに水中に降ろし着底したところで，ロープに着けた目印の布切れあるいは皮切れの位置を確認し，海底までの垂直距離を測定するものである．最近でも岸壁の側傍水深を測定するのに使用されることが多い．なお，手鉛の底面に凹部があって，そこにタロー（獣油脂）を塗っておくことで引き揚げたときに付着しているものから底質を確認できるようにしている．

　現在，水深測定に使用されている計器はエコーサウンダー（図10）とよばれ，船底に取り付けられた送受器で得られる海底との音波の往復時間を測定することによって水深が求められている．特殊紙に連続した水深を表示させ，その変化状況が見られるようになっている．最近では水深がときどき刻々ディジタル表示さ

図9　レッド[2]

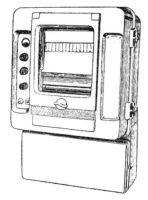

図 10　エコーサウンダー[2]

図 11　六分儀[2]

れるものが主流となっている．なお，音波の速度は水温や塩分濃度によって変化するので補正が必要である．

e. 高度測定

　GPSの出現前の大洋航海中の船位決定には天文航法が採用されていた．今日もGPSの補完として利用されている．天文航法では太陽，月および星（惑星および恒星）の高度を測る必要がある．この高度測定に用いられる計器として六分儀（図11）がある．

　原理はシンプルで，測定者は測定する天体に真向い望遠鏡を通して水平線を見る．同時に同器のアークについている動鏡を動かし天体（太陽や月の下辺，あるいは星の中心）を望遠鏡で捉え，それを水平線に接するようにバーニアダイアルで調整する．ちょうど接したときの高度が天体高度となる．なお，測定者の眼高差（水面上から目線まで高さ），空気の気差（水温と気温の差で変化する），視半径（太陽や月の場合）に対する高度改正を行い真高度が得られることになる．

f. 距離測定

　船舶の運航には物標までの距離を測定することが必要不可欠である．例えば衝突防止のために他船との距離を測り危険の有無を感知することや，ブイや陸岸までの離隔距離を知る必要がある．最も簡単なものは目視であるが，計器としては2個の相離れたレンズを使用する光学的な測距儀，電波を発射し他船や物標からの反射波が戻る時間をもとに距離を測定するレーダー（図12），先の速力測定で述べたレーザーや超音波の往復する時間を測定して距離に換算する接岸距離計がある．

g. 時刻測定

　乗組員の船内の生活にとっても時計は重要なものである．特に船舶は，東西方向に航進する場合には自船の位置に応じてちょうど昼頃太陽が正中（自船の経度線を通過するとき）するように時刻改正を行うことで毎日の生活環境を整え体調管理を行っている．また，天体高度観測を行う場合には同時に正確な世界時を測

図 12　レーダー[1]

図 13 クロノメータ[2]

図 14 船内親時計（コーツ時計）[2]

定する必要がある．そのため，昔から精度の高い時計の開発が行われ，誤差のきわめて少ないぜんまい歯車式のクロノメーター（図13）が発明され長年使用されていた．最近ではコーツ時計（図14）が使用されている．

船内の公用時計は常に一緒の時刻を指すように親時計と子時計とが連動しており，船橋で親時計の時刻改正を行うと全公用時計の改正が行われるようになっている．

時計誤差を確認するために特定の周波数による世界時信号が無線で送られるシステムがあり，それを聞くことで，親時計の誤差が確認されている．

最近ではGPSには原子時計が使用されている．

h. 船位測定

電波を使用した船舶の測位装置としては，まず無線方位探知機がある（図15）．これは電波測位といい，複数の陸上の送信局から電波を出し，その方位を測定することにより船位を決定する装置である．

二つの送信局から送られる電波の到達時間差が同じ点は双曲線を描くことを原理とする双曲線航法に使用される電波装置としては，ロランシステムとデッカシステムがある．前者はA方式とC方式がある．A方式は主局と従局から電波を送信しその到達時間差を測定し同局からの距離を算出し船位を決定するものである．C方式はA方式より長い波長の電波を使用し送信局から長距離でも利用できるようにしていることと，到達電波の時間差に加え位相差を測定することで測位精度を向上させていることに違いがある．デッカは欧州水域で開発された短距離用の双曲線航法の測位システムである．また，かつてオメガシステムとよばれた全世界を8基の地上送信局でカバーする測位システムが運用されたことがあった．

現在の測位装置の主流はGPS（Global

図 15 電波方位測定器[2]

図 16 GPS[3]

Positioning System) とよばれるシステムに移行している（図16）．このシステムは地球の上空を周回する複数の衛星からの電波を受信し，その到達時間をもとに各衛星からの三次元の距離を求め，その交点を船位とするものであるが，測定時間誤差を最小限にする繰り返し演算を行って精度の高い位置を求めることを行っている．さらに位置のわかっている陸上局でGPSの測定誤差を求め，付近を航行する船舶に対し誤差補正の情報を送信し，さらに精度を上げているDGPS（Differential Global Positioning System）が運用されている（図17）．

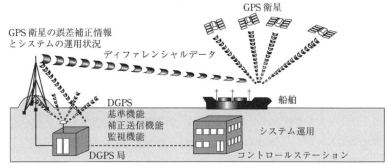

図 17 DGPS（原理）[4]

このGPSは，米国で軍用に開発されたシステムであるが，一部の情報を民間に開放して利用されている．そのため有事の際には利用が不可能となることや精度が低下するという問題を抱えている．また，ロシアが運用しているグロナスとよばれる衛星測位システムもある．最近ではEUでガリレオ計画と称する商用の衛星測位システムの構築が進められている．日本ではGPSを補完して日本近海の測位精度を向上させる准天頂衛星が打ち上げられている．

i. 船 位 発 信

AIS（automated identification system）とよばれる計器が自船の船位を発信するのに使用されている（図18）．この計器は，狭視界時，夜間などにおいて自船の付近を航行する船舶の存在は確認できるが，その船名（あるいは船名符字）が不明であるためVHF電波などで呼出できないという問題や互いの動静（目的港など）がわからないという問題を解消し，常時，付近の航行船の船名，位置，動静が把握できるように開発・導入されたものである．最近では特定のトン数以上の船舶に搭載義

務が課せられている．原理は，ルールで決められた船名，GPSによる自船位置や対地速力，ジャイロコンパスによる船首方位，目的港などの自船の動静情報をVHF電波で常時発信すると同時に他船の情報を受信して，その情報を表示させるものである．情報発信の時間間隔は

図18　AIS[1]

船速によって異なり，錨泊船は航行船より長い間隔で発信することになっている．また，船舶どうしの情報交換に加えて，陸上から船舶動静の把握が簡単にできるようになったことから，主要水道や港湾の陸上基地局において本装置搭載船のAIS情報を収集する航行実態調査（航行隻数，航行時間，錨泊実態など）が実施されるようになった．さらに，陸上基地局から搭載船に対しバーチャル情報（灯浮標に代わるバーチャルブイの位置）を流し，船舶輻輳海域において船舶の整流を図る実験も行われている．

j. 他船，障害物，地形測定

肉眼では見えにくい遠方の物標を見張るために望遠鏡や双眼鏡（図19）が使用されている．船橋当直者が肩から吊るす小型タイプと船橋のウイングに設置する大型タイプがある．使用されるレンズの倍率によって見え具合は異なるが，使用時には必ず使用者が焦点調整を行い，極力，物標が鮮明に見えるようにする必要がある．夜間では目視あるいは双眼鏡による見張りをしても灯火は確認できるが遠方の物標の存在や形状を把握することは不可能である．最近では海賊対策の監視装置として赤外線暗視鏡が商船で使用されるようになった．本装置は，赤外線を発射して反射物体の形状を示すものである．

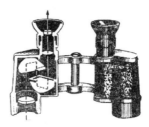

図19　双眼鏡[2]

k. オートパイロット

かつては常時，操舵手が舵輪を握り命令された針路を維持する保針操舵作業が実施されていたが，大洋航行中の省力化のために本装置が開発された．原理は予定針路と船首方位のずれを測定し，そのずれを修正するような舵を取らせるといった簡単なものであるが，どのくらいの舵角を取るか，どれだけの時間舵を取らせるか，行き過ぎないようにどこで反対の舵を取らせるかといった制御が必要である．この制御は同一船であっても排水量によっても異なるし海気象によっても異なる．また，舵を取ることで船首を回頭させるが，一方，船首方向の抵抗を発生させるので極力小さな舵角として省エネを図る必要もある．そのため，最近では省エネを図る最適

図 20　オートパイロット[1]

制御理論が組み込まれたオートパイロット（図20）が開発・利用されている．なお，本装置は重要機器であるため二系統の制御経路を有するとともに，各系統において手動操舵やノンフォローアップ操舵の切り替えスイッチが付いており，船舶の輻輳海域，狭水道，湾内・港内では手動操舵，緊急時にはノンフォローアップ操舵が行われるようになっている．

l.　航海情報記録装置

VDR（voyage data recorder）は，航空機のフライトレコーダーやボイスレコーダーと同様な装置で船舶の船位や動静，船舶の制御に関わる情報，音声情報，レーダー画面情報を記録装置に蓄積し，海難事故の発生原因を調査する際に使用する装置である（図 21）．3000トン以上の貨物船，旅客船はSOLAS条約により装備が義務付けられた．

m.　船橋航海当直警報システム

BNWAS（bridge navigational watch alarm system）は，船橋当直航海士の居眠りや非就労状態など異常が発生した場合，その異常を船長室などに警報で知らせる装置である（図22）．総トン数150トン以上の貨物船，旅客船に装備が義務付けられることとなった．

図 21　航海情報記録装置[1]

n.　通　信

船舶の運航に通信がきわめて重要なことであることは論を待たない．近くは船上で乗組員が互いに，情報を交換する必要があり，遠くは船舶同志間の情報交換，船舶と支援船（例えばタグボートやエスコートボート）との情報交換，陸上と船舶との情報交換が必要であるからである．

船上での情報交換には，肉声（メガフォン，伝声管も含む），笛（図23），号鐘（図24），汽笛，トランシーバー）が利用され，船舶どうしでは旗流信号，手旗信号，発光信号，汽笛信号，無線（VHF，船舶電話など）が，船舶と陸上では旗流信号，手旗信号，発光信号，汽笛信

図 22　船橋航海当直警報
システム[1]

号，無線，電話，テレックス，FAX，電子メールなど）が利用されている．

(1) 声・笛信号

最も原始的な通信方法であるが，現在でも小型船では，肉声や笛を使い作業状況

図 23 笛[1]　　図 24 号鐘[6]

を連絡し合うことを行っている．特に練習船の投揚錨作業時や係留作業時に笛が利用されている．号鐘は，緊急事態の発生や時刻を船内に知らせるために使用されていた．

(2) 旗流信号

音声の届かない距離で目視が可能な場合には，旗を揚げて互いに意思疎通を図ることが行われた．英語のアルファベット旗（図25）（26文字），数字旗（10文字）および代表旗（3種）を組み合わせ，船上あるいは陸上のマストに揚げることで，万国共通の信号書に記載された内容を連絡しあった．この方法は，船舶間，船舶-陸上信号所間で使用された．なお，旗以外に形象物を掲揚することも行われた．

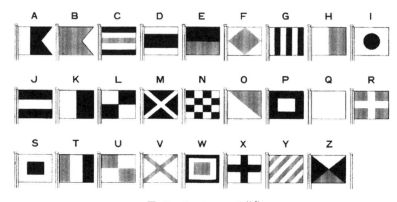

図 25　アルファベット旗[5]

(3) 手旗信号

船舶間あるいは船上では両手に持った手旗（図26）を決められた形に示すことで平文の通信を行った．万国共通では英語のアルファベットと数字，日本では50音（あいうえお……）の手旗が用いられた．

(4) テレグラフ

主機関操作が船橋ではなく機関室行われていたときにはテレグラフ（図27）とよばれる主機操作の連絡装置が船橋と機関室に装備されていた．そして航海士が船長あるいは水先人の機関号令を受け，本機器のレバーを動かし号令を機関室に連絡することで主機関操作が行われていた．具体的に示すとS/E (stand by engine) は機関準備を，F/E (finished with engine) で機関準備を解くことを意味し，操船中は前後進別に，full, half, slow, dead slow の段階で発令された．衝突回避時のよ

うな緊急事態には全速後進を伝えるために，レバーを前後方向に繰り返して動かし，最終的に全速後進位置にレバーを置く操作が慣用的に行われた．

(5) 汽笛信号

船舶では蒸気や圧縮空気を用いた汽笛（図28）が用いられている．例えば海上衝突予防法では，短音1回は「右転する」，短音2回は「左転する」，短音3回は「後進する」を意味する汽笛信号の使用が義務付けられている．霧中信号として停泊中あるいは航進中を示す吹鳴間隔時間が異なる特定の汽笛信号が定められている．それ以外でも衝突回避のための法定信号として相手船に対する疑問信号や注意喚起信号としても使用されている．

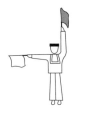
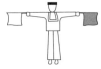

図26 手旗[5]

(6) 発光信号

夜間，船舶どうしあるいは船舶-陸上間で発光信号用の探照灯（図29）を使い，英語のアルファベットと数字をトツー（・－，短光・長光）で表示し互いに平文で通信，あるいは万国通信書の通信符字を交換する信号である．洋上で他船とVHFで交信したい場合に相手船を呼び出しても応答がない場合には，他船に向け発光信号で「VHF」と送信し，応答させる場合にも利用された．かつて（今から35～40年前）伊良湖水道の神島の民間信号所から名古屋港・四日市港への入港船に対し船名を問う発光信号が送られ，それに対し航行船から船名を送り返すやり取りが行われていた．同信号の発信器には，船橋のウイングで使用する小型持ち運び式と，船橋上部のフライングブリッジに置かれた大型固定式の2種類があり，通常は前者が使用されている．

図27 テレグラフ[2]

図28 汽笛[2]

(7) 無線通信装置

音声による交信ができない時代にはモールス信号による通信が行われていた．通信技術の発達とともに音声通信が主体となり，現在ではモールス信号は行われず遠距離の場合には衛星を利用した衛星電話，インターネット通信（電子メール，web閲覧通信）が，近距離の場合にはVHF電話，トランシーバー，船舶電話（海岸局経由），携帯電話（陸岸付近）が利用されている（図30～図33）．

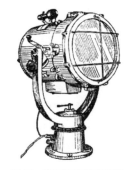

図29 発光信号用探照灯[2]

図 30　インマルサット携帯移動地球局[1]

図 31　船内指令装置[1]

図 32　UHF 船上通信装置[1]

図 33　UHF 船上通信装置
（トランシーバー）[1]

(8) 海難救助装置（GMDSS）

　GMDSS（global maritime distress and safety system）は，モールス信号による通信体制では遠距離通信に対応できない，モールス無線電信には専門的技術が必要である，突然の船舶の転覆などに際しては遭難信号が発信されない場合があるなどの問題点があったことから，IMO を中心に検討が行われ SOLAS 条約により導入された遭難・安全通信システムである．

　本装置の導入により，船舶はいかなる海域で遭難しても捜索救助機関や付近航行船舶に対して迅速確実に救助要請を行うことが可能となり，また陸上から提供される海上安全情報も自動受信方式により確実な入手が可能となった．

　国際航海に従事する旅客船・総トン数 300 トン以上の貨物船に義務付けられ，モールス信号に代わり各種無線装置（MF/HF 無線（図 34），VHF 無線電話，双方向無線電話，ナブテックス受信機，衛星 EPIRB，レーダートランスポンダ（図 35），インマルサット C などによってシステム構成され，以下のシステムにより海難に関する通信と海上安全情報の提供に関する通信が行われている．

・コスパス・サーサットシステム：　遭難船舶などの衛星 EPIRB（衛星非常用位置

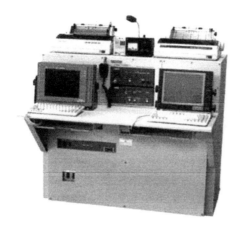

図 34　MF/HF 無線[1]　　　　図 35　レーダートランスポンダ[1]

指示無線標識)から発信された信号を,衛星経由で受信し,遭難船舶の位置などを特定するシステムである.

・インマルサット遭難通信システム: インマルサット静止衛星を使用し,船舶と陸上との間で遭難通信を直接行うシステムである.

・DSC(digital selective calling；ディジタル選択呼出): ディジタル通信技術を用いて遭難警報や呼出しを行うシステムである.

・NMDP(narrow band direct printing；狭帯域直接印刷電信): 送信者と受信者がそれぞれキーボードを操作することにより通信内容が互いのブラウン管画面上に表示される無線テレタイプである.

・VHF 無線電話放送: 沿岸を航行する船舶に対して,VHF 無線電話により海上安全情報を提供するシステムである.

・ナブテックス放送: 沿岸から約 300 海里までの船舶に対して,航行警報などの海上安全情報を英語または日本語の自動印字により提供するシステムである.

・インマルサット EGC 放送: 遠洋を航行する船舶に対して,陸上からインマルサット静止衛星を経由し,海域を特定して航行警報等の海上安全情報を送信するシステムである.　　　　　　　　　　　　　　　　　　　　　　　　[津金正典]

参考文献
1) 東京計器株式会社 HP.
2) 航海訓練所・運航技術研究会:航海図鑑, 海文堂, pp. 59～60, 220, 227～230, 234～238 (1973).
3) 日本無線株式会社 HP.
4) 海上保安庁交通部:海上交通ルールと航路標識, pp. 4～5, 23～26, 34～35, 43 (2003).
5) 屋代　勉:日本船舶信号法解説, p. 65, 天然社 (1962).

2.4 操船
国際機関と関連法規

a. IMO

　海技関係の国際機関には，国連傘下の国際海事機関（International Maritime Organization，IMO）がある（図1）。同機関は海上の安全，船舶からの海洋汚染防止等の海事に関する政府間の協力を推進するため1958年に設立された機関で，本部は英国のロンドンに設置されている。その下部機関である海上安全委員会と海洋環境保護委員会を中心に活動を積極的に続けている。同機関の制定による海事に関係する国際条約には，SOLAS条約，MARPORL条約，STCW条約，COLREG条約などがあり，また国連の海洋法条約や国際労働条約などが存在する。

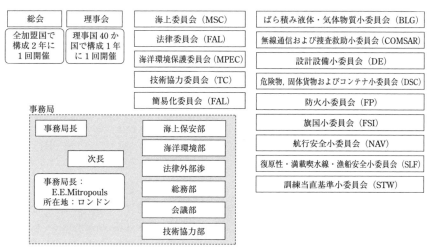

図1　IMOの組織図[1]

　IMOの組織は以下のとおり構成されている。
(1) 総会
・すべての加盟国で構成される。
・2年に1度開催される。
・任務は，事業計画および予算の決定，理事会の構成国の選挙などである。
(2) 理事会
・32か国で構成（日本を含む）される。
・理事国の任期は2年である。

(3) 海上安全委員会（Maritime Safety Committee, MSC）
- すべての加盟国で構成される．
- 任務は，船舶の構造・設備，危険貨物の取り扱い，海上の安全に関する手続き・要件，安全の見地からの配員，その他海上の安全に直接影響のある事項を審議，検討し，関連する国際条約の採択，改正および各国への通報，条約の実施を促進する措置の検討などである．
- 詳細な検討は下部の小委員会に付託する．

(4) 法律委員会（Legal Committee, LEG）
- すべての加盟国で構成される．
- 任務は，船主の民事責任など，海事に関する法的事項全般についての検討である．

(5) 海洋環境保護委員会（Marine Environment Protection Committee, MEPC）
- すべての加盟国で構成される．
- 任務は，船舶に起因する海洋汚染の防止に関する国際条約の採択，改正および各国への通報，条約の実施を促進する措置の検討などである．
- 詳細な検討は関係小委員会に付託する．

(6) 小委員会（Sub-Committee）
- IMOにおける審議の効率を図るため，その所属する上部委員会（MSCおよびMEPC）の付託を受け，専門的な技術的事項について審議する．
- 小委員会での検討結果は，上部委員会に報告され，条約改正などのIMOとしての最終決定は，原則として上部委員会で行われる．

b. IMOの関連条約

　IMOの関連条約としては現在，以下の条約が採択されている．ただし，発効していないものもある．また，旗国政府による監督体制が不十分で国際条約（SOLAS条約，STCW条約，MARPOL条約）の基準に適合していない船舶を排除するために寄港国政府による監督の重要性が認識され，1982年に欧州諸国が入港船に対する上記条約締約国の監督権（port state control）の行使を開始した．日本では1983年に国土交通省の外国船舶監督官により実施が始められた．

(1) SOLAS条約（International Convention for Safety of Life at Sea）

　SOLAS条約（海上における人命の安全のための国際条約）は，1974年11月採択され，1980年5月に発効した．わが国も批准をしている．その後関連議定書が採択され発効している．同条約は，船舶の堪航性や旅客・乗組員の安全を確保するために必要な船舶の構造，救命設備，航海機器などの設備の技術基準，さらに海事テロ対策の強化を図るための船舶保安に関する特別処置などの確保を定めた条約であり，以下の構成からなっている．

第Ⅰ章　　一般規定
第Ⅱ章　　構造（構造，区画及び復原性並びに機関及び電気設備）
第Ⅱ-2章　構造（防火並びに火災探知及び消火）
第Ⅲ章　　救命設備
第Ⅳ章　　無線通信
第Ⅴ章　　航行の安全
第Ⅵ章　　貨物の運送
第Ⅶ章　　危険物の運送
第Ⅷ章　　原子力船
第Ⅸ章　　船舶の安全運航の管理
第Ⅹ章　　高速船の安全運航の管理
第Ⅹ-1章　海上の安全性を高めるための特別措置
第Ⅹ-2章　海上の保安を高めるための特別措置
第Ⅻ章　　ばら積貨物船のための追加的安全措置

また，関連コードには以下の規定があり，船種別あるいは全船舶に対する安全確保を図っている．

・国際海上危険物規定（IMDGコード）
・国際バルクケミカルコード（IBCコード）
・国際ガスキャリアコード（IGCコード）
・国際海上安全輸送規則（INFコード）
・国際安全管理規則（ISMコード）
・国際海事保安コード（ISPSコード）

(2) STCW条約（International Convention on Standards of Training, Certification and Watchkeeping for Seafares）

STCW条約（船員の訓練および資格証明並びに当直の基準に関する国際条約）は，船舶に乗り組む船員の資質，訓練，資格証明及び当直の基準を定めた条約で，その背景には1967年に英仏海峡で発生したタンカー「トリーキャニオン号」の座礁事故がある．1984年4月に発効した．しかしながら，その後も海難事故があいついで発生したことから，同条約の全面改訂が行われ，「1978年STCW条約の1995年改正」が2002年2月に発効した．わが国は批准をしている．条約の構成は，以下のとおりである．

・条文
・条約付属書
　第1章　一般規定
　第2章　船長及び甲板部

第3章　機関部
　　第4章　無線通信及び無線通信要員
　　第5章　特定の種類の船舶の乗組員に関する特別な訓練の要件
　　第6章　非常事態，業務上の安全，医療及び生存に関する職務細目
　　第7章　選択的資格証明
　　第8章　当直
［STCW コード A 部（STCW 条約の付属書の規定に関する強制条件）］
　　第1章　一般規定に関する基準
　　第2章　船長及び甲板部に関する基準，能力基準表
　　第3章　機関部に関する基準，能力基準表
　　第4章　無線通信及び無線通信要員に関する基準，能力基準表
　　第5章　特定の種類の船舶の乗組員に関する特別な訓練の要件に関する基準
　　第6章　非常事態，業務上の安全，医療及び生存に関する職務細目に関する基準，能力基準表
　　第7章　選択的資格証明に関する基準
　　第8章　当直に関する基準
［STCW コード B 部（STCW 条約の本文及び付属書の規定に関する勧告指針）］
　　B-1節　　条約に基づく一般的義務に関する指針
　　B-2節　　定義と解釈に関する指針
　　B-3節　　条約の適用に関する指針
　　B-4節　　情報の送付に関する指針
　　B-5節　　他の条約及び解釈に関する指針
　　B-6節　　証明書に関する指針
　　B-7節　　経過規定に関する指針
　　B-8節　　臨時業務許可書に関する指針
　　B-9節　　同等と認められる教育及び訓練の制度に関する指針
　　B-10節　 監督に関する指針
　　B-11節　 技術協力に関する指針
　　　　　　試験のデータベース，海事訓練シミュレータの利用，技術協力に関する情報
［STCW 条約付属書の規定に関する指針］
　　第1章　一般規定に関する指針
　　第2章　船長及び甲板部に関する指針
　　第3章　機関部に関する指針
　　第4章　無線通信及び無線通信要員に関する指針
　　第5章　特定の種類の船舶の乗組員に関する特別な訓練の要件に関する指針

第6章　非常事態，業務上の安全，医療及び生存に関する職務細目に関する指針
第7章　選択的資格証明に関する指針
第8章　当直に関する指針

(3) MARPOL 条約（International Convention for the prevention of Pollution from Ships）

　MARPOL（船舶による汚染の防止のための国際条約）は，原油や重油などの重質油のみを規制の対象とした「1954年の油による海水の汚濁の防止のための国際条約」をさらに強化し，軽質油を含むすべての石油類，ばら積有害液体物質などを規制の対象とする海洋汚染防止に関する国際条約で，1983年10月に発効した．わが国も批准をしている．本条約は以下の付属書から構成されている．

・条文
　議定書Ⅰ　有害物質に係る事件の通報に関する規則
　議定書Ⅱ　紛争解決のための仲裁に関する規定
・付属書Ⅰ　油による汚染の防止のための規則
・付属書Ⅱ　ばら積の有害液体物質による汚染の防止のための規則
・付属書Ⅲ　容器等に収納されて運送される有害物質による汚染の防止のための規則
・付属書Ⅳ　船舶からの汚水による汚染の防止のための規則
・付属書Ⅴ　船舶からの廃物による汚染の防止のための規則
・付属書Ⅵ　船舶による大気汚染の防止のための規則

(4) COLREG 条約（Convention on the International Regulation for Preventing Collisions at Sea）

　現行の COLREG 条約（海上における衝突の予防のための国際規則に関する条約）は1972年10月に採択され1977年7月に発効した．わが国では，同条約を批准し，1977年の発効時に海上衝突予防法として国内法に取り入れられている．海上衝突予防法は，「国際条約に準拠して船舶の遵守すべき航法，表示すべき燈火および形象物並びに行うべき信号に関し必要な事項を定めることにより，海上における船舶の衝突を予防し，もって船舶交通の安全をはかることを目的とする．」としている．

(5) LOAD LINE 条約（Internal Convention on Load Line）

　LOAD LINE 条約（満載喫水線に関する国際条約）は，船舶の安全航行を図るために貨物の満載制限と船体の水密性に関わる技術基準を定めた条約であり，1966年に採択し1968年7月に発効している．わが国は批准をしている．

(6) CSC 条約（International Convention for Safe Container）

　船舶に搭載されるコンテナの構造強度，保守などの基準を定めた条約である．1997年に発効し，わが国は批准をしている．

(7) SAR 条約（International Convention on Maritime Search and Rescue）

　各国が自国沿岸域の海難捜索救助作業を行う体制の確立，全世界的に統一された海難捜索救助体制の構築を目指す条約として発効している．海上における遭難者を迅速かつ効果的に救助するため，沿岸国が自国の周辺海域において適切な海難救助業務を行えるよう国内制度を確立するとともに，関係国間で協力を行うことにより，世界の海に空白のない捜索救助体制を作り上げることを目的とする．わが国は1959年に批准し，同条約の勧告に基づき，海上保安庁では船位通報制度を導入，ヘリコプター搭載型巡視船の整備など国内的な捜索救助体制の充実を図る一方，隣接諸国との SAR 協定締結などにより国際的な協力体制の確立に努めている．

(8) AFS 条約（International Convention on the Control of Harmful Anti-fouling Systems on Ships）

　船底外板に使用する塗料について，有機スズ化合物を含む船底防汚塗料の使用を制限する条約で，2008年9月に発効した．適用対象船は，2,500 mg/kg を越える有機スズ化合物を用いた防汚方法が禁止されている．寄港国によるポートステートコントロールの規定も定められている．わが国は批准をしている．

(9) BWM 条約（International Convention for the Control and Management of Ship's Ballast water and Sediment）

　船舶のバラスト水の移動に伴う海洋環境への影響を防止するため，バラスト水の適切な処置（バラスト水処理装置の搭載など）を定めた条約で2004年2月に採択されたが，まだ発効していない．わが国は2014年に批准をした．

(10) SHIP RECYCLE 条約（Hong Kong International Convention for the Sea and Environmentally Sound Recycle of Ship）

　船舶の一生を通じて，条約で定める有害物質の搭載・使用制限および処理に関する運用を国際的に統一された基準で行うための条約である．2009年5月に採択されているが未発効である．

c. ILO

　国際労働機関（International Labour Organzation, ILO）は，当初労働者の権利の保護のため国際協調を行うことを目的として国際連盟の機関として設立され，その後1946年に国際連合と協定を結び国連専門機関の一機関となり活動を継続している．ILO の定めた条約の中には船員労働関連の条約や港湾労働などの海事関連条約が多数採択されている．船員関連の主な条約は，以下のとおりである．

(1) 商船（最低基準）条約（第 147 号）

本条約は便宜置籍船対策として 1976 年 10 月に採択され，1981 年 11 月に発効した．日本は同条約を批准している．同条約の定める基準で船員に関するものには，最低年齢，乗組員設備，災害防止，傷病保険，健康検査および医療，食料と調理，雇入契約および職員の資格などがある．なお，日本は，その後 2003 年 1 月に発効した同条約の議定書（船員の労働時間および船員の定員条約を含む）は，まだ批准をしていないが，次に述べる海事労働条約を批准している．

(2) 海事労働条約

同条約は 1920 年以降に採択された海事関連条約，勧告を整理統合したもので，2006 年に採択され 2013 年 8 月に発効した．本条約の目的は，船員の最低条件，雇用条件，居住設備，医療・福祉，社会保障などに関わる国際的基準を確立することで，船員の労働環境の向上に資するとともに，その基準に基づく公正な競争を確立し，海運市場における公正かつ適正な競争の確保を図ることとされている．

船舶所有者は，その管理下の船舶が条約の要件を満足する国内法令に規定された船員の労働生活条件に対する要件に継続的に適合するよう必要な措置を計画し，その措置が確実に実施されるよう求められる．具体的には海事労働適合申告書(Declaration of maritime Labour Compliance）を策定し維持しなければならない．

旗国は自国籍船に対して検査を行い，適合船に対して海事労働証書（Maritime Labour Certificate)を発行する．また，寄港国はポートステートコントロールを実施することとされている．船舶は，海事労働証書と海事適合申告書を所持する義務がある．

わが国は，2013 年夏の同条約の批准を目指し国内法の改正作業を進め，船員法の労働条件関係が 2013 年 3 月に改正・施行されている．また，2013 年 5 月船員法の労働条件関係の検査制度が導入されている．なお，ポートステートコントロールは，日本について条約の効力が発生した日（2014 年）以降から外国籍の寄港船に対して実施されている． 　　　　　　　　　　　　　　　　　　　　　　　　[津金正典]

参考文献
1) 新日本人船員・海技者育成基金管理運営委員会：SI 実務教本（第一編），P1-C-1～P1-C-18 (2013)．
2) 外務省 HP．
3) 国土交通省海事局：海事レポート（平成 24 年版），pp. 180～185，成山堂書店 (2012)．

2.5 海難事故

海　難

a. 海難とは

　世界の海上には現在多くの船舶が航行しているが，これら船舶は不幸にして事故に遭遇することがある．

　このように船舶の運航中の事故を一般に海難（あるいは海難事故）というが，その定義については，法律上規定されているものを含め，その範囲，大きさなどによりさまざまなものがある．

　わが国の海難審判法には，第2条で海難の定義として次のものをあげている．

① 船舶の運用に関連した船舶または船舶以外の施設の損傷
② 船舶の構造，設備または運用に関連した人の死傷
③ 船舶の安全または運航の阻害

　これを具体的にいうと，①の船舶の運用に関連した船舶の損傷とは，船舶の運用中に発生した衝突，乗揚，転覆，火災などにより船体，機関などの損傷をいう．②の人の死傷とは，①に関連して死傷が生じた場合はいうまでもないが，船舶などに損傷が生じない場合でも，海中や船倉への転落による死傷，係留ロープ切断により強打して死傷，あるいはガス中毒や酸欠による死傷なども対象の海難になる．また，③では，①，②のほか，損傷や死傷が発生しなかったものでも，次の場合には対象の海難になる．

・荷崩れによる船体傾斜で転覆，沈没などの危険な状態が生じた場合
・機関の燃料切れで漂流した場合
・乗揚げて損傷は無かったが，航海を継続できなかった場合

　また，船員法には，船長が行政官庁に報告義務を有する事項を第19条に定めているが，それには，「船舶の衝突，乗揚，沈没，滅失，火災，機関の損傷その他の海難」（第1項）を海難と定義づけている．一方，「人命又は船舶の救助」（第2項），「船内にある者が死亡し，又は行方不明」（第4項），「予定の航路を変更」（第5項），あるいは「船舶が抑留され，又は捕獲されたときその他船舶に関し著しい事故」（第6項）などは，海上における事故ではあるが，海難と区別している．

　海運企業（船舶管理会社など）においては，ISMコードを遵守しなければならないが，その第8項「緊急事態への準備」においては，緊急事態の識別，およびその対応する手順が要求されている．

　「会社は，遭遇する可能性のある船舶の緊急事態を識別し，それらに対応するため

の手段を確立しなければならない」とあり，したがって，実際に運航されている船舶では，ここにいう緊急事態を海難と位置付け，その対応，すなわち手順書の作成，訓練などの実施を行うものである．またここにいう緊急事態，あるいは海難の識別は各社により独自に実施されるものであり，その種類，手順書の内容についても各社に一任されているが，例として，火災，衝突，座礁・座州，重要機器損傷，油流出，死傷，機関室浸水などがあり，最低限これらを含む手順書の作成が要求される．

ISM コード ISM コード（International Safety Management Code，国際安全管理コード）は，IMO 総会決議 A.741(18)「International Management Code for the Safe Operation of Ship and for Pollution Prevention (International Safety Management Code) の略称であり，その目的は，「海上における安全，傷害または人命の損失ならびに環境，特に海洋環境および財産の損害回避を確実にすること」（ISM コード 1.2.1）である．

本コードは，船舶管理のための規則であり，1994 年 5 月，SOLAS 条約締約国会議において，SOLAS 条約に新たに第 IX 章「船舶の安全運航の管理」を設け，ISM コードを強制化する改正条約が採択（1994 年 5 月 24 日）された．

ISM コードは，1998 年 7 月 1 日（危険物積載船および客船など）から順次強制化され，2002 年 7 月 1 日には国際航海に従事する総トン数 500 トン以上のすべての船舶に適用された．

b. わが国における海難発生状況[1]

わが国における海難の発生状況について，2009（平成 21）年中に発生した海難で，海難審判所の理事官が立件したものを次に示す．立件した海難は，1 491 件，1 936 隻で，それに伴う死亡・行方不明者数は 59 人，負傷者数は 229 人となっている．

(1) 海難の種類（図 1）

海難の種類では，全立件海難数 1 491 件中で衝突がもっとも多く，単独衝突（船舶が単独で岸壁，浮標，漂流物などに衝突したもの）を合わせると全体の 40% にのぼり，次に乗揚（20%）が多く，衝突，乗揚で全体の 60% を占めている．これに続き機関損傷が 15% となっている．海難の過半数を占める衝突，乗揚は，どちらも操船上の事故であり，これは操船者，すなわち船橋における操船指揮者，または当直者の過失，すなわち海難における発生要因は，ヒューマンファクターに起因するものが多いということを示している．

(2) 船種別隻数（図 2）

海難が発生した船種別の隻数を見ると，漁船が最も多く 29%，次に貨物船の 22%，プレジャーボートの 17% となっている．船型でいえば比較的小型の部類といえる漁

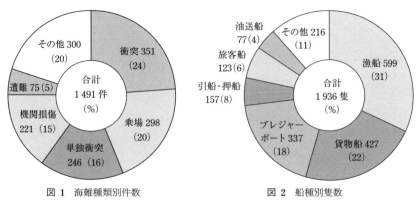

図 1　海難種類別件数　　　　　図 2　船種別隻数

船およびプレジャーボートの事故が，全体の約半数を占めていることがわかる．

(3) 船種別死亡・行方不明者および負傷者の状況（図3，図4）

　死亡・行方不明者数は，漁船が最も多く，全体の約 70% を占めている．また，負傷者についてはプレジャーボートが最も多く 45% であり，ついで漁船が 21% となっている．このように人身事故については，漁船，プレジャーボートなど小型船が大半を占めることがわかる．

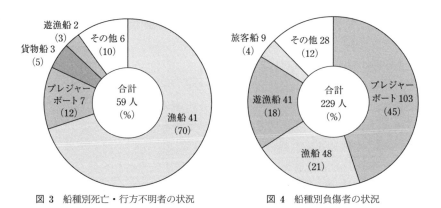

図 3　船種別死亡・行方不明者の状況　　　図 4　船種別負傷者の状況

(4) 海難原因（図5）

　どのような海難にもいえることであるが，船舶の事故には，次の三つに起因する事故に大別される．

① ハードに起因：船舶自体ならびに船舶設備に起因
② ソフトに起因：船舶の運航を担う船員の技術，判断などに起因
③ 運航環境に起因：海象，気象，海域，水路などに起因

　これらに起因する事故をさらに分析すると，2009（平成 21）年には，260 件の裁

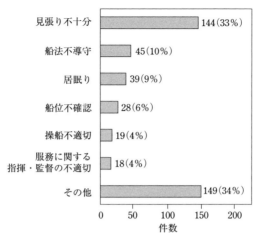

図 5　海難原因分類（全 443 原因）

決（対象船舶 380 隻）が言いわたされており，その中で 443 の海難原因（1 隻複数原因あることもあり）が示されている．指摘された原因の中で，「見張り不十分」が 144 と最も多く，全原因数の 33% を占めており，ついで「航法不遵守」が 46（10%），「居眠り」が 39（9%）となっている．

c. 世界の海難発生状況[2,3)]

世界で発生した船舶の海難について見ると，総トン数 100 トン以上の船舶で 2009 年に全損となった船舶は 152 隻であり，また，死者・行方不明者は 644 名となっている．2004 年から 2009 年までの全損船舶数および死者・行方不明者数を表 1 に示す．また，2009 年の全損事故における海難の種類は，沈没が最も多く 65 隻（43%），これに続いて火災・爆発 31 隻（20%），座礁・座州 25 隻（16%）となっている（図 6）．

表 1　世界の全損事故と死者・行方不明者数

発生年	2004	2005	2006	2007	2008	2009
全損船舶（隻）	133	154	144	173	135	152
死者・行方不明（名）	606	424	1 774	354	1 133	644

［事故例］　2009 年において，死者・行方不明者が最も多かった事故の船名と概要は次のとおりである．

・船名：「TERATAI」インドネシア籍（1978 年竣工，総トン数 552 トン）
・概要：2009 年 1 月 11 日インドネシア・スラウェジ島西 30 海里（約 56 km）沖のマカッサル海峡にてサイクロン「Charlotte」に遭遇，沈没し乗組員・乗客 267 名中，

232名が死亡または行方不明となる．事故当時，7mの波があったと報告されている．

d． IMOの海難への対応[2,3]

国際海事機関（International Maritime Organigation：IMO）では，SOLAS（規則Ⅰ/21）およびMARPOL（第8条および12条）により，海難が発生した場合，主官庁に対し海難の発生に関する調査および情報提供を求めている．一方，海難調査における各国間の協力および共通の手法を推進するため，

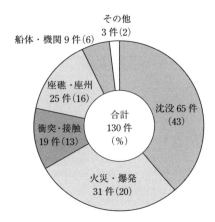

図6 世界の全損事故種類

1997年の第20回IMO総会において，「海上事故およびインシデントの調査のためのコード」（Code for the Investigation of Marine Casualty and Incidents）が裁決された．また，その内容を強制化することを目的として，2008年第84回海上安全委員会（MSC84）において，「海上事故又は海上インシデントの安全調査のための国際基準及び勧告される方式に関するコード（略称：事故調査コード）」（Code for International Standard and recommended Practice for Investigation into a Marine Casualty or Marine Incident (Casualty Investigation Code)）が採択され，2010年1月に発効となった．これにより，各国は，海難調査報告書をIMOによる統合海運情報システム（Global Integrated Shipping Information System：GISIS）に入力し，旗国小委員会（Subcommittee on Flag State Implementation：FSI）が，これらを分析し将来活用できる教訓などを抽出する作業を行う体制となった．

IMOに報告される海難には，その海難の等級が次のように定められており，各国の調査機関はこのうち，「非常に重大な海難」および「重大な海難」について，その詳細の報告を求められている．

- 非常に重大な海難（very serious casualty）：船舶の全損，人の死亡または環境への深刻な被害を含む海難
- 重大な海難（serious casualty）：「非常に重大な海難」以外の火災，爆発，衝突，座礁，荒天，流氷による損害，船体亀裂あるいは欠陥の疑いのある海難
- 重大で無い海難（less serious casualty）：上記2等級以外の海難で，有効な情報であり記録として残す目的のもの
- 海上事故（marine incident）：その他軽微な海上事故

2009年においてIMOに報告された海難は全部で124件あり，詳細は表2のとお

表 2 等級別海難件数

等　級	件数	等　級	件数
非常に重大な海難	43 件	重大で無い海難	3 件
重大な海難	72 件	その他	6 件

りである．

e. わが国の海難審判制度

　ひとたび海難が発生した場合，その原因の究明と再発防止は社会の大きな要請であるが，これに応えるのが海難審判制度である．

　戦後のわが国の海難審判制度は，海難審判法が 1948（昭和 23）年 2 月に施行され，つづいて 1949（昭和 24）年国家行政組織法の施行に伴い，従来の海難審判所から海難審判庁に改称して運輸省の外局となった．以後，海難審判庁は，海難の原因究明と，船員等の懲戒を行う機関として，広く海事社会に貢献してきた．

　一方，航空，鉄道，船舶のいずれの分野でも原因の多様化，複雑化に対応して，事故原因究明機能を高度化する必要性がでてきたこと，および国際的にも IMO においては，海難の調査については，責任追及の手続きから分離した再発防止のための「原因究明型」の海難調査が求められるようになった．こうした背景を踏まえ，事故原因究明機能の強化・総合化を図るため海難審判庁が廃止され，2008（平成 20）年 10 月 1 日，国土交通省の外局として運輸安全委員会を設立し，あわせて国土交通省の特別の機関として海難審判所が設立された．

（1）運輸安全委員会

　運輸安全委員会は，独立性の高い専門の調査機関として，公正・中立な立場で，航空・鉄道・船舶交通の事故などについて，事故発生の要因を分析し再発防止の方策を示すものである．具体的な機能としては，主に次の 3 点が期待される．

① 原因究明機能の強化
② 勧告機能の強化
③ 事故調査体制の充実

（2）海難審判所

　海難審判所は従来の海難審判と同様に，理事官による調査・申し立てと，対審形式により，船員の故意または過失を明らかにし，懲戒を行う．2008（平成 20）年の海難審判法が改正されたが，主な改正点は表 3 のとおりである．

f. 海難の対応

　海難が発生した場合，該当船を管理する海運会社（管理会社）および本船はその損害を最小限にするよう最善の努力をしなければならない．したがって，海難対応

表 3　海難審判法の主な改正

制　度	従　　　来	改　　正（2008 年）
目　的	海難の原因究明と懲戒	懲戒
組　織	海難審判庁（国土交通省の外局）	海難審判所および地方海難審判所（国土交通省の特別の機関）
審判制	地方海難審判庁および高等海難審判庁（二審制）	海難審判所または地方海難審判所（一審制）

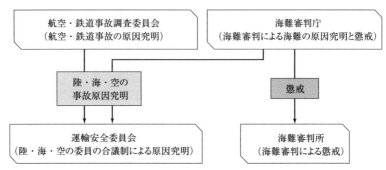

図 7　運輸安全委員会と海難審判所の機能

においては，会社は対応に必要十分な人的・物的資源を用意し，全面的に支援する必要がある．

　海難対応については，各社は ISM コードの規定要求事項（第 8 項・緊急事態への対応）により，SMS（safety management system，安全管理システム）マニュアルにおいてその詳細が記載されており，同マニュアルに沿って対応を実施していかなければならない．

(1) 会社における海難対応

　各社では ISM コードに従って海難対応マニュアルを策定しているが，会社の海難対応体制として一般的に次の項目を規定している．

・各担当者（運航部門，保船部門，船員部門など）の責任
・海難の等級判断
・事故対策本部
・現地対策本部
・事故対応業務
・緊急事態対応のための準備
・緊急時の船長への権限委譲
・海難事故の原因究明および対策

本船から海難報告（速報）がなされた場合，ただちに上記規定に従って会社は海

難対応体制を構築し，その処理を実施していく．
(2) 本船における海難対応

海難発生においては，船長は緊急対応の最高責任者であり，操練により乗組員の訓練を行う責任，ならびに緊急時には総指揮として本船対応のすべてを統括する責任を有している．本船では，SMS マニュアルに記載の各海難の緊急対応手順書に従い，かつ本船の特殊事情を配慮した具体的な船上緊急対応計画書 (shipboard contingency plan) を作成し緊急対応にあたる．

これは船橋および機関室（制御室）などに備えつけ，あらゆる海難に対応できるものであり，海難発生時には具体的に本船がとるべき行動を列挙したものである．また船長は，乗組員が緊急事態に際し効果的かつ冷静に対処できるようにするため，そして上記船上緊急対応計画書を検証するため，平素より定期的かつ実際的な操練（各海難に対する非常時訓練）を実施しなくてはならない．

g. 海難の処置

(1) 海難速報

海難が発生した場合，船長はただちにその速報を関係者に周知する必要があるが，会社の定める速報用フォームを用い，下記を含む海難関係情報を会社に報告する．

- 船名
- 海難の種類
- 海難の発生日時および場所
- 人的被害の有無およびその状況
- 油の流出の有無およびその状況
- 火災の有無およびその状況
- 他船など第三者への影響の有無
- 救助の必要性
- 堪航性の有無（本船の損傷状況）

(2) 海難対応体制の構築と対応

第一報受信者は，当該海難が会社の海難報告規定により関係者への報告を必要とする場合，または，次のいずれかに該当する場合もしくは必要と判断した場合，当該運航船の運航形態にかかわらず，夜間・休日・祝日を問わずただちに会社の定める海難対応担当者あるいは経営者へ連絡しなければならない．

- 人的被害もしくはそのおそれがある場合
- 環境被害もしくはそのおそれがある場合
- メディアへの取り上げられる可能性のある場合
- その他必要があると判断した場合

通報を受けた海難対応担当者または経営者は，速やかに海難の対応方針を決定し，必要であれば事故対策本部などを設置し，その対応にあたる．

海難発生の連絡を受けた海難対応担当者（または経営者）は，その波及効果も含め総合的に判断した上で，海難対応方針を決定するとともに，社内で定める緊急連絡表に基づき社内関係者へ連絡する．

全社的対応が必要と判断される海難の場合，事故対策本部を設置する．これは，海難対応意志決定最高機関として位置づけされるものであり，情報収集，分析評価，対策検討・実施，広報対応などの機能を有する．原則として，事故対策本部での海難対応は，すべての日常業務に優先する．社内組織体制にもよるが，一般的に事故対策本部長は社長とし，本部長は，海難対応に必要な事故対策本部要員をあらかじめ指名しておき，海難時には可及的速やかにこれらの要員を招集する．

事故対策本部においては，あらかじめ下記事項においてそれぞれ担当者(例)を置き，その任に当たらせる．

① 情報管理部門：事故対策本部内の情報管制・記録管理や，関係省庁・保険会社などとの連絡窓口
② オペレーション部門：本船，船主，顧客/傭船者などの連絡窓口
③ 技術部門：船級，本船建造船渠との連絡窓口，損傷状況に基づく技術的アドバイス，修繕計画検討，スタビリティ計算
④ 総務部門：法規，船員家族対応，メディア対応，その他庶務

(3) 諸手配

初期対応の目処がついたら，引き続き損害のミニマイズ，また，本船の早期復旧のため，次の手配や確認を実施する必要がある．

・各種サーベイの実施
・修理業者の手配
・P&I Club Representative への連絡
・船舶保険会社への連絡
・本船側必要書類（航海日誌，各記録類）などの確認
・曳船やサルベージなどの手配

[関根 博]

参考文献

1) 海難審判所：平成22年版レポート 海難審判，国土交通省，2010．
2) HIS Fairplay：World Casualty Statistics 2009, pp. 10, 12, 121. (2010).
3) IMO：Casualty-Related Matters, Report On Marine Casualty and Incident MSC-MEPC.3/Circ.3, 18 December 2008.

2.5 海難事故
衝　突

a. 衝突とは

一般に，海難事故の中で最も多い事故は，衝突事故といわれており，前項の図1にも示されるとおりである．

衝突事故には大きく分けて，2種類あり，一つは「船舶が，航行中または停泊中の他の船舶と衝突または接触し，いずれかの船舶に損傷が生じた場合」であり，もう一つは「船舶が，岸壁，桟橋，灯浮標などの施設に衝突または接触し，船舶または船舶と施設両方に損傷した場合」であり，後者については海難統計上「衝突（単）」として扱われている．

また，衝突事故の結果，二次災害として，漏油事故，火災・爆発事故，浸水・沈没事故，航行不能による乗揚げ事故，人身事故などを引き起こす場合も多くあり，衝突事故後の対応については，二次災害の防止についても十分考慮する必要がある．したがって，衝突事故の被害は，該当船舶の被害にとどまらず，大規模な環境被害，あるいは，悲惨は人身事故につながることもある．

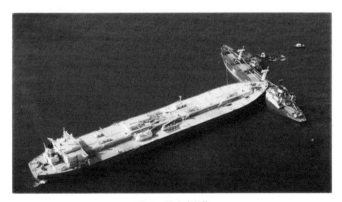

図1　衝突事故[1]

b. 衝突の原因[2]

海難事故については，その原因として，ハードに起因する事故，ソフトに起因する事故および運航環境に起因する事故を前項であげたが，衝突事故については，とくにソフトに起因，すなわち船員の技術，判断を原因とする事故が圧倒的に多い．

2009（平成21）年に発生した衝突事故の原因をみると，上位4原因は，見張り不十分142件（48%），航法不遵守46件（15%），信号不履行31件（10%），居眠り15

件 (5%) となり，これらで全体の 78% を占める．

最も多い見張り不十分が原因とされる事故を分類すると[3]，「見張りを行わなかった」(27%)，「見張り態勢にはついていたが，衝突直前まで相手船に気付かなかった」(41%)，「相手船を認めたものの，その後動静監視を行っていなかった」(32%) となっている．見張りが十分でなかったものの約 70% は，相手船の存在に気付くことなく，接近し衝突している．また，見張り不十分を発生時間別にみると，朝の 6〜7 時がピークとなっている．

また，航法不遵守，すなわち相手船を認知し，衝突のおそれがあると判断していたものの，衝突を避けるための適切な措置をとらなかったために衝突に至った原因についての内訳は，海上衝突予防法の航法不遵守が 53% で最も多く，同法の「船員の常務」[4]も 43% となっている．海上衝突予防法の航法不遵守の原因をそれぞれの航法別に見ると，横切り船の航法が 51% と最も多く，以下，視界制限状況における船舶の航法と各船舶間の航法がそれぞれ 18% となっている．

このように，衝突事故では操船者の操船技術，操船判断に因るもの，すなわちヒューマンファクターに起因する原因が大勢を占めることがわかる．

船員の常務（ordinary practice of seaman）　海上衝突予防法第 39 条に規定されており，定型航法ではルール化できないものは，船員のシーマンシップ（good seamanship）として，その時の状況に応じた適切な措置をとることを求めている．

図 2　衝突直前[5]

衝突直前の船橋内を示す．当直航海士の状況をヒューマンファクターの面からとらえており，前出衝突原因分類を端的に示している．
・見張り不十分：ラジオを聞いていたため適切な見張りを実施せず，レーダーでは衝突警報が鳴っているが気づかない．
・航法不遵守：避航しようとするが航法がわからず，あわててルールブックやインターネットを見る．相手船からは，警告信号（発光信号）が発せられる．

c. 衝突事故の防止対策

b. のとおり，衝突事故の主な原因が，操船者の技術，判断に起因するということから，換言すれば，船橋内要員，組織の脆弱性が原因といえる．したがって，衝突防止を図るには，船橋内組織をいかに強化するかということが，衝突防止の最も重要な対応策といわれている．なお，後記する乗揚事故の主な原因についても，衝突事故同様，その操船者の技術，判断に起因するものが最も多いとされており，乗揚げ事故防止策も船橋内組織の強化をその第一とされている．

これについては，現在，世界の外航海運でとられている対策として，ブリッジ・リソース・マネジメント（bridge resource management：BRM）あるいはブリッジ・チーム・マネジメント（bridge team management：BTM）の概念による手法がとられている．

1970年代後半より航空業界で発展してきた CRM（cockpit resource management）は，チームスキルを学習させることで安全性と効率性を向上させる教育訓練であり，BRM はこれの船舶版である．一方，BTM は，操船シミュレータを使用し BRM のコンセプトを踏襲したもので，船橋にいる全員を一つのチームとし，個人のミスに起因するヒューマンエラーが事故に直結しないようチームワークを有効に発揮するマネジメントをいう．最近では，BRM，BTM の厳格な定義付けは不要と考えられ，両者を同様の意味で使うことが多い．

BTM訓練では，船内組織構成の弱さを排除することに主眼を置き，下記手順[5]を含んでいる．
① 1人の過失が，重大事故に帰着することの排除
② 見張り（視覚）の維持，事故予防の定型手順の確立
③ 本船位置を確立するためのすべての手段の使用
④ 連続監視し，航路逸脱を検出できる航海計画と航海システムの利用
⑤ すべての機器のエラーの把握，修正
⑥ 水先人をブリッジチームの貴重な一員と認める

このような手順による訓練から，自船の周辺で何が起こっているかを知り（状況認識），事故の主な兆候といわれる要素，すなわち，エラーチェーン進展の兆候，曖昧さ，不注意，不備・混乱，コミュニケーション崩壊，不適切な操船指揮・見張り，航海計画不履行，手順違反などを排除しようというものである．

BTM では，船橋内での役割分担を確実に実施し，そして船橋内外の情報をいかに共有していくかというのも大きなテーマであり，操船シミュレータを使用した訓練はその有効性を認められている．

STCW条約（STCW Code Section A Ⅱ/2-6）においても，「承認されたシミュレータ訓練」の実施を求めており，世界の海運各社では，STCW条約の規定にしたがって各地の訓練施設において BTM・BRM 訓練を実施しており，衝突・乗揚げの防止を図っている．

図3 操船シミュレータを使ったBTM訓練[7]

[参考] 2008（平成20）年2月19日，護衛艦あたごと漁船清徳丸が千葉県野島埼沖で衝突し，漁船乗組員2名が行方不明となる事件が発生した[7]．この事件は横浜地方海難審判所で審理され，翌年2月21日に裁決となったが，その審判の中で，防衛省は事件後の再発防止措置として，いくつかの防止策を取りまとめた．その再発防止策の一つにブリッジ・リソース・マネジメント（BRM）講習を実施することが盛り込まれた．

事例　船舶どうしの衝突（第拾雄洋丸・パシフィックアレス衝突事件）[9,10]

本事件は，わが国で発生した衝突事件でも重大海難の一つとされており，一般社会にも大きな反響を引き起こした．

それは危険物を積載した大型船による海難であり，2船の被害，消火活動や事後処理についても従来にない規模，状況であったこと，そして衝突海域が海上交通の輻輳する東京湾内で首都圏に近く，また湾内の航法に関し大きな議論をよんだことなどがあげられる．

[経　緯]

第拾雄洋丸（総トン数43 723トン，以下雄洋丸）がサウジアラビア王国ラスタヌラでナフサなど47 476トンを積載し，1974（昭和49）年11月9日東京湾中ノ瀬航路に入り北上し川崎港に向かった．一方，貨物船パシフィック・アレス（総トン数10 874トン，以下アレス号）は，鋼材14 835トンを積載し木更津港を出港し米国ロサンゼルスに向け航行中，同日午後1時37分頃，中ノ瀬航路の北境界線のわずか北方で雄洋丸と衝突した．衝突の結果，雄洋丸は積荷のナフサに引火して火炎が吹き上げ右舷側海面が火の海となり，アレス号も火炎を浴びて瞬時に船首および船橋が

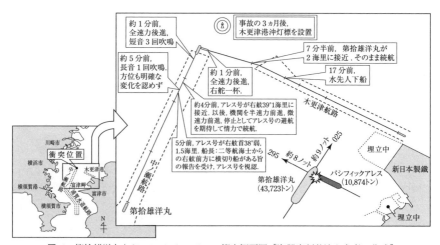

図4　第拾雄洋丸/パシフィック・アレス衝突概要図［海難審判裁決を参考に作成］

燃え上がった．本衝突により，雄洋丸では，乗組員5名が死亡，アレス号では1人が救助されたがその他の乗組員28人はすべて死亡した．事故後雄洋丸は東京湾外に引き出された後，海上自衛隊による砲撃などにより11月28日野島埼南方沖で沈没した．

［原因・影響など］

本事件については，1975（昭和50）年5月横浜地方海難審判庁で裁決があり，これを不服として理事官，および雄洋丸側から第二審請求があり，1976（昭和51）年5月高等海難審判庁で次のように裁決された．

「主文：本件衝突は，アレス号の不当運航に因って発生したが，雄洋丸船長の運航に関する職務上の過失もその一因をなすものである」

この主文の理由として，アレス号は，他船が中ノ瀬航路を北上している場合，同航路北口に著しく接近する進路のまま，他船の前路に進出した不当運航に原因があるとされた．一方，雄洋丸船長は，接近する他船に対し気づくのが遅れ，必要措置を講じずまた，臨機避航の処置が緩慢であったとされた．

このような裁決の結果となったが，当時より輻輳海域における同航路出口付近の航法は問題も多いとされていたことから，事件発生3カ月後，同航路北口から1500mのところに浮標が設置され同浮標を左舷に見て通過，また，1977（昭和52）年には東京湾海上交通センターが運用を開始するなど各種航行安全対策が強化され，現在に至っている．

［関根 博］

参考文献

1) UK P&I Club ホームページ：Presentations "Where does money goes", UK P&I Club.
2) HIS Fairplay：World Casualty Statistics 2009, pp. 10, 12, 121.（2010）．
3) 海難審判庁：海難レポート2008，国土交通省，2008, pp. 40〜43．
4) Cockcroft, Lameijer（新谷・佐藤共訳）：1972年国際海上衝突予防規則の解説，成山堂書店，1983, pp. 6〜8．
5) UK P&I Club：Collision Avoidance, 2011, Calendar, 2011.
6) Swift（萩原・山本監修，BTM研究会訳）：ブリッジチームマネジメント，成山堂書店，1999．
7) (株)日本海洋科学：BTM訓練写真．
8) 横浜地方海難審判所：護衛艦あたご漁船清徳丸衝突事件 裁決録，海難審判庁，2009.
9) 高等海難審判庁：海難審判庁裁決録（昭和50年），海難審判協会，pp. 726〜732．
10) 高等海難審判庁：海難審判庁裁決録（昭和51年），海難審判協会，pp. 545〜573．

2.5 海難事故

乗　揚

a. 乗揚とは

乗揚とは,「船舶が,水面下の浅瀬,岩礁,沈船などに乗揚げまたは接触し,喫水線下の船体に損傷を生じた場合」をいう(図1).座礁(座州)ともいう.海難事故のうち,衝突事故についで多いのが乗揚事故であり,2009年においては海難事故の約20%を占めている(「海難」の項図1参照).

図1　乗揚事故[1)]

乗揚事故は,時に大きな損害を引き起こすことがあり,近年発生した海上での大量の油流出事故は,乗揚事故が原因となっていることが多く(表1),乗揚事故は,環境破壊など社会的に大きな問題を引き起こしている.

また,近年においては,船舶が錨泊中台風や低気圧などによって発生する強風により,走錨しその後漂流して,近くの海岸に乗揚げるという事故が多く見られる.

表1　乗揚事故が引き起こした大規模な油流出事故[5)]

発生年	船　名	船籍	場　所	原因	流出量 (トン)
1967	トリー・キャニオン	リベリア	ランズエンド沖(イギリス)	操船ミス	119 000
1978	アモコ・カディス	リベリア	ブルターニュ沖(フランス)	舵故障	223 000
1989	エクソン・バルデス	米国	アラスカ(米国)	操船ミス	37 000
1993	ブレア	リベリア	シェットランド諸島(イギリス)	機関停止	84 000
1996	シーエンプレス	リベリア	ミルフォードヘブン(イギリス)	操船ミス	72 000

表2　錨泊後,走錨・漂流の結果乗揚事故が発生した事例

発生年	船名	船種	船籍	総トン数 (トン)	場所	原因・被害など
2004	海王丸[3,4)]	練習船	日本	2 556	富山港沖	台風による強風.船底外板に多数の破口,浸水.重軽傷30名
2006	ジャイアントステップ[6)]	鉱石船	パナマ	98 587	鹿島沖	低気圧による強風.船体が二つに分断,全損.死者・行方不明者10名

これは近年の船舶の大型化に伴い船舶の受風面積（受風圧力）が大きくなってきたが，船舶に装備される錨の大きさには限界があり，従来のように強風下においては，錨と機関で自船を係止し避泊することが難しくなってきたことにも原因があるといわれている．したがって強風下においては，港湾や浅瀬に近い海域での錨泊は，走錨，漂流，そして乗揚事故という危険性がある，ということを船舶運航者，あるいは船舶管理者は十分考慮する必要がある．

b. 乗揚の原因[2]

2009（平成21）年の海難審判裁決の中で指摘された乗揚原因（総数69原因）は，最も多いのが，居眠り24件（35％），続いて船位不確認21件（30％），水路調査不十分11件（16％）となっている．これらをあわせて80％を超えるが，すなわち乗揚事故の原因のほとんどは，操船者の操船ミスや判断ミスであることがわかる．

また，2009年理事官が立件した乗揚事故（総数315隻）のうち，総トン数500トン未満のものが238隻（76％）にのぼり，乗揚事故のほとんどが小型内航船（漁船，プレジャーボートを含む）となっている．

乗揚事故の最大事故原因となっている居眠り事故は，海域では瀬戸内海が最も多い．このことは，内航船において，椅子に腰を掛けたまま，比較的広い海域で直線コースを自動操舵によって航行しているうちに，居眠りに陥るというように，海難審判庁は分析している．わが国では，内航船が国内輸送の大きな役割を果たしており，その数も他国に比べ非常に多く，また労働環境や水路事情など異なるため，わが国特有の海難原因ともいえよう．一方，前項で示した大型船の乗揚事故はさまざまな原因によるものであり，一概にわが国の海難原因（統計）とは一致しない場合も多くある．

c. 乗揚事故の防止対策

乗揚事故の原因は前述のとおり，運航者の操船ミスや判断ミスによるところが最も多いが，その中でわが国では居眠りや自動操舵中の事故が多発している．こういった事故を防止するため，海上保安庁では，乗揚事故，衝突防止について，船舶乗組員遵守事項として次のような指導を行っている[7]．

① 適切な見張りの励行
② 自動操舵装置の適切な使用法：常に船位の確認と進路の修正，他船接近時の手動操舵，気象海象条件不良時の手動操舵
③ 輻輳する海域における自動操舵自粛海域の設定
④ 国際VHF16チャンネルの常時聴取

一方，乗揚事故を運航者のヒューマンファクターに起因する事故としてとらえ，次に示す事項の不履行・怠慢（いわゆるヒューマンエラー）を操船者に認識させる

ことにより，事故防止を図るという考え方が近年研究されてきた[8]．
① 航路計画策定：特に航行海域をよく知っている場合や，水先人が乗船している場合．
② 航路監視：計画された航路に関し，連続して規則正しく船位を求めること，これを怠ることにより，船舶が航路から外れ，危険な海域に向かう．
③ 航路復帰：計画航路から偏位した場合，即座に対応．
④ 2種類の手段による測位：航路標識の誤認や船位測得誤差などへの対応．
⑤ 目視による測位：電子測位装置のみに頼らない．
⑥ 音響測深儀による確認：常に余裕水深を把握する．
⑦ 灯火の特定：灯火の誤認はその後の過失や混乱につながる．
⑧ 決定事項の確認：重要な決定事項に対し，他の要員による独立したチェック．

こういった要素を確実に実施していくという考え方が，「衝突」の項で示したBTMの手法であり，特に，航海計画と船橋組織の統合的な役割というのは，認識されていないヒューマンエラーを最小限にとどめるものである．

また，船舶の機関や設備の故障による漂流の結果，乗揚事故から大規模な環境事故につながるということも少なくない（表1参照）．こういった事故を契機にSOLAS条約（海上における人命の安全のための国際条約）やMARPOL条約（船舶による汚染防止のための国際条約）が改正され，船舶の諸設備が改善されてきた．

事例　乗揚事故：原油流出（エクソン・バルディス乗揚事件）[9]

米国エクソン社のVLCCエクソン・バルディス号（Exxon Valdez, 総トン数214 861，船齢3年）が，原油約20万トンを満載し，アラスカのプリンス・ウィリアム湾で座礁し，約37 000トンの原油を流出した．この油流出により2 400 kmにわたる海岸線が汚染され，米国沿岸での過去最大規模といわれる海洋汚染を引き起こした．この事故を契機として，IMOにおいて事故の再発防止対策が検討され，タンカーに二重船殻構造が強制化された．

［経　緯］

エクソン・バルディス号はアラスカ州のバルディス石油ターミナルを1983年3月23日21時12分に約20万トンの原油を積んで出港，カリフォルニア州に向かった．パイロット（水先案内人）はバルディス海峡を誘導したのち，23時24分操船を本船船長にゆだね下船した．前方航路上に流氷が多数あり，船長はこれを回避するため航路外に離脱することを航路管制官に連絡し航路外に進路をとる．23時52分船長は当直の3等航海士に対し，電文送信があり船橋を離れるため，Busby島灯台正横になったら航路に復帰し始めるよう指示した．同航海士は23時55分同灯台が正横になったことを確認し，その後右舵10度をとり，船長にその旨を報告した．その後

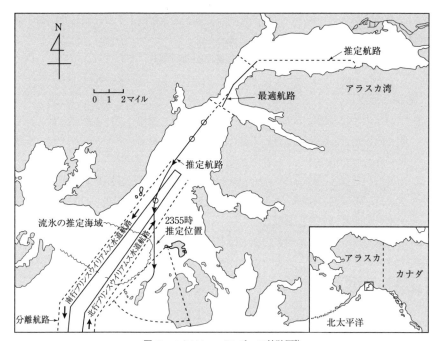

図 2 エクソン・バルディス航跡図[9]

船体が回頭してないことに気付き，右舵 20 度，35 度ととったが，翌日 0 時 5 分頃船底が接触し Bligh Reef に乗揚げた．

この結果，8 つのタンクが破れて約 41 000 kL の積荷の原油が流出して環境に破壊的な被害をもたらした．船体の推定損害額は 2 500 万ドル，流出原油の推定額は 340 万ドル，1989 年に限った流出原油除去費用は 18 億 5 000 万ドルである．

[原因・影響など]

米国家運輸安全委員会（National Transportation Safety Board）は本事件を調査，原因を究明し，1990 年 7 月 31 日（事故発生から遅れること約 1 年 4 カ月）に報告書が発表された．直接の原因は，三等航海士の操船ミス，あるいは船長が峡水道において船橋におらず操船指揮をとらなかったことといわれているが，その調査ではさまざまな問題点が浮き彫りとなった．最も確からしい原因として次の項目をあげている．

・三等航海士が疲労と過重労働のため，適正な操船を実施せず．
・船長がアルコール障害のために，適切な航海当直態勢を編成せず．
・エクソン社が本船に対し，適切な船長と休養十分でかつ適正数の乗組員とを配乗せず．

・船舶交通管制サービスが，適切を欠いた装備と人員配置不十分，適正な訓練の欠如，管理監督の欠陥のために有効に機能せず．

また，同報告で多方面にわたり多くの事項が検討され，それぞれの項目について何点かの勧告を関係者に対して行った．

［勧告：要点］

① エクソン社ならびにプリンス・ウイリアム水道に配船している海運会社：長時間労働の是正．峡水道においては2名の航海士の立直．アルコールまたは麻薬依存症への対策

② 米国沿岸警備隊（USCG）：疲労対策規則の厳格な実施と乗組員定員の見直し，アルコール問題の検討，峡水道における船位記入の方針確立，船舶交通管制センターの改善（要員，装備など）

③ 環境保護庁：連邦緊急対策方案の改善，現場裁量の改善

④ アラスカ地方対策チーム，アラスカ州，バルデス基地：対策指針の改善，緊急対策用資材の運用の改善

⑤ 米国地質研究所：氷河の監視強化

⑥ 運輸省：労働環境・労働管理の研究，事故後検査（アルコールなど）を含めあらゆる輸送モードでの検査規則の改善　　　　　　　　　　　　［関根 博］

参考文献

1) UK P&I Club ホームページ：Presentations "Where does money goes", UK P&I Club.
2) HIS Fairplay：World Casualty Statistics 2009, pp. 10, 12, 121．(2010)．
3) 横浜地方海難審判庁裁決：練習船海王丸乗揚事件，2006．
4) 海王丸事故原因究明・再発防止委員会：海王丸台風海難事故に関する報告書，航海訓練所，2005．
5) 海上技術安全局（旧運輸省）：主要なタンカー油流出事故について，国土交通省，2000．
6) 海難審判所：日本の重大海難（貨物船ジャイアント　ステップ乗揚事件），2007．
7) 高松海上保安部：安全情報 "衝突，乗揚げ海難防止のために"，2004．
8) Swift（萩原・山本監修，BTM 研究会訳）：ブリッジチームマネジメント，成山堂書店，1999．
9) Marine Accident Report：Grounding of the U.S. Tankship Exxon Valdez on Bligh Reef, Prince William Sound near Valdez, Alaska March 24, 1989, National Transportation Safety Board, 1990.

2.5 海難事故

沈　没

a. 沈没とは

　沈没とは，「船舶が海水などの浸入によって浮力を失い，船体が水面下に没した場合」をいう．船舶が沈没した場合，全損となることが多く，世界の全損事故の海難種類の中では40%以上を占め（「海難」の項の図6参照），沈没は最も多い全損海難の原因となっている．したがって船舶が沈没した場合，その損害は非常に大きくなることが多く，船舶，積荷の損害はもちろんのこと，油汚染による環境破壊などさまざまな問題が発生するが，特に乗組員や旅客の死傷数が多くなることがあり，社会的に注目される事故が多い．わが国でも多くの沈没事故が発生している．そのいくつかを表1に示すが，いずれも社会的に大きな問題となった[1,2]．

表1　わが国の主な沈没事故

発生年	船名	船種	場所	原因	詳細	犠牲者(名)
1900	月島丸	練習船	駿河湾	遭難	室蘭から清水への航海中台風に遭遇，沈没場所の特定できず	122
1955	紫雲丸	連絡客船	高松沖	衝突	濃霧の中で宇高航路貨物船と衝突	168
1969	ぼりばあ丸	鉱石船	野島沖	遭難	西寄りの強風により船体折損，船首部脱落，原因断定できず	30
1988	第一富士丸	遊漁船	横須賀沖	衝突	潜水艦「なだしお」と衝突	30
1999	第一安洋丸	漁船	ベーリング海	遭難	揚網中，打ち込んだ海水の浸入により浮力喪失	13
2001	えひめ丸	漁業練習船	ホノルル沖	衝突	浮上してきた米国潜水艦が衝突，えひめ丸は5分後沈没	9

b. 沈没の原因

　沈没の原因は表1からもわかるとおり，大別して強風などによる遭難ならびに船舶やその他障害物との衝突の結果，沈没するものがほとんどとなる．

　(1) 遭難による沈没

　遭難とは，「海難の原因，態様が複合していて他の海難の種類の一つに分類できない場合，または他の海難の種類のいずれにも該当しない場合」をいう．

　すなわち遭難による沈没は，さまざまの理由により自船が航海に堪えきれない，換言すれば船舶が堪航性（荒天時の耐波性）を喪失した場合に発生し，これは暴風（気象）や波浪・うねり（海象）に遭遇した場合に起こることが多い．堪航性とは，

船体の強度，すなわち，船舶の構造や設備，あるいは材料が，遭遇する気象，海象に堪えられるかということであるが，船体のハードについては国際規則や船級規則で厳しく規定されており，まずこれに準拠していることが最低条件である．しかしながら，たとえこれらに準拠していても，不適切な積付けなどによる船体重量の不均衡や復原性の過少，あるいは適正な保守整備を実施しない場合などによって船体強度が弱くなることがあり，船舶運航や管理面での原因というのも少なくない．

一方，わが国の近海海域では，台風や強大な低気圧，また，冬季北太平洋の暴風や波浪といった予想をはるかに超える（堪航性を超える）気象，海象に遭遇することがあり，これらを適切に評価し避航することが必要となる．台風や暴風などによる遭難の場合，特に1900年代前半以前は，気象，海象の情報が十分ではなく，またその限られた情報も船舶に伝える通信手段が現在のように発達していなかった．したがって船舶は，航行海域あるいは航行予定海域の気象，海象状況（予報）が不明であり，また江戸時代以前は，船舶の構造や航海術も十分に発達しておらず暴風に堪えることができず，多くの船舶が遭難している．

事例　暴風による遭難沈没（月島丸事件）[1]

明治期に入り，気象観測，予報などが以前に比べ格段に整備されてきたが，当時は通信手段の限界もあり，本事件はそれがゆえの典型的な事例である．また，遭難場所も特定できず，犠牲者の多くが学生であったため，当時の社会に大きな衝撃を与えた事件である．

［経　緯］

商船学校練習船月島丸（総トン数1 524.43トン，ロイド船級）は，1898（明治31）年6月長崎三菱造船所で竣工した補助機関を有する帆船（3本マスト）である．同船は，1900（明治33）年11月13日，乗組員122名（学生79名）乗船，石炭など1 450トンを積載し室蘭を出港，清水向け航行の途についた．11月19日清水に到着する予定であったが，同月15日午前4時金華山灯台より，同灯台沖を通過した旨の報告があったがその後消息を絶った．船長の遺体（他1人の遺体のみ発見）が駿河湾で発見されたことなどにより，駿河湾またはその付近海域で沈没したと予想されるが詳細は不明である．

［当時の気象情報関係］

本邦南東海岸に11月17日台風が襲来したが，情報は当時次のとおりであった．
・11月13日　　　　：月島丸室蘭出港
・11月15日午前4時：月島丸金華山を通過

　　　　　　午後7時：マニラ気象台が，ルソン島東方海上に台風が現れ北北東に進行していることを報告

・11月16日午前　　　：中心が沖縄南方にあることを確認
　　　　　　午後4時：沖縄南東200海里，北北東の進路をとる
・11月17日午前4時：大島（奄美）当方海上通過，東方に進路を転じる
　　　　　　正午　　：土佐沖
　　　　　　午後9時：伊豆列島を通過し太平洋に去る

　このように，台風の存在が確認できたのは本邦伊豆襲来の2日前であり，月島丸の出港2日後となっており，同船は台風の襲来をほとんど確認できないまま，突然台風に遭遇し遭難したと考えられる．

(2) 障害物との衝突後沈没

　一方，海上の障害物と衝突後沈没する場合であるが（船舶同志の衝突原因については「衝突」の項参照），障害物とは海上に浮遊するあらゆるものであるが，沈没をまねく障害物となると当該船舶に対してかなり大きなものと限定される．一般に海上での浮遊物とは，流木，魚網，あるいは流氷・氷山などであるが，特に過去においては大事故を引き起こす海上交通での脅威（被害甚大）としては，流氷・氷山があげられていた．これは気象，海象情報と同様，過去においては流氷や氷山の発生（浮遊）情報などはほとんど得られなかったことによる．

事例　船舶が障害物（氷山）に衝突し沈没（タイタニック事件）[3,4]

　客船タイタニック（TITANIC，総トン数46 328トン）は1912年，大西洋を航行中氷山に衝突，2時間40分後に沈没し，1 500人以上の犠牲者を出した当時世界最悪の海難事故であった．本海難はその後映画化されるなどして，世界的にその名を知られている．この事故を契機に，船舶の設備や構造，航海の安全性確保などを国際的なルールとして取り決めた条約が，1914年「海上における人命の安全のための国際条約」（The International Convention for the Safety of Life at Sea, 1914, SOLAS条約）として採択されるなど，本海難は世界の海事社会における影響も極めて大きいものであった．

　［経　緯］

　1912年4月10日，タイタニックは乗員乗客2 200人以上を乗せてイギリスのサウザンプトン港を出港，ニューヨークに向け処女航海についた．同月11日から13日までは天候に恵まれ快調に大西洋を西進したが，出港当時よりさまざまな氷山情報が伝えられていた．14日午前より，タイタニックの進路方向に流氷群があることなどを伝えるいくつかの電報（航行警報）を，前方を航行中の船舶より受信していたが，通信士は乗客達の私信（電報）発信業務に忙殺されており，船長にこれら情報が正確に伝わっていなかった．14日23時40分，北大西洋のニューファンドランド沖に達したとき，前部マストの見張り員が真正面約450 mに氷山があることを発

見，電話で船橋に報告した．一等航海士はただちに左舷一杯の操舵号令とともに，エンジンを全速後進とし，ついでボイラー室と機関室にある隔壁の水密扉を閉じるスイッチを押した．その後タイタニックはゆっくりと左回頭を始めたが，約2ポイント（22.5°）ほど回頭したと思われるころ，巨大な氷山は右舷側に接触，船体に異常な衝撃が走った．衝突直後より浸水が激しく，退船命令がだされ救命ボートが次々に降下され，女性，子供から次々に乗客は乗り込んでいった．結局，1500名以上の乗員乗客が脱出できないまま，衝突から2時間40分後の15日2時20分，船体は二つに分かれ沈没した．

［原因・影響など］

氷山に衝突した直接の原因は，流氷群のある海域をタイタニックが全速力で航行したことにあるが，このように悲惨な事故となったことに対し下記のようなさまざまな問題が指摘されており，ここではそのいくつかを列記する．

- 運航速度とスケジュール（大西洋横断記録に挑戦）
- 救命設備の不備
- 船体構造（防水隔壁）
- 船内組織
- 流氷情報の把握
- 無線通信業務

本事故を契機として，1914年に欧米主要13ケ国により，次のような内容のSOLAS条約が採択された．

① 船舶には，全員が乗船できるだけの救命艇を備え，航海中救命訓練を実施
② 船舶には，モールス無線電信を設置し，500 kHzの遭難周波数を24時間聴守する無線当直を行い，そのための通信士の乗船
③ 北大西洋の航路で流氷を監視
④ 船客の等級による救出順序を廃止

この条約は，第一次世界大戦勃発のため発効に至らず，その後1929年，1914年のSOLAS条約の不備を補い採択され1933年に発効した．その後SOLAS条約は何度か改正され，現在の条約は1974年に改正したものである．

c. 沈没事故の防止対策

沈没の原因は，前述のとおり，それを誘発する多数の直接的原因（衝突事故など人為的要因，船体構造の欠陥などハード的要因）があり，その事故自体で堪航性を喪失する場合と，その要因と自然の脅威が加わることによって，結果沈没する場合とがあるが，本項では後者について詳述する（人為的要因については「衝突」「乗揚」の項参照）．

前述の二つの事例からもわかるとおり，1900年代前半までは気象，海象に関する情報の入手は，非常に困難であり，また，その情報を伝達する手段もまたそのシステムも現在に比べ著しく劣っていた．しかしながら，現在では船舶の必要とする気象，海象の情報はその予報も含め，公的機関，あるいは，民間気象情報会社から，船舶上や管理会社において電子メール（e-mail）やインターネットで簡単に入手できるようになった．また，一部民間の気象情報会社では，船舶に対し目的地までの最適航路を示すウェザー・ルーティング・サービス（weather routing service）を実施し，多くの船舶がこれを選定航路の参考情報として採用している（図1）．

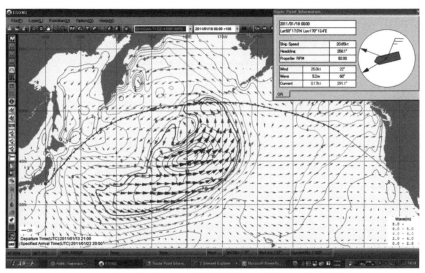

図1 気象・海象情報および最適航路図（2011年1月北太平洋）[5]

船舶あるいは当該海運会社（船舶管理会社）ではこれらの情報を入手の上，評価，分析し現状の気象・海象環境の中で，最短航路，あるいは最少燃料消費航路などを採用している．ただし，これら情報も，気象・海象の予報精度，選定航路の最適性など，まだまだ開発の余地がある．経済上の効率航海と安全上の航海リスクという相反事項をどのように合理的に判断しながら，最適の運航を実施していくかは，今後のさらなる課題となっている．

[関根 博]

参考文献
1) 藤枝 盈：嗚呼練習船月島丸，「嗚呼練習船月島丸」刊行会，1963.
2) 海難審判所：日本の重大海難.
3) J.P. Eaton, C.A. Haas：Titanic, Triumph and Tragedy, Patrick Stephens Limited, 1986.
4) ダニエル・アレン・バトラー（大地 舜訳）：不沈，実業之日本社，1998.
5) (株)日本海洋科学：気象・海象情報及び最適航路図.

2.5 海難事故

火　災

a. 船舶火災とは

　船舶火災とは,「船舶で火災が発生し,船舶に損傷が生じた場合」をいい,船舶では昔から非常に恐れられているものである.それは,船舶は海上で孤立しており,火災が発生した場合,船内の限られた人数により自力で消火対応をしなければならないからである.特に19世紀以前は,船舶は木製（帆船など）であったため,火の回りが早く,また,消火設備もポンプなど十分機能していなかったため,火災発生は船舶にとって致命的なダメージとなった.このようなことから,東西の海戦ではしばしば焼き討ち船が使用され,船舶火災を逆手にとった戦術は海戦の大きな武器ともなった.中国・三国志における赤壁の戦い（208年）や,1588年アマルダ（スペイン無敵艦隊）の戦いにおいて,キャプテン・ドレークがしかけた焼き討ち船（fire ship）が有名である[1].

　2009（平成21）年にわが国で発生した海難事件（理事官が立件）のうち,火災は46隻（内,漁船が35隻）であり海難全体（1 936隻）の2％足らずとなっており,決して多いものではない.しかしながら,世界の海難の全損事故における火災（爆発を含む）の割合を見ると20％となり,沈没の43％についで多い（「海難」の項の図6参照）.したがって火災事故がひとたび発生した場合,その損害は他の海難に比べて非常に大きいことがわかる.

b. 船舶火災の原因

　いうまでもないが,船舶においては燃焼の3要素（可燃物,酸素,発火源）はすべてそろっており,かつ,それらは船舶上のどこにでも存在し,かつ数多くあるという厄介なものである.可燃性の高い物質としては,燃料油,ペイント,貨物油や可燃性の貨物などがあり,また,乗組員の生活場所となる居住区にもさまざまな可燃性物質が存在する.一方,発火源としては,機関室内が最も多く,常に高温（高速）で運転される機器（主機関,発電機や各種ポンプなど）があり,そこに燃料油などのパイプや電気配線が縦横無尽に走り,また燃料油の処理設備やボイラー,焼却炉など出火元となりやすい機器が配置されている.また,居住区にはギャレー（厨房）が配置され,主に電気調理機による調理がなされている.近年はコンテナ船などに多くの危険物貨物（可燃物質）が積載され,そういった貨物に規則に準拠した適切な対応・措置がなされていない場合,自然発火のおそれもある.

　このように船舶においては,限られたスペースに火災発生の要件となるものが,

陸上施設に比べ非常に多くあるので，火災については常に深甚な注意が必要となっている．

c. 火災事故の防止対策

火災事故を防止するには，可燃物および発火源を徹底して管理することであり，また火災が発生した場合，早期に発見，消火し最小限の損害に抑えることである．

(1) 可燃物や発火源の管理

下記は，機関室の例であるが，貨物スペース，居住区，あるいは甲板上も同様な対応を必要とする．

① 可燃物や発火源の識別：次のような箇所を常に注意し，火災防止におけるチェックリストなどの項目にあげることにより，監視を強化していく．

- 油など可燃性物質の貯蔵場所
- 発火しやすい機器（高温，高速運転機器，装置）とその周辺
- 機器やパイプなどからの油漏れ
- 運転不具合な機器，装置
- ビルジ（船底汚水や油）や可燃物の処理状況

② 不要可燃物，発火源の除去：機関室内を常に整理整頓，クリーンにすることにより，可燃物の特定や除去を容易にする．また，油漏れ，機器の不具合など発見，あるいは発生した場合，できるだけ早くそれらを除去，修理しさらに適切な保守整備を実施することにより，発火源を最小化していくことが重要である．

(2) 予防対策

各船の防火予防，対策については，SMSマニュアル（Safety Management Manual）に詳細が定められており，これをもとに各船は対応している．

① 防火基準の設定：各管理会社は，自社管理の船舶に対し一例として次のような防火基準を定めている．

- 喫煙制限：船内における喫煙場所，補油中の喫煙の制限，外来者の喫煙制限の遵守事項
- Hot Work（火器取扱い）作業：溶接など火気を使用する作業について，消火器事前準備，責任者の確認，作業要領の確認
- 防火扉の閉鎖：防火扉の閉鎖に関する船内取り決め
- 電気機器使用制限：居室内での電気機器使用や電気配線の制限

  これらは各船種共通事項であるが，船種によっては，それぞれの船種特有の構造や運航形態によって防火基準を強化したり，特に注意すべき点を追加する場合もある．

- タンカー/ガスキャリア：ターミナル着桟中の指定喫煙場所，ライター・マッチの

使用制限，携帯電話を含む電気機器・無線装置の使用制限，荷役中の通風や開口部の制限など
・自動車船，コンテナ船：倉内点検の強化とその要領，倉内通風の基準，可燃性ガスの検知など

(3) 監視体制

前述の(1)のとおり，可燃物などの識別，除去を実施し，それを正常な状態に維持していくことが火災防止にとっては非常に重要であり，このため，各船では船内の巡視態勢を構築し，常に現状を把握していく必要がある．

各船では船内巡視（巡検）体制が定められており，これには，チェック箇所（機関室，居住区，倉内など），チェック項目，インターバル，要員など詳細が記載されている．これに従って，船内では常に火災監視体制を維持し，火災発生防止を図っている．

(4) 防火設備の保守整備

火災が発生した場合，船内の防火設備により消火活動を実施しなければならないが，これら防火設備は常に使用できる状態に維持していく必要がある．したがって，各船では船内にある防火設備，器具に関して，「防火設備保守点検計画表」といったものを作成し保守点検の基準を設けており，これによりそれぞれの設備，器具の良好な状態を保っている．

船舶における防火，消防設備，器具とは一般に次のものである．

持運び式消火器，固定式(CO_2，ハロン，泡など)消火装置，消火剤，消火栓，消火ホース，消火ノズル，非常用発電機，通風遮断用ダンパ(調節器)，消火ポンプ，消防員装具，自蔵式呼吸具，国際連結金具，火災制御図，空気呼吸具充填用コンプレッサー．

(5) 火災訓練

SOLAS条約(第Ⅲ章B部19条)では，船上における火災訓練の実施が定められており，非常配置部署の発令により上記設備，器具などを使用して，火災訓練が実施されている．500トン以上の外航船では毎月，客船では毎週，火災訓練の実施が義務付けられており，同訓練は次の事項を含むものである．

・召集場所に集合し，非常配置表に揚げる任務に対する準備をすること．
・消火ポンプを始動し，少なくとも2条の射水を得ること．
・消防員装具および他の個人用の救助装

図1 船上での火災訓練[2]

具を点検すること．
・関連する通信設備を点検すること．
・水密戸，防火戸，防火ダンパーならびに操練区域における通風装置の主吸排気口の作動を点検すること．

d. 火災対応

船内で火災が発生した場合，乗組員で消火することになるが，船内には，火災対応手順書や，船上緊急対応計画書（shipboard contingency plan）などが定められており，これに従って消火活動を実施していく．こういった手順書には概略次のような記載がある．

(1) 火災発見時の手順

火災発見者の行動は非常に重要であり，初期消火の方法や使用器具，火災通報の必要性が定められている．また，火災探知器による火災発見時においては，ファイヤー・コントロール・ステーション（fire control station）での確認作業や実施事項，各乗組員の行動が定められている．

(2) 船橋の初期対応

船橋においては24時間航海当直を実施しており，乗組員が常駐している．したがって火災発生時，最初に船橋に通報されるのが一般的であり，その際の船橋における当直航海士の行動や船長の対応などの手順が定められている．

(3) 非常警報吹鳴時の乗組員対応

船橋に火災発生が報告され，それが確認された場合，非常警報が吹鳴されるが，その時の各乗組員の対応が定められている．この警報を聞いた各乗組員は，ただちに救命胴衣，ヘルメット，および非常配置表に定められた物品を携行し各自に与えられた任務に従った行動を開始する．

(4) 消火活動

非常配置表には一般に，指揮班，消火班，機関班，支援班などが定められており，それぞれ役割が与えられており，該当火災に適した消火設備，器具などを使用して消火活動を実施していく．また，火災現場が機関室の場合，消火器や放水による消火活動によっても消火ができないとき，固定式ガス消火装置による消火活動に入る（貨物倉に設備がある場合もある）．これは防火部署発令後30分以内を目安とするが，この場合ガスを注入しようとする区画から全員避難し，全ての開口部を閉鎖の上，ガスを放出する．

事例　ISM Code 制定の契機となった火災事故（スカンジナビア・スター火災事故[3]）

船舶の安全管理上，最も重要な規則の一つといわれているISM Codeは，1998年より順次強制化されていったが，このコード制定のきっかけとなった事故が，スカ

ンジナビア・スター（Scandinavian Star）火災事故である．本事故により 158 名が死亡したが，その内 156 名が乗客であった．

［経　緯］

スカンジナビア・スター（旅客船，総トン数 10 513 トン，バハマ籍）は，乗客 383 名，乗組員 99 名を乗せ，1990 年 4 月 6 日 21 時 45 分ノルウエー・オスロ（Oslo）からデンマークのフレゼリクスハウン（Fredrikshavn）に向け出港した．翌日 4 月 7 日午前 2 時ごろ，第 3 デッキの客室区域から放火による火災が発生した．隔壁はアスベストでできていたが，船内内装品にラミネートなど可燃性の高いものが多く使われており，火は瞬く間に第 3 デッキ全体に広がった．このラミネートの燃焼が一酸化炭素や毒性のシアン化水素を発生させ，結果として多数の死亡者を出した原因となった．

火災を知った船長は，ただちに火災警報（警笛，horns）吹鳴を指示した．しかしながら，ほとんどの人はその警報を本船の構造上の問題もあり船内の雑音と混乱の中で聞くことができず，眠りから起きだすことができなかった．その後船長は，船橋の火災パネルに示された火災ゾーン（手動火災警報ボタンが押された箇所）の防火戸を自動閉鎖したが，それ以外の防火戸は閉鎖しなかった．また，船長は空気が船内に入り火災が増長されると考え，通風システムを止めるよう指示したが，これが乗客達を煙により窒息死させる原因ともなった．船長は 2 時 24 分遭難信号（メーデー）を発したが，乗組員の訓練不足や本船に慣れていないこともあり，火災発生後組織的な消火活動はほとんどなされなかった．その後船橋に煙が充満し留まることができなくなり，3 時 20 分頃船長は消火をあきらめ退船を決定，最後の救命艇で乗組員とともに脱出した．しかしながら，その時点ではまだ，何人かの乗組員が救助活動をしており，また乗客が本船上に何人とどまっているかを船長は把握しておらず，このことに対し事故後船長は大きな非難を受けている．

2 時 50 分には最初の救助船が到着したが，煙の中に入れる救急隊員（smoke diver）が到着したのは 5 時過ぎであり，多くの乗組員，船客を助けることはできなかった．11 時 55 分本船は曳航され，スウェーデンのリューセヒール港（Lysekil）に 21 時 17 分に着岸した．消火がすべて終了したのは，翌日 4 月 8 日 16 時であった．

［事故原因と問題点］

本船はカリブ海航路の客船であったが，1990 年 1 月デンマークなどの多企業グループが前船主から買い取りノルウエー/デンマーク間の航路に配船されることになった．乗組員も急きょ雇用され，多くの者がポルトガル人であり，ノルウエー語，デンマーク語はもちろんのこと英語もほとんど話すことができなかった．

また，本船は4月1日に運航開始となったが，これら乗組員は3月末に乗船してきたため，客船の新乗組員には最低10日間は必要といわれている種々訓練はもちろんのこと，緊急時対応のための訓練も実施されていなかった．SOLAS条約で出港後24時間以内に実施しなければならないと規定されている火災，退船訓練も実施されていない．したがって，彼らは本船の構造などもよく知らず，組織的訓練も実施されていなかったため，火災時における誘導なども含め何をしてよいかわからなかった．このように運航サービス開始を急いだ大きな原因は，船主の強い圧力があったと，事後調査で指摘されている．

事故後スウェーデン，ノルウェー，デンマークは，ノルウェー政府の委員選出による合同事故調査委員会を設立し，事故の翌年1991年1月事故報告書が提出された．この委員会により，最終的に船舶における火災事故再発防止対策として次の各項（主要項目）の実施が推薦されている．

① 技術事項（technical features）：スカンジナビア各港を航行するすべての客船は，スプリンクラー・システムの設置，および居住区域すべてにおいて，煙探知機を設置のこと．

② 運航事項/安全訓練（operational features：safety training）：客船の乗組員は海事当局によって承認された安全訓練に参加しなければならない．これは，スカンジナビア各港に定期的に配船されるすべての客船に適用する．

③ 検査と監督（inspection and control）

・寄港国検査（port state control：PSC）：スカンジナビア各港を定期的に配船される客船は，スカンジナビア各港で乗客が乗船する前に検査を受けなければならず，これは組織的な追跡検査を含み，またその検査は運航上の実践事項にも範囲を広げるものである．

・船舶の安全運航に関し船主に対する組織的要求：IMO決議（Resolution A. 647(16)，船主は，船上の安全手順適用のために船長の必要なサポートおよび権威を確実にする責任を負うなどの内容）に定められた船舶の安全運航システムについて，船主の義務としてそれを構築しなければならない，という法律の制定．また，スカンジナビア各国は，国際航海に従事する客船船主に対し，同法律が強制化されるよう努力すること．

このように本事故の原因を分析していくと，船主の安全性無視と船長

図2　炎上中のスカンジナビア・スター[3]

への圧力，防火体制・乗組員訓練や火災時の対応，使用言語，防火設備など種々の問題点が浮き上がり，既存の条約や法律では律しきれないものであった．

　従来は大事故が発生する都度，IMO は構造や設備要件を新しく設ける規則を制定してきた．しかしながら，これらハード要件の追加や，船舶事故は最終的には船長責任という従来の考え方では，事故の再発防止は不可能であり，従来型対応に対する反省，および限界が認識されるようになった．また，本事故のようにその原因の多くは，陸上マネジメントも含め，人的要因（human error）によるものと考えられるようになり，船陸一体となった安全運航体制の構築が重要であるという結論にいたった．そこで，船舶だけでなく，陸上管理部門も含めた全社的な取り組み，すなわちソフト要件を含む安全管理システムが必要と判断され，ISM コードが制定された．
〔関根 博〕

参考文献
1) 小林幸雄：イングランド海軍の歴史，原書房，2007．
2) 日本郵船(株)：船上での火災訓練．
3) Norwegian Official Report：The Scandinavian Star Disaster of 7 April 1990, Government Administration Service, 1991．

2.5 海難事故

漂　流

a. 漂流とは

斎藤浄元は海難論[1]の中で漂流について次のように記述している．

「漂流とは，船が運航不能に陥り，風と潮とにまかせて，流れることであって，その原因はいろいろある．① 燃料不足をきたして，推進不能，② 推進器またはその軸を破損して，推進不能となるもの，③ 帆船が，帆柱を折り，または帆を破られた場合，その応急処置が効を奏せず運航不能になるもの，などは，いずれも推進力を失った結果であるが，中には，風浪のために船体の要部を破られ，乗組員が，そのまま在船することの危険を感じて退船したのち，漂流する場合もある．」

この漂流そのものは，海難とはいいがたく国土交通省の海難統計においても，海難としては位置付けられていない．しかしながら，漂流の原因となった事象，漂流，そして漂流の結果によって発生する一連の事象において，大きな物質的または人的被害が発生する場合が多くあり，これを海難事故とすることがしばしばある．いうまでもないが，船舶の漂流期間が長期にわたり，水，食料が不足し，その結果死傷者を出す場合は海難事故として位置付けられる．

大規模な油流出事故を一例にあげると（「乗揚」の項の図1参照），1978年に発生したアモコ・カディスの事故は，「舵故障→漂流（12時間）→乗揚事故→油濁事故」という経過をたどった．また，1993年に発生したブレアは，「機関故障→漂流（6時間）→乗揚事故→油濁事故」という一連の事象により大規模な海難となった．

このように漂流は，それ自体は当初は大きな問題とはならなくても，結果として大事故になる可能性があり，漂流の状態になった場合，それを過少評価せず早急な現状復帰が必要とされる．

b. 漂流事故の原因と防止対策

前記のとおり漂流は推進装置などの不具合，故障により船舶の制御が不能となった時発生するが，推進装置などの不具合故障はなぜ起こるか．ここにはほかの海難同様，実は多くの原因が含まれている．

推進装置とは，すなわち19世紀以前であれば帆であり帆柱であったが，現在はディーゼル機関などであり，これに加え重要な装置として舵があり，これらが故障や破損する原因は次のように種々考えられる．

・技術的原因：装置そのもの（設計，構造，材質など）の欠陥．
・人為的原因：装置，機器の不適正な保守整備，誤操作．航海計画（航路選定，航

海の季節，自然現象の予知など）の不備．
・自然的原因：（装置，機器などが破損する）堪航性を超える自然脅威との遭遇．自然予知の不備．

　推進装置などの制御不能に加え，自然の脅威，すなわち荒天や海流により船舶が流され，その漂流方向に岩礁など船舶の障害物がある場合，乗揚などの海難事故に発生するのである．

　このように，漂流といえども複合的な要因が重なり海難事故につながることがあり，近年の船舶の大型化により，その漂流から起因される海難の規模も大きく，当事者はもちろんのこと発生海域（油汚染被害など）はいうまでもなく，社会的にも大きな問題となることが多い．

　一方，漂流およびそれに起因する海難事故に対する防止対策であるが，上記のとおり複合的要因が重なりあっており，一概に述べることは非常に難しいが，他項で述べたそれぞれの対策の実施が基本となろう．すなわち，技術的原因に対しては，関係する国際条約，旗国規則，船級規則の遵守による船舶および同設備の建造，製作であり，人為的原因に対しては，諸規則に加え ISM コードの遵守による安全運航，船舶管理の強化などがあげられる．また，自然的原因に対しては，船舶や管理会社による必要な気象・海象情報の入手およびその適切な運用である（「沈没」の項参照）．

c. 特異な漂流例

　近年の漂流に起因する海難については，すでにいくつか例示したが，ここでは19世紀以前の漂流について紹介する．19世紀以前においては，船舶は帆走により航行していたが，それゆえ自然の脅威に非常に弱く，多くの漂流事故が発生したといわれている．ここでは内外の特異な漂流事故を紹介し，漂流事故のさまざまな側面をみる．

事例　筏による漂流（メデューズ号の筏)[2]

　「メデューズ号の筏」は，フランスロマン派の画家テオドール・ジュリコーによって描かれた油絵であり，パリのルーブル博物館に所蔵されている．メデューズ号は1816年に座礁し多くの人が犠牲となったが，その悲劇的な事件は当時社会的にも大きな問題になった．ジュリコーの描いたその絵は，そのときの悲惨な状態をありのままに表し世間の関心をよび，ジュリコーの名も世に知られるようになった．

　［経　緯］

　フリゲート艦メデューズ号は，貴族であるユーグ・デュワロ・ド・ショマレー艦長の下，乗組員乗客約400人を乗せ1816年6月フランス・ロシュフォールを出港しセネガルに向かった．同号は艦長の無能（20年以上乗船せず）により，その進路は予定進路に比べ大きく外れ，7月2日西アフリカ，モーリタニア沖の砂州に座礁し

た．何度か離礁を試みたが失敗し，約100 km離れたアフリカの海岸に異動しようとし，ボートの定員200人以外は筏を作りこれに乗せることにした．7月6日140人以上の乗客，乗組員が筏に移乗し，ボートでこれを引き始めたがすぐにロープは切れ，筏と離れていった．筏には，1日分の乾パンと水・ワイン数樽だけが積み込まれただけであった．筏の上では，飢餓，狂気へと追い詰められ，漂

図1　「メデューズ号の筏」
［ジェリコー作：ルーブル美術館所蔵］3)

流2日目には65人が消えていた．このようにして極限状態が続き，13日目に偶然他船に救助されたが，残っていたのは15人のみであった．

この漂流では，飢餓や暴動，殺戮，そして人肉喰いなど，筆舌しがたいほどの狂気的で極限的な状況にあったこともあり，フランス政府は当初この事件を隠蔽したが，生存者が詳細を書籍にしてこれを発表したことにより社会に知れることになった．

事例　長期間（約16ケ月）漂流後の生環（督乗丸の例）

［江戸時代の漂流の意義］

江戸時代，幕府は異国事情の収集に力を注いだが，漂流民が日本に帰還すると幕府は取り調べの後，当時の学者に口述の記録をとらせた．これにより，漂流中の詳細をはじめ，異国の政治，経済，生活，言語などあらゆる情報が記録され，現代に伝わることになった．すなわちこの時代，漂流とは異国文化などの収集という側面をもち，これが，ロシア事情（大黒屋光太夫：1782年漂流，1792年ロシアより帰国），米国事情（ジョン万次郎4)：1841年漂流，1851年帰国）を知ることとなった．特にジョン万次郎は，当時の航海技術上，多くの貢献をしており，これは同人が米国で航海，造船，英語などの教育を受けた後実際に米国の捕鯨船に乗船し一等航海士にまでなったことにある．帰国時，米国における航海術の教科書"Bowditch (American Practical Navigator)"（バウディッチ，米国実践航海術）を持ち帰りこれを翻訳の上，幕府に献上した．同書は今でも改訂されながら米国政府によって発行されている（図2）．

帰国後は，幕府に招聘され軍艦教授所教授に任命されたこと，あるいは日米修好通商条約の批准書を

図2　Bowditch（1977年版）

交換するための遣米使節団の一人として，咸臨丸に乗ってアメリカに渡ったことなどで歴史に名を残した．

さて，江戸時代における漂流記録には，漂流中における日々の活動状況に加え，生存方法，あるいは航海上の対処方法，いわゆる海難対応が詳細に記載されている場合があり，現在においても非常に参考になるものである．

督乗丸[5,6]は，484日（約16ヶ月）間漂流の後米国に漂着し乗組員は英国船に救助されたが，その後さまざまな経緯があって帰国した．その長期にわたる漂流は壮絶をきわめたが，船頭のずば抜けたリーダーシップの下，船舶の運用術，生存術を駆使し生環したもので，海難対応という側面からも注目できるものである．

［経　緯］

督乗丸（1200石積，約120トン）は，1813年10月船頭重吉以下14名とともに師埼（知多半島南端）を出港，江戸に向かった．そして江戸からの復路，11月4日，積荷700俵の大豆を積載し小浦（伊豆半島西海岸）を出港したが，その夜暴風雨に遭遇し（この時水夫1名転落死），帆を降ろして船を流れにまかせる．翌5日舵が破損し船は制御を失い，その後，風圧を減じるため1本ある帆柱を切断した．この日から長い漂流が始まり，1815年2月14日漂流後484日目に，米国カリフォルニア州サンタバーバラ沖で，ロンドン籍のフォレスタ号に救助される．生存者は船頭重吉と他2名であった．その後重吉他1名（1名は途中死亡）は，シトカ，カムチャッカを経てロシア船にて，1816年9月に松前に到着し，江戸などでの事情聴取を受け，1817年5月に故郷半田村に漂流以来3年半を経て帰郷を果たした．

［海難対応と生存］

督乗丸が漂流中，いくつかの海難対応に関し特記するものがあり，これを当時の用語とともに解説する［　］内は現在使用されている用語．

・つかせ走り［漂ちゅう，lie to］：帆を降ろして船を流れるままにする．
・たらし［シーアンカー，海錨，sea anchor］を引かせる：船首から碇を投げ込んで船を安定させる．
・らん引（びき）［蒸留機］：海水を蒸留して真水をとる方法である．大釜に海水を沸かし，その上に飯びつをかぶせる．飯びつの底に穴を開け，竹を管として差し入れ，その上に海水に満たした鍋を吊る．管を上がってきた湯気が鍋底で冷却され，真水が落ちて飯びつに溜まる．1日7～8升の真水を得ることができた．
・壊血病：米を分配していたが，漂流86日目で米がつき，その後は大豆を煎って黄粉（なこ）で命をつなぐ．150日目には，全身が腫れあがり，身体が黒ずんできて起き上がれないものも出てくる．これはビタミン不足による壊血病である．重吉はカミソリで皮膚を切り開いて黒い血を絞りだしたという（医学的効果があるかは不明）．漂流

212日目（5月8日）に最初の病死者が出て，6月28日までに10名死亡．漂流295日目に初めてカツオが釣れ，その後いろいろな魚が釣れるようになり，それらを食べた生存者3名は症状も回復していく．

［壊血病の歴史と克服］

① 18世紀以前は，世界の航海者にとって壊血病は大きな問題であった．インド航路を開拓したヴァスコ・ダ・ガマの航海[7]（1497〜1499年）においては，往路からも壊血病に悩まされ，復路（1498年）のインド洋だけでも30人が壊血病で死亡するなど，多くの乗組員が壊血病や他の病に倒れた．母港リスボンに帰りついたのは，乗組員180名中，55名の約1/3であった．

② イギリスでは壊血病の歴史における重大な危機が発生した[8]．1740〜1744年，イギリス海軍艦長ジョージ・アンソンは世界一周の航海の途中で乗組員1900人のうち，1400人近くを失った．こういった背景により，1753年イギリス海軍省海軍医ジェームズ・リンドは，壊血病治癒のため患者に対しさまざまのテストを実施した．患者を6組のグループに分け，それぞれのグループにいくつかの食料，薬，海水，アルコールなどをとらせ観察したが，オレンジとレモンを食べた組に効果があり，6日後には通常業務に復帰することができた．しかしながら治療法は発見されたが，洋上でオレンジなどを長期保存する手段がなかったため，予防対策までには至っていない．

③ キャプテン・クックは第1回世界周航[9]（1768〜1771年）において，乗組員にザワークラウト（キャベツの酢づけ）を1日おきに与え，またたくさんの新鮮な野菜を食べさせた．そして不潔な船員室を清潔にするなど衛生面に配慮することにより，壊血病での死者をゼロとし，この病気が防げることを実証した．

④ イギリス海軍では，1740年から水で割ったラム酒，グロッグ（Grog）を船員に配給していたが，壊血病を防ぐビタミンCを摂るため，このレシピにライム，レモンなどシトラス系の果汁を入れるようになった．グロッグの配給は1970年まで続いた．

［関根 博］

参考文献

1) 斎藤浄元：海難論，日本海事振興会，1963．
2) 中野好夫，ほか：世界ノンフィクション全集44，筑摩書房，1963．
3) メデューズ号の筏：ルーブル美術館公式サイト．
4) 中濱 博：中濱万次郎，冨山房インターナショナル，2005．
5) 山下恒夫：石井研堂コレクション・江戸漂流記総集第三巻，日本評論社，1992，pp.229〜366（船長日記）．
6) 春名 徹：世界を見てしまった男たち，ちくま書房，1988．
7) 林屋栄吉，ほか監修：大航海時代叢書I（コロンブス，アメリゴ，ガマ，バルボア，マゼラン航海の記録），岩波書店，1965．
8) Fernandez-Armesto（関口 篤訳）：世界探検全史（上下），青土社，2009．
9) 飯島幸人：大航海時代の風雲児たち，成山堂書店，1995．

3章　人とものを運ぶビジネス（海運）

3.1　海運の定義
海運とは：輸送ビジネスとして　外航海運と内航海運

3.2　海運業の発展
日本の近代海運の歴史

3.3　海運の各分野と市場
定期船　不定期船,ドライバルカー　タンカー
LNG 船：ビジネスと市場参加者　自動車専用船
運賃先物取引　クルーズ客船

3.4　海運業務
海上運送の関係者　契約　集荷と配船　紛争と事故

3.5　船主業務
船隊整備　船舶管理

3.6　内航海運
内航海運　内航海運の市場　内航海運が抱える課題

3.7　海運の課題
市場と輸送サービスの質　技術と環境

3.1 海運の定義

海運とは：輸送ビジネスとして

　私たちは海岸や港で船をよく目にする．しかし，その船を使ってどのように物資の輸送がなされているかは，あまり知る機会がない．ここでは，「人」と「もの」を運ぶビジネスとしての海運について解説する．

　「海運」（shipping）という言葉は「海上運送」からきている．つまり，海運は船を使って人やものを運ぶことをいい，それをビジネスとして行うのが「海運業」である．

　世界は海でつながっている．その海を道路のようにインフラとして使う海運業は，原則として誰でも自由に営むことができる．これを「海運自由の原則」（freedom of shipping）とよび，船は当該国に害を及ぼさない限り，自由に航行し，自由に港に寄港して人や貨物を積みあるいは揚げることが許されている．

　わが国の輸出入量8億3500万トン（2009年）の内，船で運ばれているものは99.7％を占める．わずか0.3％を運んでいる航空機と比較すると，海運がわが国の経済にとっていかに重要な位置を占めているかがわかる．輸出入量の内，わが国の海運業が運んでいるのは4億9800万トンに及び，積み取り比率は60％に達する．

　海運に関係する人（企業）は数多くいる．船を所有する者を「船主」（owner），それを使って運送をする者を「運航者」（operator）とよぶ．船主と運航者を兼ねる場合も多く，海運業を営む多くの大企業は，船主・運航者兼業である．このような企業を総称して「船会社」あるいは「海運会社」（shipping company）とよんでいる．

　運航者が船主から船を借りる場合，それを「用船」（charter）とよび，貸し手を「船主」（owner），借り手を「用船者」（charterer）とよぶ．海運によって運ばれるものは「荷物」または「貨物」（cargo）とよび，それを海運会社に運送委託するものを「荷主」（shipper）とよんでいるが，正式には送り主を「荷送人」（shipper），受け取り人を「荷受人」（consignee）とよぶ．

　海運会社と海上運送契約を結ぶのは，荷送人である場合と荷受人である場合があり，貿易取引条件によって異なる．　　　　　［篠原正人］

(a) 運送契約の関係　　(b) 用船契約の関係
図1　海運における契約関係

3.1 海運の定義
外航海運と内航海運

　海運は「外航海運」と「内航海運」に分けられる．外航海運は異なる国の港の間を行き来するのに対し，内航海運は国内の港間を行き来する．この二つはほとんどの国で明確に区別されており，お互いに他の分野に属する航路に就航することは原則として禁止している．

　概して外航海運は大型船を使用する場合が多いため，それに従事する海運会社の規模も大きい．したがって外航海運に従事する会社が内航海運を営むことについては厳しい制限を設け，小規模の会社が多い内航海運を保護する傾向にある．

図1　大型外航コンテナ船

図2　大型ばら積船　[提供：(株)商船三井]

図3　大型タンカー　[提供：(株)商船三井]

図4 大型自動車専用船［提供：川崎汽船(株)］

図5 内航タンカー「茂丸」

　また，内航海運は当該国の海運会社が当該国の国民である船員を乗り組ませてのみ行うことができるという法令を設けている国が多い．これを「カボタージュ規制」とよぶ．カボタージュ（cabotage）とは国内の港間の運送のことをいう．わが国や米国など，多くの国ではこのカボタージュ規制を厳格に設定している．欧州では欧州連合（EU）内の国どうしでお互いのカボタージュを認め合っている．

　外航海運，内航海運ともにさまざまな船が使われている．例えば一般雑貨を運ぶコンテナ船や一般貨物船，ばら積貨物を運ぶばら積船（バルカー），液体を運ぶタンカー，完成自動車を運ぶ自動車専用船（pure car carrier：PCC）などが主な船種である．

［篠原正人］

3.2 海運業の発展

日本の近代海運の歴史

a. 黎明期：幕末から明治維新へ

　江戸時代は鎖国政策により，海運の活動は沿岸水運に制限されてきた．幕末に至って，欧米諸国からの開国要求が高まり，1861（文久元）年，「大船建造の禁」を解き庶民一般にも大船所有を許可した．幕府自らも率先して西洋型汽船・帆船の所有を図り，また，各藩も競って西洋型艦船の充実に力をつくした．こうして，1868（慶応 4）年時点での所有船は幕府・各藩あわせて 138 隻 17 000 トンに達した．そして，開国・開港，明治維新に突入する．

　しかしながら，日本の近海にはすでに米国太平洋郵船会社（Pacific Mail Steamship Co.）などの外国の海運会社が進出してきており，政府は早急に自国海運会社を育成する必要に迫られた．そこで，半官半民の回漕会社を設立し年貢米の輸送などにあたらせたが，業績が振るわず解散し，新たに日本国郵便蒸気船会社を 1872（明治 5）年に設立した．しかし，これも政府の後押しにもかかわらず，次第に経営難に陥った．

　一方，土佐藩の岩崎弥太郎は同藩の所有船を持って，海運業を起こし，その経営を巧みに行い，同業者間に抜き出て頭角を表してきた．加えて，1874（明治 7）年の佐賀の乱，征台の役で軍事輸送を完遂し政府の信頼を得た．そこで，日本国郵便蒸気船会社は解散となり，政府は岩崎の三菱会社を対象として手厚い保護をする助成策をとることとなった．政府の後ろ盾を得た三菱会社は横浜-上海航路への進出を図り，既存勢力の太平洋郵船会社に，激烈な競争を挑み，ついに 1875（明治 8）年，これを撤退させることに成功した．しかし，翌年には英国の海運会社 P&O 社（Peninsular & Oriental Steamship Navigation Co.）が本航路に進出してきた．これに対しても三菱会社は持てるすべての力をつくして激争を演じ，苦闘の末，P&O 社を無条件で撤退させた．こうして，三菱会社は政府の特権的庇護を背景として確固とした地位を獲得した．しかしながら，航路権の独占には，海運の利益を独り占めしているとして，社会的，経済的な非難・怨嗟の声が高まることになった．

b. 日本郵船会社の創立

　三菱会社の海運独占に対して，荷主として不満を抱えることになった三井物産の益田孝は渋沢栄一などと図り，対抗する勢力を糾合して 1882（明治 15）年，共同運輸会社を設立し，政府もこれを支援した．このため，両社の競争は日を追って激しくなり，両社とも巨額の損失を重ね共倒れの危機すら憂慮された．そこで政府はつ

いに従来の政策を転換し両社の妥協を命じ，1885（明治18）年，両社は合併し日本郵船会社が誕生した．この後，日本郵船会社は三菱会社時代に引き続き政府の庇護のもと，ボンベイ航路を手始めに欧州，米国，オーストラリア向けの遠洋定期航路を次々に開設して日本を代表する定期船運航会社に発展していくことになる．

c. 大阪商船会社の創立

関西地方においては，大阪を中心として日本の各地を結ぶ貨客の移動が活発となり，特に1877（明治10）年の西南戦役以降，海運を業とする者が雨後の筍のように出現し，無謀な運賃競争が展開された．大阪府はこれを救済するため1879(明治12)年，「西洋型商船及び問屋取締規則」を布達して取締所を設置し，各船主もこれに沿って盟約を結び運賃協定を図ったが，裏面においては依然として運賃競争が行われ，船主の経営維持はいよいよ困難となった．そこでさらに1881（明治14）年，「小型旅客汽船取締規則」を公布し無用の競争排除を図った．この布達に基づき，船主は大阪汽船取扱会社を設立，さらに団結を強固にするため，同盟汽船取扱会社を設立，競争緩和に力をつくした．

しかしながら，海運業界の不況に伴い船主の経営難はますます深刻化したため，再び同盟成立以前の混乱状態となった．そこで完全な企業合同により多数船主を大同団結し，一大汽船会社を設立して難局を克服するべき，とする機運が高まり，住友家総理人廣瀬宰平が関係船主の説得に努め，ついに1884（明治17）年，大阪商船会社の設立となった．大阪商船会社は政府の助成金を得て，船隊の充実を図った．また，この合同に参加しなかった反対船主との運賃競争には合併計算配当の手法を取り入れ，事務的にははなはだ複雑困難なものであったが，意外の好成績を収め，1890（明治23）年以降，ようやく競争の跡を絶つことができた．大阪商船は内地航路の経営が安定すると，釜山，仁川航路などを手始めに，台湾，中国（長江線）からさらに米国，インド，欧州などの遠洋定期航路に進出し，日本郵船と並ぶ2大定期船会社に成長していくことになる．

d. 三井海運業の誕生

1876（明治9）年，三井物産が設立され，総括（社長）となった益田孝は工部省が管轄する三池炭鉱の一手販売権を獲得すると上海への輸出を企図する．それらの輸送は当初工部省から貸与された風帆船「千早丸」や外国からの用船で賄っていたが，輸送力の増強と安定化のため，

図 1　秀吉丸（1878～1896年）

1878（明治11）年購入したのが三井物産の初めての社船となる「秀吉丸」729総トンであった．続いて，帆船「清正丸」の建造，汽船「頼朝丸」の購入と進展し，後の三井物産船舶部から三井船舶につながる，三井の海運業が誕生した．

e. 東洋汽船の創立とその後

薪炭商から出発して，一代で財を成した浅野総一郎は1896（明治29）年，東洋汽船を設立し，翌年に日本-サンフランシスコ線を開き，当時盛んであった北米，ハワイ向け移民の輸送で成功した．日露戦争後の1908（明治41）年，当時としては破天荒ともいうべき13 000トンを超える大型高速の客船を建造・就航させた．一方，1905（明治38）年には南米西岸線を開設した．さらに，石油の将来性に着目し，1908（明治41）年には油槽船2隻を建造して，タンカー運航業務に先鞭をつけたが，時期尚早であったため，後に撤退した．第一次大戦中はかなり好業績をあげていたが戦後長く続いた不況の過程で年々欠損を重ねたため，とみに資力が衰え借入金でつじつまを合わせる状態となった．しかし，サンフランシスコ線は重要航路であり外国船の跳梁に任せることはできないところから，ついに1926（大正15）年，日本郵船がサンフランシスコ線と南米西岸線を同社から分離して吸収することになった．

f. 社船と社外船について

戦前の海運会社のいい方として，「社船」と「社外船」がある．社船とは定期船運航会社で，政府の保護・助成を受けてきた海運企業のことをいう．すなわち日本郵船，大阪商船そして東洋汽船である．一方，主として不定期航路に就航し，自主独立の立場で海運業を経営してきた船社を称して社外船といった．すなわち，「社外船の雄」ともいわれた三井物産船舶部や山下汽船，太洋海運，そして川崎汽船，国際汽船などである．これら，社外船は第一次世界大戦がもたらした，造船・海運の未曾有の好景気によって，飛躍的に発展することになった．川崎汽船，国際汽船は川崎造船所の大戦中および戦後期におけるストック・ボート（特定の買主が決まらないうちに見込みで建造した船）の大量生産を背景にして誕生した．これら大手社外船5社は遠洋航路での大型船の自営運航を経営の基軸に据えた．第一次大戦前の1914（大正3）年，171万総トンであった日本の総船腹量は大戦後の1919（大正8）年232万総トンに増加したが，その67％を社外船が占めることとなった．海上輸送の貨物量としては石炭・鉄鉱石・リン鉱石・小麦・砂糖・大豆・木材など不定期船に適した貨物が圧倒的に多かった．社外船はこれらの貨物を求めて外国と外国の間を結ぶ3国間輸送にも積極的に進出していった．またさらには，不定期船分野にとどまらず，社船が独占していた定期船分野へとその活動範囲を広げていった．

なお，三井物産船舶部，山下汽船をはじめ，当時の社外船の多くは神戸に本社を

図2 神戸（1925年頃）

置いていた．第二次大戦前には，神戸が極東アジアにおける海運取引の中心地であった．三井物産(株)船舶部の川村貞次郎は英国のバルチック・エクスチェンジを参考にして，1921（大正10）年（株）神戸海運集会所（後の社団法人日本海運集会所）を設立して海運取引の近代化と活性化を図ったが，日本の商慣習にはなじまない面があり，必ずしも思惑どおりとはいかなかった．

g. 世界第三位の海運国へ

こうして，日本の海運は英国・米国に次ぐ，世界第3位の規模にまで達したが，船舶の質においては，欧米諸国が第一次大戦中に急造した中古船を購入したケースが多く，劣っていた．そこで政府は船腹過剰対策も兼ねて，スクラップ＆ビルドの助成政策を1932（昭和7）年より実施し，船質は改善されていった．それは，古船を解撤（スクラップ）し，代わりに優秀船を新造した場合に政府が補助金を支給するというものであり，当初は古船2トンに対し新造1トンの比率であったが，後には1対1となった．また，1938（昭和12）年，日中戦争が始まると，軍事輸送の需要も高まり，海運市況は好転していった．

h. 太平洋戦争（第二次世界大戦）

しかし，1941（昭和16）年12月，太平洋戦争が勃発し，日本の商船隊は壊滅することになる．開戦時点での日本の商船（100総トン以上）保有高は約2600隻，630万総トンであった．戦難喪失船は約2500隻，830万総トン，終戦時の残存船は約880隻，150万総トン．しかも，その約7割は戦時中に急造された粗悪な戦時標準船であった．うち就航可能船は70万総トン程度という．船員の犠牲も大きく，6万人強が犠牲となった．戦死者の比率は43％に達した．陸軍の23％，海軍の16％に対してきわめて高率であり，いかに日本商船隊が過酷な状況におかれていたかがうかがわれる．航空機の発達でもはや時代遅れとなっていた艦隊決戦主義に固執していた海軍はじめ，当時の軍部には近代戦における補給戦略，すなわち輸送船団の確保・保護の重要性に対する認識が欠けていた．

i. 戦後の復興

1945（昭和20）年8月，太平洋戦争は終結した．日本に進駐してきた連合国総司令部（GHQ）は当初，海運や造船業に厳しく対応し，残存船舶の賠償取立てや造船

設備の縮減案を検討していた．しかし，やがて共産圏との冷戦状態の発現が明らかになると，日本を自由主義圏の一員として育成する方向に転換していった．戦時中の1942年に船舶運航を一元的に統制・管理するためにつくられた「船舶運営会」は戦後も，引き揚げ船などの船舶運航業務を担当し，GHQの商船管理委員会(CMMC)として引き続き活動した．そうした中，1946年には「戦時補償特別措置法」が公布され，戦禍で大多数の船舶を失った海運企業に対する戦時補償が打ち切られた．その一方で政府は「企業再建整備法」を公布し，船舶公団を設立して船舶建造資金の一部を負担して資金不足に直面した海運企業の船舶建造を支援した．また，翌年からは計画造船を開始して船舶の建造を推進した．1953年には，船舶建造資金利子補給法を公布し建造資金の利子を補填することとして，日本船隊の復活を後押しした．

1950年，船舶運営会を廃止し，船舶の運航業務をそれぞれの海運企業に返還した（民営還元）．これによってようやく各企業の自営体制が復活した．以降，海運企業は引き続き計画造船によって船隊を拡充しつつ，戦前に張りめぐらした定期航路網の復活に取り組むこととなった．その端緒となったのは，1950年に再開した大阪商船の看板定期航路，南米東岸線であった．続いて翌年にはバンコク，ニューヨーク，欧州の各定期航路が復活していった．そのような中で，戦前には定期船の運航をしていなかった企業も，定期航路に積極的に参入してきた．日本・極東-欧州間の定期航路は，19世紀末から同航路を運営してきた英国の海運会社が中心になって容易に新規参入を認めない閉鎖的な海運同盟を結成し，同盟外の会社の参入を排除していた．1953年，三井船舶はその欧州航路同盟への新規加入を図り，当初は同盟外で運航し，紆余曲折の末，参入を果たした．その決着に至る過程では，日英両国の政府を巻き込む事態にもなり，日本海運企業のたくましい復活振りを印象付けた．

j. 海運企業の集約：6中核体の形成へ

1950（昭和25）年に勃発した朝鮮戦争，1956年のスエズ動乱を経て，好不況の波はありながらも，日本経済の戦後の高度成長とともに，海運企業は着実に船隊を拡充して行った．1960年代初めには戦前の水準を超える船腹量を持つに至った．しかしながら，過去の実績にこだわらず，一定の条件さえ満たせば，希望者には一律に日本開発銀行などの公的融資の許可を出すという第二次大戦後の「総花的」海運政策によって，海運企業は乱立状態となっていたため，各社は過当競争により体力を消耗することになった．そのため，船舶の減価償却費もまかなえず，無配当に陥る会社が続出した．そこで，政府主導のもと，「海運造船合理化審議会」の答申を受けて，企業合併により中核会社を形成し，これらを中心に100万重量トン以上に集約し，その上で，「船舶建造資金利子補給法」を改正して，利子補給の強化を行うという内容の，いわゆる「海運再建2法」を1963年7月に公布した．それにより，翌

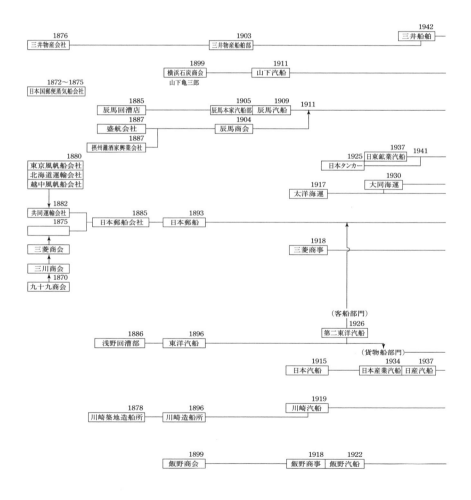

図 3 日本の海運企業の変遷

日本の近代海運の歴史　257

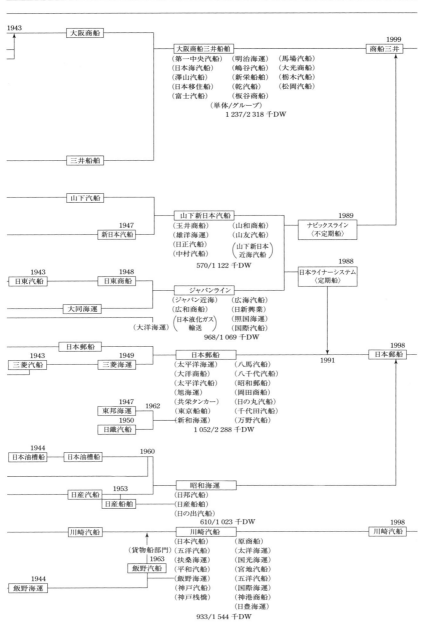

(1875〜2000 年)

年4月に大阪商船と三井船舶が合併し大阪商船三井船舶が誕生した．また，同時にジャパンライン（日東商船と大同海運），山下新日本汽船（山下汽船と新日本汽船）も誕生し，日本郵船（日本郵船と三菱海運），川崎汽船（川崎汽船と飯野海運），昭和海運（日本油槽船と日産船舶）とあわせて，6中核体の体制ができあがった．集約に参加した企業は95社，船腹量は936万トン，わが国の全外航船腹の90％に達した．こうして，過当競争による共倒れ状態を脱した海運企業はその後の日本経済の高度成長による海上輸送需要の増大という追い風を受けて，収益力を回復し，復配を果たしていった．そして，その後，定期船においてはコンテナ船化や発展途上国における自国海運育成の動き，不定期船においては大型化，専用船化の進展，また一方では船員費の高騰，円高の進展による日本船の高コスト化に伴う日本籍船の減少と仕組船の増加など，多くの問題に取り組みながら，さらなる企業再編・集約を行いつつ，グローバルな海運企業としての発展の道を模索して行くこととなる．

［加藤信男］

参考文献
1) 浅原丈平：日本海運発達史，潮流社，1978．
2) 中川敬一郎：両大戦間の日本海事産業，中央大学出版部，1985．
3) 中川敬一郎：両大戦間の日本海運業（日本海運経営史1），日本経済新聞社，1980．
4) 三和良一：再建への道 占領期の日本海運（戦後日本海運造船経営史①），日本経済新聞社，1992．
5) 地田知平：日本海運の高度成長（戦後日本海運造船経営史④），日本経済新聞社，1993．
6) 川上博夫：外航海運のABC，成山堂書店，1990．
7) 有吉義弥：占領下の日本海運，国際海運新聞社，1961．
8) 近代日本海事年表，海事産業研究所，1991．
9) 風濤の日々－商船三井の百年，大阪商船三井船舶，1984．

[社史]
「大阪商船50年史」，「大阪商船80年史」，「創業80年史 三井船舶」，「三井船舶社史」，「創業100年史 大阪商船三井船舶」，「社史：合併より10年 山下新日本汽船」，「川崎汽船50年史」，「日本郵船100年史 同100年史資料」

3.3 海運の各分野と市場

定　期　船

a. 定期船とは
(1) 定期船の定義

　定期船とは，定められたルートを定められたスケジュールで運航して海上輸送サービスを提供するもので，決まった港に，決まったスケジュールで寄港する．また，不特定多数の荷主の一般貨物を扱うのもその特徴であり，いわば路線バスのような性質をもっているといえる．

　輸送契約で見れば定期船のそれは個品運送契約とよばれ，一定の航海を予告し，不特定多数の海上物品運送契約を結び，船荷証券(B/L)が発行されるものとなる．貨物としては，自動車関連製品，家電製品といった多種多様な工業製品や日用品など小口貨物が中心である．世界の消費財貿易のほとんどを海運が担っており，定期船はその中心で，世界の財の動脈として公共的立場からの必要性も高いサービスである．

　なお，海上運送法では，定期航路事業を，一定の航路に船舶を就航させて一定の日程表に従って運送する旨を公示して行う船舶運航事業とし，旅客定期航路事業以外のものを貨物定期航路事業と定義している．

(2) コンテナ船

　定期船は，積荷の形態別に，コンテナ専用のコンテナ船と非コンテナ貨物を積載する在来船に分類される．現代の定期船は，効率の良い大量輸送が可能ということで，コンテナ船が主役である．世界のコンテナ船就航量は，2011年8月末現在5 008隻・1 499万1 000 TEU(twenty-foot equivalent unit, 20フィートコンテナ換算)となっている．

　1コンテナあたりのコスト削減のためにより大型の船型が開発され，10 000 TEU型以上のコンテナ船も多数就航している．現在運用されている最大の船型は18 000 TEU型である．

図1　8 600 TEU積コンテナ船 NYK VESTA
　　　［出典：日本郵船ホームページより］

船型別に運用航路を見ると，1 000 TEU 未満は概ね沿岸航路用，3 000 TEU 未満は概ね近海航路用，3 000 TEU 以上は概ね遠洋航路用で，そのうち 5 000 TEU 未満は Panamax（パナマ運河通航可能最大船型）とよばれ，5 000 TEU 以上は PPX（post panamax），8 000 TEU 以上は SPPX（super post panamax）とよばれる．

 10 000 TEU 以上の SPPX は，パナマ運河拡張（2014 年完成予定，12 000 TEU 級まで通航可能に）をにらんで開発された船型である．

 コンテナ船は，1966（昭和 41）年，米国シーランド社が世界初のコンテナ船サービスを北米-欧州間で開始した．わが国では 1968（昭和 43）年，日本郵船が，日本初のコンテナ船「箱根丸」をカリフォルニア航路に就航させた．

(3) 海上輸送用コンテナ

 海上輸送用コンテナには図 2 に示すような種類がある．すべての海上コンテナは，

(a) ドライコンテナ

(b) リーファーコンテナ

(c) フラットラックコンテナ

(d) オープントップコンテナ

図 2　コンテナの種類［出典：旭運輸ホームページ］

表 1 海上輸送用コンテナ

種　類	長　さ	高　さ	用　　途
ドライ	20，40，45 ft	8 ft 6 in，9 ft 6 in	一般貨物，自動車部品，電気製品
冷凍冷蔵（リーファー）	20，40 ft	〃	果物，食肉，化成品
フラットラック	〃	8 ft 6 in	大型機械，大型車両
オープントップ	〃	〃	大型機械
タンク	20 ft	〃	液体状の化成品

注：1 ft＝30.48 cm，1 in＝2.54 cm，20 ft＝6.12 m．

ISO（International Organization for Standardization，国際標準化機構）規格に沿った世界共通サイズとなっている（表1）．

コンテナ化のメリットとして，
① 積揚作業が天候に左右されず，作業時間が短縮され，船のスケジュールも安定
② 輸送中の損傷や盗難の減少
③ 船から船，船からトラックなど，積替えが容易
④ 効率の良い大量輸送が可能

などがあげられ，コンテナ化が世界貿易の拡大に貢献している．

b. 航　路

(1) 主要航路

世界の主要コンテナ航路を図3に示す．

世界全体のコンテナ荷動きは，英国の海事調査会社Drewryの推定で年間1億5200万TEU（2010年実績）となっている．

図 3　世界の主要コンテナ航路

表 2 主要航路の荷動き量（2010年実績）

航　路		荷動き量 (千TEU)
北米航路	アジア→北米	13 691
	北米→アジア	6 817
欧州航路	アジア→欧州	13 588
	欧州→アジア	5 605
大西洋航路	欧州→北米	2 976
	北米→欧州	2 600
アジア域内航路*		49 400
その他	東西航路	19 300
	南北航路	25 805
	各地域内航路*	12 365
合　計		152 147

＊ 域内航路には，同一国内輸送分も含む．
[出典：Drewry]

アジア-北米など北半球の各地域を結ぶ航路を「東西航路」，アジア-中南米，アジア-アフリカなど北半球と南半球を結ぶ航路を「南北航路」，アジアや欧州などの各地域内のサービスは「域内航路」とよばれる．

航路の中で，①北米航路（太平洋：アジア-北米間），②欧州航路（アジア-欧州間）③大西洋航路（欧州-北米間）が世界の三大航路で，「東西基幹航路」とよばれ，北米航路が，単一の航路としては世界最大である．それに対しアジア域内は多数の航路の集合体になるが，合計では最近は非常に大きな規模となっている．主要航路の荷動き量を表2に示す．

(2) 海運同盟および航路安定化の協定

海運同盟は，安定した船腹の供給，安定した運賃の維持，荷主の平等な扱いを目的に，海運の公共性を重視し，運賃の乱高下や船社倒産によるサービス低下を防ぐために認められたカルテルの一種である．

円滑な世界貿易のため，公共性の強い定期船では，安定した運賃による安定した航路サービスの供給が求められることになる．そのため海運業界では，海運同盟という業界組織を作ることにより航路ごとに運賃・船腹量を管理し，安定したサービスの提供を目指してきたわけである．この海運同盟は，公共性の観点から各国の独占禁止法適用を除外されていた．

しかしながら，近年自由競争原理の導入という世界的潮流の中，独禁法適用強化の動きから，次々と同盟は解散に至っている．2008年10月には，同盟の中で最も歴史が深く，強い影響力をもっていた欧州同盟が129年の歴史に幕を降ろした．世界的に海運同盟は役割を終えたといえるが，最近では航路安定化の協議協定（Discussion Agreement）や運航にかかわる協定（Operation Agreement）などが海

表 3 主な協定

協定域	協定略号	協　定　名
北米-アジア間	TSA	Transpacific Stabilization Agreement
	WTSA	Westbound Transpacific Stabilization Agreement
北米-欧州間	TACA	Trans-Atlantic Conference Agreement
アジア域内	IADA	Intra-Asia Discussion Agreement

運同盟に代わり，メンバー船社の独立性を維持しながら航路の安定的な運営・発展を確保する役割を果たすように努めている．現状の主な協定は表3のとおりである．

なお，欧州同盟の終焉に伴い，同盟との運賃交渉を目的として来た日本荷主協会も2009年5月に解散された．

c. 輸送の仕組み

コンテナ貨物は，コンテナ単位の貨物（full container load：FCL）とコンテナ1本に満たない少量貨物（less than container load：LCL）に分けられる．図4で，FCL貨物を例に輸出入コンテナの動きを見てみる．

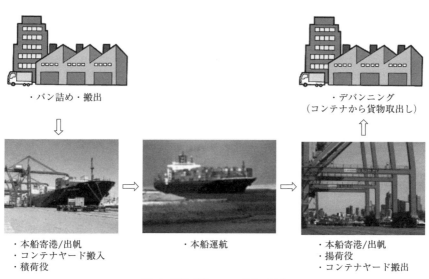

図4 FCL貨物のコンテナの動き

(1) 輸出コンテナ

荷主は，船社（海運会社）から空コンテナの借入れ手配をし，輸出貨物を工場あるいは海貨業者の上屋でコンテナ詰めしてターミナルに移送，コンテナヤード（container yard：CY）に搬入して船社に貨物を引き渡す．コンテナがCYで船社（ターミナルオペレーター）に引き渡された時点で船社の運送責任がスタートする．コンテナの本船への積み荷役が完了すると，船荷証券（B/L）が発行される．

コンテナヤードとは，船社によって指定された港頭地区の場所で，輸出の場合には船積みのためにコンテナを搬入・蔵置し，輸入の場合には荷揚げしたコンテナを蔵置・引き渡す施設である．

(2) 輸入コンテナ

本船入港後，揚荷作業が行われ，CYに運び込まれたコンテナは所定の場所に蔵置される．荷受け人（あるいは荷受け人から依頼を受けた運送業者）は搬出手続きの上，CYからコンテナを受け取る．貨物を自社倉庫などでデバンニングした後は，コンテナを船社のCYに返却する．

(3) 複合輸送

複合輸送とは，複数の輸送モードを組み合わせた輸送のことであり，例えば，日本から米国の内陸向けに貨物を輸送する場合，米国での揚港から内陸までの鉄道ないしトラックの輸送部分を含め，船会社が一貫した輸送責任をもって引き受けるものである．上述した輸出入コンテナの動きは港から港までの輸送の場合の流れであったが，さらに最終目的地までの輸送も含め，戸口から戸口へ（door to door）の物流サービスを提供するものとなる．

中国や東南アジアの工場で製造された洋服や電化製品が，アメリカのスーパーマーケットの倉庫に入るまで，コンテナに詰められたまま船や鉄道・トラックがシームレスにつながれて輸送される，コンテナ化のメリットを生かしたサービスといえる．

d. 航路運営

(1) コンテナ定航経営の特徴と対応

まず，コンテナ定航経営の特徴を列記してみると次のようなものがあげられる．

① 固定費が膨大：本船建造，コンテナ・ターミナルなど港湾設備，コンテナなどへの巨額投資が必要である．
② 需給変動に応じた供給量調整が困難：サービス供給量の調整が容易でなく，供給過剰となる傾向にある．
③ 商品差別化が困難：標準化を志向するコンテナの特性として，サービスが均一化し，船社ごとのサービス格差が出しにくい．
④ 新規参入・撤退が容易：海運自由の原則のもと高度な自由市場(世界単一市場)とサービスの均一性から参入障壁が低く，激しい国際競争にさらされている．
⑤ その他：資産流動の容易性（需要に応じて配船転換が可能）など．

これらに対応し他社との競争に生き残って行くためには，多様な航路網の整備，高頻度・高品質サービスの提供，費用（特に固定費）の削減が求められることになり，その経営課題克服のため，次のようなスケールメリット追求による効率化の拡大がコンテナ定航各社によって図られている．

例えば，コンテナ1個あたりの資本費の削減を図ることを目的として，船舶の大型化が指向されてきたのもその一つである．また，自社サービスの輸送スペースの

一部を他社に使わせる代わりに，自社が手がけていないサービスの他社輸送スペースを利用して，大規模投資なしに，多様なサービスネットワークを整備可能とするような，スロット交換も拡大している．さらに，アライアンス組成や他社買収・合併などの取り組みがあげられ，以下にその動きを概観する．

(2) アライアンス

世界経済の拡大に伴う海上貨物量の増大や，アジア諸港への port coverage の拡張に対応するためには，大船隊(船腹調達)，サービス網拡充，港湾設備への投資が必要になってくる．そのため，単独で航路運営するよりも，複数船社で共同で船腹を供出して航路を運営・整備するようにし，1社あたりの投資を抑えてサービス網の整備を図るアライアンスが組成されている．投資の抑制とともに，1社あたりの港湾使用料・ターミナル料金などの運航費の削減も図られることになる．図5に1990年代以降のアライアンスの変遷を示す．

1996年	1998年	2002年	2006年	2009年	
日本郵船(日) NOL(SP) ハパックロイド(独) P&Oコンテナ(英)	日本郵船(日) OOCL(中) ハパックロイド(独) P&Oネドロイド(蘭) MISC(マレーシア)	日本郵船(日) OOCL(中) ハパックロイド(独) P&Oネドロイド(蘭) MISC(マレーシア)	日本郵船(日) OOCL(中) ハパックロイド(独) MISC(マレーシア)	日本郵船(日) OOCL(中) ハパックロイド(独) ⇕ 主要航路で提携	グランド アライアンス
商船三井(日) APL(米) OOCL(中) ネドロイド(蘭) MISC(マレーシア)	商船三井(日) 現代商船(韓) NOL/APL(SP) SP:シンガポール	商船三井(日) 現代商船(韓) NOL/APL(SP)	商船三井(日) 現代商船(韓) NOL/APL(SP)	商船三井(日) 現代商船(韓) NOL/APL(SP)	ニューワールド アライアンス
川崎汽船(日) 現代商船(韓) ヤンミン(台) COSCO(中) 韓進海運(韓)	川崎汽船(日) COSCO(中) ヤンミン(台) 韓進海運(韓)	川崎汽船(日) COSCO(中) ヤンミン(台) 韓進海運(韓)	川崎汽船(日) COSCO(中) ヤンミン(台) 韓進海運(韓)	川崎汽船(日) COSCO(中) ヤンミン(台) 韓進海運(韓)	CKYH アライアンス

図5 アライアンスの変遷

一方，先に述べたとおり現代の定期船産業は，巨大な本船建造コストやコンテナターミナルの整備費用など巨額の投資が必要なため，単独の船会社による世界規模の航路運営は容易ではないが，世界最大のコンテナ船社マースクラインを始め，アライアンスに頼らず単独で世界規模の航路運営を行っている会社（メガキャリア）も存在する．

東西基幹航路でのアライアンスとメガキャリアの船腹量（TEU ベース）を比較すると図6のとおりである．

マースクライン，MSC，CMA CGM などのメガキャリアは単独で，複数船社の集合体であるアライアンスをしのぐ船腹量を有している．

なお，最近の動きとしては，グランドアライアンスとニューワールドアライアン

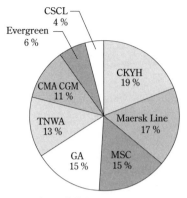

図 6　東西基幹航路でのアライアンスとメガキャリアの船腹量比較（2010 年 12 月末現在）

スによる G6 アライアンスの結成やニューワールドアライアンスと CKYH アライアンスといったアライアンスどうしの主要航路での提携や，グランドアライアンスと ZIM（イスラエル）も主要航路で提携しているほか，エバーグリーン（台湾）と CSCL（中国），またマースクライン（デンマーク）と MSC（スイス），CMA CGM（フランス）といった，単独志向船社の協調も進展している．

(3) 最近の主な M&A，定航船社支配船腹量シェア

1990 年代以降の他社買収・合併の主な動きと 2011 年 8 月末現在の定航船社支配船腹量シェアを図 7 と表 4 に示す．

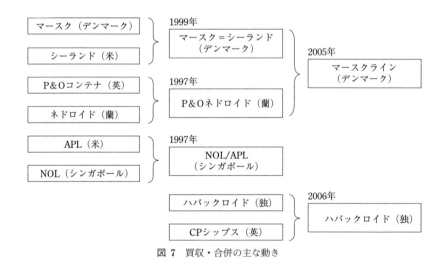

図 7　買収・合併の主な動き

これを見ると，マースクライン（デンマーク），MSC（スイス），CMA CGM（フランス）の上位欧州 3 船社が圧倒的な船腹量を有しているのがわかる．マースクラインは，1999 年のシーランドの買収により船腹量の面で他社を圧倒し，2005 年に P&O ネドロイドを買収することにより，さらに巨大企業へ発展した．MSC は M&A は利用していないが 2000 年以降船腹量を急拡大させマースクラインを急追して

表 4 定航船社支配船腹量（2011年8月末現在）

オペレーター	順位	隻数	船腹量 (TEU)	シェア (%)
Maersk Line（デンマーク）	1	605	2 324 452	16
MSC（スイス）	2	422	1 938 267	13
CMA-CGM（フランス）	3	332	1 233 859	8
COSCO（中国）	4	148	636 678	4
Hapag-Lloyd（ドイツ）	5	139	625 635	4
Evergreen（台湾）	6	164	611 137	4
APL（シンガポール）	7	134	559 107	4
China Shipping Container Lines（CSCL, 中国）	8	127	506 329	3
Hanjin Shipping（韓国）	9	103	502 964	3
商船三井	10	101	430 431	3
Hamburg-Sud（ドイツ）	11	106	395 679	3
CSAV（チリ）	12	96	392 597	3
日本郵船	13	95	392 440	3
Orient Overseas Container Line（OOCL, 香港）	14	83	374 313	2
Zim Integrated Shipping Services（イスラエル）	15	98	335 315	2
川崎汽船	16	77	334 990	2
Yang Ming（台湾）	17	83	330 171	2
Hyundai Merchant Marine（HMM, 韓国）	18	57	286 517	2
Pacific International Lines（PIL, シンガポール）	19	127	249 420	2
UASC（中東湾岸6ヶ国）	20	52	228 313	2
上記20社 計	−	3 149	12 688 614	85
その他	−	1 859	2 302 314	15
合　計	−	5 008	14 990 928	100

［出典：MDS，Fairplay，各種報道より日本郵船調査グループにて集計］

いる．CMA CGM も比較的小ぶりの買収の多用により船腹量を急拡大させ，2006年にマースクライン，MSC についで世界第3位に躍進した． ［渡辺隆典］

3.3 海運の各分野と市場

不定期船，ドライバルカー

a. ドライバルカーとは

　商船を定期船と不定期船に大きく分けると，定期船（liner）とは，運航船社があらかじめ航路や寄港スケジュールを特定し，不特定多数の顧客の貨物を輸送するのに対し，不定期船（tramper）とは，特定の荷主と随時，航路や日程を決める船・輸送形態を指す．定期船を停留所と時刻が定められている「路線バス」の運航に例えるなら，不定期船は「流しのタクシー」といわれており，顧客を探しながら放浪し（tramp），顧客が決まれば，その要望により指定される地点間を輸送するサービスといえる．また，定期船サービスを行う船社は，不特定の一般荷主を対象にすることから「コモン・キャリア」（common carrier）とも定義されるのに対し，不定期船サービスを行う船社は，特定産業の荷主（例えば鉄鋼や石油会社など）を主な対象としており，「インダストリアル・キャリア」（industrial carrier）とも定義される．

　なお，不定期船は積荷により，鉄鉱石，石炭，穀物などのばら積乾貨物を輸送する「ドライバルカー（乾貨ばら積船）」（dry bulker, dry bulk carrier），原油・石油製品の液体を輸送する「タンカー（油槽船，oil tanker），液化ガスを輸送する「ガス・タンカー」（liquefied gas tanker），自動車を輸送する「自動車専用船」などに分類することができる．本項では，不定期船，ドライバルカーについて詳説する．

b. ドライバルカー（乾貨ばら積船）の役割

　ドライバルカーの貨物は，鉄鉱石，石炭，非鉄金属などの鉄鋼原料，木材チップなどの製紙原料，火力発電用石炭，穀物が大半を占め，産業・民生用の原材料，エネルギー資源，食糧が中心となる．貨物の形状から見れば，ドライバルカーは大量ばら積輸送の役割が期待され，船舶も大型化されてきたといえるが，産業原材料，エネルギー資源，食糧という産業・国民生活を支える基本物資は「安全・安定供給」が強く要求され，ドライバルカーによる海上輸送もそのサプライチェーンの中の一翼を担う重要な役割を有しているといえる．

　「安全」は鉄鋼，電力会社など大規模で公共性が高い産業・企業に供給・輸送する点で重視される．また，近年では，地球環境保全という社会的視点でも安全輸送が強く要求される．「安定」は，定時定量の輸送のみならず，価格の安定も重要な要素となる．経済・産業の持続的成長を担保するには，運賃市況の過剰な変動を避け，長期的に一定の価格が望まれ，専用船の概念が生まれた．特定の貨物の形状，性質，量，荷役設備にあわせ，最適船型を長期に提供することで経済性が高くなる輸送サ

ービスが専用船の概念であり，逆に汎用性は相対的に低くなる．日本においては第二次世界大戦後，政府融資の計画造船のもとで，コスト補償をベースとした長期輸送契約の専用船が発達した．その後，経済成長，グローバリゼーションとともに「護送船団」方式の見直し・変遷を経て，現段階では政府融資はほとんどなくなり，契約期間の短縮化や，運賃もコスト補償から，より市場連動性の高い柔軟な形態に変化しつつある．

c. ドライバルカーの貨物

ドライバルカーの主要貨物は鉄鉱石，石炭，穀物の三大バルクと，林産品（丸太，木材チップ，パルプ），鋼材，セメント，非鉄金属などのマイナーバルクに大きく分類することができる．日本郵船，調査グループの調べでは，2010年の海上荷動き量は33.1億トンに達し，2000年以降，10年間の年平均増加率は約5％となっている．

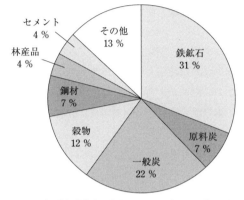

図1　ばら積乾貨物海上荷動き量（2010年，33.1億トン）
[出典：日本郵船調査グループ編：2011 Outlook for the Dry-Bulk and Crude-Oil Shippig Markets, 2011.]

(1) 鉄鉱石

鉄鉱石は，製鉄会社の高炉・転炉にて製鉄・製鋼され，建築物資材，自動車，船舶，産業機械，冷蔵庫など家電製品の原材料であり，ドライバルカーの主要貨物である．海上輸送における鉄鉱石の形状は，塊鉱，粉鉱，粉鉱を一次加工した焼結鉱やペレットである．

世界の鉄鉱石生産量は2010年18.3億トン（UNCTAD調査）で，うち貿易量は10.5億トンに達する．主な輸出国は，オーストラリア，ブラジル，インド，南アフリカ共和国，カナダ，ウクライナなどであり，主な輸入国は，中国，日本，韓国，EU 27カ国などである．鉄鉱石輸出では，Vale（ブラジル），BHP-Billiton（英国・オーストラリア系），Rio-Tinto（英国・オーストラリア系）の三大資源メジャー会社が海上貿易量の約7割のシェアを占める一方，輸入では中国が海上貿易量の約3分の2を占めている．日本は，2003年に中国に輸入量世界1位を譲り，2010年輸入量は1.3億トンで，世界の輸入量シェアは中国についで，約13％となっている．

(2) 石炭：原料炭

石炭は用途により，原料炭，一般炭に分かれる．原料炭は，瀝青炭のうち粘結性が強い石炭で，コークス原料として，製鉄所の高炉にて鉄鉱石を還元する役割を有する．

世界の原料炭生産量は，国際エネルギー機関（IEA）の推計によれば2009年7.9億トン，うち貿易量は2.3億トンに達する．主な輸出国は，オーストラリア，南アフリカ共和国，カナダ，米国などであり，主な輸入国は，日本，韓国，インド，中国，EU 15 カ国，ブラジルなどである．1970年代から2003年までは先進国の輸入需要が中心で，増加率も横ばいが続いたが，2003年以降は，鉄鋼生産の拡大著しい中国，インドの輸入量増加が大きい．日本の粗鋼生産は中国につぎ世界第2位であり，原料炭は世界最大の輸入国で，年間約0.7億トンを輸入する．

(3) 石炭：一般炭

一般炭は，無煙炭，歴青炭，亜歴青炭で，主に発電用ボイラー燃料とセメント回転炉燃料に使用される．1970年代のオイルショックを経て，エネルギー資源の分散化の必要性から石炭火力発電所建設が進み，需要が拡大したが，先進国では二酸化炭素削減の観点から新規需要は抑制される傾向にある．一方，中国，インドなど新興国では，電力需要の高い伸び率により，石油・ガスに比して安価な一般炭需要が強まっている．

世界の一般炭生産量は，IEAの推計によれば2009年52.0億トン，うち貿易量は7.1億トンに達する．主な輸出国は，オーストラリア，インドネシア，南アフリカ共和国，ロシア，コロンビアなどで，主な輸入国は，日本，韓国，インド，中国，EU 15カ国などである．中国は世界最大の生産国であり，輸出国でもあったが，電力需要の急激な伸びにより，2009年以降は純輸入国に転じた．日本は，世界最大の輸入国であり，年間約1.2億トンを輸入・消費する．

(4) 穀物：小麦

小麦は製粉され，パン，うどん，中華麺，パスタなどとして食用に供されるほか，低品質のものは一部家畜の飼料とされる．

米国農務省のデータによれば，2009-10年度の穀物の世界の生産量は約6.8億トンで，主要な生産国は，中国，インド，米国，ロシア，カナダ，欧州，オーストラリアなどである．世界の貿易量2009-10年度は約1.4億トンに達する．主な輸出国は，米国，カナダ，ロシア，オーストラリア，欧州であり，輸入国・地域は中東，アジア，アフリカ，ブラジルなどである．小麦の需要は世界の人口増加とともに，年率1～1.5％の成長率で堅調に増加している．小麦生産は，旱魃（日照り），冷害，洪水など天候の影響を受け変動するが，近年は保存倉庫の増強により在庫水準も高く，貿易量も安定的な伸び率となった．ただし，先物取引など商品市場における投機的な売買もあり，価格の変動が大きく，需給面での不安定要因となっている．

(5) 穀物：粗粒穀物

粗粒穀物は，とうもろこし，大麦，ライ麦，こうりゃん，粟，ひえなどであり，

主に家畜の飼料となるほか，近年ではバイオ燃料であるエタノール原料として利用される．2009-10 年度の世界の生産量は約 11.1 億トン（米国農務省データ）であり，主要生産国・地域は，米国，中国，欧州，ブラジル，メキシコ，アルゼンチン，ロシアなどである．貿易量は，1.2 億トンで主な輸出国は米国，アルゼンチン，ウクライナで，主な輸入国・地域は，日本，メキシコ，北アフリカ・中東地域である．需要は，新興国における食生活の改善（肉食の増加）や，エタノール燃料により堅調に伸びており，貿易量も増加している．

(6) 穀物：大豆，大豆粕

大豆は，日本では豆腐や醬油の原材料で知られているが，主な用途は食用油である．搾油後の搾り粕は，家畜の飼料として用いられる．一時，欧州で狂牛病が流行し，牛の骨粉が飼料として敬遠されたことも大豆・大豆粕の需要を増加させた．米国農務省データによれば 2009-10 年度の大豆の世界生産量は約 2.6 億トン，貿易量は約 0.9 億トンで，主要産出国は，米国，ブラジル，アルゼンチン，輸出もこの三国が主要国である．輸入国・地域は，中国，日本，欧州，東南アジアであるが，約 6 割が中国向けである．大豆粕の生産・輸出はアルゼンチンが多く，輸入は欧州が多い．2009-10 年度の世界の生産量，貿易量はそれぞれ約 1.7 億トン，0.6 億トンである．

(7) マイナーバルク

マイナーバルクは，林産品（丸太，木材チップ，パルプ），鋼材（製品，半製品），非鉄金属（ニッケル，クロム，アルミナ，ボーキサイト，マンガンなど），鉄スクラップ，肥料（リン鉱石など），砂糖，米，セメント，石炭コークス，塩など多岐にわたる．海上荷動き量は，年間約 9～10 億トン（日本郵船 調査グループの調べによる）と推定される．

d． ドライバルカーの仕組みと市場

ドライバルカー輸送における関係者は，船主（本船），運航者（運航オペレーター），荷主（荷送人，荷受人），ブローカー，港湾業者（荷役業者，代理店，通関業者，水先案内人，曳船業者，検量・検数業者），燃料油業者，官公庁（港湾管理者，海上保安部，税関）など多岐にわたる．

本船運航船社（オペレーター，船社）は基本的に，手持ちの船を用いて，荷主の貨物を輸送する．手持ちの船とは，自らが所有する船腹以外に，期間用船した船腹も含み，「支配船」とも称される．輸送する貨物は，荷主との長期積荷保証契約，連続航海契約，数量契約（COA），航海用船契約（voyage charter）などの用船契約などによって取り決められる．長期積荷保証契約，連続航海契約は船舶が特定されるため，荷主の出荷・調達計画によって船のスケジュールが決定され，運航される．一方，数量契約（COA），SPOT オーダーの航海用船契約の場合は，荷主の輸送オー

ダー時に船舶が特定されないため,オーダーの内容(積揚げ港,積取り期日,数量など)にあわせ,船社は手持ち船から配船する.配船する船舶がない場合は,市場から船舶を用船・調達し,荷主のオーダーにあわせ運航する.なお,船会社は,手当てする貨物がなく,手持ち船が余るときは,船舶を用船市場に出し,貸船用船する.この場合,1航海のみのトリップ用船から,数ヶ月から数年までの期間用船の選択肢があり,荷動き動向や市況変動を見ながら貸船期間を判断する.このように,本船運航船社は荷主と輸送契約を結び,一方で,船舶を市場で貸し借りしながら,船舶と貨物のバランスを調整し,本船を運航している.

ドライバルカー市場は,ロンドン,東京,シンガポール,ニューヨークなどが中心で,世界のブローカーが船舶,貨物の用船・売買取引を仲介する.ブローカーは成約情報を交換・共有しており,これらから市況水準が形成される.有力な一部ブローカーは独自に市況水準を策定,発表しているが,ロンドンのバルチック海運取引所(The Baltic Exchange)では,世界の有力なブローカーが集まり,運賃・用船料などの現物・先物価格指標を毎日策定し,公表している.世界の船社,商社,荷主,ブローカーなどはこれら指標を参考に取引きを行うことが多い.運賃,用船料は,代表的な船型,水路・水域別に指標が定められているが,バルチック・ドライ・インデックス(Baltic Dry Index:BDI)は,世界の主要水域,代表船型の運賃・用船市況を総合的に表す指標となっている.

図2は1985年以降のドライバルカー市況の動きを示している.市況は個々の船主と用船者のスポット取引・契約によって水準が形成されるが,その大きな要因は,需要(貨物輸送ニーズ)と供給(輸送可能船腹)の関係である.需要が供給より多ければ,運賃・用船料市況は上昇し,逆であれば下落する.さらに,市場参加者が取引する際の心理(センチメント)も市況に影響を与える.近い将来市況が上昇す

図2 バルチック・ドライ・インデックスの推移(BDIデータ)

るという情報，判断があれば，足元の供給船腹が多くても，船主は安値を出さず，市況は下がり難くなる．市況の先行き対する強気，弱気の市場心理も市況水準を決定する要因である．

e．ばら積船

　ばら積船（dry bulker）とは，鉄鉱石，石炭，穀物など形状が粒状固体の貨物をばら積輸送することに適した船である．特徴としては，船体の揺れに対し荷崩れを防止するため，船倉内上部にトップサイドタンク（ショルダータンク）を，また船倉床部サイドにも傾斜をつけたバラストタンクを有している．

　ばら積船は船型によって，ケープサイズ，パナマックス，ハンディマックス（スプラマックス），ハンディサイズに分類される．

(1) ケープサイズ（Cape Sizu）

　太平洋と大西洋の水域間は，スエズ運河，パナマ運河，マゼラン海峡があるが，これらを貨物を満載して通航できない大型船は南アフリカの喜望峰（Cape of Good Hope）を経由することから，ケープサイズ，ケープと称される．鉱石船をこれに含んで分類することもあるが，汎用性のあるばら積船と鉄鉱石を専用に運

図3　ケープサイズの撒積船

ぶ鉱石船とは構造上に差異がある．船型は，以前はパナマ運河通航の制限を超える大型船型をケープサイズと称したが，現在は10万 Dwt から最大22万 Dwt までのばら積船を指すのが一般的である．なお，港の入出港最大船型から，ダンケルクマックス（ドイツの Dunkirk 港），ニューキャッスルマックス（オーストラリアの Newcastle 港），瀬戸内マックス（日本の瀬戸内海各港）とよばれる船型もケープサイズである．主な輸送貨物は鉄鉱石，石炭で，デッキクレーンなどの荷役装置はなく，港湾側のローダー，アンローダーを用いて積揚げを行う．

(2) パナマックス（Panamax）

　パナマ運河を通航できる最大船型をパナマックスと称する．現在のパナマ運河の船舶通行上の制限は，全幅32.3 m，全長294.1 m，喫水12.0 m であり，これを超えることができない．なお，現在拡張工事を実施しており，2015年には，全幅49 m，全長366 m，喫水15.2 m に制限が緩和される．すでに，拡張にあわせた新船型ばら積船が竣工・竣工予定されており，これらを「ポスト・パナマックス」型と称している．従来，パナマックス型は，前述の制限を超えない6万 Dwt から8万 Dwt まで

のばら積船を指していたが，ポスト・パナマックス型も含め，6万Dwtから10万Dwtまでを広義のパナマックスと分類するのが一般的である．なお，カムサマックス(ギニア，Kamsar港入稿可能最大船型)はパナマックスに属する．主な輸送貨物は石炭，穀物，鉄鉱石で，本船に荷役設備を有するパナマックスは少なく，ケープサイズと同様，港湾の荷役設備を用いて積み揚げを行う．

(3) ハンディマックス（Handymax）

図4 ハンディマックス型の撒積船

4万Dwtから6万Dwtまでのばら積船をハンディマックスと称する．この船型は，デッキクレーンなどの荷役装置を有する．現在は5万Dwt以上船型が主流となっており，これらをスプラマックス（Supramax）とよんでいる．最近のスプラマックスは6万Dwtを超える船型も出始めている．なお，製紙原料となる木材チップを専用に輸送するチップ船もこの船型に区分することもあるが，特殊船として後述する．主な輸送貨物は，石炭，穀物，鉄鉱石，鋼材，非鉄金属など汎用性が高い．

(4) ハンディサイズ（Handy Size）

4万Dwt未満のばら積船をハンディサイズと称する．ハンディマックスと同様，本船に荷役設備を有する．主な輸送貨物は，石炭，穀物，セメント，鋼材，木材など多様で，汎用性が高い．近年では港湾および港湾設備の拡大により，船型の大型化が進み，ハンディサイズ型の船の竣工量は多くない．また，輸送貨物も寄港地も大きく変わらないハンディマックスと区分する必要性も薄れつつある．

f. 特殊な船型

ばら積船以外に乾貨物を輸送する特殊な船型として，鉱石船，チップ船，オープンハッチバルカー，木材船，冷凍船がある．また原油などの液体貨物も輸送可能な兼用船が存在する．なお，これら特殊船型のうち，チップ船，オープンハッチバルカー，木材船はばら積船として分類されることが多い．

(1) 鉱石船（ore carrier）

製鉄原料である鉄鉱石の比重は石炭や穀物の2倍であるため，満載時に浮力を得られるよう左右の舷にバラストタンクを備えるという構造上の特徴を有する．本船に荷役設備を持たず，港湾のローダー，アンローダーを用いて荷役する．船型20万Dwtから40万Dwtで，大型船はVLOC（very large ore carieer）ともいわれる．

ブラジル-アジア（中国，マレーシア，オマーン）間では，ブラジルの大手資源会社ヴァーレ（Vale）所有の 40 万 Dwt 級 VLOC が就航している．

(2) チップ船（wood chip carrier）

製紙原料となる木材チップは比重が軽く，容積がかさ張るので，船倉（カーゴホールド）の容積を最大限にとるよう設計されている．船倉内上部のトップサイドタンクがなく，ばら積船と比較すると，型深さが大きいのが特徴である．船型は 4 万 Dwt から 6 万 Dwt 級．積荷役は港湾のローダーを利用するが，揚荷役は本船の荷役設備（クレーン，ホッパー，ベルトコンベアー）を用いる．輸送

図 5 チップ船

貨物は木材チップが主流であるが，比重の小さい大豆粕，タピオカやスクラップなども輸送する．

(3) オープンハッチバルカー（open hatch bulker）

ハッチの開口部が船倉の幅まで開き，船倉も側壁と船倉床が直角（箱型）となっており，パルプ，ペーパーロール，木材製品，鋼材，アルミインゴットなどの固形貨物の積付けに適した船倉構造となっている．ばら積船の特徴であるトップサイドタンクはない．本船はクレーン式（近年はガントリー式が多い）の荷役設

図 6 オープンハッチバルカー

備を有し，積揚げ荷役が可能である．船倉口がばら積船より広く，船倉内で貨物を水平移動させる必要がないので荷役効率は高い．船型は 4 万 Dwt から 6 万 Dwt 級が多い．

(4) 木材船（log carrier）

丸太，製材を輸送する船で，船倉にはばら積船のようなトップサイドタンクはない．特徴は，両舷に支柱（スタンション）を有し，木材を甲板上にも積載できることである．本船甲板に積み付けた木材は，ワイヤー・チェーンで固定するが，航海中も乗組員の手により，緩まないよう固縛作業を行う．本船はクレーン式の荷役設

図7 木材船

図8 セメント運搬船

備を有し,積揚げ荷役が可能である.船型は2万Dwtから3万Dwt級が多い.なお,木材船でも,鋼材,石炭,穀物などばら積貨物の輸送は可能であり,木材船をばら積船として分類されることも多い.

(5) セメント運搬船 (cement carrier)

セメント運搬船は,粉状のセメントをばら積輸送する.船型は1万Dwtから3万Dwtの小型船が中心で,1万Dwt以下のものも多い.積荷役は岸壁のローダーから行われるが,揚荷役は,本船の荷役設備を用いて行う.船底部にエアレーションマット,チェーンが設置され,圧縮空気を用いて,岸壁のバケットエレベーターに流し込む方式となっている.セメント,クリンカーはばら積船でも輸送するが,粉塵防止や荷役効率の面では優れる.

(6) 兼用船 (combined carrier)

兼用船には,鉱石兼油槽船 (ore/oil carrier), 鉱石・撒積兼油槽船 (ore/bulk/oil carrier) がある.鉱石兼油槽船の船倉構造は,鉱石船に近く,鉱石を輸送する場合は中央の船倉に鉱石を積み,原油を輸送する場合は,中央の船倉および両舷のバラストタンクにも原油を積載する構造となっている.兼用船は運航効率を上げるために,例えば,往航に鉄鉱石,復航に原油を輸送し,空荷航海(バラスト航海)を減らすとか,ばら積船市況とタンカー市況を比較して採算の良い市場に投入し収益向上を図るなどを目的として,1970年代に数多く建造された.船型は10万Dwtから30万Dwt級の大型船が多い.ただし,近年は積荷の切り換えにおける船倉清掃,保守費用,割高な船価から競争力を失い,その後竣工量,船腹量は減少している.

表 1 船腹量　　　(2011 年 7 月末)

分　類		隻数	船腹量 (千 Dwt)
ばら積船	ケープ	1 124	192 433
	パナマックス	1 891	143 798
	ハンディマックス	1 987	102 319
	ハンディ*	2 636	72 934
	小　計	7 638	511 484
鉱石船		145	35 860
チップ船		161	7 727
オープンハッチバルカー		526	19 024
セメント船		77	1 324
兼用船		73	8 761

＊木材船も含まれている
［出典：クラークソン］

以上で述べたばら積船，特殊な船型の船腹量を表 1 に示す．

［森田喜信（原稿提出年月：2011 年 10 月）］

3.3 海運の各分野と市場

タンカー

a. タンカーの役割

　タンカーとは，一般的には原油や石油製品を輸送する船の総称であるが，そのほかにも液体化学品や潤滑油・植物油などを輸送するケミカルタンカーや，冷却や加圧により液体化した石油ガス（LPG）を輸送するLPGタンカーなどがある．

　地下や海底から採掘された原油を，産油国（中東諸国・ロシア・ベネズエラ・西アフリカ諸国など）から世界各地に点在する製油所のある港や備蓄基地へ輸送する船が原油タンカーである．原油から精製されたガソリン・軽油・灯油・ジェット燃料などの石油製品を，製油所やタンクターミナルから消費地へ，あるいは，化学品の原料となるナフサを，製油所から化学品メーカーの工場へ輸送する船が石油製品タンカーである．

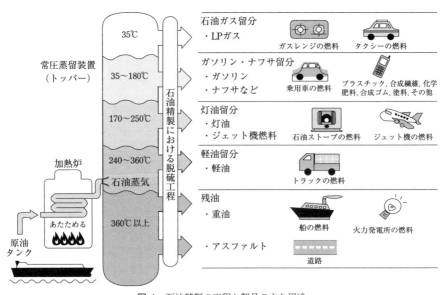

図1　石油精製の工程と製品の主な用途

　原油タンカーは，製油所や備蓄基地に向けて一度に大量の原油を輸送する役割を担うため，比較的大型の船が主力となっており，積載可能な貨物重量（載貨重量トン）によって以下のように分類される．製油所の精製能力・貯蔵タンクの容量・港

の喫水制限・輸送距離などの諸条件を考慮して，最適の船型が選択される．
① VLCC (very large crude oil carrier)：載貨重量25～30万トン．
② スエズマックス (SUESZMAX)：スエズ運河を通航しうる最大船型という意味で，載貨重量14～15万トン．
③ アフラマックス (AFRAMAX)：AFRAとは average freight rate assessment の略で，載貨重量9～11万トン．
④ パナマックス (PANAMAX)：パナマ運河を通航しうる最大船型という意味で，バルカーでも同様の呼称がある．載貨重量6～8万トン，最大幅 32.2 m．

　VLCCの主要航路は，中東からアジア諸国・欧米諸国，西アフリカからアジア諸国・米国などであり，長距離航路に就航することが多く，スエズマックスは，西アフリカから欧米諸国，黒海から欧米諸国など，中距離航路に就航することが多い．また，アフラマックスやパナマックスは，欧州域内・地中海域内・アジア域内など，近距離航路に投入されることが多くなっている．

　石油製品タンカーは，製油所で原油から精製された各種石油製品の内，製油所のある都市や地域で余剰となった製品を，不足している国・地域へ輸送したり，国や地域間で製品に価格差が生じたときに，低価格の地域から高価格の地域へ，価格差による裁定取引が行われて，輸送されることもある．近年では，産油国に建設された製油所から，消費地までまとまった数量の石油製品を輸送することもあるが，基本的には，過不足・価格差を調整する石油製品の輸送を担うことから，大量輸送を求められることが原油に比べてまれであるため，原油タンカーよりも比較的小型であり，主力船型は，以下のとおり分類される．

① LR II 型 (large range 2)：載貨重量9～11万トン．原油タンカーのアフラマックスと同サイズ．
② LR I 型 (large range 1)：載貨重量6～8万トン．原油タンカーのパナマックスと同サイズ．
③ MR 型 (medium range)：載貨重量3～5万トン．

b. タンカーの貨物

　図2に見るとおり，欧米諸国や中国・日本を含むアジア諸国は，従来より消費地精製方式を採っており，その国や地域で必要な石油製品を多く精製できるように，生産地・油種の組み合わせを行い，製油所へ輸送される．

　原油の種類は，約300種類あるといわれており，比重の違いで，軽質原油（比重 0.85以下）・中質原油（0.85～0.88）・重質原油（0.88以上）に分類される．また，硫黄分の含有量によって，スイート原油（硫黄含有量1％以下）・サワー原油（硫黄含有量が多い）に分類される．昨今，世界的に環境規制が厳格化される方向にあり，

硫黄含有量の低いスイート原油が好まれる傾向にある．

　製油所の処理能力は，1日の産油量 B/D（barrel per day；バレル/日）で表されることが一般的で，小規模な製油所で10万 B/D 程度，大規模な製油所は，60万 B/D 程度と幅はあるが，VLCC の積載容量は約200万バレルであり，小規模な製油所でも20日に1回，大規模製油所では，3.3日に1回の VLCC による輸送が必要であり，大量で安定的な原油の供給・輸送が求められる理由もここにある．

　原油を精製することによって生産される石油製品は，気化点の違いによって分溜が可能となっており，最も気化点の低い石油ガス（LPG：35℃）から，気化点の低い順に，ガソリン・ナフサ（35～180℃），灯油・ジェット燃料（170～250℃），軽油（240～360℃），重油・アスファルト（360℃以上）である．

　重油・アスファルト以外は，ほぼ無色透明な液体であり，それらを輸送するプロダクトタンカーをクリーンプロダクトタンカー，重油を輸送するプロダクトタンカーをダーティープロダクトタンカーに分類する場合がある．原油タンカー（主に，アフラマックス・パナマックス）で重油を輸送する場合もある．

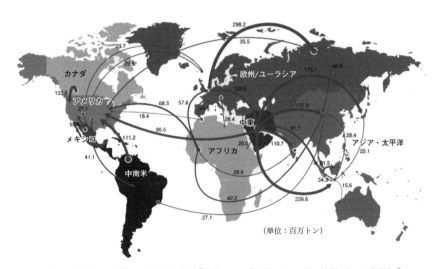

図 2　世界の石油貿易量（2011年）［出典：BP「世界エネルギー統計（2012年版）」］

c. 原油タンカー（ビジネスと市場参加者）

　原油タンカーの主たる役割は，産油国で採掘された原油を製油所や備蓄基地のある国・地域へ輸送することであり，原油を輸出側が輸入側の港（仕向港）までの費用負担する FOB（free on board）で購入する場合，製油所を持つ石油会社が，輸送を手配することになる．石油会社は，長期・安定的な輸送手段を確保するために，

必要船腹量のおおよそ50〜80％を自社保有や長期用船したタンカーで輸送する場合が多い．

原油をCFR（cost and freight）で購入する場合は，産油国側の石油生産会社が，船腹を手配し，製油所のある港や原油備蓄基地まで輸送することになる．

産油国の石油生産会社や国営のタンカー運航会社が，一定数の船腹を保有または用船し，船隊を揃えて，精製国側のニーズにあわせて，原油を送り届けることになる．

また，国際石油資本（オイルメジャー）と称される石油系巨大企業複合体では，産油国の油田に採掘権をもち，世界各国に，自社の製油所もしくは資本参加した製油所をもって，精製・販売を行っており，自社のシステムの中で使用する原油も，同様に一定数の原油タンカーを保有・用船により確保し，それを利用して輸送を行っている．

こうした，産油国や精製国の石油会社やオイルメジャーが確保した船腹で輸送し切れない部分を，スポット用船とよばれる1航海ごとの輸送契約で補完する．スポット用船市場は，季節要因やある一時点での船腹需給バランスにより，運賃水準が激しく変動することが多いため，上述のとおり，石油会社は，一定程度の船腹は，自社保有や長期用船で確保した上で，その不足部分をスポット用船市場から調達する．

船主・海運会社は，原油タンカーを保有し，それを石油会社や，その子会社の船舶保有・運航会社と貸船契約を締結して，中・長期の安定的な輸送サービスを提供することにより，安定的な収入を得るビジネスモデルを指向する会社と，スポット市場で船腹を運航して，収入を固定せず，一航海ごとに変動する運賃市況により，リスクをとって，収入・利益の極大化を狙うビジネスモデルを指向する会社とが存在する．

近年のスポット用船市場では，複数の船主・海運会社が，プールとよばれる共同運航会社を組成して，船隊規模を大きくして，スポット市場においても，安定的な輸送サービスを提供することを指向する動きが見られる．

c. 石油製品タンカー（ビジネスと市場参加者）

石油製品タンカーは，前述のとおり，各国や地域で余剰が生じた石油製品を，製油所がない国や地域，不足が生じている国や地域へ輸送することにあり，市場参加者も多岐にわたる．

日本を例にとると，製油所の能力・規模は，基本的に自国内でのガソリン需要を基準に，あまり過不足が生じない精製量に設定・運用されており，石油化学産業の原料に使用されるナフサは，恒常的に不足する．灯油・ジェット燃料に関しては，冬場の暖房需要期には不足が生じることになり，不需要期には余剰となる．軽油は，

図 3 日本の石油製品別輸入・輸出構成（2011 年度）
［出典：経済産業省「資源エネルギー統計」］

季節を問わず余剰となることが多い（図 3）．

　ナフサの場合では，石油会社が不足分を輸入した上で，ユーザーである石油化学会社に供給する場合もあれば，石油化学会社が，中東・インドなどから独自に輸入手配を行う場合もあり，また，日系商社や海外トレーダーを介して輸入することもある．余剰となっている軽油に関しても，石油会社が独自に販売先を探して CFR で販売して輸送手配も行う場合もあれば，FOB で商社やトレーダーに販売し，それを購入した商社・トレーダーが，最適の販売先を見つけて，その輸送を手配する場合もある．

　国や地域ごとの需給構造や景気・消費者の動向が，石油製品の価格に反映されるため，同じ石油製品であっても，地域や時期によって価格は同一ではない．余剰が発生して低価格となっている地域で石油製品を購入して，不足が発生している地域へ輸送して高価格で販売することにより収益を得ようとする経済活動が裁定取引である．

　こうした裁定取引が，世界規模で行われることから，石油製品タンカーの市場参加者は，産油国や精製国の石油会社や，商社・トレーダー，オイルメジャー，石油化学会社など，多種多様であり，またその航路も一定ではなく，世界中の石油製品を取り扱う設備のある港を，縦横無尽に動きまわることになる．

　石油製品トレードの特性から，原油タンカーのように固定船腹を確保して安定輸送を行うということは限られており，前述の市場参加者達が，一定規模の船腹を確保するケースはあるが，大半はスポット市場で運航されている．

　船主・海運会社は，一定規模の船腹を揃えて，石油製品の不足が生じたり，裁定取引が成立した場合に，急いで船腹を調達したいという顧客のニーズに応えること求められる．

　また，さまざまな方向に動く石油製品トレードを上手く組み合わせて，効率的に配船することが可能であることが，石油製品タンカーの特色である．

　一定規模の船隊を揃えられない船主・海運会社は，他の船主と共同運航（プール）を行うことにより，顧客ニーズに応えるということが，一般的に行われている．

［光田明生］

3.3 海運の各分野と市場
LNG 船：ビジネスと市場参加

a. LNG チェーン

LNG プロジェクトは，上流（アップストリーム）と下流（ダウンストリーム）といわれる二つの分野に大別される．上流には探鉱（ガス田の捜索），開発（ガス田への生産井の掘削，生産設備の建設），生産（液化，貯蔵）など，下流には受け入れ，貯蔵，再ガス化，輸送，販売などの事業がある．このように，LNG ビジネスでは，異なる役割を担う会社が鎖のようにつながり，ガス田から消費者までガスを輸送していることから，「LNG チェーン」とよばれることがある（図1）．

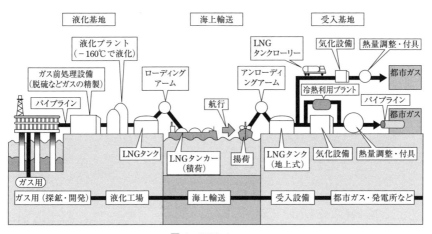

図 1　LNG チェーン

LNG 船による海上輸送は，上流と下流の間にあり中流（ミッドストリーム）とよばれることもあるが，広義では下流分野の一部とされている．

LNG の売主は石油・ガス産出国国営のエネルギー企業やオイル・ガスメジャーが中心で上流事業に巨額の費用を投じてプロジェクト開発を行う．LNG の買主は主として先進国のガス会社や電力会社で，LNG の主に都市ガス，火力発電，石油化学産業の原料などに使用されている．

LNG の消費は，日本，韓国，台湾，フランス，イタリアなど天然ガス資源に乏しい先進国を中心に発展してきたが，近年，インド，中国，タイ，ブラジルなどの新興成長経済地域の国々が続々と LNG の輸入を開始することで，マーケットが急速に拡大してきた（図3）．一方，LNG の生産・輸出は初期の頃は大消費国の日本に近

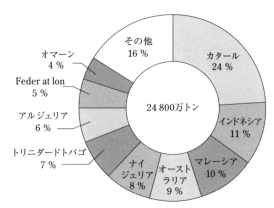

図2 世界の主要なLNG輸出国（2010年）[1]

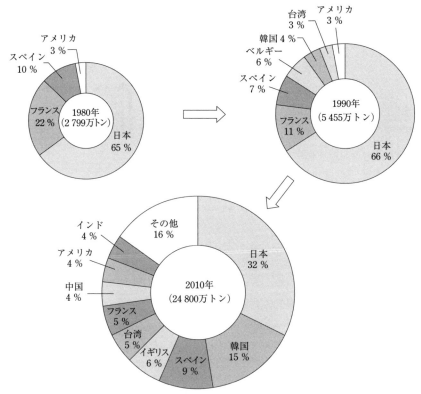

図3 LNG輸入国の推移[1,2]

い，インドネシア，マレーシア，ブルネイなどを中心に生産を増やしていたが，近年は全世界の巨大化した需要に応えることができる，豊富な埋蔵量を有するカタール，オーストラリアのLNGプロジェクトが大きな注目を集めている（図2）．

b. LNG船の特色

(1) 高船価

LNG船は，約−162°Cに冷却された液体ガスを輸送するため，超低温物質の輸送に適した船体を建造するために，特にカーゴタンクに先進技術が注ぎ込まれており，通常の商船の中では最も船価が高い船である．タンク内の超低温を保つために，タンクの周囲の防熱，タンク内の圧力管理，荷役に必要な配管内部の温度と気圧の管理などには最新の注意が払われている．表1にタンク様式の特徴を示す．

表1 タンク様式のそれぞれの特徴[3]

タンク方式	メンブレン方式	球形独立タンク方式 (モス方式)	方形独立タンク方式 (SPB方式)
断面図	(図)	(図)	(図)
金属タンク機能	液密性のみをもつ．	液密性と自己支持・LNG荷重支持の強度をもつ．	液密性と自己支持・LNG荷重支持の強度をもつ．
LNG荷重支持	防熱材と船体	カーゴタンク	カーゴタンク
船体内部	タンクの一部をなす．	タンクの一部ではない．	タンクの一部ではない．
防熱	LNG荷重支持のための強度をもつ．	防熱材には荷重支持のための強度はない．	防熱材には荷重支持のための強度はない．
長所	容積効率が大きくなり，コンパクトな船にできる．船殻重量・喫水・排水量・トン数が減少する．	タンクが船体から独立しているため，座礁，衝突時の安全性が高い．また，船体変形との相互作用は小さい．	突き出た構造体がないためカーゴホールド内に収容しやすく，また甲板を広く利用できる．
	タンク熱容量が減少し，タンクの冷却・加熱が容易になる．	応力集中しにくく，疲労寿命が長い．	コンパクトな設計ができる．
短所	タンクにかかる繰り返し変形に対し，十分な疲労強度を有する必要がある．	熱容量が大きく，冷却・加熱に時間がかかる．	建造コストがかかる．
	特殊な技術・設備をもつ必要がある．	容積効率が劣る．	

(2) 長寿命

LNGは「クリーンカーゴ」であり，他の船種と比べ船体へのダメージが少なく，本船を長期修繕計画に基づいて，適切に整備すれば経済耐用年数は40年以上に及ぶ．1970年代までに建造された船が2011年現在でもまだ39隻，現役でLNG輸送

表 2　1970 年代までに建造された現在航行中の LNG 船（39 隻）[4]

竣工年	船名	タンク容量 (m³)	タンク方式[*1]	所有者[*2]	積み地→揚げ地
1979	Bachir Chihani	129 767	GT/M	S.N.T.M. Hyproc(ア)	アルジェリア→トルコ
	LNG Libra	126 300	モス	商船三井(日)	インドネシア→日本
	LNG Taurus	126 300	モス	商船三井(日)	インドネシア→日本
	LNG Virgo	126 300	モス	General Dynamics(米)	インドネシア→日本
	Suez Matthew	126 540	TGZ/M	GDFSuez(フ)	
1978	Methania	131 200	GT/M	Distrigas(ベ)	
	LNG Capricorn	126 300	モス	商船三井(日)	インドネシア→日本
	LNG Gemini	126 300	モス	General Dynamics(米)	インドネシア→日本
	LNG Leo	126 450	モス	General Dynamics(米)	インドネシア→日本
	Galeomma	126 540	TGZ/M	Distrigas(ベ)	
	LNG Delta	126 540	TGZ/M	Shell(オ)	ナイジェリア→各国
1977	Larbi Ben M'Hidi	129 767	GT/M	S.N.T.M. Hyproc(ア)	アルジェリア→各国
	LNG Port Harcourt	122 255	GT/M	Bonny Gas Transport	ナイジェリア→各国
	Transgas	129 299	GT/M	Dynagas(ギ)	
	LNG Aquarius	126 300	モス	商船三井(日)	インドネシア→アジア
	LNG Aries	126 300	モス	商船三井(日)	
	Gandria	125 820	モス	商船三井(日), Hoegh LNG(ノ)	カタール→各国
	Golar Freeze	125 857	モス	Golar LNG(英)	
	Khannur	126 360	モス	Golar LNG(英)	トリニダード→米国
1976	LNG Lagos	122 255	GT/M	Bonny Gas Transport	ナイジェリア→各国
	Mostefa Ben Boulaid	125 260	TGZ/M	S.N.T.M. Hyproc(ア)	アルジェリア→各国
	Gimi	126 277	モス	Golar LNG(英)	
1975	Bilis	77 731	GT/M	ブルネイ政府, 三菱商事(日), Shell(オ)	ブルネイ→日本
	Bubuk	77 670	GT/M	ブルネイ政府, 三菱商事(日), Shell(オ)	ブルネイ→日本
	Annabella	35 500	GT/M	Chemikalien Seetransport(ド)	リビア→スペイン
	Isabella	35 500	GT/M	Chemikalien Seetransport(ド)	アルジェリア→スペイン
	Belanak	75 000	TGZ/M	ブルネイ政府, 三菱商事(日), Shell(オ)	ブルネイ→日本
	Hilli	126 227	モス	Golar LNG(英)	
1974	Belais	75 040	TGZ/M	ブルネイ政府, 三菱商事(日), Shell(オ)	ブルネイ→日本
1973	Bekulan	75 070	TGZ/M	ブルネイ政府, 三菱商事(日), Shell(オ)	ブルネイ→日本
	Bekalang	75 080	TGZ/M	ブルネイ政府, 三菱商事(日), Shell(オ)	ブルネイ→日本
	Tellier	40 081	TGZ/M	GFSuez(フ)	アルジェリア→欧州
	Norman Lady	87 600	モス	Hoegh(ノ), LNG, 商船三井(日)	
1972	Bebatik	75 060	TGZ/M	ブルネイ政府, 三菱商事(日), Shell(オ)	ブルネイ→日本
1970	LNG Elba	40 575	ESSO方式	ENI(イ)	アルジェリア→イタリア
1969	LNG Palmaria	40 570	ESSO方式	ENI(イ)	アルジェリア→イタリア
	Methane Arctic	71 651	GT/M	ソブコムフロット(ロ)	アルジェリア→欧州
	Methane Polar	71 651	GT/M	ソブコムフロット(ロ)	

*1 M はメンブレンタンク方式，モスは球形独立タンク方式．
*2 （　）内は国名で，ア：アルジェリア，日：日本，米：米国，フ：フランス，ベ：ベルギー，オ：オランダ，ギ：ギリシャ，ノ：ノルウェー，英：英国，ド：ドイツ，イ：イタリア，ロ：ロシア．

［出典：Poten & Partners 社，Lloyd's 社の資料を基に商船三井が作成］

事業に従事している（表2）．

(3) 長期契約

LNG船は特定の産地から消費地へのLNGサプライチェーンの一部を担っており，LNGの売買契約は長期契約が一般的であるため，長期の輸送/用船契約を締結するのが一般的である．LNGの輸送が一時的にでも滞ることがあると，上流のガス田，LNG液化設備から下流の発電所に至るまですべて停止してしまうリスクがあるため，経済的・社会的な影響は甚大なものとなってしまう．LNG船の運航に関し，安定・安全輸送を長年にわたり継続し，事故や故障により船が止まることが無いようにすることの重要性はきわめて高いものがある．実際に，LNG船の安全運航実績は他の船と比較すると抜きん出て高く，LNG船はフローティングパイプラインとよばれることもある．

(4) マーケット未形成

LNGマーケットは石炭や原油と比べ，取引の歴史も浅く，また，売り手も買い手もプレイヤーが限られている．そのため，スポットマーケットは確立されておらず，投機性も薄いといわれていた．ほとんどのLNG取引は特定の売主，買主の間の長期契約に基づいて取引されており，そのLNGを長期契約に基づく特定の船が輸送していたのである．しかしながら，近年，取引形態の多様化に伴い，スポットの取引も徐々に増加する傾向にあり，従来は存在しなかったLNGトレーダーとよばれる，商社，石油会社，海運会社などの人々がマーケットの中でLNGと船のポジションをとって，短期の売買を行うような動きが少しずつ成長し始めている．

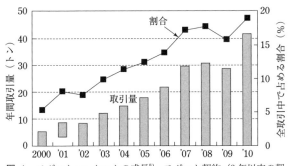

図4 スポットマーケットの成長[5]．スポット契約（2年以内の契約）の年間取引量と全取引中で占める割合

c. 船の保有形態

超低温物質の輸送に適した船体を建造するため，通常の積荷重量トンあたりの建造費が，通常の原油タンカーの8〜10倍とされている．巨額な資金が必要となるため，LNG船1隻を複数の海運会社で所有することもある．また，複雑な利害がから

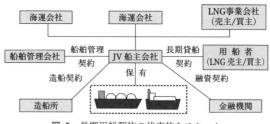

図 5　長期用船契約の代表的なスキーム

まる LNG チェーンを円滑に運営するために，上流，下流のプロジェクト事業者である LNG 売主・買主が LNG 船の保有に参画したり，ホスト国（主として LNG の輸出国）の海運会社を輸送に参画させることもある．これらの目的のため，複数の会社で船の共有船主会社を設立し，LNG 船を所有するのが一般的なスキームである（図 5）．

LNG 船の保有については船主が，管理については船舶管理者が，運航については輸送者（用船者）が，それぞれ当事者として役割を分担し，LNG 船事業という巨大なビジネスの円滑な遂行をめざすとともに，リスクの分散を図っている．

d.　LNG 輸送の当事者

(1) 造船所（ship builder）

船主の注文に応じて，LNG 船を建造する．工程が多く，高度な技術を必要とする LNG 船の建造には，発注から竣工まで約 3 年間の期間が必要である．LNG 船を建造できる高い技術力を有する造船所の数は限定されており，日本，韓国を中心にした大手造船所のみで建造されている．

(2) 船主（owner）

LNG 船を保有する．そのために，巨額の自己資金，もしくは銀行などからの借入金を調達し，造船所から新造の LNG 船を買取り，長期にわたり所有する．建造費が巨額であるため，リスク分散を目的として，プロジェクトファイナンスやタックスリースなどの複雑な資金調達スキームが組成されることもある．船主は，保有する LNG 船を，用船者に裸用船契約，もしくは定期用船契約で貸し出すのが一般的な契約形態である．

(3) 船舶管理者（manager）

船舶管理者（通常は外航海運会社）は，LNG 船の保守・修繕（ハードウェア面），船員の配乗（ヒューマンウェア面），および保険・専用品の手配（ソフトウェア面）の整備・管理などを船主から委託されて行う．大手海運会社が，船主業務と船舶管理業務を兼営する形と，独立系の船舶管理会社が，船主から船舶管理業務を受託する形がある．

(4) 輸送者（operator，運航者）

荷主との間の輸送契約に基づき，配船業務を行う．この契約によって，輸送者は運賃を得るとともに，運航経費（燃料費，港費など）を負担する．輸送者の立場を担うのは，大手海運会社，商社などが主だが，荷主自身が用船契約に基づいて調達した船を使って，運航業務を引き受けることもある．

e. LNG プロジェクトの流れ

LNG プロジェクトは，一般に事業性評価から LNG プラントの稼動開始まで，10 年もしくはそれを超えるような非常に長いリードタイムが必要とされている．同様に，LNG 輸送契約調印から本船の竣工（完成）までのリードタイムも長く，少なくとも 3〜4 年，フィージビリティースタディーの時期も含めればさらに長期にわたるケースもある．新造船の就航後も，20 年を超える定期用船契約に基づく運航期間があるのが一般的である．

LNG 輸送を遂行するために必要な仕事は，プロジェクトの計画期間中，新造船建造期間中，竣工後，の大きく三つの段階に分かれている（図 6）．

(1) 計画期間

通常，LNG の輸出・輸入のプロジェクトプランがある程度固まった段階で，船社側に LNG 輸送の提案/提出の応札の打診がある．プロジェクトが求める，最適な船型，隻数，運航形態などを踏まえた輸送スキームを打診し，採用されると，造船所との造船契約交渉，用船者との用船契約の締結に向けた交渉，および並行して金融機関からの資金調達のために必要な融資契約交渉を並行して行い，LNG 船の建造

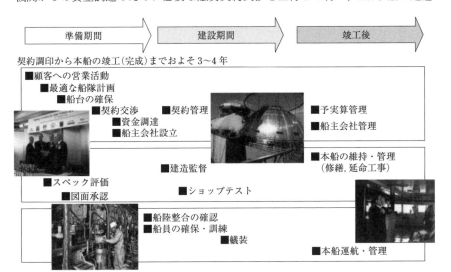

図 6　契約から引渡しまでの流れ

計画が始まる．

(2) 本船建造期間中

造船所と造船契約を締結し，新造 LNG 船の建造が開始される（工期はおよそ 3 年）．建造中の本船の品質管理と建造期間中の安全管理のため，造船所側のスタッフに加え，船主，用船者から派遣された技術チームが協力して，より良い船を建造すべく働く．

(3) 本船竣工後

本船は陸側で生産された LNG を長期にわたって輸送する．準備期間と建造期間を合計すると 10 年近い歳月を要するプロジェクトを竣工後，20～30 年間にわたって運営していく，という大変息の長い輸送プロジェクトなので，関係者間の緊密な信頼と協力が求められる．

f. LNG ビジネスの今後の展望

景気の動向に絶えず左右される天然ガスの需要であるが，LNG は石油や石炭に比べ，地球温暖化の原因となる二酸化炭素や，環境への負荷が高い窒素酸化物の排出の少ない，クリーンなエネルギー源であるため，基幹エネルギーとして大きく期待されており，今後も需要の着実な増加が見込まれる．今までの LNG の消費は日本，西欧など先進国が中心であったが，今後はインド，中国，ブラジルなど成長地域での需要も大幅に伸びることが予想されている（図 7）．

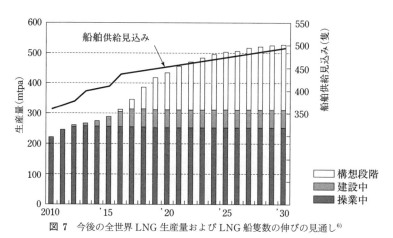

図 7 今後の全世界 LNG 生産量および LNG 船隻数の伸びの見通し[6]

また，ガス探索の技術が進み，従来まではガスの生産が困難であった CBM (coal bed methane) やシェールガス田の開発が進みつつある．エネルギー消費に占める天然ガスのシェアはさらに拡大することが期待されており，パイプラインと並び，天然ガスの輸送には欠かすことのできない LNG 船への需要も，世界全体では今後

もますます伸びていくことが予想される.　　　　　　　　　　　　　　　　［橋本　剛］

参考文献

1) Poten & Partners 社：Gas-Trade Movement LNG, *Statistical Review of World Energy 2011*.
2) Poten & Partners 社：Contracts.（http://www.poten.com/Portal/Application.aspx?id=964）
3) （独）石油天然ガス・金属鉱物資源機構（JOCMEC）：石油・天然ガスレビュー，**42**(4), 45-53.
4) Poten & Partners 社：LNG Fleet.（http://www.poten.com/Portal/Application.aspx?id=964）
   Lloyd's List Intelligence, Vessels.（http://www.lloydslistintelligence.com/llint/vessels/search/general.htm）
   LGS 編集：Market Report.
5) Andy Flower Report：LNG Outlook 2011 to 2025, p. 7.
6) Andy Flower Report：LNG Outlook 2011 to 2025, p. 32.
   Wood Mackenzie 社：The LNG Fleet Summary Charts. Ships Delivered by Year.

3.3 海運の各分野と市場

自動車専用船

a. 自動車専用船の役割

(1) カー・バルカーの登場

1950〜1960年代前半，完成車の海上輸送が行われていたのはもっぱら欧州-米国間であった．当時の完成車はリフトオン・リフトオフ（lift on/lift off）方式，すなわち1台1台吊り上げて在来船に積載していた（図2）．

図1　自動車専用の在来船　　　　図2　自動車を吊り上げて船に積み込む

1960年半ばとなると日本の自動車生産が拡大し，米国市場を中心に輸出が急増する．荷量が増えるにつれて在来船へのLO/LO方式荷役では積み効率が悪く，また，貨物ダメージが多いことから，1965年ロールオン・ロールオフ（roll on/roll off：自走して船内に入る方式）を採用した世界初のカー・バルカー「追浜丸」が誕生する．追浜丸は自動車1 200台，または，ばら荷16 000千トンを積載可能で，日本から北米西岸へは自動車を運び，自動車をすべて降ろした後は，一般ばら積船として北米西岸から小麦などを日本へ輸送した．自動車の積込みにおいては，船側にあるショアランプとよばれるスロープを通り上甲板まで自走，上甲板から倉内へはエレベーターで運ばれる．復航で小麦を積むときには船倉内に張られた6層のカーデッキを

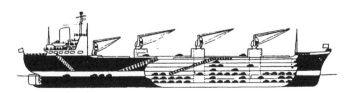

図3　カー・バルカー断面図　[出典：海運1994年6月号]

すべて取り外し，上甲板の両側に取り付けられた格納枠に収容した後，倉内一杯に小麦を積み込む．

(2) 自動車専用船の登場

カー・バルカーの登場により荷役効率は改善されたが，小麦の荷役日程が不安定で，次の自動車の積予定が立てにくいという欠点もあった．自動車の輸出がさらに増大すると，より正確かつ多頻度の船積みニーズが荷主から寄せられ，1970年，世界初の自動車専用船「第十とよた丸」が竣工する．本船は自動車 2 050 台積載可能で，ショアランプとともに 9 層の倉内各デッキを結ぶインナーランプが設置されており，自動車の積揚げは完全自走で行われ，荷役効率はカー・バルカーからさらに向上した．自動車の輸送のみを目的として建造されたため，自動車専用船(pure car carrier：PCC)と呼称される．PCC は復航に小麦などを積載しないため，大幅にスケジュールが狂うこともなく，また，往復の航海日数が大幅に短縮されたため年間航海数も増加し，急増する日本車の輸出を担うこととなる．

「CANADIAN ACE II」は初期 PCC の代表的船型である（図 4）．ショアランプは後部左右に設置されており，バース状況に対応し，前向き・後向きに設置を変えられる．

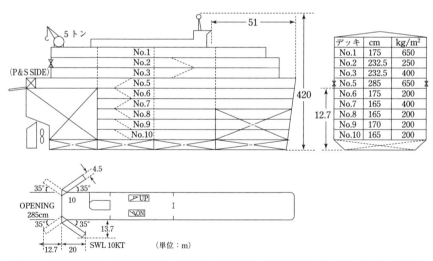

図 4 CANADIAN ACE II (建造年：1976 年，積載台数：小型車 2 600 台，カーデッキ：10 層，ショアランプ強度：10 トン，最大デッキ高：285 cm)

(3) PCC と PCTC

1970 年代後半に入ると PCC の建造が活発化し，船型も大型化し始める．遠洋に従事する PCC としては小型車 5 000 台前後の船型が主流となり，中には 6 000 台近

くの船型も登場する．当時の輸送車両は乗用車とピックアップが主体であったが，1980年代に入ると北欧船社を中心に，トラック・建機などの大型貨物に対応できるPCCを建造し始めた．それらはPCTC（pure car truck carrier）とよばれ，初期PCCと比較し以下の特徴をもつ．

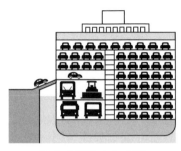

図5 PCTCイメージ図

- 重量物に対応できるようショアランプとカーデッキの強度が向上．
- 背高貨物に対応するため天井高が調整できるカーデッキ（リフタブルデッキ）が存在．

現在竣工する自動車船は程度の差こそあれ，ほぼすべてPCTCのカテゴリーとなる．

「GLORIOUS ACE」はPCTCの一例である（図6）．ショアランプは100トンの重量物が通過でき，2層のカーデッキは上部デッキの高さが調節可能で，背高車両に対応できる．最近のPCTCでは，ショアランプ強度300トン超，リフタブルデッキ5層という超重量物仕様も登場している．

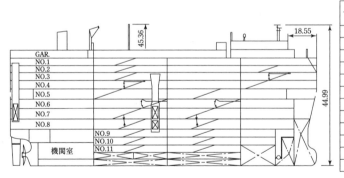

デッキ	CLEAR HEIGHT [cm]
GAR	190
1	190
2	190
3	210
4	230/190/0
5	260/300/470
6	240/190/0
7	285/335/510
8	240
9	210
10	190
11	190

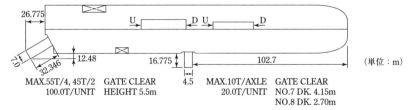

図6 GLORIOUS ACE（建造年：2010年，積載台数：小型車6 400台，カーデッキ：11層，ショアランプ強度：100トン，最大デッキ高：510 cm，リフタブルデッキ数：2層）

b. 自動車専用船ビジネスと市場参加者

(1) 自動車専用船の実務（以下，PCTC を含めて PCC と呼称）

一部の RO/RO サービスを除き，PCC オペレータはコンテナ船など定期船サービスと異なり，不特定多数の荷主向けに寄港スケジュールを広告して定期配船を行うことは少ない．特に完成車輸送の場合には各船社が自動車メーカーなど特定少数荷主との間で，積み台数・積揚港・ポジションなどを決定する，不定期配船の形態が主流である．世界最大の PCC 航路である日本-北米間のように荷主 1 社が 1 隻あたり 5 000 台近くの荷量を揃え「満船」使用するケースもあれば，アフリカやカリブ向けのように複数の荷主が 1 隻に少量ずつ「相積み」するケースもある．いずれの場合にも，荷主ニーズを反映して 1 隻ごとにスケジュール，船型を絞り込んでいく．なお，PCC では新車以外でも，中古車，建機，フォークリフトなど自走する貨物は幅広く輸送を行う．近年はマフィトレーラーを使用して自走できない大型貨物も積極的に取り込んでいる．

PCC オペレータにとって採算性を維持するための重要要件は，本船のデッキスペース (M2) を最大限活用し貨物を積載し，文字どおり満船とすることである．船社は貨物面積と使用デッキスペースを検証したのち，車両高や積港・揚港などを勘案し積付け計画（stowage plan）を作成する．通常この作業は営業担当からの情報をもとに海技者（プランナー）が行う．

[積付け計画]（図 7）

車両情報（サイズ，重量，積港・揚港）をもとにプランナーが CAD を用いて積付け場所を入力し，積荷役業者や本船に指示する．また，車両のダメージを起こさないよう，積付けにおいては車両間隔，構造物との距離など安全基準を設けている．

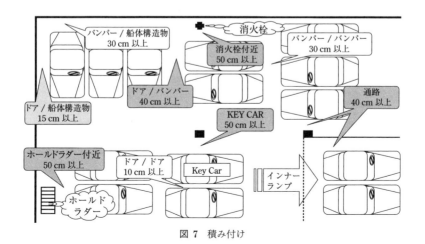

図 7　積み付け

(2) 完成車海上荷動き

2000年代に入り，北米の自動車販売台数は年間1 900万台，西欧は年間1 700万台と高い水準で推移するも，2007年のサブプライム問題に端を発する金融危機により急減する（図8）．一方，新興国での販売は衰えることなく，中国は2009年に販売台数で米国を抜いて世界一となり，2010年には1 800万台の市場となった．完成車輸出先として最大の市場である北米・欧州が縮小し，中国など輸入車比率が低い新興国が伸長するという構造変化により，世界販売の回復ほどには海上輸送が伸びない構造変化にPCC業界は直面する．

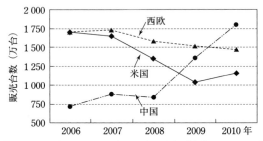

図8 主要地域における新車販売台数推移 ［出典：FOURIN］

欧州にもドイツ，フランス，スペインなど，自動車輸出大国が多いが，輸出のほぼ全量が海上輸送であり，かつ最大の市場である欧州・米国から遠距離に位置することにおいて，日本と韓国はPCC需給に最も影響を与える輸出国ということができる．図9は日本，韓国からの完成車輸出台数（KD Setを除く）である．2008年に日本は627万台の輸出と過去最高を記録するが，金融危機による世界販売減により2009年は半減近い335万台に急落する．韓国からの輸出も同様の傾向をたどるが，円高・ウォン安の趨勢もあり，韓国車の減少は日本車比で小幅に留まっている．

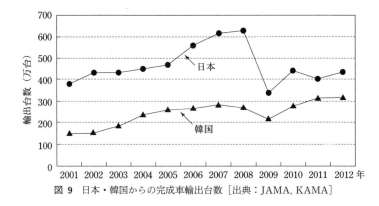

図9 日本・韓国からの完成車輸出台数 ［出典：JAMA, KAMA］

この2カ国の輸出台数に代表される世界の遠洋完成車荷動きは，2007年，2008年には1300万台超と過去最高水準であったものが，2009年には一気に900万台程度まで落ち込んだ．

また，新興国におけるentry family car（EFC）など低価格車への対応から，日本の各自動車メーカーはタイ，インド，インドネシア，メキシコなど海外工場の増強計画を打ち出し，そこからの輸出も計画している．PCCオペレーターも，従来の日韓放射サービスに加え，それら新興国を拠点とした三国間輸送の拡充に取り組んでいる現状である．

(3) 市場参加者

日韓を中心とした右肩上がりの完成車荷動きを想定し，長期的な船腹不足を予想したPCC業界は2005年ごろより空前の建造ブームに入る．これまでPCCの新造は，オペレータかオペレータの用船確約を得た船主による発注が主流であったが，このころには用船確約のない新興PCC船主による発注も多数現れた．また，同時期に海運業界ではドライバルカーの市況も沸騰していたため，世界中の造船所の船台が逼迫し，2006年発注で2011-12年納期という未曾有の造船ラッシュとなった．そのさなか，PCC業界は大量の発注残を抱えたまま2008年9月リーマンショックを迎える．世界的な自動車販売の低迷で2009年通年の日本からの完成車輸出は対前年ほぼ半減の335万台に激減．その後2010～2012年においては400～430万の間を推移しており，現在も頭打ちが続いている．リーマンショック前の発注船については一部では新造船契約の解約や納期遅延があったものの，大多数の発注残は予定どおり竣工した．突如現出した船腹余剰に対処するため各社はそれまで延命してきた老齢船の大量スクラップを進め，さらなる余剰は若年船の係船（船員を降ろす，cold lay-up）で対処した．大量スクラップの結果，世界の自動車船（外航用で1000台積

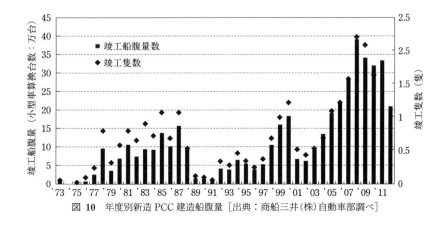

図10　年度別新造PCC建造船腹量［出典：商船三井（株）自動車部調べ］

表 1 世界の自動車専用船の船齢・サイズ別隻数（1 000 台積以上）　　　（単位：隻）

船齢(年)	サイズ							合計	シェア
	～1999	～2999	～3999	～4999	～5999	～6999	7000～		
30～35	1	1	7	0	5	0	0	14	1.9 %
25～29	1	10	10	20	21	6	0	68	9.3 %
20～24	4	0	4	5	10	2	0	25	3.4 %
15～19	12	2	7	19	16	10	7	73	9.9 %
10～14	16	4	15	19	24	33	7	118	16.1 %
5～9	1	6	11	36	12	127	15	208	28.3 %
0～4	3	17	30	33	10	117	19	229	31.2 %
合　計	38	40	84	132	98	295	48	735	100.0 %

［出典：Fearnleys, WORLD PCC FLEET, July. 2013］

表 2 世界の自動車船隻数(1 000 台積以上)：
　　　オペレーター別運航隻数，積載台数

船　社	隻数	積載台数 （千台）
商船三井*	110	607
日本郵船	104	604
川崎汽船	88	444
EUKOR	79	511
WWL	59	378
GRIMALDI	52	200
HOEGH	43	257
GLOVIS	51	283
その他	149	536
合　計	735	3 820

＊商船三井には日産専用船を含む．
［出典：Fearnleys, WORLD PCC FLEET, July. 2013，自動車船部］

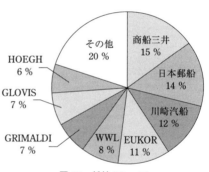

図 11　船社のシェア
［出典：Fearnleys, WORLD PCC FLEET, July. 2013，自動車船部］

以上）は 2008 年の 654 隻から 2010 年 7 月時点で 645 隻に減少した．また，15 歳未満の船は 468 隻と全体の 73 % となり，2008 年（392 隻，56 %）と比較して大きく若返った．

その後発注残が竣工した結果，2013 年現在，735 隻，積載台数（船腹量）は小型車換算 382 万台に増加し，15 才未満の船は 92 % に達している．382 万台の船腹のうち，邦船 3 社（商船三井，日本郵船，川崎汽船）が 41 %，北欧系船社（WWL, HOEGH, EUKOR）が 25 % を占める．韓国船社としては CIDO に加え，現代・起亜の完成車輸送を中心とする GLOVIS が（13 年 7 月現在）51 隻のオペレータに伸張している．ほかのオペレータは中・小型船の欧州近海，アジア近海オペレータが中心である．

［野口恭広］

3.3 海運の各分野と市場
運賃先物取引

a. 成立と仕組み

　運賃先物取引（freight forward agreement：FFA）とは，ロンドンのバルティック・エクスチェンジ（The Baltic Exchange）が毎営業日，ロンドン時間午後1時に発表するスポットの海運市況を基準に先物を売り買いすること，またその市場をいう．バルティック・エクスチェンジは1744年にバージニア・メリーランドという名前のコーヒーハウスがバージニア・バルティック・エクスチェンジと名前を変え，そこに商人・船主が情報交換に集まるようになったのが始まりである．

　1985年ドライバルカー運賃の指標（インデックス）としてBIFFEX（Baltic International Freight Futures Index）を創設，インデックス取引が開始された．

　海運ブローカーが提供するケープサイズ，パナマックス，ハンディサイズ・バルカーの主要ルート運賃/用船料のスポット値段を指数化したもので，1000ポイントが基準値となり，先物取引が行われたが，市場が成長せず，2001年に取引中止となった．しかし，海運関係者の運賃変動リスクヘッジのニーズは高かったため，代わりに発達したのが運賃先物取引（FFA）である．

　1992年に，バルティック・エクスチェンジのメンバーの中から選ばれたパネルブローカーが情報提供する．パナマックスの主要ルートの一つである，ニューオリンズから日本向け穀物運賃の先物を相対で取引，限月がきたときに差金決済することで最初のFFAが成約された．

　ほかの商品先物と異なり，現物の受け渡しは介在しないのが運賃先物の特徴である．現在バルティック・エクスチェンジは，BDI（総合指標），BCI（ケープサイズ指標），BPI（パナマックス指標），BSI（スーパーマックス指標），BHI（ハンディサイズ指標）を発表している．

　BCI，BPI，BSI，BHIはサイズごとに10～20社前後のパネル・ブローカーが，バルティック・エクスチェンジの定める標準船型の主要ルート（time charter）の用船料スポットレートを情報提供し，バルティック・エクスチェンジはルートごとにパネルブローカの数値を平均し，それを独自の数式でサイズごとに指標化している（BCIでは用船料以外に主要航路の運賃も指標に組み込まれている）．一方，BDIは情報提供された各サイズにおける用船料の平均値（一部加重平均）にBCI，BPI，BSI，BHI算出時の係数とは別の係数を掛けて算出され，総合指標として発表されている．

バルティック・エクスチェンジはパネルブローカーが提供する主要ルートのスポットトレードの平均値も同時に公開しており，この用船料（ケープサイズにおいては主要航路の運賃も含む）の先物取引が現在の運賃先物相場を形成している．今日ドライの先物で活発に取引されているのは，ケープもしくはパナマックスの4主要用船ルートの平均と，ケープサイズ150 000トンの南アフリカ/ロッテルダムの石炭輸送運賃である．

4つの主要用船ルートは，太平洋ラウンド，大西洋ラウンド，大西洋→太平洋，太平洋→大西洋である．4主要用船ルート平均の1カ月先，3～6か月先から数年先を対象に期間，値段を契約し，限月がきたときにバルティック・エクスチェンジの発表する値段との差金を契約相手と決済する．相対取引で始まったFFAであるが，現在は契約をロンドン，シンガポールなどの取引所を経由することにより，相対の信用リスクを回避することが主流となっている．

b. 利用方法

歴史的な慣習が反映され，必ずしも標準化されていない海運の現物契約においては，契約項目が多岐にわたる．また同じ造船所で同じ仕様で造られた実際の船ですら一隻ごとに違いがある．

一方バルティック・エクスチェンジが標準化した船の仕様とその航海ルート/規格化された運賃は簡明であり，取引を簡便化している．したがって現物取引に比べ迅速であり，融通性に優れヘッジ目的，逆に投機目的に適している．現物取引がまったく関与しないので海運業以外からの参入障壁が低い．差金決済は準備資金の負担を軽減する．大きいサイズと小さいサイズ，現物と先物，直近と1年先と各種の裁定取引にも利用されている．

c. タンカー/中古船/コンテナの先物

タンカーでも，ドライ同様にバルティック・エクスチェンジがワールドスケール（タンカーの基準運賃）のスポットレートをパネルブローカーから収集，提供することで，原油・石油製品運賃の先物市場が形成されている．中古船市場でも同様にマーケット情報を提供しているが先物市場での取引が確立されるには至っていない．コンテナ運賃の領域においても上海海運取引所が世界のコンテナ船会社からスポットの運賃情報を収集し2007年より指数1 000でコンテナ運賃の指数を開始した．これをもとにコンテナ主要航路運賃の先物も2010年より取引されるようになった．

［増田尚昭］

3.3 海運の各分野と市場

クルーズ客船

a. クルーズ客船とは

　貨物を輸送する貨物船とは異なり，人を相手とする客船という船種がある．本土と島を結ぶ連絡船や，貨物・トラック・乗用車とともに人を運ぶフェリーは，あくまでも人を「運ぶ」ための手段であるが，ここで紹介する客船は，それに乗ること自体がレジャーであり，旅行の一つと捉えることができる船である．

　歴史をたどれば，客船も人を運ぶ手段であった時代があり，航空機による輸送に取って代わるまでの間は，大西洋横断のスピードを競い合い，それらがニュースとなるような華やかな時代もあった．ジェット機は1958年，パンアメリカン航空が最初にニューヨーク-パリ間に飛ばしたボーイング707，定員100名から始まった．スピードを競い合った当時の客船が大西洋横断を4日間前後で行った（時速35ノット，約63 km/h）のに対し，ジェット機は10数時間．人を運ぶ手段が次々とジェット機に取って代わっていく中で，そもそも，スピードを競い合うこと自体に疲弊していた客船運航会社は，これを機に同航路から船を引き上げ，新しいビジネスの創成にとりかかった．1960年代に，クルーズ客船（これまでの客船と異なる呼称を使用する）を専門に運航する会社が登場し，1970年代にかけて現在の原型ができあがっていく．

　現在のクルーズ客船の主要活動地域は，カリブ海，アラスカ，地中海，北欧であるが，当時新しいビジネスの舞台として選ばれたのも同じ地域であった．これらの地域に共通していえることは，自然や景観の美しさに恵まれていること，気候が穏やかであること，海上の状態も穏やかであること，観光地が多いことである．

　船といえば，「揺れる」，「船の上ですることがなく退屈だ」などというイメージがつきものである．確かに揺れる．だが，航行する地域を選べば最小限に抑えられる．また，技術的に揺れを抑える装置を備えることで，船は快適なものとなってきた．「退屈だ」，確かにそうかもしれない．しかし，現代人にとって退屈であることは悪いことではない．日頃から何かしら動いている人にとっては，たまには何もしない日，時間があることは，日常とは異なった世界であるこの非日常を体験することが，旅の楽しみの一つではないだろうか．「何もしない＝退屈」ではなく，「何もしない＝贅沢」と考え方を変えれば，世界が変わるかもしれない．中には，仕事を抱えたまま休暇に入り，気の休まらない，という乗船客がいるかもしれない．現代のIT技術の発達により，そのような人も心おきなく乗船できる時代になりつつある．タブレ

ットやスマートフォンを持ち込みながらクルーズを楽しむ人が増えてきている．

　後に記すように，レストラン，バー，劇場，プールのほかに，ここはアミューズメントパークか，テーマパークかと見まがうばかりの施設を備えた巨大船まで登場している．クルーズ客船はこう楽しむべきだ，などという決まったものは存在しない．乗船した人が思い思いに時間を過ごせる場をクルーズ客船が提供している，と思えば，ほかの旅行と同じようにクルーズが身近なものになっていくのではないだろうか．

　あえて，ほかの旅行よりも優れている点をあげると，一度船に乗り込んでしまえば，勝手に寄港地（観光地）に，しかも数ヶ所の寄港地に連れていってくれる点であろうか．いちいち移動のたびに，荷物をスーツケースから出したり納め直したり，といった煩わしさから解放される．こんな楽な旅行はほかにない，とクルーズ船を何度も利用する乗船客が増えてきている．

b.　クルーズ市場の発展[1]

　わが国の2012年の国内旅行客数は年間延べ4億2500万人，海外旅行客数は1850万人，それに対して，クルーズ乗客数（以下，クルーズ人口という）は年間22万人弱であり．客船「飛鳥」が就航した1991年のクルーズ人口が18万人であったことをみても，爆発的な伸びには至っていない．一方，北米や欧州では，富裕層に限らず多くの人に手が届き気軽に楽しめる娯楽として，クルーズ業界は活況を呈しており，年々その伸び率は著しい．世界一のクルーズ人口，その数は1100万人以上（2011年）という米国のクルーズ業界は，米国経済の中でも400億ドル以上を生み出す産業に発展し，船会社や旅行会社，船員，クルーズ運航に必要な食料，機械，電気部品などの業者，港湾代理店，運送会社，航空・鉄道会社，ホテル，レンタカーなど直接的にも，間接的にも多くの雇用を創出し成長をし続けている．

　また，英国では2000年には80万人だったクルーズ人口が2011年には170万人と，ほぼ倍増している．日本のクルーズ人口が劇的に伸びない理由には，日本近海にクルーズに適した海域が少ないことや，日本発着の外国客船の寄港頻度の少なさがあげられるのだが，「クルーズ客船」といえば，「豪華な船で何カ月もかけ世界中を巡り，プライベートのバルコニーで大海原を背景に日光浴や読書，また，正装に身を包んだ晩餐や社交など，限られた富裕層の娯楽」いうイメージにひとくくりにされる傾向が強いことも，その要因の一つとなっているのではないだろうか．だが，実際には陸上のリゾートホテルと変わらない設備をもち，それと比較しても同等，

---

1) 2014年においては，わが国の国内旅行客数は年間延べ4億2750万人，海外旅行客数は1690万人，クルーズ乗客数（クルーズ人口）は年間23.1万人である．また，同年の米国のクルーズ人口は1297万人，英国では164.4万人である［データ：国土交通省/観光庁，CLIA］．

もしくはそれよりも割安の金額を設定しているクルーズ客船もあれば，イメージどおりの豪華なクルーズ客船までさまざまなタイプの客船が存在する．クルーズ市場は，提供するサービス，対象とする乗客のタイプによって大きく次の4つに分類される．

① マスマーケットと称される大衆市場
② プレミアムマーケットと称される高級市場
③ ラグジュアリーマーケットと称される最高級市場
④ ブティックマーケットと称される小型の最高級市場

　これらの分類は運航船の規模，内装やサービスの質，クルーズの配船水域，クルーズ料金，そして客層などに大きな特色や違いがあり，それらによって分類されるものである．運航するクルーズ会社がどのようなサービスを，どのような客層に向け，行うか，というポリシーに直結するものであり，各社はおのおのの特色を前面に出し，他社との差別化を競っている．これらの分類に加えて，個別の船のランク付けについても，実地体験をもとに，設備やサービスを評価し，レストランやホテルと同じように星の数で表すといった格付けが行われている．

　米国や欧州では，大衆市場であるマスマーケットのクルーズが主流であり，富裕層向けのクルーズ市場は小さい．逆に，日本では，富裕層をターゲットとしたラグジュアリーマーケット，もしくはプレミアムマーケットが主流である．米国や欧州のクルーズ人口が増加しているその背景には，大衆市場向けのマスマーケットの拡大という事情がある．大型クルーズ船が続々と建造投入され，価格競争が激化し，クルーズ料金が手頃になったこと，それに船内の充実した施設が相乗効果を生み，お値打ち感が増したことで人気が高まり，クルーズ人口の増加につながっている．

　旅行の一つのカテゴリーとして，陸上のリゾートホテル，テーマパークと人気を二分するレベルまで達している．日本には欧米のようなマスマーケットが存在していないため，「豪華なクルーズ」から「お手頃な料金のカジュアルなクルーズ」という幅の広い選択肢がなく，ごく限られた人たちだけが楽しめるものでしかなかった．1970年代後半から1980年代初めにかけての規制緩和の波の中で，航空機の料金が自由競争となったために航空機を利用して，クルーズの発着港まで足を延ばし，クルーズを楽しむ「フライ＆クルーズ」が登場したのも，欧米でクルーズが人気を得た背景の一つであったが日本では，認知度もまだ低く，フライ＆クルーズも限られた人たちの楽しみにすぎない．

　しかしながら，今後の日本市場でも，クルーズの認知度を上げ，販売方法の工夫により，高い需要を引き起こすことは可能であろう．また，最近は欧米系の外国クルーズ船社による安価な日本発着のクルーズが実施され，今後さらに拡大予定とな

っており，日本市場拡大に期待がよせられる．世界全体のクルーズ人口は1990年代初頭から毎年5～10％ずつ伸び，現在では年間約2 000万人がクルーズを楽しんでいる．世界には400隻以上の客船が就航しており，これから竣工する新造船も含めて，今後さらに，施設の多様化，サービスや質の向上，料金面ではさらなる競争が激化するであろう．

c. 4つの客船市場

(1) マスマーケット

　船型を大型化することで，スケールメリットをだし，割安の価格で多くの集客を図り，充実した施設をもって，大規模なエンターテイメントを提供している．総重量トン8～16万トン，乗客定員約2 000～3 600名の大型船であることが特徴的である．フォーマルディナーでもアロハシャツやカジュアルな服装可で，ドレスコードにこだわらない自由な雰囲気が売り物である．

　乗船料金自体は，割安な価格設定となっているが，船内では一部，飲食や娯楽費などで有料の部分もあり，また，カジノスペースを大きくとることで，収益源としている．船内設備は客室のほか，複数のレストランやバーラウンジ，ウォータースライダーや子供用施設を兼ね備えたプール，フィットネスクラブ，スパ，美容院，ショッピングモール，映画館，劇場，大規模なカジノ，充実した託児所などで，内装のデザインや船の規模は各クルーズ会社の特色により異なるが，アイススケートやサーフィン，ロッククライミング，ミニゴルフ，スカイダイビングまでできる施設を備えた船まで登場し，一つのアミューズメントパーク，一つの街をそのまま船に移植したようなものである．

　主な運航会社としては，カーニバル，コスタ，ロイヤルカリビアン，スター，ノルウェージャン，ディズニー，MSCなどがあげられる．スケジュールは比較的短期間で，3～7泊程度，行先はカリブ海や地中海など，欧米人にとっては近場に人気がある．クルーズ料金も低額なものは1泊あたり70～100ドル前後，閑散期は40ドル前後のものも出回ることもある．

　クルーズ業界は今，特にこのマスマーケットを中心に，若年層の利用が拡大し，クルーズ利用客の平均年齢は約45～50歳と10年以上前と比べ，10歳近く下がっている．家族向けクルーズが増えていることや，音楽やワイン，食をテーマとした趣向を凝らしたクルーズが，若年層の興味をひくところであろう．このマスマーケットは供給量，利用乗客数の両面でクルーズ市場の80％以上のシェアを占めている．ここ2～3年で投入されている新造船は過去のものに比べ大型化しており，ロイヤルカリビアンの「アリュール・オブ・ザ・シーズ」や「オアシス・オブ・ザ・シーズ」のように，総重量トン22万トンを超え，乗客定員5 400名というものまで登場して

いる．

(2) プレミアムマーケット

　主な運航会社としては，セレブリティ，オーシャニア，プリンセス，ホーランドアメリカ，などがあげられる．総重量トン5〜9万トン，乗客定員1 000〜2 000名前後の中型船が多かったが，最近は12万トン，定員3 000名近くの大型船も登場している．その船の設備やサービスはマスマーケットの船と比べ高級感があり，デザインもモダンでありながらも落ち着いた雰囲気のある現代クルーズの先がけ的な仕様となっており，高級リゾートと同等，もしくはそれ以上のサービスを売りものとしている．充実したスパエリアや芝生の広場など，後述のラグジュアリークルーズに劣らない高級な質感を備えた船も登場している．1泊あたりの料金は，100ドル〜200ドル程度であるが，最近は価格競争が激化しており，マスマーケットとそれ程の差がないものも見られる．得られるサービス，満足感を考えるとこの料金はそれに見合った以上の割安感を，乗客に与えることであろう．

(3) ラグジュアリーマーケット

　このマーケットに投入される船は，クルーズ客船の中でも最高級な質感の施設と最高のホスピタリティを提供する船で，総重量トン5万トン前後，乗客定員400〜1 000名が主流である．富裕層を対象にしたクルーズを提供しており，1泊あたりの料金は300ドル〜450ドル程度，ベストシーズンにあわせた人気の地域に配船されており，クルーズ日数も10日以上のものが多い．ゆったりとしたスペース配置や船上従業員数を多く擁し，乗客へのサービスを手厚くしているのが特徴である．

　最近は，乗客の知的要求に応えた教養講座に力を入れており，各界の名高い著名人や専門家などを船に招き，クルーズ乗船中に，講演やクラスを開催するなど工夫をこらした船も増えている．主な運航会社としては，クリスタル，リージェントセブンシーズ，シルバーシー，シーボーンがあげられるが，400隻以上ある客船のうち，このマーケットに投入されている船はわずか20隻にも満たない．供給量，利用乗客数の面からもシェアは2％程度である．

(4) ブティックマーケット

　ラグジュアリーマーケットの中でも船型を小さく抑え，総重量トン1〜3万トン強，乗客定員100名〜400名前後の小型船で，ラグジュアリーマーケット同様，多くの船上従業員を擁し，きめ細かくレベルの高いサービスを乗客に提供している．小型船であるため，船上の施設が大型船に比べ充実していない点は否めないが，その分，大型船では航行できないクルーズ水域に入っていけることを強みとし，クルーズスケジュールに独自性をもたせたり，プライベートヨットの雰囲気を醸成することで根強いファン（リピーター）を確保している．1日あたりの料金は500〜600ド

ルとかなり高額になり，日数も10日以上の長いクルーズが多い．ラグジュアリーマーケットの運航会社としてあげたシルバーシーやシーボーンがこのマーケットに船を投入している．

d. 新市場の台頭

これまで日本のクルーズの予約は旅行代理店を通して行われてきた．しかし最近は機動性や利便性に富んだオンライン予約システムなどの発達で，安価な外国船社運航の外航クルーズ利用も容易になりクルーズ人口の増加につながることが期待される．欧米，日本以外にも，中国が新たなクルーズ市場として注目されている．

今後数年にかけて中国人クルーズ人口が爆発的に延びるといわれている．2009年に中国に進出しているロイヤルカリビアンは，2012年6月に上海，天津を母港とする航路を開設予定であり，総重量トン13万8千トン，乗客定員3800人を越える大型客船「ボイジャー・オブ・ザ・シーズ」を投入予定である．また同じく2006年より同国に進出している，大手のコスタも2012年5月，総重量トン7万5千トン，乗客定員2300人を超える大型客船「コスタ・ビクトリア」を中国市場に投入する．

大手客船会社が相次いで大型客船を中国市場に投入することは，中国のクルーズや旅行業界の飛躍のきっかけとなり，中国人の多くのクルーズ客がアジア太平洋地域をはじめとする，海外旅行を体験する時代が訪れるであろう．「供給が需要を産み出す」といわれるクルーズ産業であるが，カリブ海や地中海でそれを実践してきた大手客船会社が，新市場として中国を見据え，動き出している．現在の上海，天津（北京を後背地として抱える），香港を発着点としたクルーズを中心に，今後クルーズは中国における新しい旅行，レジャーのスタイルとして定着していくであろう．それにあわせるように近年，中国沿海部の大都市では，一時期のコンテナ船ターミナルの建設ラッシュのように，こぞって客船ターミナルの建設が始まっている．

e. 市場参入者

世界的な客船市場を資本系列で見ると，複数のブランドを傘下にもつカーニバルグループとロイヤルカリビアングループの二大寡占状態である．カーニバルグループは，マスマーケットでカーニバル，コスタ，アイーダなどのブランドを，プレミアムマーケットで，ホーランドアメリカ，プリンセスブランドを，ラグジュアリーマーケットでシーボーン，キュナード（キュナードの船には，船上にマス・プレミアム・ラグジュアリーが並存する船あり）ブランドを展開し，運航する船の数は100隻を超える．

ロイヤルカリビアングループは，マスマーケットでロイヤルカリビアン，プレミアムマーケットでセレブリティブランドを展開し，運航する船の数は40隻を超える．この2大グループは，もともと，カーニバル，ロイヤルカリビアンのブランド

で事業を開始したが，この40年の間にM&Aを重ね，巨大グループに成長していった．

　ブランド名を重視し，M&A後ももともとのブランド名を残し，既存ブランドのファンを維持するとともに，多ブランドとあわせたグループとしてのスケールメリットを利用した低コストを武器にクルーズ料金を下げ乗客をさらに呼び込み，そのことで得た利益をもとに新造船を投入し，また新たな顧客ファンを獲得する，というように積極的な事業展開を行ってきた．彼らのような現代クルーズ客船黎明期のプレイヤーのほかに貨物船運航会社がクルーズ事業を立ち上げた日本の船会社のブランド，クリスタル，飛鳥，にっぽん丸，ぱしふぃっくびいなすや，外国の船会社が立ち上げたブランドMSC，カジノ事業を中心としたアジアのリゾート開発運営会社が立ち上げたスター，ホテル運営会社が立ち上げ，後に投資会社の資本傘下となったリージェントセブンシーズ，陸上のアミューズメントリゾートの延長線で立ち上げたディズニー，ほか，それぞれ特色を異にするブランドが多数存在する．

〔安本浩之（原稿提出年月：2013年8月）〕

3.4 海運業務

海上運送の関係者

　海上運送は陸上運送に比べて輸送する規模，距離，使用船舶が大きいため，多くの関係者が存在する．図1は外航海運を例に，貨物が荷送人から海運会社に渡されて荷受人に到達するまでに関わる関係者を図示している．

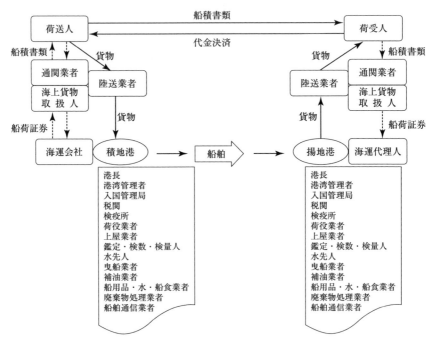

図1　海上運送の関係者と書類・貨物の流れ

a. 海運会社

　海運会社（shipping line または shipping company）は船舶を所有または用船して海上運送を行う事業者である．原則として積地港から揚地港までの運送を引き受け，両端の陸上輸送は運送契約の範囲外である．

　日本を代表する外航海運会社は，商船三井，日本郵船，川崎汽船の3社であり，その傘下に多くの専業海運会社や船主が存在している．この3社は世界でも最大級の海運会社であり，ほとんどすべての分野にまたがる海運業を営んでいる．また，内航海運会社は，上野トランステック，旭タンカー，三洋海運などに代表されるが，多くは小規模の業者であり，その総数は3 624に上る（2009年3月末現在）．

(a) 商船三井本社

(b) 日本郵船本社

(c) 川崎汽船本社（飯野ビルディング）

図2　日本の海運会社3社の社屋

b. 海運代理店

　海運代理店（shipping agent）は海運会社のために，港において入港船舶に関わる官庁手続き（税関，入国管理局，検疫所），着岸する埠頭の予約，水先人およびタグボート（曳船）の手配，荷主との船積み・貨物引き取り調整，港湾関係業者の手配・料金精算ならびに「集荷」とよばれる営業活動などを行う業者である．

　基本的には当該港周辺の事情に詳しく，その地域で力のある業者が海運会社によって任命され，代理店契約に基づいて業務を行う．海運会社と資本関係がないのが基本であるが，大港湾の場合，海運会社が自営の代理店を設置している場合もある．例えば商船三井のMOL (America) Inc., MOL (Europe) B.V., MOL (Asia), Ltd. や，日本郵船のNYK Line (North America) Inc., NYK Line (Europe) Ltd., NYK Line (Asia) Pte. Ltd. などは，当該地域の各港に自営の船舶代理店網を設けている．

c. 荷送人と荷受人

　貿易において輸出側に荷送人がいて，輸入側に荷受人がいる．荷送人と荷受人の名は，海運会社が貨物を引き受けた際に発行される船荷証券（bill of lading：B/L）に明記される．

荷送人は貨物を港（積地）まで自分の責任で持ってくる必要がある．海運会社は港で貨物を受け取り，運送引き受けを確認する船荷証券を荷送人に発行する．貨物は船積みされて，仕向け港（揚地）まで海上運送される．揚地では揚荷をしたあと，船荷証券提示を確認して荷送人に貨物を引き渡す．

海運会社の立場からすると，荷送人も荷受人も顧客である．海上運送手配をどちら側が行うかは貿易取引条件によって異なる．大まかにいえば，CFR（cost and freight；運賃込み条件）の場合は荷送人が手配をし，FAS（free alongside ship；船側渡し）の場合は荷受人が手配をする．したがって海運会社はそれに応じて，積地あるいは揚地で「集荷」とよばれる営業活動を行うことになる．

d． 海上貨物取扱人

海上貨物取扱人とは荷主から海上貨物を引き受けて，船積みを行う者をいう．正式には貨物利用運送事業法に定められた事業である．自らは海上輸送を行わず，海運会社を下請けとして起用し，荷主に海上運送運賃を提示する．荷主の戸口から積地港までの陸上運送や，揚地港から荷受人までの陸上運送を含めて一貫輸送を行う場合がある．また，多くの場合，通関業（税関への届け出手続き）や倉庫業を同時に営んでいる．

海上貨物取扱人は，複数の海運会社から運賃を含む運送条件の提示を受け，比較検討して荷主のために最善の海上運送を提供することを生業としている．したがって荷主の商品輸送ニーズを最も的確に把握しているといえる．海運会社は荷主だけでなく，これらの海上貨物取扱人に対しても集荷活動を行う．

e． 海運仲立人

海運仲立人はシップブローカー（shipbroker）ともよばれ，海上運送法第2条で次のとおり定義されている．

「海運仲立業とは，海上における船舶による物品の運送又は船舶の貸渡し，売買若しくは運航の委託の媒介をする事業をいう．」

つまり簡単にいえば，海上運送の仲立ちを行う者と，船舶の貸借・売買・運航委託の仲介を行う者を総称した呼び名である．この二つは性格を異にしている．海上運送の仲立ちの場合，定期船（個品運送とよぶ）では荷主によって起用され，不定期船（タンカーを含む）では海運会社によってまたは双方で別個の仲立人が起用される場合が多い．船舶の貸借・売買・運航委託の場合は海運会社どうしの取引を仲介することになり，当事者それぞれが仲立人を立てることが多い．

個品運送の仲立人は船積みの手配をすることから，海上貨物取扱人と混同されことがあるが，前者は荷主の代理人として，後者は利用運送事業者として仕事を行う点で性格が異なる．

f. 港湾関係者

　船が積揚げのために港に寄港する場合，陸側から多くのサポートが必要である．先に説明した海運代理店が船主の代理として，さまざまな官庁や業者と連絡を取り合いながら，船の入出港と貨物の的確な積揚げのために仕事をする．その中で重要な関係者について以下に説明する．

(1) 港　長

　海上保安庁に所属し，港則法の執行者として船の港内における安全な航行と停泊を監督する．船が入港する場合事前に港長に届け出て，入港時間，停泊場所などについて指示を受ける．

(2) 港湾管理者

　港を管理・運営する主体であり，わが国では多くの場合地方公共団体がその任に当たっている．一部の港では県がまたがっているため，複数の地方公共団体が共同で港務局（ポートオーソリティ）を形成して運営している場合がある．

　港湾管理者の仕事は，港湾計画を策定し，それに沿って港の整備・運営を行うことである．船が寄港する場合，入港届および出港届が港湾管理者に提出される．

(3) 入国管理局

　外国人関連の出入国管理，外国人登録などを行っており，乗組員や旅客の上陸および交替のために海運代理店が入国申請をする．

(4) 税　関

　輸出入貨物の通関，密輸取締りなどの業務をする税関に荷主が貨物の輸出入のために通関業者を通じて申請を行う．輸入の場合所定の関税を支払う．

(5) 検疫所

　「検疫」とは伝染病や病害虫を予防するため，その有無につき診断，検査することをいう．動物や植物を輸出入する場合，その有無について港を管轄する検疫所が検査する．乗組員の伝染病の場合には消毒・隔離などを行う．また，牛，豚，やぎ，ひつじ，馬，鶏，うずら，きじ，だちょう，ほろほろ鳥，七面鳥，あひる・がちょうなどのかも目の鳥類，うさぎ，蜜蜂などの動物・昆虫と，それらで作られる肉製品などの畜産物を対象に輸出入検査を行っている．

　植物検疫は，植物の輸出入に伴い植物の病害虫がその植物に付着して侵入しないように輸出入の時点で検査を行い，検査の結果消毒などの必要な措置をとることをいう．

(6) 荷役業者

　埠頭（岸壁）から船への積込みおよび船から埠頭への陸揚げ（取り卸し），ならびに荷主との受け渡しの作業は，港湾運送事業者が行うこととなっている．これを「港

湾荷役」とよぶ．今日の定期船荷役はほとんどコンテナ化されているので，コンテナヤード（コンテナターミナルともよぶ）とよばれる埠頭の中で，コンテナ仮置きプラン作成・運用を行うと同時に，ガントリークレーン（コンテナクレーンともよぶ）を使って船積み・陸揚げを行う．

港湾荷役業者は，港湾に隣接する「上屋」の運営や，トラックによる荷主と港間の運送，海運仲介業，海上貨物取扱業，通関業などを兼ねていることが多い．

図3　コンテナの荷役［提供：(株)商船三井］

図4　バルカーの荷役［提供：(株)商船三井］

(7) 上屋業者

港では岸壁の後背地に上屋が設置されていることが多い．コンテナの場合はCFS（container freight station）とよんでいる．これを運営するのが上屋業者である．今日の定期船貨物はほとんどコンテナ化されているので，内陸の荷主敷地内でコンテナに貨物が詰められ，扉にシールをした状態で港にあるコンテナヤードに搬入されるケースが多い．上屋（CFS）を使用するのは，コンテナを他の荷主と共用する混載貨物の場合だけである．

混載貨物の輸出の場合，荷主の代理人がバラの貨物を上屋に持ち込み，そこで仕向け地が同じ他の貨物とあわせてコンテナに詰められて船積みされる．

混載貨物の輸入の場合，船で運ばれてきた混載コンテナが上屋に持ち込まれ，中を開けて荷主ごとに仕分けし，荷主の代理人に貨物引き渡しを行う．

(8) 鑑定・検数・検量人

貨物の船へのあるいはコンテナの中の積付けに関して，適切であったかどうかを鑑定する鑑定人がいる．また，正確な貨物の数・寸法・量などを測ることを生業と

図5　清水港の上屋群

している検数人，検量人がいる．

(9) 水先人

船は世界中を航行するため，船長がすべての港に精通していることは難しい．そこで，港ごとに大型船を案内して安全に入港・出港をさせる役目を果たすのが水先人（pilot）である．水先人を起用する義務があるかどうかは港によって決められている．水先人は船長経験者が多いが，現在では当初から水先人として雇用され，訓練を経て徐々に大型船案内ができるようになるという仕組みも導入されている．

図6　パイロットボート
［提供：日本水先人会連合会］

(10) 曳船業者

「曳船」はタグボート（tug boat）ともよばれ，大型船が岸壁に着岸・離岸する際に，押したり引いたりしてアシストする．曳船の船長はそのサービスを受ける大型船の船長の指示に従うが，水先人を起用している場合は実質的には水先人の指示のもとで仕事をする．

(11) 補油業者

港で船が燃料油を補給する際に，小型のタンカーで重油を供給する業者である．

(12) 船用品・水・船食業者

船の運航に必要な資材・道具・部品などを船用品とよぶ．また船や乗組員・旅客

(a) (b)

図7 水先人の案内による入出港 ［提供：日本水先人会連合会］

図8 大型タンカーをサポートする曳船

が使う清水および乗組員・旅客の食料・飲料水の供給も必要である．それらを供給する業者も港の重要な一員である．

(13) 廃棄物処理業者

船では乗組員や船務によって廃棄物が発生する．これを陸揚げしてリサイクルあるいは焼却施設に持ち込む業者も必要である．

(14) 船舶通信業者

ポートラジオとよばれている．各港湾管理者からの委託を受け，港へ入出港する船舶と国際VHF無線電話で通信を行っている．入港スケジュールを提供することに加え，船舶の航行安全のため必要に応じて航路内状況・港内状況など（出入港船舶の有無，行き会い船舶の有無，港内工事状況など）の情報を船舶に知らせている．

［篠原正人］

3.4 海運業務

契　約

a. 個品運送契約とばら積運送契約

　海上物品運送と陸上・航空物品運送を問わず，運送する物品を個々に識別・特定して運送を引き受ける契約を個品運送契約といい，運送する物品を個々に識別・特定しない契約をばら積運送契約という．

（1）個品運送契約

　個品運送契約が利用される典型的な例として定期航路サービスがある．定航船には，コンテナ化された貨物を運送するコンテナ船とコンテナ化されていない貨物を運送する在来船とがあるが，いずれも運送品の梱包表面に，または，運送品の表面に直接，記号または番号などを記載し，運送品個々の識別を図っている．この記載は，不特定多数の荷主から特定可能な多数の貨物の運送を引き受ける定航船においては，それら貨物の混同を避けるため必要不可欠の要件となる．定航船に限らず，不定期に配船される不定期船においても，このように不特定多数の荷主から特定可能な多数の貨物を引き受ける形態の物品運送サービスにおいては，個々の運送品を識別する個品運送契約が締結される．この契約形態においては，その運送に関し，荷主と運送人が個別に契約条件の交渉をしたり，双方が署名した運送契約書を作成することは一般的には行われない．その運送契約内容・条件は，運送品の受け取りまたは運送船舶による運送品の船積みの後，その受け取りまたは船積みの確認・証明のため発行される船荷証券（b. 項参照）に記載され，その船荷証券が運送契約内容の証明書としての機能も託されている．船荷証券に記載された契約条件は，運送約款として当該運送船舶に船積みした，または船積みのため受け取ったすべての運送品に共通して適用される．

（2）ばら積運送契約

　鉄鉱石，石炭，原油，液化天然ガス（liquefied natural gas：LNG），大豆，小麦，砂糖，塩などの運送に利用される契約方式である．これらの貨物は，大量かつ一挙に運送するのが効率的であるので，船舶の貨物スペース全体で，または船倉別に同種の貨物を積載（通常は満載）する．このように，船舶全体または船倉全体を利用して運送する契約を用船契約といい，個品運送契約とは異なり，個々の運送につき荷主と運送人との間で契約条件を交渉・合意のうえ契約書を作成する．なお，ばら積運送の場合にも，運送品を船積みした事実の確認のため船荷証券が発行されることは個品運送契約の場合と同じである．なお，完成車（自動車）の大量運送契約は，

個品運送契約とばら積運送契約の両方の要素を満たしている．

b．船荷証券

(1) 船荷証券（bill of lading：B/L）の機能

　船荷証券は，上述の，運送品受け取り・船積みの証明および運送契約内容の証明に加え，貿易取引の代金決済をする場合の担保としての重要な役割を担っている．すなわち，貿易取引は，必然的に隔地者間の取引となるため，対面販売とは異なり商品の引渡しと代金の決済を同時に行うことが難しい．また，買主が実際に商品を受け取るまでには，船積みから荷渡しまで海上運送による比較的長期を要する運送期間が必要となる．海上運送がコンテナ化され運送期間が大幅に短縮された現在でも，日本と欧州大西洋岸，北米西岸はそれぞれ約1ヶ月および10日強の運送期間を要する．リスク軽減という観点から，売主は商品の船積み後速やかな代金の回収を，買主は荷受け後の代金支払いを望む．しかしながら，貿易決済においては，売買代金前払いであれば商品の受け取りにつき買主に，また，後払いであれば代金回収につき売主に，それぞれ大きなリスクの負担が生じる．このような代金決済に伴う売主・買主の相反する利害すなわちリスク負担を軽減するための代金決済方式が船荷証券に担保機能および有価証券性を付与することにより確立された．このような決済方式を荷為替決済方式というが，近年では，銀行が発行する信用状（letter of credit：L/C，為替手形の買取り保証状）による担保機能を付加し信用力を強化した決済方式（信用状付き荷為替決済方式）が主流となっている．その利用の仕組みは大筋次のとおりである（図1）．

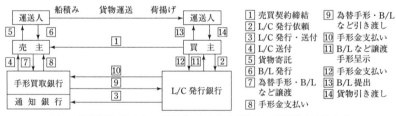

図1　船荷証券（B/L）と信用状（L/C）を利用した貿易代金決済方式

① 売買契約成立後，買主は取引銀行に為替手形の支払いを約する旨を記した信用状を売主宛に発行してもらう．売主（荷送人）は，信用状の受け取り後，商品（運送品）を船会社に持ち込み，運送人による運送品の受け取りまたは船積み後ただちに運送人から船荷証券を発行してもらう（図1①〜⑥）．

② 売主は，買主が支払いを引き受けることを約した為替手形を作成し，それに当該船荷証券そのほかの必要書類（海上貨物保険証券，原産地証明書など）を添付し

て，買主指定の手形買取銀行に持ち込み手形を買い取ってもらう（この時点で売主は代金を回収したことになる）（図1 ⑦⑧）．

③ 買取銀行から信用状発行銀行に当該手形および船荷証券などが送付され，同時に両者間で代金の決済が行われる（図1 ⑨⑩）．

④ 発行銀行は，買主への当該手形および船荷証券などと引き換えにその手形に対する支払いを受ける．万一，その支払いを受けられないときは，信用状発行に際し付した金銭的な担保の実行に加え，担保である船荷証券を運送人（船会社）に提示し運送品（商品）の引渡しを受け，または転売することもできる（図1 ⑪⑫）．

⑤ 買主（荷受人）は，買い取った当該船荷証券を運送人である船会社に提示し，荷揚げされた運送品（商品）を受け取る．なお，買主が早期に船荷証券を手に入れているときは，運送品の荷揚港到着を待たず，より早い時点で現金化および利益確保のため第三者に転売することもできる（図1 ⑬⑭）．

(2) 船荷証券の性質

上記のような運送途中の転売および担保機能を可能とするため，船荷証券に与えられている主な性質として次のようなものがある．

① 指図証券性：船荷証券は裏書のみまたは無記名裏書の場合は交付のみで流通するという性質であり，簡易な手続による運送品の転売を可能とする．

② 受戻証券性：運送人は，船荷証券と引き換えでなければ運送品を引き渡してはならないという性質である．船荷証券所持人以外の者がその運送品を貰い受ける道を封じることにより，その運送品引渡請求権を保全する．

③ 文言証券性：運送人は，荷受人に対し船荷証券に記載されたとおりのものを引き渡さなければならないという性質である．荷受人に引き渡す運送品が船荷証券に記載された運送品の記号，数量・重量，外観状態などと異なっているときは，運送人に対しそれによる損害につき責任を負わせることにより，船荷証券に記載された事項の信用力を保全する．

④ 物権的効力：船荷証券の譲渡は，運送品の譲渡と同じ効力を有するという性質であり，証券所持人は第三者への対抗力により，二重売買の被害を防止できる．

(3) 船荷証券の記載事項

法定記載事項と任意的記載事項がある．

① 法定記載事項（国際海上物品運送法第8条の場合）：a. 運送品の種類，b. 運送品の容積もしくは重量または包もしくは個品の数および運送品の記号，c. 外部から認められる運送品の状態（印刷された文言として「外観上良好である」旨記載されており，もしそうでない場合は，異なっている事項を証券上に特記する），d. 荷送人の氏名または商号，e. 荷受人の氏名または商号，f. 運送人の氏名または商号，g. 船

舶の名称および国籍，h. 船積港および船積みの年月日，i. 陸揚港，j. 運賃，k. 数通の船荷証券を作ったときは，その数，l. 作成地および作成の年月日．

② 任意的記載事項：m. 最終仕向地（荷渡地以降の荷主による運送手配の最終仕向地に関する参考情報），n. 荷受地および荷渡地（複合運送契約の場合），o. 船荷証券番号（B/L No.），p. 通知先，q. コンテナ輸送条件，r. 換算率（運賃が外貨建ての場合），s. 運賃支払地および前払い・後払いの別，など．

(4) 船荷証券に記載される主な約款

①準拠法（例：日本法による旨を規定），②責任原則（例：船荷証券統一条約または国際海上物品運送法の原則による旨を規定），③不知約款（梱包の中の運送品の実態などについては不知であり，その結果については責任を負わない旨を規定），④荷主の責任（運送品の適切な梱包義務などを規定），⑤着荷通知と一定期間内での引取義務，⑥事故通知期限と出訴期間，⑦代船・離路の自由，⑧運送打ち切り（アバンダン，abandon），⑨共同海損（general average：G/A）．

c. 海上運送状

海上運送状（sea waybill：SWB）は，記載事項および運送約款などについては船荷証券に類似した証券であるが，船荷証券とは異なり受戻証券性のない非流通証券である．近年欧米航路をはじめ各航路においてその利用度が増加している．その理由は，コンテナ化および船舶，荷役関係設備の機能改良などにより，実際の運送期間が大幅に短縮されたにもかかわらず，船荷証券等の代金決済書類の照合および郵送に要する期間の短縮が進まず，荷受人による船荷証券の入手が運送品の到着に間に合わないケースが頻繁に発生し，荷受けに支障をきたすことが多いためである．現地法人との取引，長年の取引関係先など，信頼関係の確立された相手との貿易取引で利用されることが多い．

d. 用船契約

船舶全体を賃貸借または利用する契約を用船契約（charter party：C/P）といい，裸用船契約，定期用船契約および航海用船契約という3種類の契約類型がある．

(1) 裸用船契約（bareboat charter party）

船舶そのものの賃貸借を目的とする契約であり，船舶による運送サービスの提供を目的とする契約すなわち運送契約ではない．すなわち，船主が用船者に契約条件を満たした船舶を貸し渡した後は，船舶への船員の配乗，船舶および機器の整備，その船舶の運航といった海運業としての本質的な業務を行わない契約類型であり，海運業者だけでなくそれ以外の者が資金の有効活用を図る手段として船舶に投資する場合などに利用される．船舶への投資については，税法上減価償却制度の適用が認められるため，大きな利益が見込まれる企業が巨額の資金を船舶に投資すること

により，安定的な賃貸料収入を図るとともに，利益の一部を減価償却費として損益対照表上の費用の部に計上し，さらには，当該船舶の将来の売却益獲得への期待も含め，利益の次年度以降への留保を図ることができる，という利点がある．

(2) 定期用船契約（time charter party）

　船舶による運送サービスを提供するための契約方式の一典型である．船主は，運送サービスを提供するため，特定された船舶に船長以下乗組員を適切に配乗し，契約目的となる航海に耐える能力（堪航能力）を備えたうえ，ある一定期間につき用船料の支払いと引換えにその船舶を用船者の利用に委ねる．用船者は，特定船舶による運送サービスを一定期間購入することになる．用船者は，その間，定められた航海区域内であれば，どこにでもどのような順路でも寄港を指示し，定められた種類の貨物であればどのような貨物でも運送を指示することができるので，自ら効率的と考える配船計画を自由に立案することができる．ただし，当該船舶の堪航能力維持および安全航行など航行技術に関する事項については，もっぱら船主に決定権限があり，この権限は，船主に代わり現場で指揮をとる船長により実施される．用船期間は，1ヶ月とか1航海といった短期のものもあれば，3年，5年，10年あるいは20年といった長期のものもある．航海区域は，世界中の航海可能な区域としたうえで，戦争・内乱状態にある区域や北極海，南極海，ベーリング海など，安全航行に問題のある区域を除外するのが一般的である．

　定期用船契約を利用する典型的な一例として，定航船社によるコンテナ船の用船があげられる．定航船社は，船主からコンテナ船を一定期間定期用船し，荷動きの動向を見ながら北米航路や欧州航路などのいわゆる東西航路に投入し，または，東南アジア，インド，アフリカ，南米などのいわゆる南北航路に投入するといった自由で効率的な配船を行う．また，ばら積船，自動車船でも，鉄鉱石，石炭，原油，液化天然ガスまたは完成車などを大量に長期間にわたり調達または配送する必要のある荷主（鉄鋼メーカー，石油精製会社，電力会社，自動者メーカーなど）は，一定期間その運送に適した船舶を定期用船し，貨物の種類および量などにあわせて適宜船積港と荷揚港を選択のうえ船長に指示することにより，効率的な運送サービスを享受する．これらの場合，用船者の配船指示に従い船舶を航行させるために生じる費用（運航費）である，燃料費，港費，港税，水先料，綱取り離し料および荷役費等は用船者負担となる．一方，船舶を調達する費用，船舶を運航できる状態にするための費用（船費）である，船舶の購入費，船員費，維持修繕費，船用品費，潤滑油費などは船主の負担となる．なお，用船期間のうち，海難事故および船舶の修繕などにより船舶自体が利用不可能（不稼動）となった時間については，用船者は用船料の支払いを免除される．

(3) 航海用船契約（voyage charter party）

　定期用船契約と同様，船舶による運送サービスを提供するための契約方式の一典型である．船主は，特定の船舶に船長以下乗組員を適切に配乗し，契約目的となる航海に耐え得る能力を備えたうえ，運送サービスを提供する点では定期用船契約と同じである．ただし，航海用船契約では，船主は，運送区間（A 港から B 港まで），運送貨物および運送開始日などを用船者と合意のうえ特定し，当該航海の運賃を定めたうえ，寄港地，配船順路，積揚げ荷役など，その運送サービスを提供するために関係するすべての業務を行うのが原則である．すなわち，用船者は契約で特定された貨物（種類，数量，形状など）を運送開始にあわせて船積港もしくは場所で提供し，船主はその貨物を船積み後，特定された荷揚港まで直航（予定航路を外れることなく航海）して荷揚げし，用船者に引き渡す．したがって，運航費，すなわち，燃料費，港費，港税，水先料，綱取り放し料および荷役費なども原則として船主負担である．ただし，積揚げ荷役については，近年，荷主側が手配する施設・設備の機械化・専門化が進んだため，船舶の荷役用機器を利用するよりもはるかに効率的に荷役作業を行うことができるようになっているので，用船者の業務として契約することが一般的となっている．この場合，運賃を割引く代わりに荷役に関する手配，費用，所要時間などについては用船者が負担することとなるが，契約条件によっては責任およびリスクについても用船者負担とすることもある．

　[参考]　定期用船契約または航海用船契約のもとで発行される船荷証券

　これらの用船契約においては，契約条件の一つとして，船主には，運送品の船積み後，用船者の要求があれば船積みの事実を確認，証明するための船荷証券を発行する義務が課されている．用船契約のもとで発行される船荷証券にも運送約款が記載されており，その約款と用船契約との間で契約条件が相違する事態も生じる．この場合，船主と用船者およびその用船契約の内容を知る船荷証券所持人との間では，用船契約の条項が優先適用され，用船契約の内容を知らない所持人に対しては，船荷証券の信頼性保護のため，船荷証券の記載条項のみが適用されることになる．

e.　数 量 契 約

　数量契約（contract of affreightment）は運送品の種類，数量および船積港，荷揚港および運送期間は特定するが，運送する船舶は特定しない海上運送契約である．運送人は，所有船およびマーケットから定期用船契約もしくは航海用船契約などにより調達した船舶または定期船などを効率的に組み合わせることにより一定期間内に一定数量の運送を行うことを引き受ける．

f.　インコタームズ

　インコタームズ（incoterms，定型取引条件）は，国際商業会議所（International

Commercial Council：ICC）が1936年に貿易取引条件に関する国際的な統一ルール（インコタームズはICC登録商標）として初めて策定し，貿易業界に提案したもので，条約ないし法律ではなく当事者が任意に採用できる私的ルールとして利用されるものである．貿易取引における用語，慣行，法律などについては，各国にまたがる貿易取引の当事者間で種々の契約条件が設定されるが，それらの解釈をめぐりかねてより混乱が多発していた．このルールはそれら混乱を解決するために大きな役割を果たしてきたが，その後改訂が重ねられ，2010年の改定で，欧州連合（European Union：EU）内取引への適用も念頭に国内取引にも利用できると改定された．

インコタームズについては，同所ホームページで紹介され，ジェトロのホームページでも解説されている．同ルールは，取引商品の危険負担，運送手配および運送費用負担，保険手配および保険料負担，通関手配と通関費用負担など，取引の根幹となる条件について，その負担者が売主・買主のいずれかであるかを定型化し，簡明に理解できるように分類している．危険負担の分岐点としては，輸出地の工場出荷時，運送人による受け取り時，ターミナルへの持ち込み時，船側渡し時，船積み完了時および仕向け地での荷渡し時などが設定され，運送，保険および通関の手配ならびにそれらの費用負担については，運送費込み，運送費・保険料込み，関税込みなどといった条件が設定されている．

これらの条件は，複合運送用と水上運送用の2種類に大別した上で，さらに11種類に分類されている．ちなみに，複合運送用の例としては，

① EXW（ex works，工場渡し）：出荷地の工場で運送品が運送人に荷渡しされた時以降の危険，運賃，保険料などは買主負担．

② DDP（delivered duty paid，関税込み持ち込み渡し）：買主の受け取り指定場所での荷渡しまで危険，関税，運賃などの費用を含め売主負担．

③ FOB（free on board，本船渡し）：水上運送用の例で本船に運送品が船積みされたときにそれ以降の危険，費用などから売主は解放される．

④ CFR（cost and freight，費用および運賃込み）：危険負担は本船への船積み時に買主に移転，輸出通関，本船手配，荷揚げまでの運賃は売主負担，保険手配は買主負担．

⑤ CIF（cost, insurance and freight，費用および運賃・保険料込み）：危険負担は本船への船積み時に買主に移転，輸出通関，本船手配，荷揚港における荷揚げまでの保険料および運賃は売主負担）．

などがある．このほか，売主と買主のそれぞれの義務の内容についても規定している．

［吉田　進］

3.4 海運業務
集荷と配船

a. 集荷

「集荷」とは海運会社が荷主や海上運送取扱人（フォワーダー，NVOCCともよぶ）に対し，運送サービス提供について営業活動を行うことをいう．主に定期船貨物を対象になされるもので，海運会社には輸出と輸入に分かれて集荷部門が設置されている．最近では，定期船の運航および集荷を，アジア，北米，欧州などの地域ごとに子会社化し，独立採算化を進める例が多い．

集荷活動では，荷主の輸出入計画を掌握しながら適切な貨物運送計画をアドバイスする必要がある．それには，世界経済動向，産業動向，荷主の生産計画，資材や部品の調達計画，製品の販売計画など，十分な調査を常時行うことが重要である．

集荷の結果，運送を引き受けることが決まった場合，まず行うことは船のスケジュールを確認してスペースの予約すなわちブッキング（booking）をしなければならない．ブッキングの際には，船名，航海番号（voyage number），積地，揚地，最終仕向け地，貨物の種類，貨物の量・重さ，コンテナの種類と数などが確認される．

船積みが近くなってくると，積地では海運代理店が海上運送取扱人と，船積み予定の再確認や貨物のコンテナヤードやCFS（混載の場合）への搬入日時の確認などがなされる．

大手荷主の場合は一定期間（半年や1年）の船積みを一括して取り決める場合がある．また，さまざまな航路について別個に運賃交渉するのでなく，全世界の船積みを一挙に交渉して取り決めを行うことが一般化してきている．これは大口割引を享受しようという荷主の行動といえる．

b. 配船

「配船」とは海運会社が船の運航スケジュールを管理して，入出港および貨物の積揚げが円滑に行われるように諸手配を行うことである．配船部門は通常海運会社の本社に置かれ，定期船は航路（地域）ごと，不定期船・タンカーは船の種類（船種），地域，荷主ごとなど，必要に応じて適宜分けられている．

配船担当部門の業務は以下のとおりである．

(1) 荷動き予測

貨物がどこ（地域・港）からどこ（地域・港）へ動くかを「荷動き」という．荷動き予測は容易ではない．荷動きは直接的には荷主の輸出入取引が反映するものである．したがって集荷活動の中で常時荷主の動向を把握することが第1段階の荷動

き予想になるため，配船担当部門は集荷部門と密接な連携が必要となる．

　しかし，荷主の動向をつかむだけでは短期的な情報だけに限られてしまう可能性がある．海運会社は自ら，荷主の輸出入動向の背景にある経済および地政学的要因について，継続的に分析をしておく必要がある．荷動き予測を行う際に考慮される要因をマクロからミクロの順に並べると，世界および地域の政治・経済・軍事動向，エネルギーその他の資源生産・供給動向，食料生産・供給動向，為替市場，各国の政治動向および経済・産業政策，国内地域経済動向・インフラ整備状況，各産業の調達・生産・流通構造，企業間の競争の状況，各企業の経営戦略・調達・生産・流通計画，競合海運会社の動向などである．

(2) 配船計画

　配船計画は，荷動きの動向にあわせて船型，寄港地，寄港頻度などを決めることである．定期船の場合，全般的な荷動き予測の下，航路をあらかじめ設定して配船計画を一般に公表する必要がある．不定期船・タンカーの場合は，荷主と出荷予定を相談の上航海ごとに計画を立てる．

(3) 補油計画

　配船計画が決まったら，船長と協議の上，燃料の補給をどこで行うかを決めなければならない．補油計画を立てるに当たっては，燃料の値段が世界中で異なることから，低価格の燃料が購入できる港で補油を行うよう航海計画を立てることが原則となる．

　一方で，タンカーなど積み荷が載貨重量いっぱいに積まれる場合，燃料積載量を必要最小限にし，その分貨物を多く積み取るという方法が取られる．その場合，貨物を揚げた直後に燃料が手に入る港であるかどうか，そしてその値段が貨物の運賃より高い幅で上昇しないことを確認する必要がある．

(4) 代理店任命

　寄港地が決まったら，各港の代理店に配船計画を連絡して，本船寄港時の世話を依頼することとなる．その場合，入出港手続き，船用品・船食・水，水先・曳船・綱取りなどの手配は通例のこととして，本船と連絡をとりながら行われるが，前払い金の金額の適否，貨物の搬入・搬出での特殊なケア，沖待ちと着岸予定，船舶の事故（海難）処理，貨物事故の処理など，特別交信を密にしなければならない案件もあるので，日常から円滑なコミュニケーションに努める必要がある．

(5) 航海指図書発行

　航海指図書（sailing instruction）は船種によって形式が異なるが，基本的には寄港地およびその代理店，積み荷の内容，航行スピード，荷主との運送契約内容などが明記される．不定期専用船やタンカーの場合，荷主との取り決めによる停泊期間

(laytime)，積揚げ荷役費用の荷主・船会社負担区分，積地・揚地での滞船料（demurrage）や早出料（despatch money）の計算の仕方などが重要な項目として詳述される．

(6) 積付けモニタリング

貨物の本船への積付けは，寄港地の順番と港での貨物の量と積込み順を考慮して決定される．一義的には本船の一等航海士の職務と位置付けられているが，最近のコンテナ船の例ではコンテナターミナル側で，プランナーと称する職員が積付け案を作成する例が多くなっている．コンテナ船の配船担当部門はそれをモニタリングすることによって，円滑な積揚げが実施されることを保証する．

不定期専用船やタンカーでは，積付け計画はもっぱら本船の一等航海士が行う．配船担当部門は，海技関係部門とともにそれをモニタリングし，本船の船体強度上問題がないかどうかを監視する．

(7) 運航モニタリング

本船が航海を開始すると，航路での気象海象や本船の機関等の状態を常にモニタリングして，予定通り航海が行われているかどうかを常時監視する．配船担当部門は海務部門の協力を得ながらこれを行う．特にスピードと燃料消費の関係は重要な事項である．タンカーなど荷主との取り決めがある場合も考慮しながら，航海採算が最良となるよう必要に応じて船長に指示をだす．

(8) 事故対応

船が衝突，座礁，転覆などの海難にあった場合，即座に社内関係者を集めて対応策を協議しなければならない．人命を優先し，次に海洋環境の保全と貨物の安全を確保する措置が講じられなければならない．海難の際には技術，法律，行政および契約の側面がある．配船担当部門はその協議のかなめとなる．

貨物に損傷，逸失などの事故が発生した場合も，配船部門が主導的に対応策を講じなければならない．積地や揚地の代理店を通じて，積荷の鑑定を手配し，原因究明に努める必要がある．

c. 航海採算

海運では航海ごとに採算をとることを原則としている（voyage account）．つまり，前の航海終了時から積地へ船を回航し（差し向け），貨物を積んで揚地に向かい，揚荷が終了した時点までを1航海とみなす．その1航海でいくらの収益（運賃）を得て，いくらの費用が掛かったかを計算し，最終的に航海損益を出す．

収益には運賃のほか付帯料金や滞船料などが含まれる．費用は本船固有の費用である船舶費用と運航に必要な運航費用に分けられる．船舶費用には，本船の船員費，修繕費，潤滑油費，食料・水，船舶保険料，償却費，建造資金金利，公租公課，割

表 1　ケープサイズバルカー　豪州/日本航海採算表

Vessel Name	M/V "Southern Cross"			Deadweight　(LT)　170 000			
Account	ABC Steel			Bunker		800	
Loading Port	Dampier			Constant		1,000	
Discharging Port	Oita			Water		500	
Cargo	Iron Ore						
Freight Rate	($/LT)	$14.00	X	Net Cargo LT		167,700	
					Total Freight($)		2,347,800
				Brokerage	3.50 %		82,173
PORT	Miles	Run	Stay	Port Charges			
Oita				Dampier			70,000
	3,650	10.14		Oita			65,000
Dampier							
					S. Total		135,000
Dampier			2.00				
	3,650	10.49		Other Expenses			
Oita			2.00				
				Miscellaneous	100 /day		2,613
				Canal Toll			0
				Hold Cleaning			3,000
Reserve		1.00	0.50		S. Total		5,613
Total	26.13	21.63	4.50				
Speed	Ballast	15.0 knot		Fuel Cost			
	Laden	14.5 knot		TTL Consumption	Price($/MT)		
FO(MT/Day) Run		56.00	—	1,211.13		$460	557,122
FO(MT/Day) Stay		0.00	3.50	15.75		$460	7,245
DO(MT/Day)		0.00	0.50	2.25		$700	1,575
					S. Total		565,942
					Total Expenses		788,728
					Net Proceed		1,559,072
Total Duration		26.13　days		Daily Cost($)	50,000		
					Total Hire Cost		1,306,370
					Net Profit		252,703
				Daily Proceed		59,672	

・Constant とは船の新造後加わった修理改装などによる資材、残留水、汚泥、船用品などの重さを総称したもので、貨物積載可能トン数から差し引く必要がある。
・港費は港ごとに一括して表示している。
・船舶経費 (Daily Cost) は一括して1日あたり費用としている。
・Daily Proceed とは船舶経費支払い前の粗利益 (Net Proceed) を1日あたり費用にしたもの。

掛けられた社内一般管理費などが含まれる．運航費用には，燃料費，港費(入港料，岸壁使用料，施設使用料，荷役料，水先料，曳船料，綱取り料，通船料，代理店料など)，資材費，運河通行料，海運仲介料などが含まれる．

　用船を使用する場合は，船舶費用に匹敵するのが用船料である．用船料は一般的に1日当りで表示されるため，航海日数をかけて費用を算出する．

　収益から運航費用を差し引いた粗利益に相当するものを運航損益とよぶ．航海日数で割った1日あたり運航損益を通称「チャーターベース」とよんでいる．また，そこから船舶経費あるいは用船料を差し引いたものを航海損益あるいは船舶損益とよぶ．それを航海日数で割ったものを「ハイヤーベース」とよんでいる．

　表1に大型ばら積み船を例に簡略化した航海採算表を示す．

d. 船舶管理者との連携

　配船担当部門は船舶管理担当部門との密接な連携を必要とする．船舶管理は，船員配乗，安全管理，保船(航海中の保守やドックでの修繕)，保険(船舶保険と船主責任保険)，納税(公租公課)，資金調達，保有会社管理などを指す．これらの業務は社内に組織を持って行なわれる場合と，外部の船舶管理会社に委託される場合がある．いずれにせよ，配船担当部門は船舶管理者と密接な連絡をとり，本船の運航が円滑になされるよう配慮する必要がある．特に配船先が三国間など，通常船員交代や保守・修繕を行っている場所を通らない場合，余分な手間とコストがかかる要因となるので注意を要する．

〔篠原正人〕

> 3.4 海運業務

紛争と事故

a. 海難審判・運輸安全委員会

　海難審判法第2条によれば，「海難」とは，①船舶の運用に関連した船舶または船舶以外の施設の損傷，②船舶の構造，設備または運用に関連した人の死傷，③船舶の安全または運航の阻害，であり，具体的には，衝突，乗揚げ，遭難，行方不明，転覆，沈没，火災，機関損傷などを指す．

　海難が発生すると，その原因に関与した者は刑事上・民事上および行政上の責任を問われる可能性がある．刑事では，海上保安部の取調べの後，関係記録が検察庁へ送られ，時として刑事罰が課される．海難審判は，行政上の手続きであり，理事官による申立の後裁決がなされ懲戒がなされる．

(1) 海難審判の変遷

　海難審判の手続きを定める海難審判法は，2008(平成20)年10月1日に改正された．改正前は，「海難の原因を明らかにし，もってその発生の防止に寄与すること」を目的としていたが，改正後は「職務上の故意又は過失によって海難を発生させた海技士もしくは小型船舶操縦士または水先人に対する懲戒を行うため，国土交通省に設置する海難審判所における審判の手続き等を定め，もって，海難の発生の防止に寄与すること」とした．法改正以前の海難審判裁決は，「原因究明」と「懲戒」という二つの役割を担っていたが，改正以降，原因究明の部分は運輸安全委員会に委ねられた．同委員会は，国土交通省の外局として2008(平成20)年10月1に新設，旧航空・鉄道事故調査委員会での事故調査とあわせ海難事故の調査なども行うこととなった．運輸安全委員会設置法は，その目的を「事故原因や事故に伴い発生した被害の原因を究明するための調査を的確に行い同被害の軽減に寄与すること」としている．調査対象者は船舶事故等関係者（運輸安全委員会設置法第18条2項3号）で，関係者の免許出所などに左右されない．

(2) 海難審判手続きの概要

　海難審判所理事官は同審判所に属し，国土交通省・海上保安庁・警察・市町村長らからの通知や新聞テレビ報道などで海難の発生を認知して，事案の調査を開始する．具体的には関係者の取調べや必要な証拠の収集を行う．その結果，理事官が，関係者（海技士，小型船舶操縦士，水先人で外国免状所有者・自衛隊員などに及ばない）に故意過失があり懲戒が必要と認めたとき，その者を受審人とし，また，受審人の故意または過失の内容および懲戒の量定を判断するために必要があると認め

る者を指定海難関係人とし，審判の申立を行う．

海難事件の審理は審判所（公開の審判廷）で行う．海難審判所・東京は，5名以上の死亡者または行方不明者が発生したなどの重大な海難を審判官3名で扱う．一方，地方海難審判所・函館・仙台・横浜・神戸・広島・長崎・門司・同那覇支所は，おのおのの管轄区域で発生した重大事件を除く海難を通常1名の審判官が扱う．受審人は補佐人を選任できる．したがって，審判は，受審人・指定海難関係人・審判官・理事官・補佐人で構成される．

審理は，①審判官の開廷宣言，②人定尋問，③理事官による申立理由の陳述，④これに対する受審人・指定海難関係人・補佐人の意見陳述，⑤証拠調べ（人証，物証），⑥受審人らへの尋問，⑦理事官の意見陳述，⑧補佐人の弁論，⑨受審人らの最終陳述，と進行し，最後に，⑩審判官が結審を告げて，審理が終了する．後日，海難の事実などと受審人への懲戒処分の内容（免許の取消し，業務の停止，戒告）について裁決が言い渡される．これに不服のない場合，理事官は受審人への懲戒を執行（例：業務停止の場合，理事官が海技免状などを取り上げ，期間満了の後これを本人に還付）するが，不服のある場合，受審人は裁決言い渡しの翌日から，30日以内に東京高等裁判所に裁決取消しの訴えをすることができる．海難審判所による懲戒においても，海難に関する事実関係の正しい認定と適切な原因判断は不可欠である．この意味では，運輸安全委員会と同様，海難審判所も実質的に原因究明の機能をあわせ有している．

(3) 運輸安全委員会の手続の概要

委員会は海難事故の通報を受けて事故調査官を指名，必要な調査を開始する．特に重大な社会的影響を及ぼしたものなど，重大な船舶事故の場合は船舶事故調査官が，それ以外の管轄地域での事故は地方事故調査官が担当する．調査対象となる事故は，

① 船舶の運用に関連した船舶または船舶以外の施設の損傷，

② 船舶の構造，設備または運用に関連した人の死傷，

③ 船舶事故の兆候＝重大インシデント（航行に必要な設備の故障・船体傾斜・燃料や清水の不足による運航不能，乗揚げたが船体損傷を生じなかった事態，船舶の安全または運航の阻害）

である．

具体的な調査は，関係者の聴取・関係物件の検査・関係資料の収集などで，この後事故原因を究明するべく試験研究・解析を行う．事故等調査を終える前には報告書案を作成，原因関係者（船舶事故などの原因またはこれに伴い発生した被害の原因に関係があると認められる者）に送付し意見を述べる機会（出頭または文書）を

与える．原因関係者は委員会の許可を得て自らの意見陳述を行うことができる．意見聴取会を開いて関係者・学識経験者より意見を聞くこともある．この後，委員会での審議・議決を経て調査報告書を作成，国土交通大臣へ提出し公表される．国土交通大臣・原因関係者への勧告，国土交通大臣・関係行政機関の長に，事故防止，被害軽減のため講ずるべき施策について意見陳述を行う場合もある．　　　［中村哲朗］

b. 仲　裁

　海運関係業界で取り交わされる契約には，多くの場合，「当該契約に関して当事者間に争いが生じたときは，仲裁（arbitration）によりこれを解決する」といった，仲裁に関する合意が含まれている．実際，船舶を建造する造船契約に始まり，これを管理する船舶管理契約や船員配乗契約，船舶を傭船する定期傭船契約や貨物を運搬する航海傭船契約，運航上の賠償責任を塡補するP&I保険契約，さらには海難に遭遇したときの海難救助契約に至るまで，海運業界を取り巻くさまざまな契約の中には，概ね仲裁に関する規定が含まれている．

　仲裁とは，当事者間で紛争が生じた際に，当事者間による事前または事後の合意に基づき，当該紛争の解決を裁判所ではなく，第三者である仲裁人に委ね，その判断に従う制度である．仲裁人となるのは通常その業界の契約や慣行などを熟知した人であることが多く，審理は非公開で行われ，仲裁人の下す判断を仲裁判断といってごく一部の国を除き上訴することは認められていない．したがって，仲裁制度とは，業界の実体に即した解決が，非公開(秘密)，迅速，かつ，経済的になされる紛争解決手段であるといえよう．

（1）わが国の仲裁制度

　日本においてこの制度が法的に整備されたのは，1890（明治23）年の旧民事訴訟法第八編に「仲裁手続」が規定されてからであった．しかし，この規定は，わが国が近代国家建設のためドイツの法制度にならってとり入れたもので，必ずしも十分な内容ではなく，また，民事訴訟に関する条項を引用していて，外国人にはわかりにくいものであったため，国民が利用しやすい司法制度の実現を目指した司法制度改革により，現在では2003（平成15）年制定の仲裁法に置き換わっている．この法律は，国連の国際商取引法委員会（UNCITRAL）が作成したモデル・ローを取り入れて立法されたもので，世界の60以上の国や地域に同様の法律が存在する．同法によれば，当事者が和解をすることができる民事上の紛争を対象とする仲裁合意は有効であり（第13条），仲裁合意がある場合，裁判所はその対象となる紛争について訴えが提起されたときは，被告の申立てによりこれを却下しなければならず（第14条），仲裁手続の下でなされた仲裁判断は，確定判決と同一の効力を有する（第45条）とされている．したがって，契約の当事者が，当該取引などから生じる紛争を仲裁

で解決することに合意していれば，そこから生じる紛争は仲裁を利用して解決しなければならず，一度下された仲裁判断には，手続上の不備などの問題があって，仲裁判断取消しの訴えが認められる場合を除いて，裁判所の執行決定を得て強制執行まで行うことが保証されているのである（第46条，民事執行法第22条6の2）．また，この仲裁制度の利点は，国内での保証だけにとどまらず，海外における執行も，1958（昭和33）年の外国仲裁判断の承認と執行に関する条約（ニューヨーク条約）という世界の140ヶ国以上が加盟する多国間条約において保証されている．したがって，世界中の相手と取引を行う海運関係業界において，仲裁は債権回収の手段として心強い制度の一つであるといえよう．

(2) 機関仲裁とアド・ホック仲裁

仲裁には，機関仲裁とアド・ホック仲裁とがある．「機関仲裁」は，日本海運集会所のような仲裁機関を利用して行う仲裁手続で，仲裁機関には手続の進行方法を定めた仲裁規則や仲裁人となり得る人，すなわち関係業界の実務・法務経験者，弁護士，大学教授などによる仲裁人名簿が用意されており，仲裁を行う会議や種々の手続の進行を補助するスタッフが用意されている．

他方，「アド・ホック仲裁」は，そのような仲裁機関の助力を得ないで仲裁人と当事者のみで手続を行うことになるので，仲裁人が手続の進行に関する事務手続も行わなければならない．

海事仲裁を扱う仲裁機関ないし団体は世界各地に存在する．しかし，海運業界で利用する契約書には，準拠法を英国法や米国法と定めることが多いため，イギリスのLondon Maritime Arbitrators Association (LMAA)，アメリカのSociety of Maritime Arbitrators, Inc. (SMA)が利用されることも多く，香港やシンガポールも英国法圏に属するため，海事仲裁には力を入れている．他方，日本における海事仲裁は，日本海運集会所の前身である（株）神戸海運集会所が，1926（大正15）年にそれまで神戸海運業組合の行っていた仲裁業務を引き継ぎ，海事仲裁委員会を設置して我が国唯一の常設海事仲裁機関としての活動を開始した．外国で制定された契約書式に同所の仲裁条項が挿入されることも多いが，同所も独自に定期傭船契約書，航海傭船契約書，船荷証券など，各種標準契約書式を制定し，いずれの書式にも仲裁条項を印刷しておくことで，それらを使用する当事者に自動的に紛争を集会所の仲裁で解決する途を提供するとともに，時代の流れにあわせて仲裁規則の改定を重ね，現在では通常の仲裁規則のほか，係争金額に応じて2 000万円までの簡易仲裁規則と500万円以下の少額仲裁手続規則を定め，より迅速・簡便に紛争を解決できるよう，利用者の期待に応えている．

［青戸照太郎］

c. 共 同 海 損

共同海損（general average）の制度は太古に海上貿易が始まった頃に発生したものである．それは衡平に基づく海の自然法である．

(1) 歴　史

危険に際し航海の当事者が単に自己の利益のみならず，航海団体の関係者のために，故意に犠牲を払い，または費用を支出することにより，無事航海を終えることができた場合は共同海損が成立する．例えば，航海中に荒天に遭遇し船を軽くするために故意に貨物の一部を投荷（jettison）したり，沈没を免れる為に故意に浅瀬に任意坐洲（voluntary grounding）させたりするような場合をいう．その行為の結果発生した損害や費用を関係者で分担するという制度である．「投荷」が共同海損に認容された事例は英国ではすでに 1285 年，そして 1608 年（Mouse's Case）に判例として見出されるが，これはもっと以前の Maritime Law of Rhodians/Lex Rhodia de jactu（B.C. 900），Digest of Justinian（A.D. 528～538）の時代に編纂された海法にさかのぼるものとされている．聖書にも投荷を行った話がでている．

1258～1266 年頃に Barcelona で編纂された Consolato del Mare は，当時の地中海の沿岸諸国で行われた慣習法で，297 条からなる浩瀚（ページ数の多い）なものであるが，共同海損に関しては，投荷，任意坐礁（座礁），碇の棄擲，敵や海賊に対する買戻などをその対象としていた．

そして 1566～1584 年に著された Guidon de la mer は主として保険法に関する法典であるが，これ以外に傭船契約，冒険貸借および共同海損などの海法の部門にも論及し，共同海損について明確な最初の定義を与えたものとされている．ここでは投荷のほかに，投荷によって生じた倉内積み貨物の損害，艀への転載費用，買戻費用，錨の犠牲，帆檣（帆柱）や帆の強用による損害などが共同海損に認容されるとしているが，これが成立するためには，損失をもたらした「共同の危険」と「共同の安全」の存在を要求している．

それまでの法令や慣習を斟酌して組織的に編纂されたものが，1681 年の Louis XIV の海事勅令（The Ordonance）である．これにも共同海損の定義があり，発布後ただちに英語に翻訳され，英国の裁判官達（例えば Lord Mansfield）はこれを参照・引用しての根拠とした．［以上 The Law of General Average English and Foreign (4th Ed 1888) by Richards Lowndes, p. 15］

わが国でも鎌倉時代の廻船式目（1223 年）や豊臣時代の海路諸法度（1952 年）に共同海損の分担の定めがある．これは社会通念から発生した衡平の観念に基づき発生したものである．日本商法（1899 年）に第 4 章海損に第 788 条～第 799 条に規定が設けられた．

(2) 現在の共同海損

共同海損の範囲は共同安全主義から共同利益主義を取り入れた折衷主義となっている．投荷，任意坐礁，消火による損害などから，共同の利益のために支弁された（発生した）費用も共同海損に認容されることとなった．例えば，船貨共同の安全のために避難港に入港した場合の港費，さらに原針路復帰までに余分に発生した船員の給料，食料，燃料など，あるいは，避難港から仕向地へ貨物を継搬（代わりの船で輸送）する場合，その代船輸送により余分な共同海損費用の発生が節約されたときは，その範囲まで共同海損に認容するというものである．これを「代勘費用」(substituted expenses) というが共同海損ならではの考え方である．

現在共同海損は The York/Antwerp Rules (YAR) によって精算されるが，これは Glasgow Resolutions 1860 に始まり，YR 1864，YAR 1877，近年では YAR 1974，YAR 1994，YAR 2004 と改訂が重ねられてきた．実務では YAR as amended 1990 または YAR 1994 が運送契約に用いられるのが一般的で最新の YAR 2004 はまったく使用されていない．

「投荷」は今ではほとんど実例はないが，消火活動による犠牲損害の事例は少なくない．最近特に発熱性・発火性を有する貨物がコンテナ船で輸送中に発熱・発火して，共同の安全のために注水がなされる事案が増えている．注水の結果発生した損害や費用は共同海損となる．

(3) 近年の事例

共同海損の費用の中で一番大きいものは「救助費」である．航行中に本船の機関故障や衝突により航行不能に陥り，救助船に最寄りの避難港や目的地まで曳船(えいせん)に救助を依頼することがある．また，本船が坐礁して救助船に救助を依頼することもあり．最近おおがかりな救助を要した坐礁事件 (LOF case) が発生した．APL PANAMA 号と OCEAN CROWN 号事件である．前者は 2005 年 12 月に中米西岸で坐礁，現場が浅瀬であったのでコンテナを瀬取りする艀を利用することができず，大形ヘリコプターを雇い空中からコンテナを引き上げたり，本船までトラックを近付けるために浅瀬に仮道路を造成したりして，本船を引き下ろすことに成功した．その結果，救助報酬は Lloyd's Arbitrator が裁定，4 千 7 百万米ドルとされた．後者は銅精鉱を積載して南米西岸で坐礁したが，救助業者は資機材や救助員を確保するために救助契約を買入して救助実費を工面した．こちらは救助費に就いて二度にわたる仲裁では決着が付かず，海事法廷に持ち込まれた．2010 年 1 月に最終的に仲裁廷で認められた救助報酬は 4 千万米ドルとされた．　　　　　　　　　　　　〔森　明〕

3.5 船主業務
船隊整備

海運会社が自身で使う船の一団を「船隊」とよび，それをバランスよく整えることを「船隊整備」という．以下にその考え方と方法について説明する．

a. 船舶建造の判断

船は海運にとって商売道具である．貨物が多いときには多くの船が必要となり，貨物が少ないときには船も少なくてよい．しかし，その荷動きの変動にあわせて船の数を増減させることは難しい．船はおおよそ20年以上の耐用年数があるから，その間誰かがその船を所有し，使う必要がある．

海運会社は荷動きの変動にあわせて船隊の大きさを調整するため，所有船と用船の数のバランスを変化させている．つまり，所有船の数を長期安定的な荷動き量にあわせ，それ以上の荷動きの変動部分には用船で対応するという具合である．もちろん長期的に荷動きが拡大していくとみれば，所有船を増やしていくという方法が取られる．また，船舶建造は一時に固まってしまうと景気の低迷期に同じような船齢の船が多く余ってしまい，処分に困難をきたすおそれがある．したがって船齢の適度な配分も必要である．このような判断業務は，海運経営の最も重要な側面である．

荷動きにあわせて船を調達するというが，難しい点は二つある．まず一つは，船は発注してからでき上がる（竣工）まで2年以上かかるという点である．二つ目は，用船でまかなおうとしても，船が必要となるときは皆が必要とするときであり，船がいらないときは皆がいらないときであるという点である．そして新造船も用船も

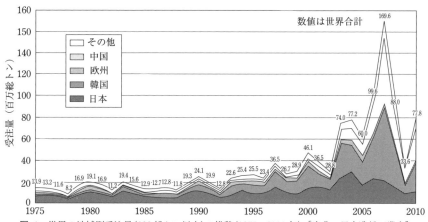

図1 世界の地域別受注量(100総トン以上)の推移(1975～2010年) [出典：日本造船工業会]

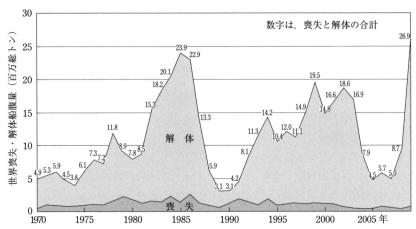

図2 世界の喪失・解体船腹量(100総トン以上)の推移(1970〜2009年)［出典：日本造船工業会］

市場価格があり，需要が多いときは価格（あるいは用船料）が上昇し，需要が少ない時は価格が下落する．この二つは相互に影響しあいながら変動する．したがって船の調達を検討する際は，荷動き予測を的確に行うとともに，安価な調達の方法を講じる必要がある．

図1および図2は世界の船舶受注量と喪失・解体量を示している．これによると船の供給が年によって大きく変動していることがわかる．最近の例では，中国の高度経済成長を見越して新造ブームが起こり，それに呼応して解体（スクラップ）される船が急減したが，その後に起こったリーマンショックによって船腹過剰が予想され，新造受注が激減した一方，解体が急に進んだ．

b．船舶発注

船は船主から造船所に発注されるが，造船所には大小があり，それぞれの企業に得意な船種がある．船主はタイミングと市場価格（船価という）を見ながら造船所と交渉を行う．わが国の船主は従来，品質や交渉の利便性から，日本の造船所に船を発注することを原則としていたが，最近は韓国に続いて，中国の造船所に発注されるケースが多くなった．

発注時には建造契約が結ばれる．造船所としては，何年先まで受注残があるかが景気の目安となっている．建造が始まるときを「起工」という．船は最初工場で鉄板を溶接で組み合わせ，ある程度の形（これを「ブロック」という）を造る．そのあと各ブロックを繋ぎ合わせ船体の形を造るために船台に移動する．船体がおおよそでき上がり，塗装が済むと水に浮かべる．これを「進水」という．その後，機関やその他の付属物が取り付けられて竣工の運びとなる．船価の支払い方法は建造契

約で決められるが，一般的には，契約，起工，進水，竣工時に分けて支払われる．

新造船の場合，海運会社が自ら船主として発注する場合（社船という）と，竣工時から一定の期間用船することを海運会社が保証して専業船主から発注される場合がある．専業船主はこの用船保証を資金調達時（借り入れ）の担保として使うこととなる．

c. 中古買船

新造ではなく中古船舶を市場で購入するという方法もある．ちょうどよいタイミングで希望する中古船が中古船売買市場に出た場合，すぐに手に入るという利点がある．その場合，契約前に専門家による十分な船体・機関検査を実施し，隠れた瑕疵がないかを確認する．

わが国の海運会社では中古買船はあまり一般的ではないが，ギリシャなどの船主は2，3年後に高値で転売することを目的によく行う方法である．

d. 用船の判断

用船は新造船を建造するより容易であり，手早く船を調達できるという利点がある．他方，積荷の確保ができなくなったときに用船契約が残っていると実損が出てしまったり，用船契約終了時に積荷契約が残っていると船舶確保に困難をきたすというリスクもある．

用船契約には航海用船契約と定期用船契約と裸用船契約がある．船を用船で調達するとき，この3種類の用船方法を適宜使い分けながら船隊整備を行っていく．航海用船契約は船を持っている海運会社と積荷を持っている者（荷主や積荷契約を持っている海運会社）とを結ぶ契約である．定期用船契約は海運会社どうしの船の貸し借りであり，乗組員および船舶管理が付いた状態で貸される．裸用船では船主が投資対象として船を買い，それをそのまま用船者が借りて自身の手配で乗組員を乗せ船舶管理を行う．

航海用船契約では運ぶ対象となる積荷が明確になっており，1航海から数年に及ぶ連続航海用船契約まで多様である．定期船の場合は積荷が不特定多数のため，この用船形態はとらない．定期用船契約は最も一般的な船の用船による調達方法である．これも1航海（trip charter）から10年や20年といった長期の契約までさまざまある．定期用船に当たっては，その船が荷主との運送契約を履行するのに合致した仕様であるのを確認することに加え，船主の財務状態，船の保守の状態，乗組員の質などを注意深く監視する必要がある．

e. 船舶処分

船隊の中で不要な船が出た場合，処分する方法がいくつかある．所有船（社船）の場合は，船齢が若い船は中古売船，耐用年数がない船はスクラップ売船（解撤と

いう）をする．中古売船は新造船や用船の市場と連動しており，積荷が確保できない不景気のときに売船を選択することとなるが，そのようなときは売船したいと思う船主が多く市場価格も低い．逆に積荷確保が容易な好景気時には，売船したい船主が少なく市場価格が高くなる．

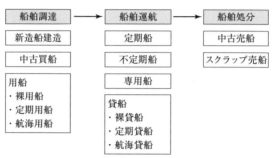

図 3　船舶調達から処分まで

　船は売船されても，新しい船主が同じ海運市場で積荷を獲得しようと競合してくる可能性がある．特定の貨物を対象にした小さい市場の中で運航される船の場合，売船先がその船をどのように使用しようとしているのか，注意深く観察した上で売船交渉を進めなければならない．

　スクラップ売船の場合は，鉄スクラップの値段と連動した相場となる．したがってどのような用途の船かより，何トンの鉄に相当するのかが測られる．したがって建値は船の軽貨重量トン（light ton）あたりの値段となる．また，非鉄金属や付属品を転売することも考慮に入れられる．　　　　　　　　　　　　　　［篠原正人］

3.5 船主業務

船舶管理

a. 船舶登録と便宜置籍

船舶は会計上，固定資産に計上されるが，この特徴は製造設備や土地建物とは異なり特定の場所に固定されているものではない．法律上，動産に属するものとされている一方で登録が必要とされている．

(1) 船舶の登録

海上人命の安全，航海の安全のために，国際間の法律，規則を遵守しているかどうか，さらに近年では環境汚染防止など公益上の観点からも，各国においては船舶を登録しその監督をする義務があるため，一定要件以上の船舶は各国監督当局において登録手続きを行うことが定められている．登録手続き完了後に，当局からは船舶国籍証書（一般に「船籍」といわれる）の交付を受けることとなる．

(2) 船舶の登記

法律上（わが国における商法，民法のようないわゆる「私法」）の権利関係を公示することを目的として行われる．不動産登記と類似することから，不動産登記法の規定の多くが準用されているが，登記することができる権利は限定されており，船主として留意すべきは以下の2点である．

① 船舶所有権：所有権保存登記，所有権移転登記
② 船舶抵当権

(3) 便宜置籍

1970年代に入り，便宜置籍（flag of convenience：FOC）で船舶を登録する動きが活発化した．便宜置籍船の受入国には，リベリア，パナマ，キプロス，バハマ，マーシャルアイランドなどがあげられるが，以下のような共通点がある．

① 外国人による船舶の所有を認めている．
② 登録手続きが容易であり，登録の異動が制限されていない．
③ 外国人船員の配乗が認められている．
④ 優遇税制（登録税，トン税など）の実施国である．

近年では各便宜置籍受入国においても，冒頭で述べた航海の安全を確保するため，また環境汚染防止の観点からも国際条約上で定められた基準を遵守するよう，寄港国当局との協力のもと，基準に満たないサブスタンダード船の排除（port state control：PSC）に積極的に関与している．

図 1　国籍証書の例

b．船舶保険と船主責任保険

(1) 船舶保険

　船舶運航においては，座礁，火災あるいは衝突といったリスクに常にさらされており，思いもかけない事故に遭遇することがある．また，船舶が何らかの事由で稼働できなければ，船主にとって傭船料収入が途絶える一方で，経費については支払をしなければならない．

　このような不測の事態に備えるために，保険料という一定のコストを掛けて損害

をカバーするものが船舶保険である．本船の損傷，滅失，他船との衝突損害賠償金，不稼動中の経済的損失をカバーするものとして①船体保険，②戦争保険，③不稼動損失保険がある．

(2) 船主責任保険（P&I 保険）

船舶保険は，海難事故により発生した人身事故や港湾施設損傷，油濁による海洋汚染損害，積荷損傷について損害賠償を受けた際の損害金，訴訟費用などについては船主責任保険にてカバーされる．

通称 P&I 保険とは，protection and indemnity からの略称であるが，protection は船舶所有者としての第三者に対する責任および船員に対する使用者としての責任（損害賠償）を意味し，indemnity は積荷の運送人として荷主に対する責任（補償）を意味する．

c. 資産としての船舶

資産としての一般的な特徴点は不動産を思い浮かべれば共通点が多くイメージがつかみやすいであろう．

① 会計上は償却資産として計上される．
② 営業上は収益を生み出すための資産である．
③ 投資額の規模が大きい（数十億円の単位となる）．
④ 税法上の耐用年数（ばら積貨物船 15 年など）のみならず経済耐用年数はさらに長く長期の投資物件となる．
⑤ 国際間において売買取引が可能であり，換金性が高い商品としての性格をもつ．

d. 市中間接金融（船舶金融）

船舶購入価格は，1 件あたり数十億円の規模になることが通常であるため，その資金調達がきわめて重要となる．市中間接金融による資金調達計画の立案に際しては以下の事項がポイントとなる．

投資採算の検証

(1) 市況変動リスクの検討

① 為替および金利の変動リスク：傭船料収入の基準は US ドル建である．一方で返済元利金が円建であるケースでは，期間中の為替レート変動の影響を受ける．したがって為替先物予約やオプション利用によるヘッジ取引の利用も対策として利用される．また，借入金利は 1 ヶ月，3 ヶ月などの短期変動金利をベースとすることが一般的であり，金利変動の影響を受けるので，金利スワップ等を通じての固定化により対応する方策も検討の必要がある．

② 傭船料の変動リスク：傭船料のマーケットは概して変動幅も大きく，1 年間で見ても乱高下が激しい．言い換えれば，短期間での高収益を志向することも可能で

あれば，長期間での安定収益を志向することも可能であり，船主にとってはタイミングを捉えて傭船料および傭船期間を決めることが重要である．

一方で，首尾よく機会を捉えてこれらを決めることが出来たとしても，傭船者が支払義務を果たさないという手の打ちようがないリスクもある．

③ 船価の変動リスク：船舶の価格は新造船，中古船の両マーケットにおける価格趨勢が，ある程度の時間差はあったとしても並行して推移する傾向にある．需要拡大期に対応するための買船，需要縮小期に対応するための売船において，その好機を正確に見通すことは困難ではあるが，平時から両シナリオを想定したうえであらかじめ船主なりの景況見通しをもっておく必要がある．

④ 船費の変動リスク：船費の太宗を占める船員費，また原油市況の影響を受ける潤滑油費についてはインフレリスクの警戒が必要である．また，安全運航上の諸制度変更や規制強化の流れがとまることはなく，環境保護対応も含め設備更新，維持，保守への取組みが従来以上に要求される傾向にある．上記を受け修繕費，部品費，安全証書取得費，検査費などの諸経費も思わぬ増加をみないとも限らず，予算策定に当たっては注意を要する．

(2) レバレッジリスクの検討

「レバレッジ」とは船舶購入に当たり，自己資金に加えて借入金を投入して代金をまかなうことをいう．投下自己資金に対する保有期間の収益率を高めることがその動機となるが，どこまで許容するのかについて尺度をもっておく必要があり，財務体力に照らし，またインフレリスクを勘案した上での投下自己資金額規模と借入金規模の割合を設定することが重要である．

返済方法の検討

レバレッジを効かせての船舶保有を行った場合の借入金の返済原資についていえば以下の二つがある．

① その船舶を営業に使用することにより稼得する傭船料
② その船舶を売船することにより受取る売船代金

すなわち船主にとっては，保有期間中の使用価値と資産価値の組み合わせにより返済能力が左右されることになる．返済能力を高めるには傭船料収入の増大を図り，売船時の資産価値を高めることの両方を追求することが肝要であるが，これまで述べてきたように変動リスク要因が多く，またその振幅も大きい業界であることから，常に上手く行くとは限らない．ついてはタイミングを図りながら複数隻保有によるバランス経営を目指すことが肝要である．

市中銀行借入における担保

市中銀行においては船舶抵当権の設定を前提としていることが一般的であるた

め，投資対象の本船担保価値がどの程度なのかが重要なテーマとされることが多い．また，補完の担保として船舶保険金受取債権の請求権，傭船料受取債権についても質権の設定が要求されることが一般的である．

e. 船舶コスト管理

船主が負担すべき費用の目的は，船級を維持し航海を遅滞無く遂行することを達成するためであり，船体のみならず，搭載されている機関，備品，必要とされる証書，保険など多項目にわたっている．また，乗組員にとっては職場であり生活の場でもあることから，環境衛生面の維持費用についても考慮することが求められる．

船費内容を項目分けして，予算の策定/実績推移の検討を続けコスト節減を図ることがベースになるが，必要経費を単純に暦年比較において削減する等の方策は，本船のコンディション劣化，ならびに長期使用の観点から見ればパフォーマンス悪化につながりかねないことに留意するべきである．

他方で，きめ細かく暦年比較を実施することにより，将来の大幅なコスト節減につながる新たな設備導入計画の青写真を描き出せることに留意しておきたい．

また，近年，国際海洋条約上の新たな規制施行が予定される環境下，船主が負担すべき費用は増える傾向にあり，必要コストの採否についてはその見極めとともに全体コストの節減にはなお一層の知恵と努力が求められていると言えよう．費用項目については表1にあげた．

なお，燃料（バンカー）代は船主ではなく，傭船者（運航者）の負担でありここには含まれない．

f. 売船とスクラップ

(1) 売 船

売船による受取代金は借入金返済原資の一つであると同時に，代替船建造を行う場合には新造船の自己資金ともなるため，売船時期は船主にとって非常に重要となる．一般論では既往傭船契約の期日がそのタイミングとなるが，更改後の傭船マーケット，売船マーケットの見通しから，将来における傭船収益と売船収益との比較を行ってみることも必要である．また本船現状のコンディション分析，規制強化時代における追加投資の将来を推定するなど，売船検討には船主としての洞察力を働かせて臨むべきである．

船主が傭船者に対して買船オプションを与えている場合は，傭船契約時における合理的な理由づけに充分な検討が必要である．

売買契約書式については，すでに国際間にて認められた標準様式がある．買手候補先の選定についても仲介業者を使って具体的に情報をとることができる等，契約締結から売船引渡までのインフラは整備されてきており，実務作業上では取り組み

3章 人とものを運ぶビジネス（海運）

表 1 費用一覧表

項　目	内　容	内　容　説　明
船員費	船員給料	賃金および諸手当（Basic wage, Overtime, Allowance, Incentive pay など）
	船員交代費	交代旅費・宿泊費・（左記に関る）代理店費用などの付帯費用
	食糧費	食材購入費（オーバーラップ分を含む）
	Manning Expenses	配乗手配に伴う費用（配乗代理店手数料，通信費，教育・訓練費，ライセンス取得費，制服・作業服費など）
	Union Dues	ITF/組合関係費用（ITF/JSU welfare fund, IMO training, SSS medicare, stability fund, ISCA fund, training levy など）
	Irrecov, Medical	傷病治療費の免責分および免責以下の治療費
	その他	その他乗組員関連費用（船内福利厚生費，船内雑費）
船用品費	ペイント類	ペイントおよびシンナー購入費
	Cargo Wire	デッキ・クレーン用ワイヤー購入費
	Mooring Rope	係留用 Hawser rope 購入費
	海図・書誌	海図・書誌・Notice to mariners などの購入費
	甲板部船用品	甲板部一般船用品購入費
	ケミカル類	防腐剤・清缶剤・助燃剤などの購入費
	機関部船用品	機関部一般船用品購入費
	無線・通信用品	無線・通信関係消耗品の購入費
	事務・司厨部用品	文房具・司厨部船用品・洗剤などの購入費
	医薬品	医薬品・医療器具・検査試薬などの購入費
	その他	通関費用・輸送費など
部品費	無線・通信機器部品	無線・通信関係部品の購入費
	甲板機器部品	甲板機器部品の購入費
	主機部品	主機用部品の購入費
	発電機・補機部品	発電機および補機類用部品の購入費
	その他	上記に属さない部品購入費および通関・輸送費
修繕費	無線・通信機器	メーカー・専門業者などによる修理・点検費用
	甲板機器	〃
	主機部品	〃
	発電機・補機	〃
	検査費	船級・旗国・P&I・専門業者などによる検査費用
	その他	輸送費および付帯代理店費用
入渠費用	入渠工事費	造船所への支払工事費用
	船主手配費用	船主により発注のペイント・部品・修理費用
	港費・代理店費	トン税・パイロット/タグ費用，代理店費用
	その他	船級検査費・監督派遣費用など
船舶保険料	船体保険	Hull & machinery
	戦争保険（船体）	War risk
	不稼動損失保険	Loss of time (Hull & machinery)
	戦争保険（不稼動）	Loss of time (War risk)
	Off-Hire 保険	不稼動期間中の傭船料損失総合保険

表 1　費用一覧表（つづき）

項　目	内　容	内　容　説　明
P&I 保険など	Advance call Supplemental call FDD 保険 COFR（賠償資力証明書） その他	前払保険料（一括あるいは四半期毎の分割払） 追加保険料，Release call Freight, demurrage & defence（主に紛争処理費用） 基本保証料・米国カリフォルニア/アラスカ OPA 90，OSRO 登録料，OSCP 登録料，PC SOPEP など
潤滑油費	主機シリンダー油 主機システム油 発電機システム油 その他	主機シリンダー油の購入費 主機システム油の購入費 発電機システム油の購入費 その他潤滑油購入費（Gear oil, Compressor oil, Hydraulic oil など），オイル・フェンス代，成分分析料，搬入代などの付帯費用
その他費用	通信費 供食費などの費用 代理店料 港費 訪船・検船出張費 ISM・ISPS 関連費用 その他 旗国費用	船主が負担すべき通信費 船主が負担すべき供食費などの費用 船主が負担すべき港費関係費用（交通費・通信費など） 上記以外の費用（通船代・ワッチマン費など） 旅費，宿泊費，日当など（定期・臨時） 証書取得費・監査費・設備費・維持費など Garbage 処理費・衛生検査費・官憲応対費，銀行手数料・清水代・Deratting 費用など Annual tonnage tax，証書更新費用，会社登録更新費用など

しやすい環境ができあがっている．

(2) スクラップ（解撤）

多くの日本船主にとって船舶は中古売船されることが一般的であるが，船舶が経済耐用年数に達するとリサイクルのためスクラップとして売却される．現状では中国，インド，パキスタン，バングラデシュといった開発途上国がスクラップとして解体場所になっている．

これら国々においては，人海戦術による解体作業を主とするところから現場作業での死傷事故発生の危険も多く，また過去に建造された船舶に使用されている塗料，部材にはアスベスト，PCB，水銀，鉛などを含むほか，残重油などの危険物質もあり，解体現場における作業員の安全衛生確保および環境汚染防止の見地から，国際海事機関において対応策が協議されている． ［海部圭史］

3.6 内航海運

内 航 海 運

　内航海運とは，外航海運が日本の港と外国の港との間の貨物または旅客を輸送することに対し，国内の港間の貨物と旅客を輸送することを一般的に意味する．ここでは，「内航輸送とは船舶（ろかい船，港湾運送事業法の船舶，漁船法の漁船以外の船舶）による海上における物品の運送であって，船積港および陸揚港のいずれもが本邦内にあるもの」という内航海運業法の規定に基づき，国内の海上貨物輸送について述べる．

　わが国の内航海運は国内物流の約4割を担い，鉄鋼，石油，セメントなどの産業基礎物資の約8割を担う日本の産業と社会を支える重要な物流産業である．また，内航海運は，二酸化炭素排出原単位も営業用トラックの約1/5と地球温暖化対策上も有効な環境に優しい輸送機関であるとともに，有事や大規模地震など自然災害の際の救援・復興活動およびテロ活動，領海侵犯，武器・麻薬の密輸等の保安活動を行う海上保安庁への協力活動などを通じ，国民の安全を確保する役割も担っている．

a. 内航海運の概況

(1) 内航輸送量

　国土交通省「内航船舶輸送統計年報」によれば2011（平成23）年度の内航貨物船（以下内航船）の輸送量は，漸減傾向にあるが，総計3.6億トンあって，主な貨物は石油製品（全輸送量の25％，90 725千トン），石灰石等非金属鉱物（19％，68 776千トン），鋼材等金属（12％，43 151千トン），セメント（9％，33 760千トン），製造工業品（7％，25 110千トン），砂利・砂・石材（5％，18 877千トン），化学薬品・肥料等（6％，21 245千トン），その他特種品（5％，19 236千トン），石炭（4％，12 486千トン），自動車等（3％，10 948千トン），その他製品（2％，7 714千トン），農林水産品（2％，5 269千トン），その他産業原材料（1％，3 687千トン）となっている．

　石灰石，石油製品，鉄鋼等，セメント，砂利・砂・石材，化学薬品・肥料，石炭，製品工業品，自動車等の産業基礎素材物資9品目で輸送トン数の90％を占めている．

　内航船の輸送活動量（輸送量×距離）は，平成23年度において1 749億トン・km，輸送機関別シェアは，内航海運41％（自動車54％，鉄道5％）と国内物流の4割を占めている．特に鉄鋼，石油，セメントなど産業基礎素材物資の約8割の輸送を担い産業を支えている．

　国内物流が最も多かった1990（平成2年）の国内総輸送量約65億トンのうち内航船による輸送量は，約5億8千万トン，シェアは8.85％，活動量（トン・kmベース）シェアは53％であった．しかしながらバブル経済の崩壊後製造業の海外生産へ移

転,輸送の合理化などが進み,輸送量は毎年減少を続けてきた.特に2008(平成20)年には,リーマンショックとよばれる金融不安に起因した世界的経済活動の悪化から2009(平成21)年度の内航船による輸送量が3億3千万トンと43％も減少した.また,国内全輸送量における内航海運の輸送量シェアは6.8％(1990(平成2)年比2％の減少),活動量シェアは,40％(1990年比13％減少)であった.

(2) 内航海運事業者

これらの貨物を運ぶ内航海運事業者は,荷主の要請により貨物を輸送するオペレータとよばれる運送事業者とオーナーとよばれる船員を配乗させた自己所有船舶をオペレータに貸し出す貸渡事業者からなっている.なお,2013(平成25)年3月現在,休止事業者を除く内航海運事業者総数は,合計3247でその内訳は表1のとおりである.

登録事業者(2005(平成17)年の内航海運業法改正以前は許可事業者)の運送事業者,貸渡事業者の推移を見ると,1970(昭和45)年運送事業者1175,貸渡事業者9129,合計10304であったが,その後継続的に減少し2013(平成25)年3月には運送事業社652,貸渡事業社1513,合計2165となった.

表1 内航海運事業者数 (2013年)

区分	登録事業者	届出事業者	合計
運送事業者数	652	899	1551
貸渡事業者数	1513	183	1696
合計	2165	1082	3247

注:登録事業者は100総トン以上または長さ30m以上の船舶を使用する者,届出事業者は,100総トン未満かつ長さ30mの船舶のみを使用する者である.

(3) 船腹量

内航船の総船腹量は2013(平成25)年3月現在,5302隻,3566千総トンである.内航船には輸送貨物の形状などに応じ輸送に適した種々のタイプの船がある.船種ごとに見ると,その他貨物船(一般貨物船およびその他特殊貨物船)3463隻,1725千総トン(48％),自動車専用船20隻,96千総トン(3％),セメント専用船139隻,361千総トン(10％),土・砂利・石材専用船387隻,239千総トン(7％),油送船980隻,939千総トン(26％),特殊タンク船313隻,206千総トン(6％)となっている.その他貨物船には,いろいろな種類の荷物を積載できる一般貨物船,セルガイドのついたコンテナ専用船,自走して船に積み込めるRORO船,品目ごとに適した構造を有する石灰石専用船,石炭専用船,コークス専用船など多くの種類の船舶がある.

1973(昭和48)年においては,内航船総船腹量は,15794隻,3644千総トンであったが,2013(平成25)年3月までに隻数で66％,総トン数で2％減少したが,平均総トンは1973年の231トンから2013年の673総トンと1隻あたりの船の大きさは約2.7倍となった.言い換えれば隻数は大きく減少したが,輸送能力はほぼ維持したまま船舶の大型化が進み,輸送効率は向上したことがわかる.

b. 内航海運業の仕組み

(1) 内航二法と事業者の組合組織

1955 (昭和 30) 年代後半は，海運ストの頻発など未曾有の海運不況にあった．このため外航海運については，1963 (昭和 38) 年 7 月「海運業の再建整備に関する臨時措置法」および「外航船舶建造融資利子補給および損失補償法および日本開発銀行に関する外航船舶建造融資利子補給臨時措置法の一部を改正する法律」いわゆる外航海運再建二法が制定され，6 合併会社の設立を中心とする企業の集約と集約事業者に対する利子補給（計画造船）などの再建策が成立した．

これに対し内航海運については，事業者数が 25 000 者余もあって，外航海運のように事業者を集約化することは困難であることから，内航海運不振の基本的な要因の一つとなっている恒常的な船腹過剰傾向を是正するため，船腹調整を行うことによる再建策をとることが運輸大臣の諮問機関である内航問題懇談会により答申された．この答申を基に 1964 (昭和 39) 年に小型船海運業法と小型船海運組合法を改正した内航海運業法と内航海運組合法（これを「内航二法」という）が制定された．また，新船建造については，新たな輸送需要に見合うものと老朽船，不経済船などを代替するものについて行うとともに内航船舶の建造に当たって船腹量の調整を実施することとなった．内航海運業法においては，大要次のことが定められた．

・内航船腹量を適正化するため，運輸大臣（当時）が毎年必要船腹量の指標となる適正船腹量を告示するとともに，内航船腹量が著しく過剰となった場合には，時限的な措置として最高限度量を設け，内航船腹量をこれ以上増加させないという措置を講じる制度が導入された．

・取引条件改善のため，標準運賃・標準貸渡料という制度が設けられた．

・経営基盤強化のため内航海運事業を許可制とする (1966 (昭和 41) 年，内航海運業法の改正)．

一方，内航業界においては，1965 (昭和 39) 年施行の内航海運組合法に基づき五つの海運組合（内航大型輸送海運組合，全国海運組合連合会，全国内航タンカー海運組合，全国内航輸送海運組合，全日本内航船主海運組合）が結成された．また，1965 (昭和 40) 年にこの 5 組合の総合調整機関として，日本内航海運組合総連合会（内航総連合会）が組合員の経済的地位の改善などを図ることによって内航海運の正常化に資することを目的として創立された．

内航総連合会は，内航海運組合法に基づき独禁法の適用除外として運賃・料金の調整（価格調整），配船の調整（生産調整），保有船腹の調整（設備調整）を業界の自主調整事業として実施できることとなったものである．

(2) 船腹調整事業

船腹調整事業は，新たな船舶建造に際して一定船腹量を廃棄するというスクラップ・アンド・ビルド（S&B）を義務付ける船腹の適正供給を目的とした不況カルテルとして，独占禁止法の適用除外であった内航海運組合法に基づく海運政策として，1967（昭和42）年12月から1998（平成10）年まで約30年間の長きにわたり実施されてきた制度である．

この制度では，新たな船舶の建造に際して，自ら所要のスクラップ（既存の内航船舶）を持たない場合には他者からスクラップのための引当船を購入しなければならず，スクラップ船に一種の営業権としての引当権が生じた．引当権は，船舶を保有する既存事業者にとって，担保価値や節税対策として有用なものとなり，さらに中古船の市場が活性化されるなど業界にとって不可欠のものとなっていった．

しかし，一連の規制緩和の流れの中で，独占禁止法適用除外のカルテルが原則廃止されたことから，船腹調整事業の解消に向けた検討が海運造船合理化審議会で行われ，1998（平成10）年3月に以下を骨子とする意見が答申された．

① 内航海運事業者の9割以上が中小事業であり，資本の内部蓄積が乏しいため，引当資格の財産的価値に依存して，運転資金や新船建造資金を金融機関から調達しているものが多く，引当資格の財産的価値が消滅した場合，内航海運事業者の事業経営に悪影響を及ぼし，国内物流の安定的確保に支障を来すおそれがある．

② 内航海運業者や小型造船業などの内航海運関連産業が基幹産業としての役割を果たしている特定地域においては，船腹調整事業の解消が当該地域全体の経済に深刻な影響を与えることが予想される．

③ このため，船腹調整事業を解消するためには，既存船の引当資格の財産的価値について所要の整備をする必要があるが，引当資格の財産的価値は，船腹調整事業の結果派生した反射的利益であり，国がこれを買い上げることは困難である．

④ そこで，内航海運暫定措置事業を導入することが適当である（次項（3）参照）．

この答申に基づく閣議決定に従い，1998（平成10年）4月に内航総連合会は，船腹調整事業を廃止し，同時に，内航海運暫定措置事業を導入した．

(3) 内航海運暫定措置事業

暫定措置事業は，船腹調整事業の廃止により新規建造船の引当権という資産価値が一挙に無価値化するという激変を緩和するためのソフトランディング措置とし，次のような仕組みをもつものとして1998（平成10）年4月から導入されたものである．なお，同事業は保有船腹調整事業である．

① 日本内航海運組合総連合会は，自己所有船舶を解撤・海外売船する転配業者等に対して交付金を交付する．

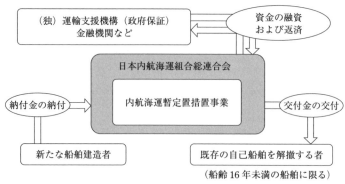

図 1　暫定措置事業

② 解撤等交付金の対象となる船舶は，事業実施後一定期間が経過した後は，船齢15年以下とする．

③ 解撤等交付金の交付のために必要な資金は，金融機関から調達するが，その返済については，船腹調整事業対象船種の船舶を建造等するものが新しく建造する船の重量トン数等に応じて納付する建造等納付金で充当する．

④ 暫定措置事業の建造等納付金の納付は，同事業に係る収支が相償ったときに終了する．

同事業は，導入後15年以上が経過しているが，解撤交付金の支払額に対し新規建造船の減少から建造等納付金の収入が少なく，金融機関への返済に相当の年数を要し同事業の継続が長期化しているという問題も抱えている．

c. 内航海運業法の改正

その後の経済的規制の緩和と社会的規制の強化等への社会的な要請など内航海運を取り巻く環境変化を受けて，2002（平成14）年に国土交通省に設置された次世代内航海運懇談会において「次世代内航海運ビジョン」が策定された．その答申を踏まえ，航行の安全の確保や船員の労働保護を図りつつ海上運送事業の活性化を図るために，内航海運業法，船員法，船員職業安定法の3法が改正され，2005（平成17）年4月より施行された．この内航海運業法の改正は，競争的事業環境の整備と事業展開の多様化・円滑化を大きな目的としており，その主な改正内容は次のとおりである．

経済的規制の緩和として適正船腹量の告示，最高限度量制度及び標準運賃・貸渡料制度の廃止，参入規制の緩和（許可制度から登録制度への改正，オペレータ／オーナー制度の廃止）を実施する一方，社会的規制の強化として，安全管理制度および運送約款制度（不特定多数の荷主との取引が多いRORO船，コンテナ船）などを新たに導入した．

［野口杉男］

3.6 内航海運

内航海運の市場

a. 契約形態からみた市場

内航海運市場を契約形態から見ると，運賃市場と用船料市場の二つに大きく分類される．

(1) 運賃市場

運賃市場には，荷主と元請オペレータ間の運送契約による運賃市場と元請オペレータと二次オペレータ間のトリップ契約（運送契約）による運賃市場がある．

荷主と直接運送契約を行う運送事業者は元請オペレータといわれ全体の約13％程度に過ぎないが，その上位50社の輸送契約量は，内航船全輸送量の約8割を占めている．大手メーカーの産業基礎素材物資等大宗貨物の運賃については，元請オペレータと年間ベースで運賃率が決められる事例が多い．特に，セメント輸送などコスト保証となっている場合は，輸送コストに基づいた運賃とすることが原則として保証されている．一方，少量で輸送される雑貨などの貨物，あるいは商社扱いの産業物資などの運賃については比較的短期間または航海ごとに取り決められる．

一方，その元請オペレータが荷主と契約した荷物の輸送を自ら行わず，その一部を第一種利用運送事業者（貨物利用運送事業法）として，ほかのオペレータに再委託する一般的にトリップ契約と称する市場がある．このオペレータ間の運送契約による輸送量は，船腹需給状況により変動するが通常全輸送量の2割前後を占めている．

(2) 用船料市場

用船料市場は，オーナーが自己所有の船舶に船員を配乗させ，運航できる状態にしたうえオペレータに貸渡を行う市場で，定期用船市場，裸用船市場および運航委託船市場がある．

定期用船契約とは，「一定の期間を定めて船舶を用船し，報酬支払いもまた期間を基準とする契約である．この場合船主は一切の属具をそなえ，船員を配乗させるなど，堪航性の保持につき十分な注意を払った船舶を所定の港で用船者に引き渡す．従って，船主は当然いわゆる船費，すなわち船舶償却費，保険料，金利などの間接船費，船員費，修繕費，船用品などの直接船費を負担することとなる．これに対し用船者は所定の用船料を船主に支払うとともに，燃料費，港費などのいわゆる運航費を負担する」という内容である[1]．内航船においては，定期用船契約の用船期間は，特殊貨物船を除く一般貨物船および一般タンカーについては複数年であるが，用船

料の期間は1年（半年の場合もある）程度とするのが一般的である．

裸用船契約は，「船主（オーナー）が船員を配乗せずに，一定期間，船舶を貸し渡す用船契約をする．船主は固定資産税，減価償却費，金利を負担し船舶管理上の責任をもつ」[11]，「定期用船と比べて裸用船のもっとも特徴的なものは，用船者が船長以下の船員を雇い入れ，その船長を通じて船舶を占有することである」[1] という内容である．

運航委託契約は，用船契約の変形と解釈されていて，船主であるオーナー（委託者）が自己の船舶を他の配船能力，集荷能力のあるオペレータ（受託者）に一定期間（通常1年であるが短期間または1航海となる場合もある）荷主との運送契約と運航を一定の手数料を払って委託する契約である．委託者のオーナーは，用船料としてではなく運賃の全額からオペレータに対する手数料，オペレータが支払った運航経費などを差し引いた差額を受領する．運航委託契約において委託者であるオーナーは，配船，積荷の選択，運賃の取り決め，燃料契約ならびに積揚地および寄港地における代理店など本船の運航に関する一切の手配を受託者に一任し，受託者であるオペレータは，委託者の危険と費用により善良な管理者の注意をもって有利運航に当たるものである．運航委託契約は，用船契約の一種であるが受託者であるオペレータが輸送行為を指示できずまた契約上最低保証が設定されていない場合は，その間の運賃収入がなくなるため定期用船契約と異なり不安定な収入となることが問題点として指摘されている．

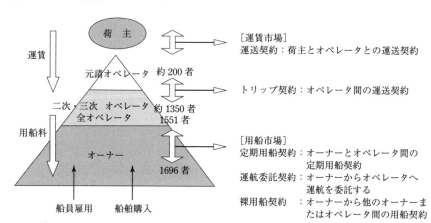

図1　運賃市場と用船市場の契約

b.　船種と品目から見た市場

一方，内航海運市場は，輸送する貨物の品目によって船の種類も異なってくることから，船種・品目ごとに異なった市場ができていることに留意する必要がある．

(1) 一般貨物船の分野

　一般貨物船は，鋼材，非鉄金属，スラグ，穀物・飼料，肥料などあらゆる貨物輸送に適した貨物船として貨物船の主流をなす船種であって，船型は199総トン型，499型総トン型，699総トン型などが主体である．石灰石専用船（石灰石のみ），石炭専用船，RORO船，コンテナ船など特定の形態の貨物を積載する目的の特殊貨物船に対し，一般貨物船は，液体貨物を除きあらゆる種類の貨物輸送が可能であるため船舶数も多い．この一般貨物船は，かつては石炭，石灰石，一般雑貨輸送の担い手であったが，石灰石専用船や石炭専用船など大型の専用船への要請が高まるとともに一般雑貨については，高速船であるRORO等の特殊貨物船へシフトしていく傾向にある．しかしながら，現在においても鋼材を中心に貨物船の中心を担っている分野である．

　一般貨物船の主たる貨物である鋼材の海上輸送は，年間4500万トン前後あるが，一貫高炉メーカーの系列元請事業者であるオペレーター5社の輸送量シェアが全体の8割弱を占めるなど典型的なメーカー物流となっている．

(2) 特殊貨物船の分野

　特殊貨物船の分野は，それぞれの船種と貨物に応じて，次のように異なった市場を形成している．

① 石灰石専用船，石炭専用船，コークス専用船，自動車船：石灰石約3000万トン，石炭・コークス等燃料約1500万トン，自動車約600万トンなど太宗貨物をセメント，鉄鋼，自動車などの各製造業分野と電力会社などの大手荷主の積荷保証をもとに大型船で輸送する，いわゆるインダストリアルキャリアの分野である．

② RORO船・コンテナ船：RORO船は関東圏および関西圏と北海道，九州，沖縄地域を結ぶ定期航路を中心として運航されており，多数の荷主・トラック運送事業者の雑貨などを顧客とするコモンキャリアと製紙メーカーを顧客とするインダストリアルキャリアの両方の要素をあわせもっている．

　コンテナ船は，外航コンテナ船社を顧客とする外航コンテナの国内フィーダーとしての役割が大きいが，最近は，RORO船同様に雑貨輸送のモーダルシフトの担い手としての役割が期待される分野である．

③ 石材・砂・砂利専用船：関西国際空港，神戸空港，中部国際空港建設および羽田空港の拡張工事など海上埋め立てによる空港建設においては大活躍をした船種である．全国的に海砂減少傾向にあるため需要が減退傾向にあるが，港湾建設にかかわるマリコン，建設業界を顧客として引き続き輸送需要のある分野である．2011(平成23)年3月に発生した東日本大震災による港湾復興あるいは瓦礫等撤去のための輸送需要にも対応できる船種である．また，このほか，台船，艀，曳船がある．

④ セメント船：セメント船は，セメントメーカー各社から自らの計画・コストで

輸送を確保するため，内航海運事業者の運航・船舶コストを保証された船舶である．このため，船腹調整事業，暫定措置事業の対象外船舶となった典型的なインダストリアルキャリアの分野である．最近は，セメントの公共投資の減少により海上輸送量も減少傾向にあるが年間3千万トンを超える太宗貨物である．

⑤ 一般タンカー：一般タンカーの輸送貨物は，黒油，白油，油脂およびケミカルの4種類に分類される．黒油，白油は，石油精製メーカー（石油元売り会社），ケミカルは，化学製品メーカーをおのおのの顧客としている．石油タンカーの分野は，独立系の元請けオペレータと大手の荷主は，歴史的な経緯から長期にわたる継続的な関係にあって，インダストリアルキャリアの分野となっている．なお，タンカー分野は，石油製品・化学薬品，特殊タンク船貨物等を含め輸送量が約1億トンを超える一大マーケットとなっている．

⑥ 特殊タンク船：特種タンク船は，LPG，エチレンなどの高圧液化ガス，アスファルトや硫酸等特殊な液体貨物を輸送する分野で，荷主の積荷保証があることから暫定措置事業の対象外船舶となっている．

c. 内航海運市場の特徴

(1) 多数の中小事業者と競争

2013年3月現在，内航海運事業者は，オペレータ1 551者およびオーナー1 696者で合計3 247者もいるが小規模事業者が主体であって全体の大多数が中小企業に属する小規模事業者である．特にオーナーの約7割が所有船舶が1隻のいわゆる一杯船主である．213社の元請けオペレータを除く多数の二次オペレータは，相互間で激しい競争をしている一方，多数のオーナーは，長く続く船腹過剰状況の中で用船契約を継続することが生き残りにつながるため，厳しいコスト削減に迫られるという競争環境に置かれている．

(2) 階層的な多重構造

オペレータのうち荷主と直接運送契約を結ぶ元請オペレータは，約200社強あるが輸送量の上位50社の全輸送量に占める割合は80％にのぼり，太宗貨物では少数のオペレータによる寡占化が進んでいる．特に，上位10社の全輸送量を見ると，鉄鋼90％，原料88％，自動車98％，セメント86％，白油92％となっている．元請以外の大多数の二次または三次オペレータは，元請オペレータの輸送需要の変動リスクヘッジの役目を負う下請事業者といわれる立場におかれている．また，大多数のオーナーも，定期用船契約または運航委託契約の下でオペレータの支配下におかれている．このように，内航海運業界は，少数の元請オペレータを頂上とする階層的な多重構造のもとで輸送を行っており，その構造に起因する取引条件の悪化が指摘されている．

(3) メーカー物流

　内航海運の輸送貨物の主体が基礎素材品目であり，それら大宗貨物の荷主企業は安定輸送を求めるため，オペレータ（運送事業者）は，大手特定荷主企業だけのために荷主の生産・流通計画に沿って確実に輸送するというインダストリアルキャリアとしての役割が求められている．また，鉄鋼，セメント，一般タンカー貨物等の大宗貨物においては，オペレータが特定荷主企業の資本系列下あるいは一荷主への依存度がきわめて高い関係に置かれている場合が多く，オペレータが荷主企業内の運輸部門としての位置づけで捉えられている．このため内航海運はメーカー物流の一環とも言われている．

(4) 内航海運の市場性

　荷主，元請オペレータ，二次オペレータ，船主の取引関係が 20 年以上の長期間にわたり継続的,固定的であるうえ主たる契約相手への取引依存度が高くなっている．また，それぞれの関係において相対的な力関係の格差があって，運賃や用船料が必ずしも需要変動によって細かく変動しないのも，こうした固定的系列関係によるところが大きいと見られている[6]．

　大口顧客である大宗貨物の運賃および定期用船料は半年または年間単位で契約される場合が多いのに対して，トリップ契約や運航委託契約などにより輸送される貨物の運賃は，航海の都度または比較的短期ごとに決定される事例が多い．後者については，前者に比べ船腹需給状況が反映されるなどより市場性が認められる傾向にある．また，内航業界には，セメント船に代表される荷主によるコスト保証船方式の契約形態が存在しており，この場合は，運航・船舶コストが保証されているため，需給状況による変動はなく市場性はきわめて低くなっている．

(5) オペレータの他人資本への高依存率

　オペレータの自ら所有するいわゆる自社船の船腹量は，隻数で貨物船および油送船の自社船比率は 1 割前後に留まっている．また，載貨重量トン数（D/W）における自社船の船腹量比率は，貨物船で 3 割前後，油送船で 2 割前後 となっており，油送船の自社船比率が貨物船より低くなっている．このように内航船のオペレータは定期用船や運航委託船契約により自社船以外の他人の所有する船腹，あるいはトリップチャーター契約によりほかの二次オペレータの運航する船腹へ大きく依存しているという特徴がある．トリップチャーターによる輸送量は，海運市況などにより変動するが貨物船および油送船ともに元請オペレータの全輸送量の 20％ 程度とみられている．自社船については一般的にコスト高になり，投資リスクが増加することを避けるためであり，トリップチャーターについては，輸送量の変動リスクに対し柔軟に対応するためといわれている．

[野口杉男]

3.6 内航海運

内航海運が抱える課題

a. カボタージュ制度

　カボタージュ（cabotage）とは，フランス語で沿岸貿易を意味するが，海運においては一国の沿岸輸送を意味する．カボタージュ規制とは，国内各港間の旅客および貨物の沿岸輸送（国内輸送）を自国船にのみ認め，外国船には原則禁止する制度を意味する．この制度は，米国をはじめ韓国・中国・インドを含むアジア諸国，ドイツ・フランス・イタリアを含むヨーロッパ諸国，ブラジル・アルゼンチンを含む中南米諸国など海岸線を有するほとんどの国が実施していて国際慣習法上も確立しているグローバルスタンダードのルールとなっている．

　日本では，江戸時代の末期，幕府は外国船舶による内海往来を控えるよう各国公使に求めたが，各国との条約ならびに馬関戦争敗北後事実上外国船に沿岸貿易を許した形になり，P&Oなど外国船社が国内海上輸送に従事していた．明治に入り不平等条約の改正問題が時の政府の大きな課題となり，カボタージュの回復もその課題の一つであった．外務大臣陸奥宗光による長期間にわたる各国との交渉の結果，ようやく改正交渉に成功し日本の法権が回復し，1899（明治32）年カボタージュの留保が船舶法において結実した[3]．

　その船舶法おいて「日本船籍船ニ非サレバ日本各港に於テ物品マタハ旅客ノ運送ヲ為スコトヲ得ス」と規定されている．国内の旅客・貨物航空においても，シカゴ条約により認められた規定に基づき，日本の航空法においても内航海運同様にカボタージュ規制が導入されている．

　米国運輸省が実施した世界各国のカボタージュ制度導入理由についてのアンケート調査結果（実施している約40カ国の回答）によれば，その理由は，「国内の産業・経済の保護，労働者保護，安全保障としているが，カボタージュ規制を実施している国々は，明らかに内航商船隊をきわめて重要であるとみなし，その国家の生命維持に不可欠である内航海運活動を外国の手に委ねたくないという意思がある．」としている（US Department of Transportation：By The Capes Around The World Summery of World Cabotage Practice」）．

　カボタージュ制度を廃止するとわが国の沿岸輸送が中国などのコストの安い外国船に席捲され，外航海運と同様に内航の日本籍船は極端に減少し，日本人船員も雲散霧消することとなり，国内物流の全体の4割を担う産業および生活物資の安定輸送を外国船，外国人船員に委ねることとなる．このことによって多くの内航海運事

業者は，撤退を余儀なくされ，また，内航船のほぼ100％を建造してきた中小造船所も壊滅的打撃を受け地域の経済や雇用に多大の影響を及ぼすこととなる．この結果，内航海運業，日本人船員，中小造船業，舶用工業などの海事クラスターの成立が困難となり，長年つちかってきた航海技術の伝承も不可能となって海洋国家日本の確立が危うくなるとが懸念される．

最近，経済的観点からカボタージュ規制を廃止して安い外国人労働者を配乗した外国船または飛行機による国内間の旅客・貨物の輸送を認めるよう規制緩和要望がでている．例えば，行政刷新会議の下に設置された規制・制度改革に関する分科会の内航海運に関するカボタージュ規制の見直し要望に対し，国土交通省当局は，「カボタージュ規制は主要海運国において維持され国際的な慣行として現在確立しており，通商航海条約など2国間の相互主義による運用を図っているところ，国益を損なうことのないよう，国の一元的な審査のもと適切に制度の維持・運用を図る必要がある．」としてこの制度について「目的および手段は制定当初から依然として適正なものである」との見解を公表している．

今後とも経済性の観点からカボタージュ規制の緩和要望が出ることが想定されるが，内航海運は，日本の産業と生活を支える輸送機関であるほか，有事の際の国民保護法に基づく住民らの救援，攻撃による災害に対処する際の指定公共機関としての役割，大規模自然災害時の救助，支援物資輸送，その他公共の安全維持のために国の航海命令に応じて活動する役割，テロ活動，領海侵犯，武器・麻薬の密輸などに対し，内航船に配乗した乗組員による監視業務を通じ海上保安庁の行う国民の安全と治安の確保に協力する役割などを担っている．

国は，主権の及ぶ日本籍船でなければ命令，指示をすることができないことから内航海運が海洋国家日本の維持に重要な役割を果たしていることに留意した慎重な対応が求められている．

b．船員問題

内航貨物船の船員数は，2012（平成24）年で約20 182人であるが，この20年間でその数はほぼ半減している．また，50歳以上が6割近くに達するなど高齢化が著しく，若年船員の確保が重要な課題となっている．このまま放置しておくと，船員需要と推計船員数のギャップは大きくなると推計されていて，このギャップを埋めるためには何らかの取り組みが必要と認識されている．

このため，海洋基本法に基づく基本計画において，船員問題に関して「安定的な海上輸送の確保の観点から，憂慮すべき事態である．将来にわたり海洋産業が健全な発展を図っていくためには，人材の育成及び確保を図っていくことが重要である．このため，海洋産業の就業の場としての魅力の向上に努めるほか，次世代の海洋産

業を担う人材を育成するための高校・大学などを通じた海洋産業に関する実践的な専門教育の充実等を図る必要がある．」と指摘した．これを受けて，国土交通省は，①集め，②育て，③キャリアアップを図り，④船員から陸上海技者へ転身を図ることに取り組むことを方針としてとりまとめた．その内容は，国による船員確保・育成のための総合対策として，船員計画雇用促進事業，新規船員資格取得促進事業，共同型船員確保育成事業を実施するとともに，地方運輸局などにおいて，就業体験事業，就職面接会・企業説明会などを開催，海事産業のPRを積極的に実施することである．また，特定の海事産業集積地域において，地域におけるさまざまな関係者が連携して海事関係の人材確保・育成に取り組む場合は，国が共同事業実施主体として参画することを明確にしたのである．

c. 船舶の老齢化

1998（平成10）年からの内航海運暫定措置事業が導入され解撤する船舶に対し一定の交付金を支払う制度が実施されることになったことから，バブル経済崩壊後の船腹過剰状況に改善効果がでることが期待された．しかしながら，老齢船を解撤し新造船を建造するという船舶の代替建造がなかなか進まず，船齢14年以上の法定耐用年数を超える老朽船が平成元年の全体の51％の状態から2013（平成25）年には74％になるなど船齢の高い船舶，老朽船の割合が増加してしまうという大きな問題が生じている．

代替建造が進まない理由として，運賃・用船料の低迷が長く続きオーナーが建造の資金的余裕，資金調達能力を失ってきたことや，現在の運賃・用船料では鋼材価格の高騰に伴う船舶の建造価格の高騰，さまざまな安全・環境対策に関する規制強化に関わる対策費の増加，燃料油などの高騰などから，新造船コストおよび運航コストを賄うことができないなどが要因としてあげられている．このまま船舶の老齢化が進むと，最終的には安定・安全輸送に大きな支障が生じることに加え，船舶建造の減少は中小造船業界，舶用工業界にも深刻な影響を及ぼしてしまうこととなる．健全な代替建造が実施できるような環境を整備することが求められている．

d. モーダルシフトの推進

内航海運は，単位あたり二酸化炭素排出量が営業用トラックの約1/4弱と環境に優しく，また大量の貨物を，少人数で一度に運べるという労働効率の良い輸送手段であることから，陸上輸送されている貨物を海上輸送へ誘導するモーダルシフトの推進が求められている．

このモーダルシフトは，狭義の意味では500 km以上の幹線道路輸送されている雑貨を海上や鉄道に転移することと定義されているが，広義の意味で，いかなる貨物であろうと現在陸上で輸送されている貨物（循環資源貨物，鋼材，セメント，石

油製品など）を海上輸送に移すことをモーダルシフトと捉えて，海上輸送の拡大を図ることが必要であり，国には，モーダルシフト推進に向けて実効性のある支援策をとることが期待されている．

　政府が方針としている高速道路の無料化が実施されると陸上輸送コストが安くなり，海上から陸上への逆モーダルシフト現象が鮮明になることが懸念されている．環境問題を念頭においた総合交通体系を構築するうえでフェアな政策がバランスよく実施されることが望まれている．

[野口杉男]

参考文献[3.6内航海運]

1) 布藤豊路，米田謹次郎：海運実務指針，海文堂，1966．
2) 山田福太郎：日本の内航海運，成山堂，1993．
3) 片岡邦雄：近代日本海運とアジア，お茶の水書房，1996．
4) 国土交通省海事局 国内貨物課：内航海運ハンドブック，成山堂，2003．
5) 内航海運対策研究会編：日本の内航海運の現状と課題，内航新聞社，1996．
6) (財)日本海運振興会 検討委員会：内航海運市場の実態調査 報告書，2006．
7) 日本内航海運組合総連合会「定款」．
8) 日本海運集会所編：続よりよい契約のためにⅠ内航船舶貸渡契約の解説，日本内航海運組合総連合会，1995．
9) 日本海運集会所編：続よりよい契約のためにⅡ内航運送（含曳航）契約の解説，日本内航海運組合総連合会，1996．
10) (財)国民経済研究協会：船腹調整制度に関する研究報告，1998年3月．
11) 内航海運実務研究会編：内航辞典，内航ジャーナル，1994．
12) 内航ジャーナル(株)：国内海上輸送のガイドブック内航海運，日本内航海運組合総連合会，1989．
13) 国民経済研究会 検討委員会：内航海運から見た素材産業の物流コスト効率化に関する調査報告．2003年12月．
14) (財)海事産業研究所 分析研究会：内航海運コスト分析研究会報告書，平成12年3月．
15) (財)運輸政策研究機構 調査検討会：内航海運コスト分析調査報告書，平成19年1月．
16) 日本内航海運組合総連合会：知って守ってトラブル防止．平成18年1月．
17) 日本内航海運組合総連合会：内航海運業のためのわかりやすい公正取引への手引き，平成17年1月．
18) (財)国民経済研究協会：内航海運ビジョン，2001年6月．
19) 日本内航海運組合総連合会：新規物流に関する研究，平成15年2月．
20) 日本内航海運組合総連合会：新規物流に関する研究，平成17年9月．
21) (社)日本船主協会：せんきょう，2010年2月号．
22) 日本内航海運組合総連合会：事業計画実施要領及び内航海運暫定措置事業規程等諸則集，平成21年8月．
23) 国土交通省：内航船舶輸送統計年報 平成21年度．
24) (財)内航海運安定基金，日本内航海運組合総連合会：内航海運の活動．平成21年，22年，23年，24年，25年．

3.7 海運の課題

市場と輸送サービスの質

a. 市場変動と持続的輸送サービス提供

　海運市場は運賃，用船料，新造船価格，中古船価格，スクラップ船価格，重油（燃料）価格などが相互に関係しながら変動を続けている．

　一般的に市場は需要と供給のバランスに直接影響を受ける．海運においても直接的には船および貨物の需要と供給が決め手となる．船の供給増は新造船，既存船の余剰，船舶スクラップの遅延などで発生する．新造船は造船業界の建造設備能力によって決まる．わが国は戦後長く世界の造船市場を引っ張ってきたが，近年韓国の造船能力拡大により1位の座を明け渡した．その後中国の急成長によって，造船界においても中国が主導権を握る時代となった．好景気のときには人々が先を争って新造船を建造する傾向にあり，建造価格が上がり，運賃や用船料も上がる．

　既存船の余剰・不足は航海用船や定期用船契約切れの数によって左右される．また運河の開通や拡充によって輸送効率が増したために船の余剰が生じる一方，戦争，テロ，海賊によって避航せざるを得ない場合や，港における船混みのせいで船が不足するということもある．船舶スクラップは，不況時すなわち船舶余剰感があるときに促進され，好況のときすなわち船舶過剰感があるときに減少する．

　このように世界の海で起こることがすぐに海運市場に影響を与えるという点で，市場が世界規模であるといえる．

　他方，貨物の多寡は運賃市場に直接影響を与える．好況時には貨物が増え運賃が

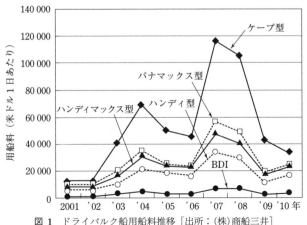

図1　ドライバルク船用船料推移［出所：（株）商船三井］

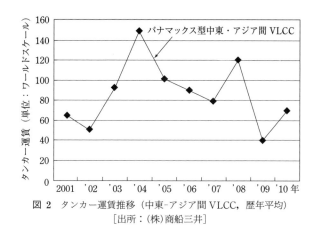

図 2　タンカー運賃推移（中東-アジア間 VLCC，歴年平均）
［出所：(株)商船三井］

上がる一方，不況時には貨物が減少し運賃が下がる．最近の例では，中国の経済発展を背景に鉄鋼需要が増し，鉄鋼石輸入が急増した．それを見越して鉄鉱石の争奪戦が繰り広げられ，先を争って鉄鉱石をオーストラリアやブラジルから購入するという行動が見られた．それを受けて鉄鋼石専用船（ケープサイズバルカー）を確保しようとする人たちが増え，大型船の造船市場および運賃・用船市場が急騰した．しかし2008（平成20）年9月発生した米国の証券会社破たん（リーマンショック）により，急激な景気の冷え込みが訪れ，同時に中国の鉄鋼石の過剰輸入が明らかとなったために，大型船市場は急落した．ケープサイズバルカーの1日当たりの用船料は，最高値で25万ドルであったものが1 800ドル台にまで下がった．

　このように海運市場は多くの外部市場や自然・社会環境に影響を受ける．市場の常として，多くの場合外部からの参入者が市況変動を大きくする傾向にある．海運の場合「海運自由の原則」に則って競争が促進され，需要供給の変動が世界規模で生じ，極端から極端へと走ることが多い．最近では運賃指数を対象とした先物市場が発達し，船の実需とは関係のない金融商品の投機家が市場に参加することによって，市況変動の振幅がさらに大きなものとなっている．

　海運は市況産業である一方，世界の海上輸送網の安定という使命を果たすことが重要である．安定した輸送サービスを提供するために，さまざまな規制を課したり業者間の取り決めを行ったりすることも考えられるが，国際間で広く合意に達することは難しい上，それが「海運自由の原則」からのかい離につながることから，賛否について大きく議論の分かれるところである．

b.　クオリティシッピングとサブスタンダード船

　船が海上輸送に従事するためには堪航性（航海に耐える性能）がなければならない．それが船主の義務である．堪航性は法令が定めるさまざまな規則を順守するこ

とで確保されるものであり，それを検査する義務と権限が旗国（船籍国）に付与されている．

しかし現実には船は洋上にあり，旗国による検査も国によって程度の差が大きく，また頻繁に行われるわけではないため，世界には法令で定められた基準を満たさない船が多く航行している．これを「サブスタンダード船」とよんでいる．

便宜置籍船の場合，船主と旗国の関係は希薄で，法令順守の拘束力が弱いことが多く見られる．また，低開発国の海運政策は未熟な段階にあることが多く，サブスタンダード船の解消が進まない例が多い．

世界の海運政策関係者はこのような事態を憂慮し，船舶とその所有者である船主および運航者が，船舶および運航の質を高く維持するための方策について種々議論を重ねてきた．このような動きを「クオリティシッピング」運動とよんでいる．

国際連合の下部組織である国際海事機関(IMO，図3)では，各国の代表によってこの問題が論議され，さまざまなルールが作られてきた．しかし確実なサブスタンダード船排除の方法が確立するまでには至っていない．

IMOは1993（平成5）年，国際安全管理コード（ISMコード）を採択した．これは国際航海に従事する総トン数500トン以上のすべての船舶に適用されるもので，「海上における安全，人身事故あるいは人命の損失を防止すること，ならびに環境，とくに海洋環境および財産への損害を回避することを確保すること」を目的としている．ISMコードには，その目的を達するために必要な指揮命令系統の明確化と記録保持が明記されており，船主の責任を明確に規定している．

一方，船舶が寄港する港では，海洋汚染や衝突から港や沿岸を守るため，入港する船舶を寄港国の権限で検査するという制度がある．これを「ポートステートコントロール」（PSC）とよぶ．1970年代の大きな海難事故の反省から，PSCの実施体

図3　IMO本部（ロンドン）

図4　グリーンアウォード証書所有船
［提供：Green Award］

制の構築が叫ばれ，1982（昭和57）年に大西洋地域の元締めとなるパリMOUができ，1993（平成5）年にはアジア・太平洋地域をまとめる東京MOUが設立された．現在では世界に9つのMOUが設置され，PSCの効率良い実施と情報交換，検査官の研修などを行っている．

　また民間ベースでは，1994（平成6）年オランダに設立されたGreen Award財団が，法令による最低レベルの質を大幅に上回る船舶および船舶管理の質を維持する船舶に対して，証書を発行するという制度を運営している．この証書を持っている船舶（図4）は，寄港地において入港料などが減額されるという報奨を与えられる．さらに，このような船舶が資金調達や保険契約において有利な条件を獲得したり，荷主と優先的に運送・用船契約を締結することができるなど，徐々により多くのステークホルダーのサポートを得るようになってきた．

　クオリティシッピング運動はこのように官民の総合的な連携によって推進していくことになるだろう．

c．船員と海技職（船員不足問題）

(1) 日本船員の養成と教育機関

　日本の近代船員養成は江戸時代末期（1863年）の勝海舟による神戸海軍操練所が発祥である．勝海舟の命により坂本竜馬が奔走してできた船員養成所であり，後に海軍兵学校となった．商船の船員養成は1875（明治8）年の私立三菱商船学校（後の東京商船大学，現在の東京海洋大学海洋工学部）に始まる．また神戸には1917（大正6）年私立川崎商船学校（後の神戸商船大学，現在の神戸大学海事科学部）が設立されている．わが国の船員はこのような教育機関を通じ，江戸時代の帆船の世界から汽船の世界へと急速な脱皮を成し遂げた．その後船員のレベルは，明治時代の殖産興業政策に則った需要増に応えるかたちで，いち早く欧米先進海運国のレベルにまで到達することとなった．

　また現在では国立商船高等専門学校や東海大学海洋学部の航海工学科，さらには水産系の大学（後の東京海洋大学海洋科学部など）で船舶職員を養成している．内航海運の船員養成では国立海上技術短期大学校および国立海上技術学校がある．これは以前，海員学校として外航船の部員を供給する機関でもあったが，日本人部員の需要がほとんどなくな

図5　東海大学海洋学部の実習生

ってしまった現在，その役目を終え，内航船員養成に焦点を当てて教育をしている．

近年の動きとしては，船員養成教育機関を経ずして海運会社に入社したものを，自社の運航船で乗船実習を施しながら，座学を教育機関で行うという制度ができた．外航船員のための制度としては新三級海技士，内航船員のための制度としては新六級海技士免許取得のプログラムである．

(2) 船員という職業

船員という職業は，発展途上のわが国の国民にとって，さまざまな国に行けてその文化に接することができる貴重な経験を提供してくれる職種であった．船員に憧れて商船高等専門学校や商船大学に入学する若者が数多くいた．それら船員たちが貿易立国日本の経済成長の一役を担ったといえる．

しかし，第二次世界大戦では海上輸送業務に従事していた多くの船員を喪失した．その数は6万余人に上っている．敗戦によってほとんどの商船と多くの船員を失った日本は，再び一から日本海運を再構築しなければならなかった．

戦後の復興は原料を輸入して製品を輸出する加工貿易体制を構築することに焦点が当たった．したがって多くのばら積船やタンカーが原料資源輸入のために建造され，また製品輸出のために定期船が建造され，多くの日本人船員が雇用された．

その輸出立国体制は1ドル360円という為替固定相場制度の下で確実なものとなった．安い円を基準にしたドル建て輸出価格は，日本製品の強大な競争力の基となり，それを日本船が運ぶという構図が築かれた．その中で日本船員は徐々に世界で最も優秀な船員の一翼を担う存在となり，世界の海技の指導的立場につくようになった．

(3) 船員費問題

しかし1ドル360円という固定相場は世界の金融市場に徐々にひずみをもたらすこととなり，ついに1973 (昭和48) 年変動為替相場制に移行した．これによりドル円相場は大幅に円高方向に修正されることになり，日本の貿易に関するあらゆるコストは，ドル換算で割高になっていった．船員コストも例外ではなく，ドル換算で急上昇することになった．その上1985 (昭和60) 年のプラザ合意による急速な円高シフトは，国際経済の中でモノづくり大国日本の産業構造を大きく変える契機となった．そのころから多くの製造業者がコストの安い海外に生産移転するようになり，日本は高コスト国としてコスト競争力を失うことになった．

そのころから日本の海運業界では日本人船員削減対策が本格化した．従来日本の海運は日本籍船を使用して海上輸送を行うのが常識であったが，徐々に船籍をパナマなどの便宜置籍国において，コストの安い開発途上国の船員を乗せるようになった．これを「仕組船」と称する．日本の船員の産別組合である全日本海員組合（全

日海）は，当初これを日本人船員の職域を侵すものとして反対運動を展開した．一方，船主側は日本船主協会をあげて「緊急雇用対策」の名の下，船員の陸上での再就職斡旋を促進し，結果として大幅な船員削減が実現することとなった．

　日本籍船への外国人配乗は，その後徐々に全日海が容認するところとなり，当初は部員のみ容認していたことに始まり，徐々に下級職員，そして2008（平成20）年にはついにすべての職員・部員を外国人にすること（外国人全乗）が容認された．外国人船員配乗は，当初台湾や韓国籍の船員で始まったが，コスト上昇に伴い，フィリピン人に重点が移った．現在では，中国，東南アジア，インドをはじめとする南アジア，東ヨーロッパなど，多くの国に供給源を広げている．

　その背景には，少なくなってしまった日本人船員供給が日本の商船隊増強に追いつかなくなったことと，海技者として陸上の業務へ職場の重点が移ってきたことがある．従来，船は船長を筆頭として船上で自己完結するよう業務範囲が設定されていた．しかし計器類の発達と陸上との通信手段の向上により，判断業務の重点が大幅に陸側にシフトした．その結果，乗組員に要求される知識経験と熟練の度合いが限定的になった．そこで熟練度が低くてもコストが安い船員を雇用してコスト競争に対応しようという風潮が世界に広まった．

　他方，陸側では従来に増して多くの陸上勤務船員が配置され，運航船舶に対して情報提供，安全指導，保守管理などのサポート体制を構築している．

　外国人乗組員は日本の船主の社員である例は少なく，ほとんどが船員派遣会社（manning agent）から派遣されてくる．したがって従来は，教育訓練および個々の配乗に日本の海運会社が直接関与することがなかったが，クオリティシッピングへの関心の高まりとともに，全日海との協力の下，外国人船員の質の向上に向けて，船員派遣会社設立・運営，商船学校設立・運営，船員訓練プログラム開設など，積極的な直接関与を行うようになった．現在わが国の大手海運会社3社は，それぞれにフィリピンをはじめいくつかの国で，そのような施設運営を行い，自社の日本人船員を管理者や講師として派遣している．

(4) 船員（海技者）不足問題

　1980年代後半から1990年代にかけて急速に数を減らしてきた船員は，2009（平成21）年時に，外航船員が2 389名，内航船員が21 498名となってしまった．これまでは陸上で働く船員（海技者）は，かつての船舶乗組員でまかなってきたが，今後はそのような経験者の数が先細りになってくる．つまり陸上で必要な海技者の不足が今後急速に大きな問題となってくる．

　海技者が陸上で行う仕事として主なものをあげると，海運会社内では，安全運航管理，配乗，船舶管理，船員教育・人事，貨物に関する技術的問題，船舶艤装など

表1 わが国の船員の推移(単位:人)

	1974年	1980年	1985年	1990年	1995年	2003年
外航船員数	56 833	38 425	30 013	10 084	8 438	3 336
内航船員数	71 269	63 208	59 834	56 100	48 333	31 886
漁業船員数	128 831	113 630	93 278	69 486	44 342	31 185
その他	20 711	18 507	17 542	16 973	20 925	19 801
合計	277 644	233 770	200 667	152 643	122 038	86 208
	2004年	2005年	2006年	2007年	2008年	2009年
外航船員数	3 008	2 625	2 650	2 649	2 621	2 384
内航船員数	30 708	30 762	30 277	30 059	30 074	29 228
漁業船員数	29 099	28 444	27 347	26 101	24 921	24 320
その他	20 077	19 926	16 907	15 590	15 773	15 405
合計	82 892	81 757	77 181	74 399	73 389	71 337

[出典:国土交通省海事局:海事レポート 平成22年版より]

があり,その他の業界では,水先人,バースマスター,コンテナターミナル運営,海難審判,海事補佐人,タグボート運航,港湾建設コンサルティングなどである.

　これらの職務を遂行する人材を確保するための方策としては,乗船経験をもたない人材を訓練して継承させる方法と,外国人海技者を雇用していく方法がある.船舶管理などは海外に拠点を移すことによりそれを一部実現する動きが活発化しているが,国内で必要とされる業務では,今後全国的に総合的な対策がとられなければならない.
[篠原正人]

3.7 海運の課題
技術と環境

a. モーダルシフト

　モーダルシフト (modal-shift) とは，何らかの社会的問題によって，ある輸送機関 (mode) で運ばれている貨物を他の輸送機関にシフト (shift) するという政策的な用語である（図1）．モーダルシフトに類似するものとして，いろいろな輸送機関を組み合わせて輸送するというマルチモーダル (multi-modal) やモーダルミックス (modal-mix)，あるいはインターモーダル (inter-modal) などの用語もある．これらは貨物の長距離輸送を船舶や鉄道が担っても，最初の集荷や最後の配達は小型トラックに依存しなければならないことから，貨物輸送が完結するには複数の輸送機関が用いられるということを強調した用語である．これに対してモーダルシフトは，単に輸送機関を変更することに注目した用語である．

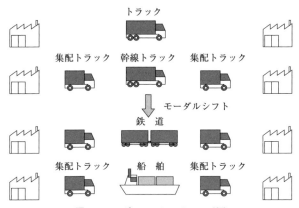

図1　モーダルシフトのイメージ図
［出典：日本物流団体連合会：日本の物流は大丈夫でしょうか，p.12］

　わが国でこのモーダルシフトが問題となったのは，過去3度あるという[1]．最初は1930年代後半で，第一次大戦後の船舶不足から，船舶輸送を鉄道輸送にシフトするというモーダルシフトが叫ばれた．さらに，1940年代半ばには，鉄道の輸送力不足が顕在化し，これを海運やトラックにシフトするというモーダルシフトが叫ばれた．そして，1970年代に国鉄を支援するということから，トラック輸送や船舶から鉄道へのモーダルシフトが叫ばれた．そして，現在が4回目となっているが，今日的な問題としては，地球温暖化に伴いCO_2排出量を削減することへの対応から注目され

表 1 輸送機関別の CO_2 排出源単位

輸送機関			CO_2排出原単位 (g-CO_2/トン・km)
鉄　道			21
船　舶			38
トラック	営業用	普通トラック	174
		小型トラック	830
		軽トラック	1 949
	自家用	普通トラック	388
		小型トラック	3 271
航空機			1 480

注：①貨物1トンを1km輸送する場合に排出するCO_2の量．
　　②普通トラックとは積載量3トン以上のもの．
　　③標準的な積載率の場合に使用する．
［出典：経済産業省・国土交通省：ロジスティクス分野におけるCO_2排出算定方法共同ガイドライン Ver.1.0，2005］

ている．

　わが国の輸送構造は，トラックに大きく依存している．トン数における輸送機関別のシェアを見ると，トラック輸送は9割を占め，トンキロベースでも6割を占めている．

　他方，このように貨物輸送の基幹的な役割を演じているトラックのCO_2排出量を見ると，船舶や鉄道の4～8倍程度も排出している（表1）．したがって，運輸部門におけるCO_2排出量を削減するための一つの方法として，このモーダルシフトが注目されている．さらには，交通渋滞の緩和や交通事故の減少にも期待が大きい．

　このモーダルシフトの事例としては，愛知県の自動車メーカーが東北地方の工場にトラックを使って部品を輸送していたものを鉄道輸送に切り替えた例や，中国地方から関東地方にトラックを使って輸送していた樹脂を船舶に切り替えた例など，各企業のモーダルシフトへの努力が続いている．しかし，トラック輸送はドライバーが1名で動かすことができるという機動性や，道路があればドア・ツー・ドアで運べるという利便性に優れており，比較的短時間で輸送できる．これに対して鉄道や船舶は劣勢に立たされ，なかなかモーダルシフトが進まない状況となっている．特に，在庫削減をねらった生産・小売システムの進展から，決められた時間に届けるというジャストインタイム輸送が求められることが多くなり，トラック輸送でなければ対応できない点もモーダルシフトの障害となっている．これには，高速道路の整備により，長距離の輸送でもトラック輸送が可能となっていることや，その高速道路料金の割引制度や無料化が進展していることなどがモーダルシフトの促進を

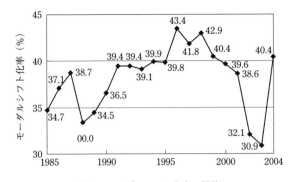

図 2 モーダルシフト化率の推移
[出典：国土交通省のデータをもとに筆者作成]

阻んでいる．

わが国独自の指標として「モーダルシフト化率」が用いられた時期がある．これは，2001（平成13）年に閣議決定された新総合物流施策大綱の中で示されたもので，500 km 以上の雑貨輸送における鉄道と内航海運の割合を示すものである．目標値は 2010（平成22）年に 50％ であったが 2004（平成16）年の数値をもって公表されなくなった（図2）．

b．環 境 問 題

船舶をめぐる環境問題は多々ある．ここでは，海洋汚染，大気汚染を中心に取り上げる．

まず，海洋汚染の多くは船舶が衝突や座礁といった海難事故により，輸送している貨物が海上に流出することで発生する．代表的な海難事故による海洋汚染は 1989（平成元）年のエクソン・バルディーズ号の事故である．5 300 万ガロン（約 200 万 kL）の原油を積んだエクソン・バルディーズ号は，アラスカ湾で座礁し 1 100 万ガロン（約 42 万 kL）の原油を流出し，多数の海鳥やラッコ・カワウソなどが死滅したとされる．これを受けて，国際海事機関（IMO）が MAPOL 条約で海洋汚染を最小限にとどめるために船舶の船底を二重にするというダブルハル化（二重船殻）が，1993（平成5）年以降に建造契約される 5 000 トン以上のタンカーなどに義務化された．この規制の内容は，1997（平成9）年日本海で船体が折れたロシア船「ナホトカ号」の事故でさらに強化された．

次に，最近問題となっている海洋汚染としては，バラスト水の問題がある．船舶は積荷を積んで輸送しているが，帰りの航海では積み荷がなく，船体が空の状態で帰港することがある．例えば，オーストラリアから鉄鉱石を積んだ船舶が，日本で積荷を降ろせば帰りは空のまま帰港することになるので，船の安定・安全を守るた

めにタンク（バラスト・タンク）に海水を入れることが行われる．これをバラスト水という．バラスト水はオーストラリアの港に入港する前や港内で排水される．この水に含まれている稚貝やプランクトンが外来種として地元の生態系を壊すとして，今問題となっている．例えば，日本の昆布がオーストラリアで繁殖したり，米国の貝類が日本で繁殖したりするなどである．中にはコレラ菌の移動もあるという．このバラスト水の規制・管理に関するガイドラインが国際海事機関（IMO）で1997（平成9）年に採択され，2004（平成16）年にバラスト水管理条約が採択された．さらには，新造船に対するバラスト水処理装置の搭載義務化などが進められている．

海洋汚染について大気汚染の問題も大きな問題である．船舶の燃料は重油が中心で，これとディーゼルエンジンの組み合わせが多い．したがって，ディーゼルトラックの排気ガス問題と同じように SO_x（硫黄酸化物）や NO_x（窒素酸化物）の排出削減が大きな課題となっている．例えば，2003（平成15）年度に国土交通省が行った調査によれば，日本全体の SO_x 排出量のうち，船舶が関係するものは25％とされ，NO_x についても30％と高い数値となっている[2]．

さて，船舶からの排気ガスについては，国際海事機関（IMO）で検討され，MARPOL条約で規制されている．硫黄酸化物（SO_x）に関しては，2005（平成17）年に発行されたMARPOL条約附属VIによって，排出規制ではなく燃料中の硫黄分を規制することとなっている．すなわち，一般海域では燃料に含まれる硫黄分が4.5％以下の燃料を使用すること，指定海域では1.5％以下の燃料を使用することが求められている．今後さらに，一般海域では2020（平成32）～2025（平成17）年に0.5％以下，指定海域では2015（平成27）年から0.1％以下の燃料を使用することが検討されている．

一方，窒素酸化物（NO_x）については2005（平成17）年から第1次の排出規制が実施されている．例えば，130 kw以上のディーゼルエンジンを搭載した船は17.0 g/kW h（回転数130 m）未満などとするものである．今後はさらに厳しくなり，2011（平成23）年からは第2次規制で現行の規制値より20％，さらに2016（平成28）年からは第3次規制で指定海域では約80％と削減量が強化される．

地球温暖化に関連する二酸化炭素（CO_2）については，国際海運の大型船では年間約8.7億トン（2007年）の CO_2 が排出量されており，この量はドイツ1国分に匹敵する．しかし，発展途上国の船舶が多いことも考慮して，1997（平成9）年に採択された京都議定書では船舶は規制対象からはずされた．しかし，この問題はきわめて重要なことから，現在ではIMOで検討が進んでいる．CO_2 の排出量を削減するための技術としては，船底から船外に泡を放出して海水との摩擦抵抗を減らし，省エネ

の点から CO_2 排出量を減らすものや風力・太陽光を利用して省エネに務めるものなどが開発中である．さらには，わが国では小型のディーゼルエンジン発電機により電動のプロペラを回すという「エコシップ」がセメント専用船などを中心に建造されている．

最後に船舶が解体される場合の環境問題を取り上げよう．船舶が老朽化すると転売される場合もあるが，最後には解体される．この船舶の解体（解撤）はインドやバングラディシュなどの発展途上国で行われる場合が多く，その際の環境への影響が心配されている．この点が，有害な廃棄物の国境を越える移動を規制しているバーゼル条約に関係するものとして議論が進行中である． ［松尾俊彦］

参考文献
1) 谷利 亮：モーダルシフトの検証，交通学研究，1991，112．
2) 村岡栄一：IMO における大気汚染規制の動向，海上技術安全研究所報告，8(2)，2008，57〜63．

4章　陸と海をつなぐ（港湾）

4.1　港湾の役割
海と陸の結節点としての港　港の役割の変遷　港の形態の変遷　港の種類

4.2　港湾の機能
荷物の積揚げ（荷役）　荷物の取り扱い　船の入出港支援・荷物検査　港湾EDI

4.3　港湾管理
港湾法　港湾管理者　港湾計画

4.4　港湾運営に関する課題
港湾の整備　港湾の運営・管理

4.1 港湾の役割

海と陸の結節点としての港

a. 港の生い立ち

　港として最低限の要件は，船舶が安全に停泊可能なことである．したがって，港湾土木技術のない時代においては，波の穏やかな入り江や湾，あるいは海からのアクセスが良く，ある程度の水深が確保される大きな川の河口などが，地理的な特性により静穏度が確保でき，かつ船を着けやすい場所として自然発生的に船着き場として利用されてきた．これが最も原始的な港の姿である．

　室町期に，それまでの海上運送に際する慣習的な決まり事を取りまとめた日本最古の海商法といわれる「廻船式目」の中で，当時の日本における十大港湾が「三津七湊」という呼び方で取り上げられているように，古来「港」は津，あるいは湊などとよばれていた．

　これがいつしか「港」という字が当てられるようになったのであるが，「港」という字は水を意味する「さんずい」と「巷」の組み合わせで成り立っている．「巷」を辞書で引くと，概ね「人が大勢集まっている賑やかなところ」や「大勢の人々が生活している場所」といった意味があげられており，船を着けやすい場所が船着き場になることで，そこに人，物が集まり，経済活動が活発化，にぎわいが生まれてくることで「港」として発展していったのである．

b. 港の役割

　このように，港の成り立ちは単に船を着けるのに都合のよい場所であったが，社会の発展により人，物の流動性が高まることで，単なる船着き場は海上輸送と陸上輸送の結節点という重要な意味を帯びてくることとなった．わが国においては近世

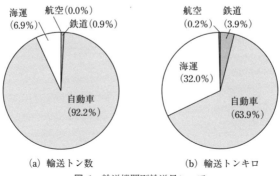

図1　輸送機関別輸送量シェア

における海運の急速な発達により，大量輸送に適しているという海上輸送の特性から物流面での港の重要性は非常に高く，この時代に海運ネットワークが広く整備されることとなった．

　四面環海のわが国においては，現代においても物流面での港湾の果たす役割は非常に重要である．わが国の国内貨物輸送の分担率を見ると，輸送トン数ベースではトラックが全体の9割以上を占めており，海運のもつシェアは約7％（2009（平成21）年度）となっているが，輸送トンキロ（輸送重量と輸送距離を掛けあわせた単位）ベースで見ると海運は約32％のシェアを占めており，大量・長距離の輸送に海運が用いられていることがわかる．このように大量・長距離で輸送される貨物の代表的な品目が鉄鋼，石油，セメントなどの産業基礎物資で，これらの品目では8割前後の輸送を海運が担っており，これを支える基盤施設である港は，製造業を中心としたわが国産業のモノづくりの力を支える重要な役割をもっている．また，国際輸送では輸送トン数ベースで輸入の99.7％を海運が担っており，石油，石炭，天然ガスなどのエネルギー資源や鉄鉱石をはじめとする鉱物資源の多くを輸入に頼るわが国にとって，国民全体の暮らしを港が支えているといえよう．

　先進国の温室効果ガスの排出削減目標を定めた京都議定書が2005（平成17）年2月に発効して以降，物流の分野においても環境負荷低減の取り組みに対する社会的要請はますます高まっており，輸送における温室効果ガスの削減のために，環境負荷の小さい輸送機関である海上輸送（トラックの約4分の1）や鉄道輸送（トラックの約8分の1）へと転換するモーダルシフトへの取り組みが進められている．この点でも港の果たす役割は大きいといえる．

　また，2011（平成23）年3月に起きた東日本大震災では，津波により道路，線路などの陸上輸送ルートが壊滅的な打撃を受ける中で，早い段階からフェリーなどを利用した救援物資輸送が行われた．阪神・淡路大震災の際にも寸断された陸上交通の代替輸送において，港は大きな機能を果たしており，災害時におけるリダンダンシーを確保するという面からも，港のもつ役割はきわめて大きいといえよう．

〔金澤匡晃〕

4.1 港湾の役割

港の役割の変遷

　前項で見たように，港湾の最も基本的な役割は船舶を安全に停泊させることである．この点は現在でも不変であるが，社会の発展段階ごとに，港湾にはさまざまな役割が付加されてきた．

a. 近世から近代

　わが国においては菱垣廻船や樽廻船，北前船などが活躍した江戸期に内航海運が急速な発展を遂げ，これに呼応する形で北海道から日本海沿岸，そして瀬戸内から江戸までの至るところに寄港地が設けられることとなった．

　この時期に広がった海運ネットワークにより，米をはじめとした日本各地の農水産物や塩などの生活必需品，衣料や酒類，食品などの日用品など，諸国の産物が江戸・大坂を中心とした大都市に輸送され，港は海上輸送と陸上輸送の結節点として，わが国の経済を支える重要な役割を果たすこととなった．

　こうした近世における港はまだ入り江や湾，河口などの地理的条件の良い場所を利用したものであったが，幕末の開国から明治維新を経てわが国の近代化が進められる中で，西洋型の蒸気船による近代的海運の育成と，こうした大型船が接岸できる近代的港湾修築の必要に迫られることとなった．加えて，殖産興業政策とも相まってわが国の臨海部の工業化が進展することとなり，港にはわが国の近代的工業活動の支援と海外貿易の振興という大きな役割が与えられることとなったのである．

b. 港と経済の発展

　このように，経済の発展を港が支え，また経済が発展することで港湾も繁栄するという意味で，港の役割と経済の発展とは非常に密接な関係がある．それゆえに，産業の発展とともに港湾の後背地にはその核となる海運業をはじめとして，海運を利用する産業（輸出入産業，臨海型工業など）や海運を支援する産業（造船，船舶修理など），陸上輸送との接続を担う産業（物流業，倉庫業など）や，これらに付帯する産業（法務，金融業，保険業など）などが集積することとなるが，近年ではこうした港湾背後における産業ネットワークを有機的に結びつけ，内発型の地域経済活性化を実現しようという動きもある．これが**港湾クラスター**という考え方で，港湾を核として，そこに集積する産業群に加えて研究機関，官庁などが一体となった産学官の有機的なネットワークの形成をめざすものである．

　海運先進国であるイギリス，ドイツ，オランダなどではこうした考え方に基づい

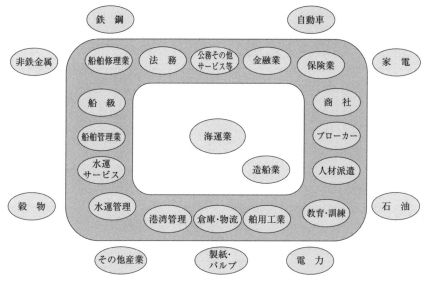

図 1　海事クラスターのイメージ

た海運施策を行っており，さらに広い意味で海事産業の総体として港湾の後背地を位置づけ**海事クラスター**ともよばれている．これは，クラスター総体としてより大きな付加価値を創造することで自国産業の国際競争力の強化を目指すもので，そうした海事クラスターの形成の中心に海運業と港湾が位置づけられている．

　アジアにおいてもシンガポールや韓国，近年では中国も同様の海事クラスター育成政策を展開しており，現在における港湾は，港湾周辺地域に留まらず，一国の産業，経済発展と国際競争力強化というきわめて大きな役割を担っているといえよう．

［金澤匡晃］

4.1 港湾の役割
港の形態の変遷

　港はその生い立ちにおいて，入り江や湾，河口などの地理的条件の良い場所を船着き場として利用することから始まっており，わが国では近世のころまではこうした天然港が中心であった．したがって現在の港湾にも入り江港や河口港など，天然港の性格を色濃く残す港湾が多く存在している．入り江港の代表的なものとしては舞鶴港や清水港など，河口港の代表的なものとしては新潟西港や酒田港などがある．

　　(a) 清水港（入り江港）　　　　　　(b) 新潟港（西港）（河口港）
図 1　代表的な天然港

　このような天然港をベースに整備された港湾に対して，自然の地形を利用するのではなく，水面を土砂などで埋め立てることよって人工的に造成した沖出し港や，海岸の砂丘地形などに水路を掘り込んで航路や接岸施設を造成する掘り込み港などは人工港とよばれる．沖出し港の代表的なものとしては常陸那珂港や大分港など，

　　(a) 常陸那珂港（沖出し港）　　　　　(b) 苫小牧港（西港）（掘り込み港）
図 2　代表的な人工港

掘り込み港の代表的なものとしては苫小牧西港，鹿島港などがある．
　このように港湾のよって立つ自然条件や建設手法などによって港湾の形態は分類できるが，港湾利用のあり方などからも分類可能である．港湾の利用形態も時代により変遷を遂げているが，その最も近代的なものがコンテナ港湾であろう．

図3　名古屋港飛島ふ頭南側コンテナターミナル（手前がコンテナ自動搬送機）

　後述するように，海上輸送に用いられるコンテナとは国際的に規格が統一されており，サイズが規格化されることで，従来は人力に頼る部分の大きかった港湾荷役の機械化が飛躍的に進展，港湾の利用形態に革命的な変革をもたらすこととなったのである．また，荷役の機械化による荷役効率の向上は，同時に港湾の大規模化，自動化を促すこととなった．欧州港湾ではすでに1990年代にはコンテナターミナルの自動化が始まっていたが，わが国では2005（平成17）年12月に初の自動化コンテナターミナルである名古屋港飛島ふ頭南側コンテナターミナルが供用を開始している．

[金澤匡晃]

4.1 港湾の役割
港 の 種 類

　港の種類は何を基準として分類するかによってさまざまな種類の分類が可能であるが，主な分類方法は港湾法に基づく分類(重要港湾，地方港湾など)，関税法に基づく分類 (開港，不開港)，港湾の役割に基づく分類 (商港，工業港など) などである．

　港湾法に基づく分類については「4.3 港湾管理」の節で触れるため，ここでは関税法に基づく分類と港湾の役割に基づく分類について概説する．

a. 開港と不開港

　「開港」「不開港」の区別は関税法に基づく分類である．「開港」は関税法第 2 条 11 で「貨物の輸出及び輸入並びに外国貿易船の入港及び出港その他の事情を勘案して政令で定める港」と定義づけられており，「不開港」は関税法第 2 条 13 で開港以外のものとしている．不開港での外国貿易船の出入に関しては，税関長が許可した場合を除いて原則的に禁じられている．

　このように開港を定める理由は，国民の安全・健康などを確保する観点から，監視取締りや通関などの税関業務を開港に集中させることによって，効率的・効果的な税関行政の執行を確保するためのものであるとされている．すなわち，税関職員，税関機能という限られたリソースを開港に集中させることにより，外国貿易船の取締りの実効性を確保することが，開港を指定する主要な目的ということができる．

　開港指定を受けるための基準に関しては，関税法では上記のように「事情を勘案」としか明記されておらず，関税法施行令その他の関連政令，通達などにも明確な数字は示されていない．

　ただし，関税法施行令第 1 条 3 で「当該開港において貨物の輸出及び輸入がなく，又は外国貿易船の入港及び出港がないとき」，もしくは「1 年を通じて当該開港において輸出され，又は輸入された貨物の価額の合計額が 5 000 万円を超え，かつ，外国貿易船の入港隻数及び出港隻数の合計数が 11 隻を超えることが引き続き 2 年なかつたとき」には開港でなくなるものとする，と規定されており，これが開港としての最低限の基準であると考えられる．ただし，これまでの開港指定案件などからは，一般には「外国貿易船の入港数が年間で入港 50 隻以上」というのが開港指定のための一つの目安とされているものと考えられている．

　不開港での外国貿易船の出入に関しては税関長が許可した場合を除いて原則的に禁じられているが，関税法第 20 条では以下の 2 点の例外規定が設けられている．

・検疫のみを目的として検疫区域に出入する場合
・遭難その他やむを得ない事故がある場合

これらに該当する場合においては例外的に不開港への出入を認めており，これらの事故によって不開港に入港した際には，その外国貿易船の船長または機長は，入港後ただちに税関職員または警察官に届け出ることとしている．

b. 役割で見た港の分類

都市計画法上では，港湾としての機能を確保し，港湾の適正な管理・運営を行うために，港湾の陸域のうち必要な範囲を「臨港地区」として指定できることになっている．港湾法では第39条において，港湾施設の有効利用を図る必要から臨港地区内の用途規制を行うことを目的として表1の中から港湾管理者が分区を指定できると定めている．

表1 臨港地区内の分区指定

分 区	内 容
商港区	旅客または一般の貨物を取り扱わせることを目的とする区域
特殊物資港区	石炭，鉱石その他大量ばら積を通例とする物資を取り扱わせることを目的とする区域
工業港区	工場その他工業用施設を設置させることを目的とする区域
鉄道連絡港区	鉄道と鉄道連絡船との連絡を行わせることを目的とする区域
漁港区	水産物を取り扱わせ，または漁船の出漁の準備を行わせることを目的とする区域
バンカー港区	船舶用燃料の貯蔵および補給を行わせることを目的とする区域
保安港区	爆発物その他の危険物を取り扱わせることを目的とする区域
マリーナ港区	スポーツまたはレクリエーションの用に供するヨット，モーターボートその他の船舶の利便に供することを目的とする区域
修景厚生港区	その景観を整備するとともに，港湾関係者の厚生の増進を図ることを目的とする区域

一般的には，港湾管理者が指定した分区のうち，商港区の機能が比較的強い港湾は「商業港」，工業港区の機能が比較的強い港湾は「工業港」などと，その役割で通称される場合が多い．

[金澤匡晃]

4.2 港湾の機能

荷物の積揚げ（荷役）

　荷物の船舶への積込みと船舶からの荷揚げは垂直移動と水平移動の組み合わせである．垂直移動は，船の横（船側）に到着した荷物を船の中に積み込む，あるいは船の中から荷物を船側に降ろす行為である．船側には陸上の船側（岸壁）と海上の船側（はしけが中心）がある．水平移動は荷物を船側まで運ぶ，あるいは船側から荷主の指定した場所までの運送である．また，船に積まれた荷物は航海中の揺れにより移動するおそれがあるので，いろいろな方法により船体に固縛される．船の種類と荷物の種類により垂直移動と水平移動の組み合わせが変わり，貨物の固縛方法が変わる．

　船舶の荷役作業は「積荷」「揚荷」と称されるが，船舶に積む荷物を指すときは「貨物」とよぶのが一般的である．

1. コンテナの荷役

a. コンテナターミナルの運営

(1) コンテナターミナルの機能

　コンテナターミナルは港におけるコンテナの基地で，コンテナ船の荷役，コンテナの保管，コンテナの荷主への受け渡しを主たる業務とする．コンテナの保管は，荷物の詰められたコンテナ（実入りコンテナ）と空のコンテナの双方である．実入りコンテナはコンテナ船から降ろされた輸入コンテナと輸出貨物を詰めた輸出コンテナである．また，空コンテナは輸出貨物のために荷主に貸し出す予定のコンテナである．コンテナターミナルは，海上コンテナの取り扱いを前提に設計された施設であり，コンテナ以外の貨物を取り扱うのは可能だが効率性は低い．

　日本に輸入されたコンテナの流れは次のとおりでコンテナターミナルが常に結節点の役割を果たしている．

① コンテナ船がコンテナターミナルに到着すると特殊なクレーン（ガントリークレーン）で輸入コンテナを吊り上げ船側に待機するシャーシーに降ろす．

② シャーシーでコンテナターミナル内の保管スペースに運ばれたコンテナはシャーシーから降ろされ保管される．

③ 荷主の手配したトラクターヘッドとシャーシーが到着するとコンテナをシャーシーに乗せて引き渡す．

④ 荷主はコンテナターミナルの外部の施設にコンテナを運び，輸入貨物をコンテ

ナから取り出し空になったコンテナをコンテナターミナルに返却する．
　⑤　コンテナターミナルは戻った空コンテナを保管し輸出貨物用に貸し出す．
　⑥　空コンテナはコンテナターミナルの外部の施設に運ばれ輸出貨物を詰めた後に実入りコンテナとしてコンテナターミナルに戻る．
　⑦　コンテナターミナルは実入りコンテナをシャーシーから下ろして保管し，コンテナ船の到着を待ち改めてシャーシーに乗せて船側に輸送する．
　⑧　輸出コンテナはガントリークレーンでコンテナ船に積まれる．

　以上で日本に到着した輸入コンテナが空になり，そして再び実入りコンテナとして日本から送り出されるまでのサイクルが完成する．このサイクルの中の輸送を垂直移動と水平移動の分類で見ると，コンテナ船から輸入コンテナを下ろす作業と輸出コンテナを積む作業が垂直移動である．水平移動は大きく2分割される．船側とコンテナターミナル内の保管スペースの間での移動があり，次に，保管スペースと外部の施設とを結ぶ移動がある．コンテナターミナルの外部の施設はコンテナから貨物を取り出す，あるいはコンテナに貨物を詰める施設で，この施設とコンテナターミナルの間の水平移動は荷主の負担である．

　コンテナターミナルは，コンテナの積揚げ，保管，受け渡しのほかにコンテナや荷役機器の修理，植物検疫の場所の提供，輸出入通関の場所の提供などの機能をもっている．また，貨物をコンテナに詰める，コンテナから取り出す施設（CFS）を保有するコンテナターミナルもある．

　日本のコンテナターミナルは実入りコンテナと空コンテナをシャーシーから降ろし数列かつ数段に積み重ね大きなコンテナのブロックをつくって保管する．一方，外国にはコンテナの保管をシャーシーに乗せた状態で行うコンテナターミナルがある．この方式を採用すると，コンテナターミナルにおいてコンテナをシャーシーに積み降ろしする作業が発生しない．また，必要なコンテナをただちに取り出せるので機能的である．マイナス面は広大なコンテナの保管スペースが必要であり，また，船社が多数のシャーシーを供給する義務を負う．

　(2)　コンテナターミナルのレイアウト

　コンテナターミナルの基本的なレイアウトは，敷地内の海に面した部分にコンテナ船が着岸する岸壁があり，敷地内の岸壁と反対側にコンテナの出入口であるゲートが置かれる．岸壁とゲートの間がコンテナを保管するスペースになり，理論的には岸壁につながるスペースがマーシャリングヤード，マーシャリングヤードとゲートの間がコンテナヤードに2分割される．ゲートに近い位置にコンテナターミナルを運営する管理棟が置かれ，修理工場やその他の関連棟が適宜配置される．基本的なレイアウトは以上だが，敷地のサイズと形状により実際のレイアウトは基本形と異なる．

岸壁はコンテナ船が着岸し，コンテナを積揚げする場所である．岸壁に平行してレールが敷かれ，レール上に荷役用のガントリークレーンが設置される．ガントリークレーンは巨大な荷役機器でレールの幅は大きく，2本のレールの間にトラクターヘッドの通路を4～8列も取ることができる．

マーシャリングヤードとコンテナヤードはともにコンテナの保管スペースである．理論的には，マーシャリングヤードはコンテナ船の荷役の順番にコンテナを並べて保管する場所であり，コンテナヤードは荷主との受け渡しの順番にコンテナを並べて保管する．したがって，コンテナは二つのヤードの間を移動し並べ替えられる．しかしながら，保管スペースをマーシャリングヤードとコンテナヤードに分割するには広大な敷地が必要であり，また，並べ替えは膨大な作業になる．実務的には二つのヤードを一体化しコンテナヤードとして運営する．並べ替えは荷役や保管作業の障害になるコンテナのみに限定される．

コンテナターミナルの出入りを管理するのはゲートであり，実入りコンテナと空コンテナはゲートを通過するときに外観を検査する．検査員がコンテナの前後左右の壁面を確認し，さらにゲートにはコンテナの屋根部分を見るための梯子が設置されている．空コンテナは外観に加えてコンテナ内部の検査を行う（図1）．

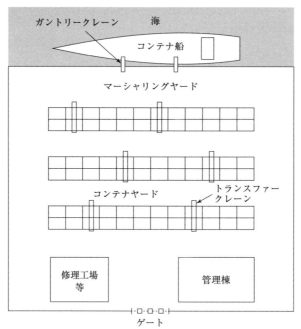

図1　コンテナターミナルの形状概略

(3) コンテナターミナルの運営者

日本のコンテナターミナルは公共ターミナルと船社の専用ターミナルに大別される．県や市などの公的機関が運営するのが公共ターミナルで船社に関係なく到着順にコンテナ船を受け入れる．一方，船社の専用ターミナルは特定の船社が自社のコンテナ船に使用するものである．日本の船会社と外国の船会社の双方が日本で専用ターミナルを運営している．日本のコンテナターミナルは国や地方自治体が建設・所有するのが一般的で船社は所有者から借受けて自社船の専用ターミナルとして運営する．特定船社の専用ターミナルであっても余力があればほかの船社を誘致するので，複数の船社のコンテナ船を受け入れる専用ターミナルがある．

公共ターミナルと専用ターミナルの区別なく日本のコンテナターミナルの荷役は港湾運送事業法に基づく港湾荷役事業および一般港湾運送事業の免許を保有する会社が請負っている．公共ターミナルもしくは専用ターミナルの運営者が免許保有会社に荷役を委託する形式である．港湾の荷役作業は肉体労働的なイメージをもたれるが，コンテナターミナルの荷役は高度に機械化されており荷役作業員に求められるのは大型機器の取り扱い能力である．

b. コンテナターミナルの荷役機器

コンテナターミナルの荷役機器は，垂直移動用と水平移動用に大別される．垂直移動用の機器はガントリークレーンである．一方，水平移動用の機器の代表はトラクターヘッドとシャーシーである．トランステナーとストラドルキャリアーは水平移動と垂直移動に併用される．

(1) ガントリークレーン

大半のコンテナ船は荷役機器を装備していないので荷役はガントリークレーンが行う．垂直移動を担う機器である．ガントリークレーンは岸壁と平行に設置されたレール上に置かれた巨大なクレーンでレール上を前後に，すなわち着岸したコンテナ船と平行して移動する．クレーンのブーム（腕）は岸壁，ならびにコンテナ船に対し直角に海上に伸びている．ブームは水平に設置され，ブームの中を前後に滑車が動き滑車からワイヤーが下がりワイヤーの先にコンテナをつかむ機器（スプレッダー）が組み込まれる．コンテナを積むときは，スプレッダーで船側のコンテナをつかんで巻き上げ，その状態で滑車をすべらせてコンテナ船の上方にコン

図2　ガントリークレーンとコンテナ船

テナを移動させる．コンテナ船の指定の場所の上方に到着するとワイヤーを緩めてコンテナを下降させ積み付ける．コンテナを揚げるときはこの逆である．

　ガントリークレーンによるコンテナの積揚げは反復作業であり，その早さがコンテナ船の荷役速度を決定する．反復速度の上限はガントリークレーンの性能により定まるので，上限の速さを維持する準備が重要になる．まず，ガントリークレーンの下に輸出コンテナならびに輸入コンテナを受け取る空シャーシーを常に準備し，ガントリークレーンが次のコンテナの到着を待つ待機時間の発生を防ぐ．また，荷役の順番を事前に検討し，ガントリークレーンの岸壁上の横移動を極力削減する．ガントリークレーンは自重が1 000トンを超える巨大な装置でありレール上を前後に移動できるが速度は遅く，また，正確な位置に停めるための微調整に時間を要する．

　(2) マーシャリングヤードとコンテナヤードの荷役機器

　コンテナターミナル内で水平移動を担うのがトラクターヘッドとシャーシーである．双方ともコンテナターミナルの専用車両で公道を走行する車両と異なる構造である．トラクターヘッドは簡素な構造で小型の運転席を持ち視野が広く平坦なコンテナターミナルの敷地内で頻繁なハンドル操作を行い，また，多数のトラクターヘッドと共同作業を行うのに適した設計である．シャーシーはコンテナを固縛する装置をもたないので固縛作業を削減できる．固縛せずにコンテナを運ぶとカーブで落下するので，シャーシーの4隅に落下防止用の枠を装備している．枠の上端はコンテナのサイズより若干大きめにつくられているので，乗せるときは4隅の枠に沿ってコンテナを滑り込ます．

　コンテナヤードでコンテナをシャーシーに積揚げするのがトランスファークレーン，ストラドルキャリアー，リーチスタッカー，サイドリフターである．いずれも特徴のあるコンテナ専用の荷役機器でコンテナターミナルは複数の機器を組み合わせて使用している．これらの機器はコンテナのシャーシーへの積揚げのほかにコンテナヤードでコンテナをブロック状に積み上げ保管効率を高める役割を担っている．作業形態はコンテナの垂直移動であるが，垂直移動が目的ではなく水平移動と次の水平移動を接続する作業である．

① トランスファークレーン（トランステナーや単にテナーともよばれ

図3　コンテナヤードとトランステナー

る）：門型の大型クレーンでタイヤ式，もしくはレール上に設置される．タイヤ式も前後の移動が原則で，横方向への移動は荷役場所を替える際に使用される．コンテナを縦列に20〜30個，かつ，横に5列前後並べ，さらに各列は3〜4段に積み上げて大きな縦長のブロックを作る．トランスファークレーンはこのブロックをまたぐ形になり，ブロックの上を前後に移動する．トランスファークレーンがまたぐ左右いずれか一番外側の列を空けておきトラクターヘッドとシャーシーの待機場所にする．トランスファークレーンからコンテナをつかむ機器（スプレッダー）が吊り下げられ，スプレッダーは左右方向に移動できる．ブロックの中の目的のコンテナを取り出すには，トランスファークレーンが前後方向に移動し，さらにスプレッダーを左右に動かすことで目的のコンテナの上に到着しコンテナを吊上げ一番外側の空いている列に待機するシャーシーに降ろす．目的のコンテナの上にほかのコンテナが置かれているときは，順にコンテナを横の列に移して目的のコンテナを取り出す．

② ストラドルキャリアー：タイヤ式トランスファークレーンの小型版といえる．3〜4段積みされたコンテナの列をまたぐ能力をもつが，門型の足の間はコンテナ1個分の幅である．コンテナ1個をスプレッダーで吊り上げ，あたかも腹に抱えた姿で前後左右に移動できる．移動速度は20〜30 km/hと低速だが垂直移動に連続して水平移動を行える．保管スペースのコンテナは，トランスファークレーンと同様の形式でブロック状に並べるが，一列ごとにストラドルキャリアーのタイヤが通るスペースを確保しなければならない．したがって，コンテナを隙間なく並べるトランスファークレーン方式と比べ保管効率は低下する．

③ リーチスタッカー（トップハンドラーともよばれる）：コンテナ荷役用に設計されたタイヤ式のクレーン車である．建築工事用のクレーン車に似た形状をもつが，クレーンは車体に固定されているので車体を前後左右に動かして目的のコンテナに近づく．クレーンのブームは傾斜角度を変更でき，また，前後に伸縮し先端にスプレッダーが装備されている．リーチスタッカーは，スプレッダーの下にコンテナを吊るした状態で自由に走行できる．トランスファークレーンやストラドルキャリアーより機動性に富むが，コンテナをまたぐことはできない．通常はコンテナの横方向から荷役し，リーチスタッカーのタイプによるが4段目のコンテナまで積揚げができる．

④ サイドリフター：コンテナをつかむ装置を垂直に持ち，リーチスタッカーと同様にコンテナの横から荷役するクレーン車である．タイヤ式で前後左右に走行できる．トランスファークレーン，ストラドルキャリアー，リーチスタッカーはいずれもコンテナの上部4隅をつかんで荷役するのに対しサイドリフターはコンテナ上

部の片側の二つの隅のみである．したがって，重いコンテナの荷役には適さないが，コンテナを垂直に持ち上げることができるので空コンテナを6段，7段と積上げる荷役に適している．

⑤ モービルクレーンと大型フォークリフト： これらはコンテナの荷役を目的に設計された機器ではない．したがって，専用機器と比較すると荷役効率は低下する．

モービルクレーンは建築工事などで使用するタイヤ式のクレーン車である．コンテナをつかむスプレッダーを設置できないので4本のワイヤーをコンテナ上部の4隅に掛け，吊上げて荷役する．ワイヤーを掛ける作業は人力に頼るので荷役は遅く作業員を必要とする．荷役効率の問題はあるが，モービルクレーンは日本国内に普及し容易に入手できるので緊急時，あるいは取り扱いコンテナ数が少ないときに有効な機器である．

大型フォークリフトをコンテナの荷役に使用するときはフォークリフトの爪をコンテナの下に入れる工夫が必要である．コンテナは上部の4隅に設置した荷役用の穴を使用して吊上げる方式を想定しているので，フォークリフトの爪を差し込める余地があるとは限らない．爪を差し入れる余地のない場合は，あらかじめコンテナの下に台を置き隙間を作る．フォークリフトによる荷役を想定したコンテナもあるが，大半は20フィートコンテナである．

c. コンテナヤードとコンテナフレイトステーション

コンテナヤード（container yard：CY）とは，コンテナターミナルの中で実入りコンテナと空コンテナを保管し，また，荷主とコンテナの受け渡しを行う場所である．CYでコンテナ内に詰められた貨物に触れることはない．輸出貨物をコンテナに詰める，あるいは輸入貨物をコンテナから取り出す場所がコンテナフレイトステーション（container freight station：CFS）である．ただし，すべての輸出入貨物がCFSを経由するものではない．輸出入貨物の大半は荷主が手配した工場や倉庫でコンテナに詰められる，あるいは，コンテナから取り出される．貨物をコンテナに詰める・取り出す施設でコンテナターミナルの中に位置するもの，あるいは船社が指定したコンテナターミナルの外の施設のみがCFSとよばれ，同じ機能を果たしても荷主が手配した施設はCFSとはよばれない．CFSを使用する貨物の中心は，その貨物のみでは1本のコンテナを満載にできない小口貨物である．多数の小口貨物を集めてコンテナに詰める，あるいはコンテナから取り出す作業がCFSの主要業務である．

コンテナ輸送では貨物のボリュームを表すのに「FCL」「LCL」の用語が使用される．コンテナ1本を満載にする貨物はFCL（full container load）とよばれる．FCLの反対に，コンテナ1本を満載にするボリュームがなく他貨と一緒にコンテナに詰

められる貨物が LCL（less than container load）である。一般的に，輸入 FCL 貨物はコンテナに詰められた状態で CY から運び出され荷主が手配した工場や倉庫等でコンテナから取り出される。また，輸出 FCL 貨物は荷主が手配した工場や倉庫等でコンテナに詰められ CY に運ばれる。LCL 貨物は，輸入はコンテナを CY から CFS に運び貨物が取り出される。荷主はトラックを手配して CFS に貨物を受け取りにくる。輸出 LCL 貨物は逆の動きになり，荷主手配のトラックで CFS に持ち込まれ，CFS で他の貨物と一緒にコンテナに詰められた後に CY に運ばれる。CY と FCL および CFS と LCL のつながりが強い。

2. 在来貨物の荷役

a. 在来貨物の種類

「雑貨」の中でコンテナが輸送する貨物を除いた残りのすべてが「在来貨物」である。ただし，「雑貨」の定義がいささかあいまいで，「梱包された貨物」と理解するのが一般的だが例外もある。梱包されていない貨物の代表は後述の「ばら積貨物」と「液体」である。

輸出の在来貨物は船側までトラックで水平移動し，在来船に装備されたクレーンによる垂直移動で船内に積み込まれる。輸入はこの逆である。貨物の種類によっては水平移動にトラック以外の輸送手段が使用される。岸壁まで鉄道貨車で輸送される貨物（紙類など）やはしけ（艀）で海上輸送される貨物（鋼材など）がある。また，完成車（乗用車やトラック）は自力で走行（自走）して船側に到着する。最近は見る機会が少なくなったが，丸太はいかだに組んで船側まで輸送される。このように水平移動の手段は複数あるが，垂直移動は在来船に装備されたクレーンを使用するのが一般的である。港によっては岸壁に設置された荷役用クレーン（ショアクレーン）を使用するが，採用している港は少ない。また，貨物の重量が在来船に装備されたクレーンの能力を上回る場合は，クレーン船（台船に固定された大型クレーンで「フローティングクレーン」ともよばれる）を利用して積揚げを行う。

完成車は「雑貨」の定義の例外であり，梱包されていないが在来貨物になることがある。数台から数十台の乗用車や小型トラックはそのまま在来船に積まれる，あるいは，1 台，もしくは 2 台をコンテナに詰めてコンテナ船に積むことも可能である。輸送台数が多くなり数百台から数千台になると自動車専用船が使用される。大型トラックや建設機械，作業車両などコンテナや自動車専用船に乗らないサイズの車両は常に在来船で輸送される。

b. 在来船の特徴

在来船は，船首から船尾に向かい船体を横に 3～5 個の区画に仕切り貨物の保管庫

（船倉，ホールド）とする．保管庫は上下に2〜3段に仕切られ床（デッキ）が張られている．2〜3階建ての倉庫が連続して並んでいると考えればよい．最下段を除く各層のデッキは中央に大きな穴（ハッチ，空区画）があり下段の荷役はこのハッチを通して行う．下段の荷役が終了すると大きな蓋でハッチをふさぎ貨物の落下を防ぐ．貨物はこの蓋の上にも積揚げる．在来船の荷役は貨物を積み込む順番が重要であり，各船倉の各層で頑丈な梱包を最下段に置き順次積み上げる．下段に積む貨物が到着しないと上段に予定した貨物を積めないので，本船到着前にすべての輸出貨物を船側に集めるのが一般的である．一方，輸入貨物を下ろすときは，各層の貨物をすべて揚げるのが効率的な荷役である．在来船が積揚げする貨物を集めて仮置きする場所が上屋（平屋の倉庫）で在来船が着岸する岸壁上に設置される．

　在来船はコンテナ船と比較し旧式と評価されるきらいがある．確かにコンテナ船より劣る点がある．例えば，雨天は荷役ができない，貨物を一つひとつ積揚するので荷役効率が悪い，船倉内の積みつけは貨物と貨物を接触させるので丈夫な梱包が必要であるなどの比較劣位がよく知られている．しかし，在来船はコンテナ船にない特徴をもつ．最大の利点は汎用性・柔軟性（フレキシビリティー）である．在来船は多種多様の貨物を積み取ることができる．カートンに収められた衣類からコンテナには入らない大型の車両や機械までが輸送対象になる．また，在来船は寄港する港を選ばない．コンテナ船はコンテナターミナルにしか寄港できないが在来船は安全に入港できるすべての港が寄港対象である．寄港する港に岸壁がなければ，はしけを船側につけて貨物の積揚げができる．在来船に装備されたクレーンは船体の左右いずれの側の荷役も可能である．世界の主要航路にコンテナ船が就航する時代になっても在来船が生き延びている理由はフレキシビリティーといえる．

c．在来船の荷役

　在来船の垂直移動に使用する吊り具は多様である．在来船に装備されたクレーンを使用することに変わりはないが，貨物の種類によりクレーンの先端につける吊り具が異なる．コンテナの荷役に使用する吊り具はスプレッダーのみだが，在来船は貨物の種類により網（「もっこ」と称する），スリングワイヤー，ベルト，フック，クリップなどを使い分ける．カートンなどの比較的軽い貨物は魚を取る網のようなもっこの中に収めて吊り上げる．頑丈なケースは垂直の輪

図4　在来船の荷役

にしたワイヤー 2 本を掛けて吊り上げる．ドラム缶は専用のクリップで上端をつかみ数本まとめて吊られる．在来船は輸出貨物を船倉に積み込んだあとも難しい作業が残る．貨物をフォークリフトや人力により段積みして固縛する作業が必要であり専門知識と技量が求められる．在来船の荷役は人間系の作業が多く残っており，在来船のもつフレキシビリティーと表裏一体となり在来船の特徴を形成している．

3. 冷凍貨物の荷役

a. 冷凍貨物の種類

温度管理が必要な貨物は冷蔵貨物と冷凍貨物に大別される．温度管理に関する日本の基準は温度帯により C3〜C1 級，および F1〜F4 級の 7 階級に分類される．設定温度は C3 級が一番高く「＋10℃〜−2℃」で順次温度が下がり F4 級は「−50℃以下」になる．一般的に冷蔵貨物の温度帯は C3 級，冷凍貨物は −20℃以下である．貨物は食品(肉類，魚類，野菜類，果物，乳製品，加工品)，食品原料，酒類，化学品など多岐にわたる．いずれも輸送中の温度変化に敏感で，温度の変化が性質を損ない商品価値を減じる品物である．

b. コンテナによる輸送

「冷凍コンテナ」あるいは「リーファーコンテナ」とよばれる温度管理ができる特殊なコンテナを使用する．このコンテナは＋20〜−25℃の範囲で温度管理ができるので冷蔵貨物と冷凍貨物の双方に対応する．冷凍コンテナの垂直移動と水平移動は普通のコンテナと同一であるが，冷風を供給する冷却装置がコンテナ内に設置されているので移動中も電源が必要である．陸上輸送中はシャーシーに乗せられたディーゼル発電機が電源になり，コンテナターミナルの保管中は常備されている専用プラグから電気の供給を受ける．荷役時にコンテナターミナルの保管スペースから船側までの水平移動，ならびにガントリークレーンによる垂直移動の間は電気の供給が中断する．コンテナ船の船上では専用のプラグを通して電気の供給を受ける．

c. 専用船による輸送

冷蔵貨物，もしくは冷凍貨物を大量に輸送するときに専用船（冷凍船）を使用する．冷凍船の荷役は「LOLO 方式」と「サイドドアー方式」に大別される．LOLO 方式は在来船と同一の荷役方法である．貨物はパレット単位にまとめられるのが一般的で出荷地から船側までの水平移動は冷凍機器を装備したトラックまたは鉄道貨車で行われる．垂直移動は，在来船の荷役と同様に冷凍船に装備されたクレーンが行い垂直移動中は温度管理が中断する．冷凍船の船倉は大きな冷凍庫になっており貨物は指定温度に冷やされて輸送される．揚地での垂直移動と水平移動は積地と同様である．

サイドドアー方式は冷凍船に特有の荷役方法である．普通の在来船に採用された事例もあるが，一般化しなかった．冷凍船の側面に岸壁と同じ高さにドアー（開口部）があり，ドアーを通して荷役する．船側までの水平移動はトラックや鉄道貨車を使用し，船側で待機したフォークリフトがサイドドアーを通して船内に貨物を送り込む．船内では別のフォークリフトが貨物を受けてエレベーターに乗せ指定された船倉に収める．この方式を一層合理化したのがベルトコンベアーを使用した荷役である．一定のサイズと重量の貨物，例えばカートンに詰められたバナナやぶどうの大量輸送に使用される．冷凍船の船側まではトラック，鉄道貨車，もしくは岸壁上の保管倉庫からベルトコンベヤーで貨物が運ばれる．貨物は，サイドドアーを通して設置したベルトコンベヤーに移し替えられ船内に運び込まれる．水平移動のみで「雑貨」の積み降ろしが行われる珍しい荷役である．

4. ばら積貨物の荷役

a. ばら積貨物の種類

梱包されていない貨物は固体と液体に分けられ「固体」がばら積貨物である．粒状の貨物で鉱物（石炭，鉄鉱石，ボーキサイトなど）や穀物（麦類，とうもろこしなど），チップ（製紙原料で木材を粉砕したもの）などである．石炭や鉄鉱石は，名称から大きさが不揃いの「石」をイメージするが，海上輸送されるのは一次加工で粉砕され均質に整えられた粒状である．ばら積貨物を輸送するのはバルカーとよばれる汎用性の高いばら積船，もしくは，石炭，鉄鉱石，チップなど特定の貨物の輸送に設計した専用船である．

b. 積 荷 役

本船の船側までの水平移動に使用するのはベルトコンベヤーが一般的である．ベルトコンベヤーは搬送中に貨物が降雨でぬれたり強風で飛ばされたりするのを防ぐためにトンネルで覆われる，あるいは2枚のベルトで貨物をサンドイッチにするなどの工夫が施されている．ベルトコンベヤーは岸壁上の高い位置に設置され，着岸した船舶の船側で向きを変え船倉の開口部の上まで伸ばされる．ベルトコンベヤーで水平移動した貨物は自然落下で船倉に積み込まれる．貨物は船倉内で凸状になるので，ブルドーザーを貨物の上に下ろし水平にならす．

図5　ばら貨物荷役：積み荷

c. 揚げ荷役

垂直移動が問題である．自然落下の積み荷役と異なりばら積貨物をすくい上げる工夫が求められる．グラブバケット，バケット付きベルトコンベヤー，および真空式（空気式，ニューマチック）の3種が広く使用される荷役機器である．貨物を揚げた後の船側から保管場所までの水平移動は積荷役の逆方向でありベルトコンベヤーの使用が一般的である．

(1) グラブバケット

両手の手のひらをあわせて垂直に下げ，手首を固定した状態で砂をすくう動作をイメージするとよい．手に相当するのがグラブバケットである．岸壁にはグラブバケットを操作する大型のクレーンが設置されブームが水平に船上に伸びている．グラブバケットはブームの下に吊るされ，船倉の上にくるとワイヤーを緩め船倉内に下ろし貨物をすくい取る．貨物をすくったグラブバケットは水平に岸壁上に移動する．岸壁にはグラブバケットから貨物を受けるホッパー，水平移動を担当するベルトコンベヤーが設置されている．グラブバケットの形状や機能は人間の手に似ているが，バケット内部の容量は6～40トンと巨大である．

図6　ばら貨物荷役：グラブバケット

(2) バケット付きベルトコンベヤー

岸壁に設置された機器で，荷役時は装置の一部を船倉の上に伸ばしベルトコンベヤーを垂直に貨物倉に差し込んで荷役する．

図7　ばら貨物荷役：バケット付きコンベヤー

ベルトコンベヤーにはバケツ状（実物はちりとりに近い形状）の突起物が多数ベルトに固定されており，回転させるとバケツが貨物をすくって垂直移動を行う．ベルトコンベヤーの最上部には水平に設置された次のベルトコンベヤーに貨物を移す装置が装備されている．名称に「バケット」が付いているので家庭のバケツをイメージするが，実際の機器は岸壁から船側を越えて船倉内にベルトコンベヤーを降ろす巨大な装置であり，コンベヤーに固定されたバケツも大きい．1時間に2 000～3 000トンの貨物を

垂直移動させる能力をもち，比較的重量のある石炭や鉄鉱石の揚荷役に使用される．船倉内の貨物が少なくなるとブルドーザー，あるいはパワーシャベルを下ろし貨物を中央に寄せて荷役効率の低下を防止する．ブルドーザーで貨物を寄せるのはばら積貨物の荷役では一般的な方法である．

(3) 真空式（空気式，ニューマチック）

巨大な掃除機をイメージすればよい．岸壁に設置された機器で船舶の船倉の上まで装置の一部を伸ばし太いホースを下ろして船倉内の貨物を吸い上げることで垂直移動を行う．ホースの上部には水平に移動するベルトコンベヤーに貨物を移す装置を持っている．貨物を吸い上げるので比較的軽い貨物の荷役に適しており穀類の荷揚げに使用するケースが多い．家庭用の掃除機と原理は同じでもサイズと能力は格段に大きく，1時間に200～1 000トン程度の貨物を吸い上げる能力をもつ．

5. 液体の荷役

a. 液体の種類

「液体」は梱包されていない貨物の一種である．原油や原油を精製した石油類，ならびに液化した天然ガスやプロパンガスが主要貨物である．輸送中，および荷役中は常に貨物を密閉状態に置く必要があり荷役はパイプラインを使用する．垂直移動と水平移動の境目はない．海上輸送に使用する船はいずれも専用船で原油タンカー，プロダクトタンカー，ケミカルタンカー，LNG船，LPG船などである．カーゴタンクから伸びたパイプが甲板に並んでいる．

図 8　タンカー荷役

b. シーバースの荷役

　原油を輸送するタンカーは輸送コストを下げるために大型化しており，現在の最大船型は載貨重量が 50 万トンを超え，船長 450 m，幅 65 m，喫水 24 m である．動作の鈍い大型船が港の奥深く狭い水域に入るのは危険であり，他船の障害になる．この問題を解決するのがシーバース（sea berth）である．シーバースは港から離れた沖合に建設された原油タンカーの専用施設で，大型船が着岸できる桟橋を持ち，桟橋と陸上の施設をパイプラインでつないでいる．例えば，東京湾にある京葉シーバースは 1968（昭和 43）年に運用開始された古い施設だが，沖合 8 km に位置し全長 470 m，幅 50 m の桟橋で水深 20 m の規模をもっている．

　液化天然ガスを輸送する LNG タンカーは，原油タンカーと比較すると小ぶりに見えるが貨物船としては大型船である．稼働中の最大船型は船長 345 m，幅 54 m，喫水 12 m である．輸送する貨物が −162°C に冷やして液化した天然ガスであり，荷役は LNG 専用のシーバースで行う．シーバースと陸上の施設は専用のパイプラインで結ばれている．

c. 専用岸壁の荷役

　精製した石油類や化学品を運ぶ比較的小型のタンカー（プロダクトタンカーやケミカルタンカー）は専用の岸壁で荷役を行う．専用岸壁にはパイプラインが設置されており，船上のパイプとつないで貨物の揚げを行う．この種のタンカーは複数の製品を一度に輸送するため，貨物の種類ごとにパイプラインを接続し荷役時に貨物が混ざるのを防いでいる．

図 9　LNG 船のシーバース着岸

d. 荷役用ポンプ

　液体貨物の荷役は船上と陸上のパイプを接続した後にポンプで貨物に圧力をかけて送り出す。雑貨やばら積貨物と異なり、垂直移動と水平移動の区別がなく荷役機器はポンプのみである。船に貨物を積むときは陸上のポンプが貨物に圧力をかけて送り出し、揚荷は船に装備されたポンプが貨物を送り出す。タンカーは船体を横に仕切る複数の貨物タンクを持っている。大型船は横の仕切りに加えて縦方向の仕切りを持つのでタンクの数が増加する。貨物の荷役はタンク単位で行うので荷役に使用するパイプラインが本船に多数設置されている。大型船は貨物を送り出すポンプを数台装備している。

　密閉されたタンクに保管されている原油の揚荷は、貨物の送り出しにあわせて気体をホールド内に充填する必要がある。この作業を怠ると、荷役速度が低下し機器や船体に障害を生じる危険がある。紙パック入りのジュースをストローで吸い続けると内側にへこむ現象を連想すればよい。荷揚げされた貨物の容積に相当する気体を送り込むが、ホールド内には可燃性の液体が保管されているので大気を送り込むと爆発の危険がある。爆発を防ぐために酸素を含まない不活性ガス（イナートガス、inert gas）を送り込んで揚荷を進める。イナートガスは、タンカーのエンジンが生み出す排ガスから不純物を取り除いて作られる。

　液化天然ガス（LNG）の荷揚げの際も原油タンカーと同様の問題が生じる。荷揚げされた貨物の容積に相当する気体を送り込むが、排ガスから作ったイナートガスを注入すると貨物のLNGに混入するおそれがある。LNGの揚げ荷は、荷揚げされたLNGと同容積の天然ガス（液化されていない）を注入しタンク内の容積バランスを保っている。

　原油タンカーやLNG船などは揚荷のときにガスを注入してタンク内の容積バランスを保つが、液体の代わりに気体を注入するので揚げ荷が完了すると貨物の総重量は大きく減少し船体が浮き上がる。大型の原油タンカーは貨物を完全に揚げると船体が10 m以上も浮き上がり安定が悪くなるのでバラストタンクに海水を注入して安定を保つ。注水する海水は「バラスト水」とよばれる。

6. 自動車の荷役

　日本から輸出される完成車は種類が多い。主力の乗用車と小型トラックの他に大型トラックやダンプトラック、さらにブルドーザーやショベルカーなどの建設機械、クレーン車や高所作業車などの作業用車両がある。乗用車と小型トラックを除く完成車は輸出台数が少なくコンテナや自動車専用船におさまらないサイズが多いので在来船に積まれるケースが大半である。在来船の船側までの水平移動は自走、もし

くは自動車運搬車両で輸送される。垂直移動は在来貨物と同様に在来船に装備されたクレーンが担当する。クレーンの先から伸びたワイヤーで吊上げるのだが、ワイヤーを車体にかけると大きな傷をつけてしまうので特別な吊り具を使用する。使用頻度の高い荷役道具は板状の器具で板の上に車両を乗せ4隅にワイヤーを通して吊上げる。

図 10　自動車船の荷役

　乗用車と小型トラックはメーカーが異なってもサイズが類似しており、かつ大量に輸出されるので自動車専用船で輸送されるのが通常である。専用船の船側までの水平移動は自走、本船内への垂直移動はLOLO方式とRORO方式の2方式がある。

a．LOLO方式

　LOLO（lift-on lift-off）方式は初期の自動車専用船に見られた荷役方法で現在はほとんど使用されていない。在来貨物の荷役と同様に自動車を1台1台クレーンで吊り上げる方法である。荷役は非効率だが、あえてこの方法を採用したのは帰路の貨物を確保する狙いであった。往路は完成車、復路はばら積貨物（主として穀類）を前提に設計した船型で完成車の輸送に使用する床（デッキ）は船内に複数設置されるが、ばら積貨物の積載時は折りたたまれ広い、船倉が現れる構造になっている。

b．RORO方式

　RORO（roll-on roll-off）方式は、完成車の積取りに特化した専用船が採用している。LOLO方式と比較し荷役と積取り台数の双方で効率が向上している。自走して船側に到着した完成車は、自動車専用船の船尾もしくは側面に設置されたランプウェー（可動橋．潮位にあわせて上下動する）を利用し船内に走りこむ。大型の専用船は船内に10層以上のデッキが設置されランプウェーからは斜めの走行路で繋がっている。ショッピングセンターの多層階駐車場を連想すればよい。完成車は船内の走路を走って所定のデッキに到着し船体に固縛される。荷役を行う作業員（ドライバー）は5〜8名程度でチームを組み、列になって完成車を船内に積込む。列の最後に小型のバスがつき、ドライバーが所定の場所に完成車を駐車させるとバスに乗って次の完成車の保管場所に戻る。この作業を繰り返して積荷を進める。揚荷は、積荷のサイクルの逆回転である。

7. フェリー・RORO 船の荷役

フェリーの輸送対象は乗客と車両に大別される．乗客は徒歩で乗船・下船する．また，車両の同乗者も徒歩で乗下船を求められるのが一般的である．乗下船時は船内の駐車スペースが輻輳するので安全面よりドライバー以外の乗客をあらかじめ降ろしておくのである．車両はフェリー

図 11 フェリーの荷役

に装備されたランプウェイを利用して乗船・下船する．ランプウェイの設置位置は船首，船尾，側面とフェリーにより異なる．乗客であるドライバーが自分の車両を運転し所定の場所に駐車するとフェリーの作業員が固縛し航海中の移動を防止する．小型フェリーの駐車スペースは1層だが，大型フェリーは複数階に分かれており各階は船内に斜めに設置された走行路で繋がっている．

フェリーのサービスに無人航送がある．乗用車やトラックをフェリー会社の指定する陸上の駐車場に持ち込めば，目的港の駐車場までの輸送をフェリー会社が手配する．駐車場に置かれた車両はフェリー会社の作業員が運転してフェリーに積み込み，目的港ではやはりフェリー会社の作業員が運転して下船し所定の駐車場に置かれる．観光客であれば目的地に空路もしくは列車で到着しすぐに自分の乗用車で観光に向かうことができる．また，トラックであれば，フェリー航行中にドライバーを船内に留める必要がなくドライバーの生産性が向上する．無人航送を最大限に利用する輸送システムも開発されている．トラクターヘッドとトレーラーを使用するもので，荷主はトレーラーのみをフェリー会社の指定駐車場に駐車する．フェリー会社は自社のトラクターヘッドでトレーラーをフェリーに乗せ，目的港ではやはり自社のトラクターヘッドでフェリーから下ろして所定の駐車場に駐車する．荷主は目的港に準備したトラクターヘッドで駐車場からトレーラーを引き出し最終目的地に向かう．ドライバーとトラクターヘッドの有効活用を図る輸送システムである．

フェリーの中には対岸と結ぶきわめて近距離の航路がある．大半は波の静かな海域で数分から数十分程度の航行距離である．フェリーのサイズは小さく運行頻度を重視している．車両を乗せる床（デッキ）は一層で，車両の固定も車止め程度である．

フェリーに似た荷役方式をもつのが RORO 船（roll-on roll-off ship）である．RORO 船は本船のランプウェイを経由して積揚げする荷役方式である．乗客を乗せ

ることはできるが，日本では 12 名が法定定員になり顧客サービスは限定される．貨物専用に設計されたフェリーと理解するのが妥当である．無人航送システムのトラックやトレーラーが主たる貨物となり，ほかに海上コンテナや鉄道コンテナ，また，パレット貨物など梱包された貨物を輸送している．コンテナや梱包された貨物はトラックで船内に到着し，フォークリフトで降ろし所定の場所に積みつける．揚荷は逆の手順になる．

8. 重量物の荷役

大型機械，工場の生産設備，鉄道車両，鉱山用車両，船舶などの大型貨物の荷役である．重量が重い，あるいは容積が大きい，もしくはその双方に該当する貨物である．大型貨物の積取り用に特別に設計された重量物船が使用される．重量物船は荷役形態により LOLO 方式と RORO 方式（含む，半潜水式）に分けられる．

a. LOLO 方式

LOLO 方式の重量物船は，一般の在来船と同種の外観をもつ．垂直移動は，本船に装備したクレーンが貨物を吊上げて船倉（ホールド）に保管する方式で在来船と同一である．ただし，重量物船の船体は重量貨物に耐える強度を持ち，貨物を保管する船倉は広く，荷役時に貨物が通過する甲板の開口部（ハッチ）も大きく開けられている．稼働中の重量物船の 1 隻は輸出用の新幹線の 1 車輌を優に納める長さのハッチとホールドを持ち，800 トンのクレーンを装備している．LOLO 方式の重量物船は自船に装備したクレーンのみで貨物の垂直移動を行うとは限らない．自船クレーンの能力を超える重量物や容積の大きい貨物はクレーン船を利用して荷役する．

図 12　重量物船の荷役

クレーン船は日本をはじめ世界の主要港に常備されている．

重量物を船側まで運ぶ水平移動は特殊なトレーラーを使用した陸上輸送，または，はしけ（艀）による海上輸送が一般的である．重量物を製造する工場は完成品の輸送ルートを念頭に立地を選定しており，重量物トレーラーが走る道路に面している，あるいは敷地内にはしけに貨物を下ろす設備を有している．

b．RORO方式と半潜水式

RORO方式の重量物船は喫水を上下動させ貨物を保管する甲板の位置を岸壁と同一の高さに調整し，水平移動で荷役する．吊上げるのが困難な貨物に適した荷役方法である．船型は水に浮かべた長方形の箱をイメージすればよい．箱の隅に操船するための船橋が立っており，船橋を除くとフラットな船である．喫水の調整は，船内のタンクに海水を注水・排水することで行う．構造上から貨物を保管する甲板は露天になり，航海中に潮風を受けるので輸送対象の貨物は限定される．最も適した貨物の一つはコンテナターミナルで使用するガントリークレーンやトランステナーである．ガントリークレーンやトランステナーは完成した状態でRORO方式の重量物船に積まれ，目的地のコンテナターミナルに横付けして下ろされる．コンテナターミナルで使用する機器以外では，数個に分割（モジュール化）した製造設備がある．石油精製プラントや製鉄所などの大規模プラントを分割して輸送し，向け地の岸壁近くの建設現場で繋ぎ合わせる．

RORO方式の積揚げアイデアをさらに進めたのが半潜水式でFOFO（float on Float off）ともよばれる．RORO方式と同様に船内タンクに注水して喫水を調整し，貨物を積取る甲板の位置を上下動させるが，半潜水式の重量物船は甲板を水面下に沈めることができる．喫水を下げると操船する船橋だけが水面上に維持される．海面上に浮かぶ貨物の輸送に適しており輸送対象は小型船舶と石油掘削用のプラットフォームが主力になる．

〔春山利廣〕

4.2 港湾の機能

荷物の取り扱い

1. 海上貨物の取り扱い

a. NVOCC

　NVOCC は non vessel operating common carrier の略である．common carrier のとおり不特定多数の顧客から貨物を集めて輸送する船社である．また，non vessel operating と称するように自社では船舶を運航しない利用運送業者である．「船舶を運航しない船社」は一般にはなじみの薄い概念であるが，運送業界では類似のサービスが古くから行われている．トラック会社，船社，そして航空会社は自社のサービス網の一部を子会社，関係会社，あるいは，契約先に委託して運行している．委託元が実際に輸送手段を保有しているので違和感はないが，自営の運行比率が下がり 0 に近づく，あるいは 0 になれば NVOCC と同じ営業形態である．

　もともとは不特定多数の荷主の貨物を集め，支配する貨物量を背景に実際に貨物を運送する船社（下請け船社）から有利料金を獲得するビジネスモデルである．例えば，仮に荷主が船社に支払う運賃が 500 ドル/20 ft コンテナのときに，NVOCC は 450 ドル/20 ft の料金を提示して大量の貨物を集める．貨物ボリュームを背景に下請け船社と交渉し 400 ドル/20 ft の優遇料金を獲得する．NVOCC の利益は 50 ドル/20 ft になる．以上は極度に単純化したモデルであり，実際は貨物の種類や使用するコンテナサイズにより下請け船社への支払い運賃が変わる，また，NVOCC 側に管理コストが発生するなど複雑な採算管理が求められる．

　NVOCC の初期のビジネスモデルが広まると，荷主や船社が NVOCC 業務に精通し，大手荷主は NVOCC を経由せずに直接船社と交渉し有利運賃を獲得するのが常態化した．NVOCC は貨物ボリュームを維持するために利益の削減を余儀なくされ，NVOCC 間の競争激化がこの傾向を加速させた．NVOCC は差別化による生き残りを模索しビジネスモデルが変化した．差別化の主流はドアーツードアーのサービスと，主要顧客に対するワンストップサービスといえる．ドアーツードアーサービスは輸出者の指定場所から輸入者の指定場所までの輸送を引き受けるもので複数の輸送機関を連続して使用する輸送方式である．NVOCC はドアーツードアーの全工程を一括して引き受ける輸送業者となり，複数の下請け業者を監督して輸送を完成させる．一方，ワンストップサービスは特定荷主の輸出入貨物の運送手配を一手に引き受けるもので，海上貨物に加えて国内輸送の引き受け，さらに航空輸送，貨

物保管，通関等に対象範囲を拡大している．

b. 複合一貫輸送業者

2点間の輸送を引き受け，その輸送に複数の輸送機関を連続して使用する運送業者である．古くは船社がコンテナのランドブリッジを提供した．日本から米国西岸の港までコンテナ船で輸送し，西岸の港からトラックと鉄道を利用して米国東岸や中西部のコンテナヤードまでコンテナを輸送した．また，シーアンドエアーと称するサービスも荷主の支持を集めた．日本から米国西岸までをコンテナ船による輸送，西岸の港で貨物をコンテナから取り出し，航空機でヨーロッパまで輸送するルートである．輸送日数も料金も航空輸送と海上輸送の中間を狙ったサービスであった．この時代の複合一貫輸送はコンテナヤードからコンテナヤードまでの引き受けが一般的であったが，現在はサービス範囲が延びドアーツードアーが普及している．送り主の指定場所で貨物を受け取り，受け荷主の指定する場所まで輸送するのがドアーツードアー輸送である．使用する輸送機関は，陸上はトラックと鉄道貨車，海上はコンテナ船とフェリー，航空は旅客機と貨物専用機が一般的である．FCL貨物が複合一貫輸送の主流であるが，大都市間ではLCL貨物の輸送も行われている．さらに，荷主の要請があれば積地と揚地の双方で通関や保管も手配している．

ランドブリッジは日本と米国西岸の間でコンテナ船を運航する船社のサービスであったが，現在は多くの業者が複合一貫輸送を提供している．船社と船社系のNVOCC，鉄道会社系のNVOCC，インテグレーター（世界レベルで多数の貨物機とトラックを運行する大手輸送業者），倉庫やトラックを自営するNVOCC，通関業者系のNVOCC，フォワーダーなどが自社の特徴を生かしたサービスで差別化を図り荷主の獲得にしのぎをけずっている．複合一貫輸送は日本と米国や欧州のように先進国間が中心であったが急速にサービス地域を拡大している．日本を起点に見ればアジア各国，大洋州，中南米，中央アジア諸国の都市部までの複合一貫輸送が行われている．

c. フォワーダー

フォワーダー（forwarder）は運送業界において世界的に使用される用語だが共通の定義は存在しない．日本では法律用語としての定義はなく，非常に幅広い意味で使用され「輸送を手配する業者」と解釈される．「手配」の定義が曖昧であり仲介業務と理解すればフォワーダーはサービス業であり運送業者ではない．運送を含むと解釈すればフォワーダーは運送業者である．荷主は，フォワーダーに運送の手配を委託するときにフォワーダーが全行程，あるいは一部の運送を下請け業者に任せても異存はなく，「手配」の定義にこだわらない．結果として，NVOCC，複合一貫輸送業者，インテグレーター，乙仲（通関業者）はすべてフォワーダーに含まれる．

他方，法律でフォワーダーを定義している国があり，その国においては業務範囲が明確である．

在来船が主流の時代はフォワーダーの活動範囲が狭かった．輸送過程で荷主が判断すべき項目が多くあり，フォワーダーの輸送手配は下請けの感が強かったためである．例えば，貨物の梱包を厳重に行えばダメージの危険は減少するがコストが掛かる，陸上輸送のトラックは専用使用すれば輸送日数は短いが運賃は高い，また，在来船のスケジュールは不安定で大きな遅れが発生すると別の輸送ルートに変更する，などが荷主の判断に委ねられた．フォワーダーが輸送手配を引き受けても，荷主の判断を仰ぐ場面が多くフォワーダーの地位は高まらない環境であった．

海上コンテナの普及は在来船の不安要因を大幅に減じ，フォワーダーの活躍範囲を拡大した．コンテナ単位の料金が広まり輸送スケジュールの信頼性は格段に高まった．フォワーダーは運送に関わる情報を豊富に収集し顧客に最適の輸送ルートを提示し，また，輸送状況を監視することが可能になった．仮に，天候や事故により予定した輸送ルートに障害が発生すれば次善のルートをただちに選定できる．荷主の判断を仰ぐ場面が急減し，フォワーダーは荷主にアドバイスする立場に変わった．

IT化の進展により情報収集が容易になるとフォワーダー間の競争が激化し，また，大手の荷主は自社で情報を集め運送を管理することが可能になった．差別化を図るフォワーダーはますます輸送管理を緻密に行い，同時に引き受け業務の範囲を拡大した．フォワーダーのサービスとして輸送中の貨物の現在位置を随時トレースできるシステムが広まっている．また，海上貨物に加えて航空貨物の引き受け，国内輸送や保管，通関の引き受けなどワンストップ化に向かう動きが顕著である．NVOCCや一貫輸送業者との境界が曖昧になっている．

d. 港湾運送事業者

日本の港湾において貨物の垂直移動と水平移動を担う作業会社は港湾運送事業法の規制を受け，業種と業務内容が明確に定義されている．現在は次の7業種に分類されている．

「一般港湾運送事業」「港湾荷役事業」「はしけ運送事業」「いかだ運送事業」「検数事業」「検量事業」「鑑定事業」

コンテナターミナル内の作業，在来船の荷役，また，CFSにおける作業はすべて港湾運送事業者に委託して行われる．7業種の中で「一般港湾運送事業」は港湾における水平移動を担当する業種で，船社と荷主の間で貨物の受け渡しや運搬を業務とする．「港湾荷役事業」は垂直移動である貨物の積揚げを担当し作業員は船上と岸壁の双方で荷役に従事する．「はしけ運送事業」と「いかだ運送事業」は名称のとおりはしけといかだを使用して貨物を運搬する水平移動である．検数事業，検量事業，

鑑定事業については「検数・検量・鑑定」の項を参照されたい．

　港湾における垂直移動と水平移動を港湾運送事業者に限定し，業務内容を厳格に定めている理由は港湾荷役に特有の危険な作業環境と作業量の波動である．荷役の対象は水に浮かぶ船であり，係船しているが揺れがあり足場を踏み外せば海面に落下する．雑貨の荷役は数トンから数十トンの貨物を垂直に10m以上も吊上げる作業である．ばら積みは大型の荷役機器を操作し，液体の荷役は貨物が危険物である．港湾荷役は常に危険を伴っており作業員は十分な訓練と経験が求められる．一方，港の作業量は船の入出港にあわせて大きく変動する．作業量の変動に対応するには常勤の作業員と非常勤の作業員の組み合わせが有効であるが，費用削減のために常勤の作業員を減らす誘因が強く働く．この状態を放置すると未熟な非常勤作業員が危険な業務につき重大な事故を起こす危険が高まるので法律が港湾作業の運営を厳しく規制している．港湾作業の規制は日本に限ったものでなく諸外国においても類似の規制が見られる．

2.　上屋と海上輸送貨物

　日本の法律（関税法）は「上屋（保税上屋）」と「倉庫（保税倉庫）」を別個に定義した時期があったが，現在は両者を統合して「保税蔵置場」としている．上屋は一般的に平屋である．倉庫は平屋もしくは多層階の建物で窓の少ないいわゆる倉庫風の外観をもつ．外観からは上屋と倉庫の区別はつきにくいが，上屋は荷役を目的に貨物を一時保管する場所であり，倉庫は保管を目的に貨物を置く場所である．在来船が主流の時代は保税上屋と保税倉庫はそれぞれ異なる役割を果たし，両者の違いは明確であった．しかし，コンテナ化の進展により両者の機能は重複する部分が多くなり法律上も両者を統合した「保税蔵置場」が生まれた．

　上屋は法律的には消滅したが港湾の現場では依然として頻繁に使用される用語である．旧来の機能である在来貨物の一時保管を指すときとコンテナ貨物を取り扱う保税蔵置場を指すときの2通り使用されるので注意が必要である．

a.　在来船と上屋

　上屋は岸壁に設置された倉庫で在来貨物の一時的な保管場所である．一時保管は，在来船に特有の荷役手順への対応と輸出入通関を目的とする．したがって，保管を業務とする倉庫とは運営目的が根本的に異なる．

　在来船は，船倉に何種類もの貨物を数段に積み上げる．貨物は物理的に強度の高いもの・重いものが下段，低いもの・軽いものが上段になる．貨物の強度と同時に，船体のバランス維持も図り，また，複数の積み港と複数の揚げ港を結ぶのが通常であり貨物の段積みは揚げる港の順番にも配慮する．荷役の順序は重要であり，下段

に予定した貨物が到着しないと荷役を中断して貨物が揃うのを待つことになる．また，在来船は雨天や荒天のときに荷役を止めるのでスケジュールが不安定である．在来船の荷役，すなわち垂直移動にあわせて水平移動を手配し輸出貨物を順序良く船側に揃えるのはきわめて難しい作業になる．他方，輸入貨物は船倉ごとにすべての貨物を揚げるのが効率的である．また，大口の貨物は複数の船倉に分けて積まれるので荷役にあわせて受け取りのトラックを順番に船側に準備するのは不可能に近い調整になる．以上の問題を解決するのが上屋である．輸出貨物は前広に上屋に搬入し本船の到着を待つ．到着を待つ時間を利用して上屋内で荷役順に貨物を整理し，荷役が始まれば順番に貨物を送り出す．輸入貨物は全量をいったん上屋に運び込み，整理した後に輸入者に引き渡す．上屋は垂直移動と水平移動の結節点であり効率良く両者を結びつける役割を果たしている．さらに，上屋は保税地域に位置するので，荷主は貨物が上屋で整理，仕分けされている時間を利用して通関を行うことができる．関税法上は上屋は保税蔵置場に統合されたが，在来船は依然として日本に寄港しており保税蔵置場が保有する上屋機能は健在である．

b．コンテナ船と上屋

　コンテナ化により上屋の概念が変化し法律上は保税倉庫と統合され「保税蔵置場」になった．

　在来貨物の垂直移動と水平移動の結節点は上屋だが，コンテナ輸送の場合はコンテナターミナルである．上屋はコンテナターミナルの外部に位置し，水平移動と次の水平移動を結ぶ接続点となった．荷主手配のトラックで到着した輸出貨物を受け取りコンテナに詰めてコンテナヤードに運ぶ，あるいはその逆に，コンテナヤードから輸入のコンテナを受け取り，貨物を取り出して荷主のトラックに載せるのがコンテナ貨物を取り扱う上屋の機能である．コンテナ用の上屋は垂直移動に関与しないので岸壁に位置する必要はない．岸壁から離れた場所で行う業務なので，特定の岸壁に着岸する船に限定する理由はなく，複数のコンテナ船の貨物を同時に扱うことができる．複数のコンテナ船を対象にするのであれば数日中に出港，あるいは到着するコンテナ船に固執する必要はなく，保管スペースさえあれば3週間後や1ヵ月後に出港するコンテナ船の貨物を保管することもできる．さらに，予定船が決まっていない輸出貨物や，輸入通関の予定が数ヶ月先の貨物を保管することもできる（従来は保税倉庫の役割）．コンテナ船を対象とした上屋は次第に機能を拡大し保税倉庫との境界があいまいになり両者が統合された．現在の保税蔵置場の中には機能をさらに拡大した業者がいる．輸出仕様の貨物を常時保管し荷主の指示により必要品目の必要数量を取り出してコンテナに詰める作業，複数のメーカーの輸出貨物を集結させ1本のコンテナに詰める作業，あるいは，輸入貨物の国内配送拠点となり

輸入貨物の仕け分から配送トラックの手配まで行う保税蔵置場がある．

3. 通関と輸出入貨物の取り扱い

a. 通関と保税地域

「通関」は税関より輸出許可，もしくは輸入許可を取得する業務である．輸出貨物については輸出申告書，輸入貨物については輸入・納税申告書を税関に提出し通関業務をスタートするが，申告書の提出に先行し対象貨物を保税地域に搬入しなければならない(輸出は，原則として搬入前に申告し搬入後に許可を受ける)．また，保税地域に置かれた貨物は税関検査が可能な状態に維持される．日本の保税地域は指定保税地域，保税蔵置場，保税工場，保税展示場，総合保税地域に分かれており，いずれの保税地域に貨物を搬入しても通関は可能であるが保税蔵置場の利用比率が高い．貨物の保税地域への輸送は荷主の責任であるが通関業者が手配するケースが多い．

通関は，輸出申告書や輸入・納税申告書の提出後に税関の書類審査と貨物検査を受けて許可になる(審査と検査は税関の判断で省略されることがある)．通関手続きの目的は税関の許可を受けることであるが，最終目的は輸出貨物の船積み，または輸入貨物の荷主への配送である．したがって，船積み予定日，もしくは配送予定日から逆算し税関の書類審査や貨物検査に要する日数を勘案しつつ，申告書の提出日と貨物の保税地域への搬入日を決定する．

b. 通関業者

通関業者は通関手続きの専門家である．荷主が税関に出向いて通関を行うのは可能だが手続きが煩雑であり通関業者に任すのが一般的である．通関業を開業するには，一定の要件を整えて税関長に申請し許可を受けなければならない．荷主は通関のために輸出入貨物の貨物明細やインボイス（仕入書）を通関業者に渡すので，両者の信頼関係はきわめて高い．信頼関係を背景に通関業者は通関手続きに限定せずにワンストップ的なサービスを荷主に提供している．輸出貨物であれば保税蔵置場までの運送手配，通関後に保税蔵置場にバン詰めを指示しコンテナヤードまでの輸送を手配する．輸入貨物はコンテナヤードから保税蔵置場までの輸送を手配し保税蔵置場に貨物の取り出しを指示する．通関の終了後にトラックを手配し顧客の指定場所に配送する．通関業者が手配する物理的な貨物の移動は以上だが，港湾における貨物の移動は書類面の処理と表裏一体になっている．通関業者は，船社へのブッキング（予定船への船積み予約），輸出入規制に基づく許可申請，保税運送手配，B/L（荷役証券）作成手配，保税蔵置場への出庫指示書などを作成している．

［春山利廣］

4.2 港湾の機能

船の入出港支援・荷物検査

1. 水　先

a. 水　先　区

　船舶が出入りする港は外洋の波浪の影響が少ない湾の中で天然もしくは人工の防波堤の内側に建設されるのが一般的である．したがって，船舶は入出港時に湾と港の入口を通過し，かつ，港内では大きく舵を切る操船が求められる．波浪の影響は減じられていても皆無ではなく，さらに風雨や潮流が加わるなど入出港時の自然環境は刻々と変化している．また，湾内や港には商船をはじめ漁船やプレジャーボート，作業船などが多数航行している．船舶の入出港は常に危険をはらむが，特に危険度の高い港湾や航路が水先区に指定されている．水先区を航行する船舶は水先人を乗船させ，船長は水先人のアドバイスを受けて操船する．

　水先の制度は多くの国で採用されている．日本は水先法により現在35ヶ所の水先区が指定され（正しくは水先法施行令が指定），634人の水先人が活躍している（2009(平成21)年3月31日現在）．水先区の中でも自然環境が厳しく船舶の航行頻度も高い次の11区域が強制水先区に指定されている．
　　港域：横須賀，佐世保，那覇，横浜川崎，関門
　　水域：東京湾，伊勢三河湾，大阪湾，備讃瀬戸，来島海峡，関門(対象は通峡船のみ

　水先区と強制水先区は運営上の違いである．水先区は水先人のアドバイスを受けることが推奨されているが強制はされない．強制水先区は，文字どおり水先人のアドバイスを受けることが法的に強制されている．ただし，航行するすべての船舶が対象ではなく，強制水先区ごとに設定される一定サイズ以上の大型船が対象である．海外では主要港の多くが強制水先区に指定されている．

b. 水　先　人

　「水先人」が法律上の正しい用語であるが，「水先案内人」や「パイロット」の用語が頻繁に使用されている．水先人は水先区の地形や潮流，風向き，船舶の通行頻度などを熟知し危険の多い水域を操船する専門家である．ただし，船長を超える存在ではない．船舶の最高権限と運航責任は船長にあり，船長は水先人の専門知識とアドバイスを参考に操船する．日本の水先人は免許制度で乗船経験をはじめとする要件を満たさなければならない．2007（平成19）年に免許制度が大きく変更され，

現在は一級，二級，三級水先人に分かれ二級と三級は担当できる船舶のサイズが制限されている．免許を取得する要件は次のとおりである．
- 乗船経験
    - 一級：3 000 トン以上の船舶の船長を 2 年以上
    - 二級：3 000 トン以上の船舶の 1 等航海士を 2 年以上
    - 三級：1 000 トン以上の船舶の航海士もしくは実習生を 1 年以上
- 養成機関における講習
    - 一級：座学と操船シミュレータで 9 ヶ月間
    - 二級：座学，操船シミュレータ，実地等で 1 年 6 ヶ月間
    - 三級：座学，操船シミュレータ，実地等で 2 年 6 ヶ月間
- 国家試験：乗船経験と講習の終了後に受験する．

免許の取得要件は，水先人に求められる経験と知識の深さを判定するものでハードルは高い．水先人の免許は水先区ごとに発行される．

水先人は個人事業者だが水先区ごとに設置される水先人会への加入が義務付けられている．水先人会は，水先人の業務に必要な設備を整備している．具体的には連絡事務所，船舶との通信機器，水先人を船舶まで送る水先人艇などである．水先人会は所属する水先人の指導や監督も行う．

2. 曳 船

a. 種 類

曳船はタグボート（tugboat）あるいは短縮してタグともよばれ，次の 3 つのグループに分けられる．
① 50 トン前後の小型の船で曳き船ともよばれる．
② 200 トン前後の船でハーバータグとよばれる．
③ 1 000～3 000 トンの船でオーシャンタグとよばれる．

コンテナ船や客船などの大型船が岸壁に着くときに，船体の横で押している姿を見るのがハーバータグである．ハーバータグは活動分野が広いので"ハーバータグ"＝"曳船"と理解されがちである．

b. 役 割

(1) 小型の曳船

50 トン前後の曳船は，小型でエンジンの馬力にも余裕がなく港湾ではしけ（艀）やいかだを曳航するのが主たる業務である．

(2) ハーバータグ

ハーバータグは活動範囲が広い．よく知られているのは大型船が岸壁に着くとき

と離れるとき（離着岸とよぶ）に大型船の船体を押したり，ロープで引いたりして補助する姿である．ハーバータグは離着岸の補助作業のほかに次のような役割を果たしている．

① 離着岸に前後する作業として大型船の港内航行に伴走し安全を確保する．
② 造船所で新造船や修理船を移動させる．
③ 河川や港湾で行う護岸，土木工事の作業を補助する．
④ 機関故障や座礁などで自力航行が不可能になった船舶を曳航する．
⑤ 消防装置を備えた曳船は船舶やシーバースなどの海上火災に対処する．
⑥ はしけ，いかだ，海面に浮かぶ構築物を曳航する．

ハーバータグは世界のほとんどの港に常駐し上記のサービスを提供している．

図1　ハーバータグ

(3) オーシャンタグ

大型の海洋構築物（石油掘削リグなど）やモジュール化された工場設備，鉱山用の大型機械などを載せたはしけを曳いて海上輸送する．

c. ハーバータグの装備

もっともよく知られているハーバータグの装備は次のとおりである．

(1) タグラインと防舷物

タグ(tug：引っ張る)の名称から受ける印象で引く作業が中心と思われがちだが，実際は引く作業と押す作業の複合である．引く作業はタグラインとよばれる綱（直径10 cm前後，長さ数十mから100 m前後）を大型船と結んでおく，押すときは自船の船体を船舶に押し当てて行う．曳船の船体側面には，船舶を押す際に傷がつかないように古タイヤなどの防舷物（「フェンダー」ともよばれる）が設置されている．

曳船に押してもらう大型船は船体の側面に「タグボートマーク」が描かれている．このマークは船体側面の強度の高い部分で曳船が押すときに防舷物を当てる場所を示している．曳船は，トランシーバーで補助する大型船の船長と交信し，作業手順を打ち合わせている．

(2) 消火設備

ハーバータグは消火設備を備えているものが多い．消火設備は大きく3系統に分けられる．船舶やシーバースの火災に対処する消火設備，海面に流れ出た油の処理設備，自船の防衛設備である．

① 消火設備：放水塔（大型船の消火には高い位置から放水する必要がある），消火液放出ノズル，消火ポンプ，消火液タンク
② 海面流出油処理設備：油処理剤放出ノズル，処理剤タンク
③ 自衛設備：火災の熱を遮断するウォーターカーテン装置

(3) エンジンと推進機

ハーバータグは自船の船体には不釣り合いの強力なエンジンを搭載し，自船の運行に使用した残りの馬力を引く作業と押す作業に割り当てている．曳船の作業はスピードを必要としないので，搭載するエンジンは2 000〜4 000馬力程度のトルク重視型である．また，通常のスクリューと異なる特殊な推進装置を採用している．シュナイダープロペラとアジマススラスターの2種類である．

① シュナイダープロペラ： スクリューとまったく異なる構造で，曳船の船底に水平に回転する円盤を設置し，この円盤に垂直方向（すなわち海底に向けて）に数枚の羽が取り付けられている．羽は，セスナ機の翼をごく小型にした形状である．円盤の回転にあわせ羽の角度を連続して制御することで推力を得る．船舶の向きを急変更できるのがこの推進機関の特徴で静止状態の曳船が船首を軸に360°回転できる．大型船を引いていた曳船が瞬時に向きを変え押す作業に移れる．

② アジマススラスター： 通常のスクリューだが設置方法が一般の船舶と異なる．まず，曳船の船底に垂直方向（海底に向けて）に軸を設置し，軸は回転する仕組みになっている．この軸の先端に水平方向にスクリューを設置する．スクリューの発生する推力は軸の回転により制御され，曳船の船体の向きとは無関係になるので曳船を任意の方向に移動させることが可能である．大型船の離着岸に際し，曳船は船体の向きを変えることなく瞬時に引く作業から押す作業に変更できる．アジマススラスターは曳船の船尾の左右に並べて設置する例が多い．曳船のエンジンが発生したエネルギーを機械的にスクリューに伝える方式とエンジンで発電し電気でスクリューを駆動する方式がある．

3. 綱取り綱放し

　船舶は着岸すると係留用のロープ（ホーサー）を船から送り出し岸壁に設置されている係船用の鉄の柱（ビット）にロープ端のアイ（わっぱ）をかけて固定する．綱取り綱放しは，着岸時にホーサーをビットにかける．また，離岸時にビットからホーサーをはずすのが役割である．作業員はラインマンとよばれる．ホーサーは直径 6～7 cm の頑丈なロープである．ホーサーを岸壁で待機するラインマンに向けて投げるのは危険であり操作性に欠けるので，船舶から細いロープが投げられ，ラインマンがロープを引くのにあわせロープの端に結ばれたホーサーが船舶から送り出される．岸壁から離れた位置でホーサーを送り出すときは，綱取り船が船側でホーサーを受け取り岸壁上のラインマンに届ける．

　綱取り綱放しは単純で地味な作業であるが船舶の入出港に欠かせない業務である．大型船（タンカーを除く）が着岸する際に，多いときは 10 本ものホーサーを使用する．船首から前方のビットに向けて 2 本（バウライン），船尾から後方のビットに向けて 2 本（スターンライン），船首ならびに船尾から真横のビットに向けてそれぞれ 1 本（ブレストライン），船首ならびに船尾から船体の中央に位置するビットに向けそれぞれ 1 本（フォアスプリングとアフタースプリング）が基本の組み合わせである．ラインマンは，離着岸に際し本船の動きを見つつ必要なホーサーを見きわめてビットに結ぶ，もしくはビットから外す作業を迅速に行っている．

　綱取り綱放しの業務は曜日や時間帯，天候に関係なく着岸・離岸時は必ず待機しなければならない．ホーサーが複数，かつ，船首と船尾から出されるので複数の作業員が必要である．もちろん，長々と待機すればビジネスとして成り立たないので，離着岸作業が終了すればただちに次の船の作業に向かう機動力が求められる．また，

図 2　綱取り綱放し

船舶は岸壁に着くとは限らない．船舶が沖のシーバースやドルフィン，ブイに係船するときは，ラインマンは船で作業現場に向かう．気象条件によっては危険な作業になるので十分な装備と経験が求められる．綱取り綱放しの料金体系はこの業務の厳しさを表している．料金は基本料金＋割増し料金の組み合わせが一般的で，以下が割増の対象になる作業である．

- 休祭日，ならびに時間外の作業
- 荒天・雨天・雪天における作業
- ドルフィン・ブイにおける作業

4. 船舶通信
a. 船内通信と船外通信
（1）船内通信

　船内通信は船内にいる乗組員間の通信である．伝声管や拡声器を使用した時代があったが現在の主力は船内放送，船内電話（固定電話）とトランシーバーである．船橋や機関室，船室など特定の場所に留まっている船員どうしの通信は船内放送と固定電話が有効である．入出港などで船首や船尾に配置された船員と船橋で指揮する船長との連絡にはトランシーバーを使用する．入出港の作業中は船員が作業場所をたびたび変えるので固定電話が機能しないためである．トランシーバーは曳船との連絡にも使用される．船舶と曳船との通信は船外通信だが，相互の距離と通信内容は船内通信の延長といえる．船橋で指揮する船長と水先人，船首と船尾で作業する船員，それに曳船の船長が加わりトランシーバーで交信しつつ慎重に離着岸作業を進める．

（2）船外通信

　船舶と陸上，船舶と船舶を繋ぐ船外通信の始まりはモールス符号である．映画「タイタニック」には，緊急事態を知らせるタイタニックのモールス符号を受信した船舶の船員が"速くてわからない"とつぶやく場面がある．タイタニックの事故を契機に，船舶に無線通信機の設置と遭難通信周波数が定められた．その後の船外通信は，陸上の通信機器と同様に急速な進歩を遂げている．現在の船外通信の主力は通信衛星に移っており，日本の領海内はワイドスター，全世界規模でインマルサットが使用されている．

　日本の船舶通信は，従来は移動体通信の位置づけで海岸局が短波を使用して船舶と遠距離交信を行い公衆電話網に接続していた．しかし，携帯電話や衛星電話の普及に伴い専用の船舶通信サービスは2003年に終了した．現在はワイドスターが日本全土と周辺の海域およそ200海里をカバーしている．ワイドスターは赤道上空に位

置する2基の通信衛星で，衛星を見渡せる地点ならば海上，陸上，空中を問わず電話，ファックス，Eメールの利用が可能である．

一方，日本の200海里を離れた公海における船舶通信はインマルサットが利用されている．インマルサットはマリサットを引き継いだ通信網である．前身のマリサットは1977年にサービスを開始し，公海上の船舶も国内の電話並みの通話が可能になった．現在のインマルサットは合計11基の静止衛星により北極と南極を除く地球全域をカバーする通信サービスである．静止衛星の内訳は，第2世代が3基，第3世代が5基，2006年以降に打ち上げられた第4世代が3基（太平洋，インド洋，大西洋）の構成で，軍事衛星並みの規模と信頼性をもっている．イギリスに本社を置く民間企業が提供するサービスで電話，ファックス，Eメール，インターネットの利用が可能である．従来の船外通信は緊急，あるいは業務に限定した使用であったが，インマルサットは送受信能力が高まり船員の私的な情報の伝達も可能になっている．

b. ポートラジオ

日本の各港が使用するポートラジオ局は船外通信の一種である．これは飛行場の管制制度をイメージすればよい．日本の主要港で31局が稼働している．北は石狩，小樽，南は博多にポートラジオ局があり，東京湾では木更津，千葉，東京，川崎，横浜，横須賀の6局，大阪湾では尼崎，大阪，神戸，堺の4局がサービスを行っている．ポートラジオ局は担当者が双眼鏡による視認・レーダーやGPS受信機（AIS）★などで船舶の動きを把握しつつ入出港する船舶と交信している．船舶の入港3〜4時間前から交信可能になり，交信内容は付近を航行する他船の情報，気象状況（視界や風速），パイロットやタグボートの手配確認など多岐にわたる．航路や港の緊急事態を船舶に知らせる通信にも使用される．

5. 船舶代理店

a. 入出港，船員，荷役の支援

船舶，特に外国籍の船舶が日本の港に入港し出港するには諸々の手続きが必要である．手続きの大半は船長もしくは船のオーナーである船主の業務だが，乗船している船長や遠隔地に事務所を置く船主が入港・出港にあわせて手続きするのは困難である．船長と船主の代理として手続きするのが船舶代理店である．船舶代理店は入港・出港手続きのほかに下記のとおり船舶の運航に関わる諸々のサービスを提供している．船舶代理店がすべての手続きや手配を一括して引き受けるとは限らない．入出港手続のみ，あるいは荷役と乗組員関連の業務のみを受託するケースがある．しかし，業務を明確に分割するのは難しく，船舶代理店は入出港に関連したあらゆる問題の相談を受ける傾向にある．

船舶代理店の業務は常に立替え金の問題が発生する．船舶の入港に伴う諸々の費用を船舶代理店が立替払いし，総額を船主に請求する流れである．代理店が立替払いを拒否すると船主は本船の入港前に概算の金額を船舶代理店に送金する．船舶の出港後に費用総額を確認し船主と船舶代理店とで精算する．立替払いと，事前送金のいずれを選択しても相手の信用度の確認が重要になる．定期船の航路は，特定の船主の船が特定の港に定期的に寄港するので船主と船舶代理店は長期の取引実績をもち信頼関係を築くことができる．一方，バルカーや重量物船が不定期に入港するときは，入港のたびに船主と船舶代理店が契約を締結し，船舶代理店が受託する業務の内容や費用の精算方法を確認する．大手の船主は，主たる取引き相手国に総代理店を置き，総代理店がそれぞれの港の船舶代理店と契約を結ぶことで信用確認の問題を解決している．

b. 船舶代理店の引き受け業務

(1) 入港・出港手続き
- 港長：港の法律（港則法）を施行する責任者で海上保安庁の管轄下にある．船長は港長の入出港許可を取得しなければならない．
- 税関：船長は入港届，船員名簿，積荷目録，船用品目録などを提出する．
- 入国管理局：外国船は船員名簿を提出し入国審査を受ける．乗組員が上陸するときは上陸許可申請書を提出し許可を受ける．
- 検疫所：報告書を提出し船員の健康状態，ならびに船内のねずみ，害虫駆除状況の検査を受ける．
- 入出港作業：入港と出港にあわせパイロット，曳船，綱取り綱放しを手配する．

(2) 荷役関連
- 揚げ荷の貨物明細と船倉ごとの積み付け位置の情報を入手する．積荷予定の貨物明細も集計し，本船の入港前に荷役会社と荷役スケジュールを打ち合わせる．入港を待って船長との最終調整を経て荷役スケジュールを確定する．
- 危険品や重量物などの特殊貨物は荷役に必要な機器と要員を手配する．船側に留め置くと他の貨物の荷役を妨げるので，荷主と慎重に打ち合わせ，船側の受け渡し時間を確定する．
- 荷主や通関業者に荷役スケジュールを連絡し輸出入貨物の受け渡しを打ち合わせる．
- 航海中の荒天等で積荷にダメージが発生しているときは，サーベイヤーを手配し損傷程度と原因を把握する．

(3) 乗組員関連
- 外国船員の交代があれば，航空券の手配や入出国のサポート，待機ホテルを手配

する．
- 船員が常時服用している薬の補給を手配する．体調を崩した船員がいれば病院を手配し，診察をサポートする．
- 船員の給与を準備する．通貨，ならびに券種を事前に確認する．
- 船員の郵便物を集配送する．
- 新聞，雑誌，ビデオなどの娯楽品を納品する．

(4) NACCSの利用

　　NACCSは，輸出入・港湾関連情報処理センター(株)が運営するシステムでNippon Automated Cargo and Port Consolidated Systemの略称である．税関と輸出入を規制する法律を管轄する行政機関，ならびに輸出入に関係する民間業界をオンラインで結び，輸出入通関をはじめ船舶の入出港手続きなどを処理するシステムである．船舶代理店はこのシステムを利用して入港する船舶の船舶情報登録，入出港予定，乗組員情報，船用品情報，入・出港届，トン税納付などを行うことができる．

c.　補給品の手配

　　船舶に搭載されている機器類の点検，保守，修理に使用する部品や消耗品の供給である．また，船員の食料やタバコ，酒などの嗜好品を補給する．船舶代理店は本船からの注文をもとに，本船の到着までに注文された品目を揃えておく．

　　すべての補給品を船舶代理店が仲介するとは限らない．特に燃料油は金額が大きくなるので船主は石油会社と交渉し直接契約を行うのが普通である．船舶代理店の業務は補油の日時を船と石油会社の間で確認するに留まる．燃料油以外の船用品や船食も専門の納品業者がいるので船長や船主が船舶代理店を経由せずに直接契約することが可能である．船長や船主が納品業者と直接契約を結ぶ上で問題になるのが精算である．長年の取引で信頼関係が築かれた場合を除き，外国船主の場合は大手を除けば信用力は未知数，かつ海外との決済になるので納品業者は不安である．船用品や船食のすべてを現金払いとするのも非現実的である．船舶代理店が受発注を仲介し，船主の代理で代金を支払うことで納品が滞りなく行われる．

d.　貨物集荷

　　船舶代理店の業務の中で船舶が輸送する貨物の集荷は性格を異にする．船舶の入出港や船員，荷役に関する代理店業務は船舶の到着する港を中心に行われる．一方，貨物集荷は，船主の集荷方針を受け既存，ならびに潜在荷主に接触し貨物を誘致する業務である．活動の中心は荷主の所在地になり，都市部に集中するのが一般的である．貨物集荷を含めすべての代理店業務を一社に委託する船主もあるが，港における業務と貨物集荷を別々の代理店に委託する船主が多い．船舶代理店の中には，複数の船主から集荷業務を受託し集荷に特化した代理店がある．

6. 船用品・船食の手配

a. 船用品

船用品は船舶の運航に必要な資機材である．船舶が最も大量に積み込むのは燃料油と清水だが，この2品目は通常は別扱いにされる．「船用品」は納品業者が配達する商品を指すのが一般的でロープやワイヤー，ペンキ，機械部品，機械油など船員が機器の保守，点検，修理に使用する品目である．船舶の機器類の保守や修理で船員の担当を超えるものは，専門の修理業者が停泊中の船舶に乗り込んで行う．また，機器を交換するなどの大規模な作業は入渠時に行う．船舶は船体や機器の検査が法律に定められており，定期的にドックに入る（入渠とよぶ）ので大規模な修理や改造は入渠のときに実施する．

船用品の品目は3万点といわれる．さらに，船舶が搭載する機器は船により仕様が異なるので，発注と納品に際しては機器のメーカー，機種，機器ナンバー，コード番号，製造年月日などの確認が必要である．また，消耗品も船により使用メーカーや品質が異なるのでスペックの確認が求められる．表1は財団法人日本船用品検査協会による船用品の分類である（抜粋）．機器は新造時や入渠時に設置されるので，船舶納入業者の取り扱いは設備機器の保守，修繕用の部品や消耗品が中心になる．

表1 船用品の分類

設備分類	設 備 例
救命設備	救命艇，救命浮器，救命胴衣，救命艇の船外機，応急医療具，救難食料，磁気コンパス，海面着色剤，レーダー反射器，発煙信号，信号紅炎
消防設備	消火ポンプ，消火ホース，消火器，消火剤，消防員装具，火災報知機，防炎マスク，消防斧，火災警報装置，ガス探知器，防火用材
航海設備	船灯，国際信号旗，信号灯，航海用レーダー，磁気コンパス，海図情報表示装置，船舶自動識別装置，航海情報記録装置，衛星航法装置
その他設備	水先人用はしご，荷役ホース，作業用救命衣，酸素濃度計
GMDSS関係設備*	極軌道衛星利用非常用位置指示無線標識装置，レーダートランスポンダー，双方向無線電話装置，ナブテックス受信機
海洋汚染等防止設備	糞尿及および汚水処理装置，油水分離器，油処理剤，油吸着剤，船舶発生油等焼却設備，油分濃度計，流量計，洗浄機，通風器，オイルフェンス，粉砕装置

＊ 国際海事機関（International Maritime Organization）が設定した「全世界海上安全制度（Global Maritime Distress and Safety System）」に準拠する設備である．

b. 船食

船食は主食，調味料，香辛料，野菜，冷凍品など多岐にわたる．また，酒やタバコなどの嗜好品も含まれる．船舶の乗組員は多様である．日本の船社が運航する船舶でも日本人のほかに，中国人，インド人，ビルマ人，ロシア人などの船員が乗船

する場合がある．船内では乗組員の出身地にあわせ2種，3種の食事が提供されるので，食料品や嗜好品の種類は多種多様になる．

　船舶の食料品の購入は複雑である．毎日の栄養バランス，食材の鮮度や賞味期限に配慮しつつ，寄港予定地の中で価格の安い港を選んで購入するが品目によっては入手可能な港が限定される．寄港地で予定の品目が購入できないときは次の寄港地に振り替える，もしくは，次の寄港地まで在庫がもたないときは代替品に変更する等の手配を行う．納品業者は船舶の要請を受け臨機応変の対応が求められる．

c.　船舶納入業

　船用品や船食を納入する業者は船舶納入業，あるいはシップチャンドラー（ship chandler）とよばれる．船舶から事前に購入品の品名と数量が通知されるので，納入業者は本船の到着までに品揃えを完了する．船用品は機器ナンバーや部品コード，商品コードを確認する．食料品は乗組員の国籍により嗜好が異なるのできわめて広範囲の品揃えが求められる．納入業者がすべての商品を在庫するのは非効率かつ不可能であり，多くの機械メーカーや食品問屋と契約をもち必要数を随時購入する．商品を取り揃えて納入する単純業務に見えるが，船舶納入業に求められる能力は次のように多様である．

・船用品と食料品に関する幅広い知識と問屋とのパイプ
・船舶は購入品の価格を他の寄港地と比較するので，他港の価格を調査する情報収集力と価格競争力
・外国の船舶との交信は英語を使用するので英語力
・日本では，外国船への納品は免税になるので免税扱いの知識
・納品は日祭日や夜間も行われるので充分な人数の作業員
・納品先の船舶は着岸するとは限らないので沖のシーバースやブイに係留している船舶への運搬手段
・船主と精算するために外国為替・送金の知識

d.　船舶納入業者のネットワーク

　船舶は船用品や船食の補給を1港に限定することはない．船舶に装備された機器は常にメンテナンスが必要で，部品と消耗品を定期的に購入する．また，船食，特に生鮮品は1港で大量に購入することはできない．船舶は寄港地ごとに購入する船用品と船食の品目，数量をあらかじめ想定しているが，発注のたびに購入品目を細かく説明するのは煩雑な作業である．この問題を解決するのが船舶納入業者の世界的なネットワークである．船舶ごとに異なる船用品と船食の基本情報をもつ船舶納入業者が注文の窓口になり，ネットワークを活用して寄港地ごとに必要品目を納入するシステムである．例えば，日本から欧州に向かう船であれば，大阪で納入した

業者がその後も本船と連絡を取り受注の窓口になり，シンガポールとロッテルダムで納品する方式である．

7. 燃料手配（バンカーサプライ）

a. 油種と補油港

　外航船舶の燃料はC重油である．原油タンカーのような大型船は1日に50〜80トンの燃料を消費するので，日本と中東との往復では2 000トンを超える量を消費する．重油は原油を蒸留してガソリンや灯油，軽油などを分離採集した残りであり，粘度によりA重油，B重油，C重油に分類される．一般に，原油を精製するとガソリンが25％，灯油・軽油・A重油35％，B・C重油15％が採取できるといわれる．C重油は最も粘度が高く，流動性が低いので予熱して使用する．予熱した状態でしばらく置いて不純物（スラッジ）を沈殿させ，さらに清浄機で残りの不純物を除去すると使用可能になる．また，添加剤や助燃剤を使用して着火特性を向上させ，煤や有害ガスの発生を減少させている．C重油を燃料にするとスラッジの処理が必要になる．スラッジの比率は消費燃料の3〜4％と見込まれ，80トンの燃料を消費する大型船は2.5〜3トンのスラッジが毎日発生する．スラッジは航海中に船内で焼却する，もしくは，入港時に陸揚げし陸上の施設に処理を委託する．

　原油は国際的な相場商品であり，精製品のC重油の値段も相場があり上下動する．C重油は原油からガソリン，灯油，軽油などを採取した残りなのでガソリンなどの需要が高まると供給が増加し，逆にガソリン等の消費量が落ちるとC重油の供給が少なくなる傾向がある．さらに，C重油は粘度により値差が発生し購入する港によっても値段が異なる．船主はC重油の複雑な値段の動きを見つつ，また，本船のス

図3　補油：ホースの接続

ケジュールと積荷の状態を勘案し燃料油の購入港と数量，品質を決定する．燃料の補給（補油）は船舶を運行する船社の方針が現れ，補油のたびに満タンにする方法と小刻みに補油する方法がある．燃料タンクを満タンにする場合は，オーバーフローを避けタンク容量の8〜9割に留める．また，小刻みに補給する場合は次の補油地までの消費量を計算し安全在庫として3〜5日間分の余裕をもつのが普通である．補油は通過港でも行えるので購入港の選択範囲は広い．例えば，マラッカ海峡を通過する船舶はシンガポールの沖を通過するので，シンガポールに寄港予定がない船舶も沖合に投錨し補油を受けることができる．ただし，補油は自動車のように数分で完了する作業ではない．船舶は錨を下ろして停泊し，バンカーバージから1 000〜3 000トンのC重油を受取るので少なくとも半日を要する作業である．

b. バンカーバージ（燃料油船）

　C重油はバンカーバージとよばれる専用のタンカーで納品される．燃料をバンカーとよぶのは，石炭が燃料の時代に石炭の保管庫をバンカーとよんだのが始まりである．船舶が岸壁に着いていてもバンカーバージで海側から補油を受けるのが一般的である．バージは艀(はしけ)を意味するが，バンカーバージは小型のタンカーでエンジンを装備し自力で移動できる．大型船の1回の補油量は1 000〜3 000トンになるので，1万トンを超えるC重油を輸送するバンカーバージもある．補油はバンカーバージと納品先の船舶の燃料タンクをホースで繋いで行う．まず，補油を受ける船舶が岸壁にホーサーで係留，もしくは，沖合に錨を降ろして固定する．バンカーバージは補油する船舶の側面にホーサーで係留し，補油用のホースを補給先の船舶に渡す．ホースは直径20 cm程度で重量があるのでバンカーバージに装備されたクレーンを使用して補油先の甲板に上げ，燃料タンクの取入口に接続する．C重油の送り出しはバンカーバージに装備されたポンプで行う．

　バンカーバージによる補油は常に補油量の確認が難題である．1 000〜3 000トンの補油を正確に計測するのが難しく，また，C重油は温度により容積が変化する．もともと正確な補油量を計測するのが難しい上に，補油港によってはバンカーバージの乗組員の悪意も払拭できない．補油量が大きいので，恣意的な数量誤差が大きな金額になる．

8. 検数・検量・鑑定

a. 貨物の受け渡し

　港湾における貨物の受け渡しは常に個数，荷姿（梱包形態），サイズ（重量と容積）を確認して行う．上屋への搬入，船舶への積揚げ，受け荷主への荷渡しなどすべての受け渡しが対象になる．貨物の明細を記した書類と貨物を比較し差異がなければ，

渡す側と受け取る側の双方が確認のサインを行い受け渡しが完了する．通常は目視できる個数と荷姿の2点を確認する．目視なので個数は外装の数であり，荷姿はカートン，木箱，スキッド，パレットなどの梱包形態が対象になる．例えば，500カートンの輸出商品が10個のパレットに梱包されているときに確認する数量は，外装の10個，荷姿はパレットである．サイズは貨物の輸送開始時点に確認し，その後は確認した数値をそのまま引き継ぐのが一般的である．輸出貨物は保税地域に搬入するときに確認する．輸入貨物は，輸出国で確認した数字を使用する．ただし，貨物を受け渡すときに異常があれば改めて梱包を計測する．例えば，書類に記された容積が $5\,\mathrm{m}^3$ のとき，目視で梱包の1辺がそれぞれ $2\,\mathrm{m}$ 前後($2\,\mathrm{m} \times 2\,\mathrm{m} \times 2\,\mathrm{m} = 8\,\mathrm{m}^3$) となれば容積の再測定を行う．

b. 検数・検量

　日本において輸出入貨物の個数確認とサイズ（重量と容積）の計測は専門の業者が行っている．港湾運送事業法が規定する検数事業と検量事業であり，輸出入者や運送業者と利害関係をもたない公益法人が運営している．外国においても sworn measurer の英語名があるとおり検数，検量を第三者が行う習慣がある．検数業者と検量業者は個数とサイズを計測すると結果を記録し，記録した数値を公式に証明する立場にある．輸出入貨物の個数とサイズが公式に証明されることは国際貿易を円滑に進める上できわめて重要である．国際貿易の輸出者と輸入者の間には，言語や使用通貨をはじめ法制度，商習慣，生活習慣など多くの相違がある．バックグランドの異なる輸出者と輸入者が貨物の受け渡しを行うと，時として数量の確認で紛糾するおそれがある．輸出者，あるいは輸入者のいずれにも偏らない第三者が公平に計測し，証明した数値は紛争の回避に有効である．

　輸出入者以外に検数・検量業務を必要とする者がいる．国際輸送に従事する業者である．国際輸送は多数の業者が連続的に貨物を引き継ぐことで成立している．例えば，日本で輸出貨物を在来船に積む場合は，貨物を港に運ぶトラック業者－上屋の運営者－沿岸荷役業者－船内荷役業者の順で受け渡しが行われる．受け渡し時点で貨物の個数不足が判明すると，その時点で貨物を渡す者の責任になる．トラック業者が上屋運営者に貨物を渡し，両社が受け渡し証にサインした時点で責任は上屋運営者に移行する．次に，上屋運営者が沿岸荷役業者に貨物を渡す時点で不足が判明すると，上屋運営者の責任になる．上屋運営者が受け取り時にすでに足りなかったと主張しても責任を逃れることはできない．当然だが，貨物の受け渡し時に渡す側と受け取る側は真剣に貨物の個数とサイズを確認する．両者がそれぞれの基準で貨物を確認すれば必然的に紛糾する事態が発生するので第三者の公正な計測と信頼できる数値の証明が求められる．

c． 鑑定（サーベイ）

　海事鑑定人はマリーンサーベイヤー（marine surveyor）とよばれ世界の各港で活躍している．日本では港湾運送事業法の定める鑑定事業である．マリーンサーベイヤーの仕事は貨物の損傷（ダメージ）を防ぐ仕事と，損傷の起きた貨物の原因追求と損害の程度を評価する仕事に大別される．海上輸送される貨物は，海上輸送に特有の危険に晒される．特に在来船による輸送は貨物どうしが接触し，積み重ねられるのである程度の擦り傷やへこみは避けられない．マリーンサーベイヤーは輸出用の梱包が妥当であるかの検査を行う．また，貨物が在来船の船倉に積み付けられたとき，あるいはコンテナ内に積み付けられたときに，積み付け方法が適切であるかの検査もマリーンサーベイヤーの仕事である．

　貨物に損傷（ダメージ）が発生した時の調査もマリーンサーベイヤーの業務である．マリーンサーベイヤーは損傷の起きた貨物を検査し損傷の程度を認定すると同時に，損傷が発生した原因を追究し，特定する．

　マリーンサーベイヤーは，梱包や積付け方法を検査した結果，また，損傷貨物を鑑定した結果をレポートにまとめて依頼人に提出する．このレポートはサーベイレポートとよばれ，非常に権威の高いものである．貨物ダメージの責任を追及するとき，また，損害額を保険会社に求償するときに重視される書類である．　［春山利廣］

4.2 港湾の機能

港湾 EDI

a. 港湾 EDI の概要

EDI とは Electronic Data Interchange のそれぞれの頭文字をとったものであり，商取引に関する情報を一定の書式に統一し，これらの情報を企業や官庁との間で電子的に交換する仕組みのことである．

港湾においては，入出港届や各種の施設使用届など，さまざまな申請手続きが書面において行われていた．しかし，1997（平成9）年4月に閣議決定された「総合物流施策大綱」の中で，港湾分野に係る諸手続の電子化およびワンストップ化への取り組みが示され，2年後の1999（平成11）年10月に「港湾 EDI システム」の運用が開始されることとなった．

港湾 EDI システムは，海運事業者あるいは船舶代理店から港湾管理者または港長への申請，届出等の行政手続の電子情報処理化を推進するため，国土交通省・海上保安庁が港湾管理者と協力して開発した情報通信システムである．具体的には，港湾管理者に係る手続（入港届，出港届，係留施設等使用許可申請など5種類）と港長に係る手続（入出港届，係留施設使用届，停泊場所指定願など7種類）が電子化された．

b. Sea-NACCS の概要

NACCS とは Nippon Automated Cargo Clearance System の頭文字をとったものであり，1978（昭和53）年8月の稼働当初は「Air-NACCS」という航空貨物のみを対象としたシステムであった．1991（平成3）年10月には海上輸出を対象とした「Sea-NACCS」が稼働を開始した．

Sea-NACCS は，船会社や船舶代理店，陸運業者，通関業者，倉庫業者などの輸出入関連事業者と金融機関，税関官署とをつなぎ，貨物の積揚げや輸出入申告，保税輸送や保税地域への搬入，輸入における関税の納付など，海上貨物に係る諸手続について電子的に処理を行うシステムである．

c. Sea-NACCS との統合〜次世代シングルウィンドウの稼働

このように，港湾 EDI については国土交通省（当時，運輸省）が，Sea-NACCS については財務省（当時，大蔵省）がそれぞれ主導する中でシステム運用が開始された経緯により，それぞれの省で所管，設置した法人がシステムの管理運営を個々に行っており，ともすると同じような内容に関する申請，届出であっても，それぞれのシステムに対して個別に対応，申請せざるを得ない状況があった．そこで，

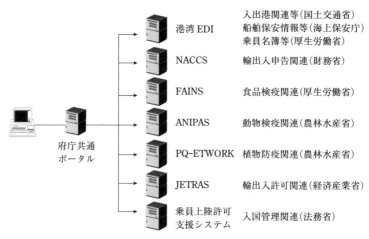

図 1　府庁関連ポータルのイメージ

　2003 (平成15) 年7月に Sea-NACCS と港湾 EDI の相互接続により，シングルウィンドウ化 (複数の省庁に対する類似した複数の手続を，1回の申請だけで可能にするための仕組み) が行われた．

　その後，2005 (平成17) 年11月の FAL 条約 (国際海上交通簡易化条約) の発効を契機として，貿易関連手続の国際標準化と，より一層の簡素化・迅速化により利用者利便を高めることを目指し，輸出入・港湾手続などに係る窓口の完全一本化に向けて関連する6府庁7システムを統合，「府庁共通ポータル」を構築し，2008 (平成20) 年10月より運用を開始している．　　　　　　　　　　　　　　　[金澤匡晃]

4.3 港湾管理

港 湾 法

a. わが国の港湾法の概要

港湾法とは,「交通の発達及び国土の適正な利用と均衡ある発展に資するため,環境の保全に配慮しつつ,港湾の秩序ある整備と適正な運営を図るとともに,航路を開発し,及び保全すること」を目的として1950(昭和25)年に制定された法律であり,主に港湾の建設・管理に関する内容が定められている.具体的には港格や港湾管理者,港湾計画などについて定められているが,港湾管理者,港湾計画に関しては次節以降で取り上げることとし,ここでは港格を中心に解説する.

港格とは,貨物量や港湾の機能を考慮したうえで,その重要度をランク付けしたものであり,表1に示すように港湾法上は5つの港格に分類されている.

表1 わが国港湾の港格区分

港 格	内 容
国際戦略港湾	長距離の国際海上コンテナ運送に係る国際海上貨物輸送網の拠点となり,かつ,当該国際海上貨物輸送網と国内海上貨物輸送網とを結節する機能が高い港湾で,その国際競争力の強化を重点的に図ることが必要な港湾
国際拠点港湾	国際戦略港湾以外の港湾のうち,国際海上貨物輸送網の拠点となる港湾
重要港湾	国際戦略港湾および国際拠点港湾以外の港湾のうち,海上輸送網の拠点となる港湾その他の国の利害に重大な関係を有する港湾
地方港湾	国際戦略港湾,国際拠点港湾および重要港湾以外の港湾
避難港	暴風雨に際し小型船舶が避難のため碇泊することを主たる目的とし,通常貨物や旅客の乗降の積み卸しをしない港湾

b. 港湾法改正と港格の変更

シンガポールや上海,釜山などの近隣アジア主要港の躍進により,相対的にわが国のコンテナ港湾の地位が低下しているとの問題意識から,わが国港湾の国際競争力を重点的に強化することを目的として,実験的,先導的な施策の展開を官・民連携の下で行うことにより,「港湾コストの3割削減」や「リードタイムの1日短縮」など,近隣諸港と同レベルまでサービス水準を引き上げることを目的として2005(平成17)年7月に「港湾の活性化のための港湾法等の一部を改正する法律」が施行された.この改正に基づき,京浜港(東京港,横浜港),伊勢湾(名古屋港,四日市港)および阪神港(大阪港,神戸港)の3大湾が「指定特定重要港湾(通称:スーパー中枢港湾)」として指定された.

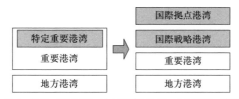

図1 2011（平成23）年の港湾法改正による港格の変更

「港湾コストの3割削減」や「リードタイムの1日短縮」などは当初より目標年次を2010（平成22）年度としていたが，目標年次を前にしてもわが国コンテナ港湾の相対的な地位低下に歯止めがかからなかったことなどから，新たに目標年次を2015（平成27）年度に設定した上で，「広域からの貨物集荷」「戦略的な港湾経営」「民の視点からの積極的な経営」などの評価項目のもとに京浜港（東京港，横浜港）および阪神港（大阪港，神戸港）を「国際コンテナ戦略港湾（通称：ハイパー中枢港湾）」に選定，直轄港湾工事の国費負担率の引き上げなど所要の措置を講ずるため，2011（平成23）年4月に「港湾法及び特定外貿埠頭の管理運営に関する法律の一部を改正する法律」が施行され，現行の港格となった． ［金澤匡晃］

4.3 港湾管理

港湾管理者

a. 港湾管理者の役割と形態

　港湾管理者とは，港湾法第2条の規定に基づいて，港湾を全体として開発・保全し，これを管理するとともに公共の利用に供する主体のことであり，港湾法第2条では「港務局」または「地方公共団体」と定義づけている．

　港務局とは，英語の port authority に相当するものであり，港湾が地方自治的な市民政治の場から発展することを基本とした，民主的な管理運営組織として位置づけられる．戦前のわが国においては，殖産興業政策のもと国家主導による港湾整備が行われてきたが，戦後，全国の各港湾に自治的な港湾管理主体を設置するべきであるというGHQの意向を受ける形で1950（昭和25）年に成立した港湾法により，その概念がわが国に導入された．

　これにより，わが国の港湾管理者は「各地方公共団体が単独もしくは共同で設立した港務局」か「地方自治体単独」，もしくは「地方自治法に基づく一部事務組合」に限られることとなったが，結果的に港務局が設置されているのは別子銅山を中心とした住友グループの私港的性格の強かった新居浜港において，新居浜市と住友グループにより港務局が組織された一例のみであり，そのほかは苫小牧港，石狩湾新港，名古屋港，四日市港，境港，那覇港で一部事務組合が設立されているのを除き，すべて地方公共団体単独による港湾管理者となっている．

b. 港湾運営の民営化と港湾法改正

　このように，戦後のわが国の港湾では基本的に地方公共団体により管理・運営が行われてきたが，海外の主要コンテナターミナルでは公設民営型の管理・運営が一般的であった．公設民営型とは，公的セクターが港湾管理者となり航路，岸壁，埠頭など基盤施設を整備し，民間セクターがクレーン，倉庫など上物施設を整備するとともに港湾サービスを提供するか，あるいは公的セクターが港湾管理者となり基盤施設のみならず上物施設も整備したうえで民間セクターにリース，民間セクターは自己の労働者を投入しターミナルの運営を行うものである．

　わが国コンテナ港湾の国際競争力の相対的な低下が議論される中で，地方公共団体が開発，管理を行うという「公設公営型」の管理・運営が，効率的な港湾運営を阻害する一つの要因ではないかとの指摘がなされるようになった．すなわち，公設民営型のコンテナターミナルでは一般的な民間会社への一括長期リースが，公有財産である港湾施設管理の観点から我が国では困難であること，あるいは港湾におけ

図 1　港湾運営会社に対する支援のイメージ

る収支に官庁会計が適用され，赤字分には一般財源から補填されるためコスト削減へのインセンティブが働かないなどの指摘である．

こうしたことなどから，前述のハイパー中枢港湾においては「民の視点からの積極的な経営」が要件として示され，2011（平成23）年4月に施行された「港湾法及び特定外貿埠頭の管理運営に関する法律の一部を改正する法律」においては，港湾運営会社の創設とともに公有財産の貸し付けに関する事項が明記されることとなったのである．

さらに，港湾運営会社の整備する港湾荷役機械等の整備費用については国からの無利子貸付を行うことで新たな設備投資を促すとともに，荷役機械にかかる固定資産税の一部免除を行うなど，財政，税制の両面で支援を強化することとしている．

東京港，横浜港，神戸港，大阪港においては，すでに「東京港埠頭株式会社」，「横浜港埠頭株式会社」「神戸港埠頭株式会社」，「大阪港埠頭株式会社」，が設立され，京浜港，阪神港の単位で港湾運営会社の経営統合が義務づけられている．港湾運営の効率化とともにわが国コンテナ港湾の国際競争力の向上が期待されているところである．

なお，阪神では2014（平成26）年10月に「阪神国際港湾株式会社」として統合が完了している．　　　　　　　　　　　　　　　　　　　　　　　［金澤匡晃］

4.3 港湾管理
港湾計画

a. 港湾計画とは

　港湾計画とは，港湾法第3条の3の規定において「港湾の開発，利用及び保全並びに港湾に隣接する地域の保全に関する政令で定める事項に関する計画」と規定されている法定計画であり，港格が重要港湾以上である港湾においては港湾計画の策定が義務づけられている．

　港湾計画は通常概ね10年から15年程度の将来を目標年次としており，この中で定める具体的な事項については，港湾法施行令第1条の5において以下のように定められている．

- 港湾の開発，利用及び保全並びに港湾に隣接する地域の保全の方針
- 港湾の取扱貨物量，船舶乗降旅客数その他の能力に関する事項
- 港湾の能力に応ずる水域施設，係留施設その他の港湾施設の規模及び配置に関する事項
- 港湾の環境の整備及び保全に関する事項
- その他港湾の開発，利用及び保全並びに港湾に隣接する地域の保全に関する重要事項

b. 港湾計画の流れ

　各地方公共団体では港湾計画について審議するため，条例に基づいて地方港湾審議会を設置している．港湾管理者が作成した港湾計画案は，まずこの地方港湾審議会へ諮問，答申を得る必要がある．そのうえで，全国的な観点から計画を判断する必要があることから，国土交通大臣に提出し審査を受けなければならない．

　港湾計画案の提出を受けた国土交通大臣は，国土交通省内に設置された交通政策審議会へ諮問，計画案に変更の必要性が認められた場合にはその内容が，変更の必

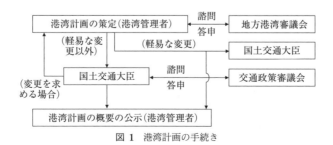

図1　港湾計画の手続き

要性が認められない場合にはその旨が，国土交通大臣から港湾管理者に通知される．

　港湾管理者が国土交通大臣から変更する必要がない旨の通知を受けたときは，港湾計画の概要を公示，これにより港湾計画に係る一連の手続が完了することとなる．

　また，港湾計画の変更については「改訂計画」「一部変更計画」「軽易な変更計画」の3種類に区分されている．「軽易な変更」の範囲については，港湾法施行規則第1条の6で規定されている．個別の規定内容の詳細についてはここでは割愛するが，変更の対象となる施設の規模や面積，内容等が軽易なものが概ねこれに当たり，「軽易な変更」に該当する場合は国土交通大臣への送付のみでよく，交通政策審議会へ諮問は必要ない．

　「改訂」については，港湾法施行規則第1条の6で規定される「軽易な変更」以外の変更であって，目標年次の変更や港湾の能力を著しく変更する場合，それに伴う港湾施設の規模及び配置を著しく変更する場合を指しており，それ以外を「一部変更」に区分するとしている．

c．港湾法改正と港湾計画

　戦後のわが国の港湾では基本的に地方公共団体により管理・運営が行われてきたため，港湾計画の策定は港湾管理者である地方公共団体によって行われてきた．

　2011（平成23）年4月に施行された「港湾法及び特定外貿埠頭の管理運営に関する法律の一部を改正する法律」においては，港湾運営会社の創設が明記されることとなったが，これは前述のように「民の視点からの積極的な経営」によりわが国港湾の国際競争力を強化することを目的としている．

　港湾施設の整備は，港湾の効率的な運営ともきわめて密接に関連していることから，公有財産を借り受ける港湾運営会社の意向を港湾計画に反映させることを目的として，改正港湾法では港湾運営会社は「港湾計画を変更することを提案することができる」と定めており，港湾管理者も特段の理由がない限り，この提案を踏まえた港湾計画を作成することとしている．　　　　　　　　　　　　［金澤匡晃］

4.4 港湾運営に関する課題
港湾の整備

1. 港湾インフラ整備

従来の港湾整備の役割分担は，国が航路，泊地，防波堤および公共埠頭の岸壁を整備し，地方公共団体が荷捌き場および関連施設を整備するという構図であった．これにより整備された埠頭は第三セクターを通じ，在来埠頭の場合寄港の都度海運会社に貸し出されるか，コンテナ埠頭の場合ターミナル運営会社に一定期間貸し出されている．

図1　清水港袖師コンテナターミナル

2. 港湾競争

近年港湾が互いに競争しているということがよくいわれている．特に欧州の港湾政策論議において強調されている考え方であり，港湾に関わる事業者や地域住民を一括して運命共同体ととらえ，隣接する港湾どうしが互いに後背地の貨物を奪い合っているとする．これは従来の港湾を単にインフラストラクチャーと捉える考え方と大きく異なる．

例えば，北部欧州ではフランスのルアーブル港，ベルギーのアントワープ港，オランダのロッテルダム港およびドイツのハンブルグ港が互いに競争しあっていると考えている．欧州連合の基本的政策では，港湾は互いに競争することによってより良いサービスを提供し，コスト低減努力をするから，大いにこれを促進しなければならないとされている．

近年この考え方をわが国の港湾政策にあてはめようという動きが顕著になった．すなわち，わが国の港湾はアジア近隣国の港湾と国際競争しているという考え方である．それによると，かつて日本の港湾はアジアのハブ港として重要な地位を占めていたが，近年，近隣国に大規模港湾が建設され，貨物を奪われてしまったために，地位の著しい低下をきたしてしまったというものである．台頭してきた港湾の代表としてあげられるのが上海港と釜山港である．両港とも，日本で最もコンテナ取扱

量が大きい東京港と比較しても，格段に大きな取扱量を示している．

上海港については近年近隣地域に世界中の製造業の生産拠点が建設されたことから，製品輸出港として港湾のコンテナ取扱量が急拡大したことは当然である．中国の市場経済制度導入以前はわが国を含む自由主義経済国との貿易が少なかったことから，日本の港が中国の輸出入貨物の中継港の役割を果たしていたという度合いは大きくない．13億人という莫大な人口を背景にした近年の中国の荷動き急増は，今後も上海港を成長させると同時に，他の中国内の港湾との競争の激化を伴いながら，中国全国の港湾の取扱量増加をますます広範囲なものにするだろう．その一方で，日本とのコスト格差が縮まらない限り，中国から日本への生産拠点の再移転は難しいと思われ，輸出荷動きを中国から日本へ奪還するという考え方は当面現実性が薄いと言わざるをえない．逆に，日中間の貿易が拡大し，部品輸出，製品輸入に伴う荷動きが多くの日本の港湾を潤しつつあるという側面もある．

釜山港については，神戸をはじめとする日本の主要港が，地方港から出る中継貨物を奪われたという考え方がある．最近では日本海側の港湾や瀬戸内海の港湾と釜山港の間に近海航路が結ばれ，釜山港で北米航路や欧州航路など（「基幹航路」とよばれる）に接続される例が多くなっている．韓国はこのような釜山ハブ港化を推進してきた．

3. 最近の港湾整備政策

a. 戦後の港湾政策

わが国の近代港湾政策は，第二次世界大戦終結後の占領軍による港湾使用制限が解除されたときから始まる．1948年からは港湾整備が再開されたが，当時は石炭・鉄鋼を中心とした重厚長大基幹産業のための輸送力確保，経済安定・貿易収支改善のための輸出促進，ならびに港湾公共事業による失業対策の3点に目標が絞られていた．

「戦後」を脱した1956（昭和31）年度からは高度経済成長が始まり，それに伴って港湾貨物取扱量も急増を続けた．1961（昭和36）年からの第一次港湾整備5カ年計画では，所得倍増計画に則った社会資本としての港湾整備に重点が置かれ，これにより臨海産業の集積と工業港の充実が進んだ．

1968（昭和43）年にはコンテナ船時代の幕開けとなった．このとき外貿埠頭公団方式のコンテナ埠頭整備が東京湾および大阪湾で開始された．

1970年代後半になると高度経済成長は止まり，安定成長期に至った．しかし円高進行にもかかわらず工業製品の競争力が大幅に高まった結果，輸出の促進により外貿コンテナ貨物は順調に伸び続けた．この間，船舶の大型化が進み，それにあわせ

た港湾整備が進められた．また，2度の石油ショックの経験から，官民の協力による「エネルギー港湾制度」としての工業港建設や，増え続ける廃棄物埋め立て護岸による埠頭建設が進んだ．

b. 円高と経済構造の変化

1980年代後半は急激な円高に翻弄される時代であった．日本国内で生産される製品の国際競争力がますます失われていく一方で，不動産バブルによる地価高騰が進み，ウォーターフロントに土地を所有する企業の株価が高騰するという現象が生起した．この間，製造業はコストの安い国，あるいは生販近接を求めて，国外へ生産移転を加速させることになった．また，円高の影響で製品輸入が増加することにもなった．政府は1985（昭和60）年に策定した「21世紀への港湾」に基づき，物流と生産に限定されていた港湾機能に生活機能を加え，ウォーターフロント整備に取り組んだ．

1991（平成3）年はバブル経済崩壊が起こり，日本経済はその後10余年にわたる長期不況に突入することになった．一方で世界経済は，冷戦の終結，中国の市場経済化を背景に，供給連鎖のグローバル化が急速に進み，それをIT革命がさらに促進することとなった．このような世界経済構造の大きな変化にあわせる形で政府は1995（平成7）年，「大交流時代を支える港湾」と題する長期港湾政策を策定し，翌1996年の「第9次港湾整備5カ年計画」によって，3大湾のコンテナ埠頭拡充とアジア諸国と直接航路を可能とする地方港湾の整備を同時に進めることとなった．投資規模は7兆4900億円である．

他方，1995（平成7）年1月に発生した阪神・淡路大震災は，物流ハブとしての神戸港の地位を大きく後退させた．また同年4月に80円にまで下落した円ドル相場は，日本のモノづくりのコスト競争力を根底から覆し，アジア諸国への生産移転を急速に促進した結果，日本の港湾のアジアにおけるシェアは大幅に下落することとなった．その中で地域興しを狙うコンテナ埠頭建設が全国各地で進み，楽観的過ぎる見通しによる過剰投資との批判が各界からわき起こることとなった．

c. 2000（平成12）年以降の港湾政策

上記の経緯から，1990年代後半になって日本経済の国際競争力を回復することが急務との認識の下，国際競争力をもつ港湾の整備を求める産業界の声が高まった．

1999（平成11）年12月に出された港湾審議会答申は「経済・社会の変化に対応した港湾の整備・管理のあり方について」と題して，港湾行政の進むべき方向は，経済・社会のグローバル化の進展や環境に対する意識が高まる中，港湾が国際競争力を備えた活力ある経済・社会の構築や国民生活の安定等に貢献していく必要があるとした．

これを受けて運輸省（現国土交通省）は2000（平成12）年12月，「暮らしを海と未来に結ぶみなとビジョン」（新世紀港湾ビジョン）を発表した．その基本的な目標は，広域的ネットワーク，地域の主体的取り組み，次世代港湾の構想の三つからなっていた．

しかし，2001（平成13）年1月に断行された運輸省と建設省の合併による国土交通省の誕生を契機に，これまでの港湾政策を大きく修正し産業空洞化に歯止めをかける必要性が増していることが認識された．2002（平成14）年11月の交通政策審議会答申では「経済社会の変化に対応し，国際競争力の強化，産業の再生，循環型社会の構築などを通じてより良い暮らしを実現する港湾政策のあり方」が発表された．

当時，日本経済は公共投資による財政政策をもってしても長期の不況から脱却することができず，産業の空洞化が進む一方であった．これは中国経済の躍進によってもたらされた新たな脅威であるとの認識のもと，この空洞化を食い止めなければ日本経済の将来はないとの決意の表れともいえる．

港湾はそのための重要な物流結節点として，産業の国際競争力強化に貢献しなければならないと強調された．しかし日本の産業のシェア低下とともに，港湾のアジアにおける競争力低下が顕著であると表現された．政策の要は欧米との「長距離基幹航路」に就航している大型コンテナ船の寄港減少に歯止めをかけ，トランシップ化を防ぐことが産業にとっての物流コスト低減に資するとの認識であった．また，地域の経済活性化や産業再生のための「牽引車」になるべきことが明記されている．その方策として選択と集中による「スーパー中枢港湾」構想が提起された．

d．スーパー中枢港湾プロジェクト

スーパー中枢港湾構想は，中枢国際港湾などの中から特定の港湾を指定し，実験的，先導的な施策の展開を官・民連携のもとで行うことにより，アジア主要港湾を凌ぐコスト・サービスの実現を図ろうとしている．

国土交通省はスーパー中枢港湾の育成のため，コンテナ港湾としてのコスト・サービス構造を変えていこうという意欲と見込みのある港湾または地域の中から，国，港湾管理者等が連携して港湾のコスト・サービス構造改革の道筋がつくものについて，スーパー中枢港湾の指定をすることとなった．

スーパー中枢港湾のありかたは以下のように記されている．

Ⅰ．スーパー中枢港湾の構想
(1) わが国の枢要な地域ブロックを代表するコンテナゲートウェイ・中継港湾
(2) スーパー中枢港湾においては：
  ① 港湾管理者等の地域行政体の連携に基く広域港湾行政の実現．
  ② 地域の共通インフラとしてのコンテナ港湾の管理・運営を国・港湾管理者・民間

事業者が共同して実施
③ 国が自ら根幹的施設の整備にあたる等の積極的な役割を果たす．
Ⅱ．スーパー中枢港湾の経営環境の整備
　スーパー中枢港湾の運営に関して，民間ターミナルオペレーターの創意工夫が十分効果を発揮されるための施策の展開：
① 他港に先駆けた港湾物流情報プラットフォームの整備．
② コンテナターミナルの競争的運営環境の創出．
③ 地域のコンテナターミナルの適切な機能分担．
④ 陸上輸送ネットワークや内航海運ネットワーク等との円滑な接続の確保．
⑤ 入港料等公租公課の戦略的引き下げ，港湾関係の各種料金の見直し．
Ⅲ．次世代高規格コンテナターミナルの具備すべき機能
(1) 明確な運営目標の設定：港湾コストの約3割低減，港湾リードタイムの1日程度化ならびにターミナル運営のプロフィットセンター化．
(2) ターミナルオペレーターを支える次世代高規格コンテナターミナルの内容
① 管理・運営：公共ターミナルの長期リース，ターミナル等使用料の戦略的な低減．24時間フルオープン実効性・持続性の強化．
② ハードウェア：ターミナルの大規模化，IT化・自動化．水深15 m以上，奥行き500 m，岸壁延長1 000 m．
③ ロジスティクス機能の強化：ロジスティクスパーク，光ファイバー網等の通信基盤の整備．

　この政策では，選択と集中によって規模の経済性を追求できる港湾とそれ以外の港湾を明確に区別するという路線に方向転換したといえる．
　この構想に基づいて2005（平成17）年7月に指定特定重要港湾（通称スーパー中枢港湾）として指定されたのが，東京港および横浜港（京浜港），名古屋港および四日市港（伊勢湾），ならびに大阪港および神戸港（阪神港）である．政府はこれらの港湾に対し，無利子貸付等公的支援制度を創設し投資の重点化を図ってきた．また同時に，港湾運送事業の規制緩和，入出港手続きの簡素化，夜間入港規制の廃止などに取り組んできた．

e．国際コンテナ戦略港湾政策
　スーパー中枢港湾政策によって，指定された港湾には各1社ずつメガターミナルオペレータが設立され，コンテナ船大型化に備えた大規模タ

図2　スーパー中枢港湾名古屋港飛島コンテナターミナル

ーミナルが，東京中防外，横浜本牧，横浜南本牧，名古屋飛島南，大阪夢洲，神戸ポートアイランドにそれぞれ建設されている．

しかし，世界の海運界ではさらなる船の大型化が進んでおり，世界最高水準の港湾サービスを提供するために，より一層の「選択と集中」を推進していかなければならないと政府は判断した．そこで立案されたのが「国際コンテナ戦略港湾」構想である．

この政策では，基幹航路の日本寄港推進とアジア航路充実を同時に果たし，アジア諸国の高度経済成長をわが国の経済発展に取り組もうとするものである．そのための目標として次の二つが設定された．

- 2015（平成 27）年　日本発着貨物の近隣国中継率を現行の半分に縮減．
  　　　　　　　　　　北米航路についてアジア主要港並のサービスを実現．
- 2020（平成 32）年　近隣国の貨物の中継港として，東アジアにおける主要港の地位を確保する．

これらを実現する方策としてあげられているのが以下の施策である．

① 基幹航路維持・強化のためのコスト低減：ターミナルコストの低減，ロジスティクス用地の低廉化，コンテナ船の大型化に対応したさらなる大規模コンテナターミナルの形成（水深 18 m 確保），寄港に要する時間の短縮

② 広域的貨物集約：フィーダー網（内航・鉄道・トラック）の強化

③ 荷主へのサービス向上：総物流コスト低減，24 時間ゲートオープン化，情報提供推進

④ 環境，セキュリティ対策

⑤ 戦略的な港湾経営の実現：湾内港湾全体を一体的に経営，民間の視点の導入，人材の適切化，国内外の港湾広域連携

これらの基本的条件を満たす港湾からの提案を求めた結果，2010 年（平成 22 年）8 月に国際コンテナ戦略港湾として次の 2 港が選定された．

阪神港（神戸港，大阪港）

図 3　神戸港の商船三井コンテナターミナル

図 4　東京港の大井コンテナターミナル
　　　［提供：（株）商船三井］

京浜港（東京港，川崎港，横浜港）
f．国際バルク戦略港湾政策

バルク貨物とは，貨物がコンテナ，箱，袋などで梱包をせず，そのままの状態であることをいう．ばら積貨物ともいう．世界で最も荷動きが多い貨物は石炭，鉄鉱石および穀物で，3大バルク貨物とよばれている．わが国の主な輸入先は，石炭はオーストラリア，鉄鉱石はブラジルおよびオーストラリア，穀物は北米および南米である．そのほかにも木材，木材チップ，非鉄金属，スクラップ，砂利，塩，セメント，鉄鋼製品など多くの貨物がある．

これらを運ぶ船をバルカー（bulker）あるいはばら積船といい，一時に大量の貨物を運ぶ．特に3大バルク貨物は大型船で運ぶ場合が多く，今後ますます大型化が進むと予想されている．それに伴い，これまでより水深の深い港が必要となる．

しかし，わが国の港湾は高度成長期に建設されたものが多く，さらなる船の大型化に対応していないところがほとんどである．最近建設された中国の主要なバルク港湾と比較しても，劣位となっているのが現状である．今後さまざまな資源・エネルギー・食料は，中国をはじめとするアジア諸国の高度経済成長に起因する輸入増に伴い，争奪戦を繰り広げることが予想される．その際に，規模の経済性を享受する大型船の入港が可能となるよう施策を講じることが急務となっている．

そこで 2010（平成 22）年 6 月，政府は「国際バルク戦略港湾」公募を発表した．政策目標は次のとおりである．
- 2015（平成 27）年まで：現在就航している主力船舶の満載入港を可能にする．
- 2020（平成 32）年まで：最大級の船舶の満載入港を可能にする．

その具体的な船型を表1に示す．

国際バルク戦略港湾の選定に当たっては，輸入企業の相互の連携，港湾機能の拡充，「民」の視点による効率運営ならびに港内運航効率改善の3点が可能となることが指標とされる．その上で選定された港湾に対しては，政府による集中投資や税の

表 1 国際バルク戦略港湾における輸送船舶の船型

			穀 物	鉄鋼石	石 炭
2015 年までに対応	現在主力となっている輸送船舶	船 型	パナマックス船	ケープサイズ船	パナマックス船
		満載での入港に必要な岸壁水深	14 m 程度	19 m 程度	14 m 程度
2020 年までに対応	パナマ運河の拡張や一括大量輸送による物流コスト削減を見据え登場する最大級の輸送船舶	船 型	ポストパナマックス船	VLOC	ケープサイズ船
		満載での入港に必要な岸壁水深	17 m 程度	23 m 程度	19 m 程度

優遇措置が講じられる．

2011（平成23）年5月，選定作業の結果が発表され次の港湾の選定が決まった．

- 穀　物：鹿島港，志布志港，名古屋港，水島港，釧路港（なお，清水港・田子の浦港に関しては，次世代大型船舶について，名古屋港をファーストポートとし，これと連携しつつ対応を図ることとする．）
- 鉄鉱石：木更津港，水島港・福山港
- 石　炭：徳山下松港・宇部港，小名浜港

g. 日本海側拠点港整備

近年中国東北部や極東ロシアなどわが国日本海側の対岸諸国の経済発展が著しくなっている．このような状況を踏まえ，日本海側各港の役割の明確化と施策の集中を行い，環日本海経済発展の基礎とするべく，政府は「日本海側拠点港」として26港を選定し，検討の対象

図5　大型鉄鉱石専用船［提供：川崎汽船(株)］

図6　パナマックスバルカー［提供：川崎汽船(株)］

図7　福井県敦賀港［提供：国土交通省北陸地方整備局］

図8　新潟港［提供：新潟港振興協会］

とした．これらの選定結果は 2011（平成 23）年秋に発表された． ［篠原正人］

4.4 港湾運営に関する課題

港湾の運営・管理

a. 港湾と地域経済

　港湾は地域経済と密接な関係にある．海上輸送を通じて遠隔地域と交易を行うことにより，地域住民は豊かになっていく．ただし，それはその地域が取引きする物を持っていることが前提となる．つまりその地域で産出する物を売り，産出しない物を買うという経済の大原則である．

　第二次世界大戦終戦で廃墟となってしまったわが国を建て直すため，政府は工業に必要な輸入原材料を運んでくる大型船が着岸できるよう，港を整備することから始めた．日本は島国であり天然資源をほとんど産出しない国であるから，工業国として生きていくためには船で原材料を運んでくるしか方法はない．

　そのため港は船と陸を結ぶ結節点として重要な役割を担ってきた．港には交易のため出入りする物資が集積し，陸側の流通とつながることによって経済活動が活発になる．その港町は地域の中心として発展し，大都市へと成長していく．

　このような港の役割は歴史の中で変化してきた．わが国が輸出する品目は，明治時代の生糸や茶から，高度成長期の綿製品，鉄鋼，船舶，家電製品へと移り，最近では自動車，電子製品，化学品が主流となっている．他方，輸入品目については，原料品，鉱物性燃料，食料品，機械機器などが主であることは歴史的にあまり変わりがない．しかし，近年の円高傾向によって日本の製造業者のアジア諸国など低コスト国への生産移転が進み，繊維製品，家電製品，生活用品などの輸入が比重を増している．

　上記の変化は港を取りまく地域経済に大きな影響を与えている．まず，臨港地区に多く位置した重厚長大型産業の生産規模が縮小することによって，地域の経済規模が伸び悩み，その地域に住む生産従事者が減少して港町事態の活気がなくなったことである．さらに，技術集約型産業のうち輸出の主役が変わってきたために，かつて活況を呈した港湾が衰退するという事態が発生している．その一方で，製品輸入が増加してきたために，大きな人口をかかえる大都市が輸入貨物の揚地として選択されるようになった．輸入コンテナ貨物が東京港に集中しているのはその証しである．

　日本全体を見ると，東京を中心とした首都圏に経済が一極集中し，コンテナによる海上荷動きもそれにならう形となっている．その結果，港湾政策が「選択と集中」を進めると，ますます経済の地域間格差を拡げることにつながるおそれがでてくる．

この問題を解決するためには，単に港湾関係者のみならず，地域経済振興の観点から日本全体の経済構造のバランスをとることを主眼に，政策の連携を進めていく必要がある．

b. 港湾労働問題

港と港湾労働問題は切り離せない問題として第二次世界大戦終戦後から今まで長く議論されてきた．港湾運送事業は入港する船の数や出入りする貨物の量に応じて仕事の量が変わる．したがって，雇う労働者の数も日によって変動することから，安定的に良質の労働サービスを受けることは容易ではない．

終戦直後日本中が混乱していた中，貿易立国として経済の立ち直りを図るため輸出入が再開されたが，統制のない状態で港湾運送事業が乱立し，悪質な労務手配師が跋扈することとなった．港湾作業は厳しい肉体労働であった上，日雇いであったため，手配師が立場の弱い労働者を激しく搾取するという状態が続いた．そこで政府は 1951（昭和 26）年港湾運送事業法を制定して，事業登録制と料金届け出制を導入した．その後さらに規制を強め，1959 年（昭和 34 年）に同法改正が行なわれ，事業免許制および料金許可制となった．これによって安定的な港湾運送サービスの提供が確保される一方，規制で守られた業種となった．

船が寄港する場合，即時に揚積みの荷役が始まらないと海運会社は大きな損失を被る．また，荷役作業員が集まらないからといって，ほかの港に振り替える必要が出ると，大幅な遅延や膨大な貨物の陸送費用が生じるなど，経済に大きな悪影響が出ることにもなる．したがって免許制導入によって，港湾運送事業者が安定的な収益を確保できるような環境づくりをして，港湾の運営を行うことが政府の役割となった．

他方，港湾運送事業は天候や，輸出入の季節的変動の影響を受けやすい．これに対して安定的なサービスを提供するといっても，すべて正社員で賄うことはコスト上大きなリスクを伴う．そこで作業員の一部を派遣労働者で賄う制度が定着することとなった．その際，かつての悪質派遣業者の再興を防止するため，事業免許を持った企業からのみ派遣を可能とする制度が導入されている．今日，この派遣事業は港湾労働法の規定に基づき，(財)港湾労働安定協会が運営する港湾労働者雇用安定センターの斡旋を通じてのみ行うこととされている．これは港湾運送事業に従事する労働者の事業者間相互融通を可能にし，業務の波動性を吸収するとともに，労働者の雇用の安定と労働条件の改善・維持を図るためのものである．

c. 港湾の管理と運営

港湾は，港湾区域（水面），臨港地区（周辺の陸上地区），港湾施設（構築物や機器）に分けられる．港湾はその拠点化の度合いに応じて，国際戦略港湾（5 港），国

際拠点港湾（18港），重要港湾（103港），地方港湾（810港）に分けられ，公共投資額や用途について差を設けている．

港湾は港湾法に定められた方式に則って管理されている．港湾法の規定では，港湾を管理するものを「港湾管理者」と称し，地方公共団体または地方公共団体が作る「港務局」という法人のみが担当することができる．ただし，現実には港務局の形態をとっている港湾管理者はまれで，ほとんどの港湾は地方公共団体が管理している．

港湾管理者は「港湾計画」を策定して，港湾の開発，利用，保全に関する基本方針を定める必要がある．これを変更しようとするときは，まず有識者で構成する地方港湾審議会に諮り，ついでその案を国土交通大臣に提出する．国土交通大臣はこれを交通政策審議会に諮り承認の可否を決定する．

2011（平成23）年3月の港湾法改正では，国際戦略港湾および国際拠点港湾について港湾運営会社制度を創設することになった．これによりコンテナ埠頭の運営を一元化し，民の視点による運営の効率化を図ることを目標にしている．

新港湾法では，国による直轄港湾工事の国費負担率引き上げおよび対象施設の拡充，ならびに港湾運営会社に対する無利子貸付制度の付与がなされることになった．

この制度は長く公団や公社によって運営されてきた埠頭の民営化を推進するもので，港湾運営形態の進化の大きな転換点といえる．

d. 東日本大震災と港湾

2011（平成23）年3月11日に起った東日本大震災では，東北地方太平洋岸の港湾を中心に甚大な被害が及んだ．大船渡港では最高9.5mの津波が押し寄せ，そのほか青森県から福島県に至る多くの埠頭で7mを超す津波を経験した．暫定調査の結果では被害は約1 500件，5千億円にのぼるといわれている．八戸港や釜石港の防波堤損壊，仙台塩釜港や茨城港の岸壁沈下，300隻を超える漂流船やその他の漂流・沈下障害物，埠頭でのコンテナ倒壊・散逸などである．

陸側では津波に飲み込まれあるいは家屋の倒壊などにより，死者・行方不明者合計2万5千人以上，負傷者5千人以上と報告されている．避難者は12万人ともいわれる．それらの人々は，鉄道と道路の損壊により生活物資の供給が止まるなど，基本

図1 東日本大震災による仙台・塩釜港の被害
［提供：日本海事新聞社省］

的な衣食住の必要物資が得られないという事態に直面した．

港湾は船舶の入港が不可能という状態に陥り，その機能を停止してしまった．政府および港湾管理者は協力して，まず被害の程度を調査し，航路啓開作業を実施するとともに岸壁の修復に努めた．

図2 自衛隊による震災救援［提供：防衛省］

交通インフラの破壊がこれほどまでに物流を遮断し，人々の生命を脅かすことになるとは予測されていなかった．政府は補正予算を組み，この震災の復旧に全力を上げているが，東北地方の港湾が今後どのようなプランに基づき，新たな海上物流網を再構築していくか予断を許さない．

また今回の地震で破壊された東京電力の福島原子力発電所から放射線が漏れ，近隣住民が避難を余儀なくされた．そのうえ多くの農作物その他の生産物に放射能が検出されたために，出荷停止の措置を受けた．海運の分野では，海外に輸送されるコンテナから放射線が検出されるという事態に直面し，多くの国で日本からのコンテナを忌避するという風評被害が発生した．政府はこれに対し，放射線量測定の上安全証書を発行するなど対策を講じているが，荷主および海運界への打撃は甚大となった．

［篠原正人］

5章　船をつくる（造船）

5.1　造船決定までのながれ
海運会社でのながれ　造船会社でのながれ
検討する条件と見積り　造船契約

5.2　船の設計
基本設計　詳細設計　設計図

5.3　船の建造
資材の発注　素材加工　組み立て　艤装品の取り付け　ブロック搭載
陸上試験　進水　艤装

5.4　完成，引渡し
検査　重心査定　海上公試　艤装員の作業　完成図書
引渡し式　処女航海

5.1 造船決定までのながれ

海運会社でのながれ

　船の建造の考え方は，貨物船，客船，フェリーなどの船の種類（船種）で異なるので，ここでは，図1に示すばら積貨物船の石炭運搬船を例として説明することにする．

　海運の形態は，定期船と不定期船に大きく分かれる．定期船の輸送は，船社がスケジュール，寄港地，運賃，積揚条件などを決定し，不特定多数の荷主の貨物を輸送する（いわゆる，個品輸送）である．不定期船の輸送は，特定荷主の特定貨物を両当事者間の合意したスケジュール，積揚地，運賃，積揚条件にて輸送するものである．不定期船は一般にばら積船を利用する．ばら積船の運送対象物は，鉄鉱石，石炭，ボーキサイトなどの原料，小麦やとうもろこしなどの穀物などであり，これらの貨物を袋や箱などに詰めないで，ばらばらの荷姿で船倉に積み込まれる．不定期船会社は，世界の変動する船腹量（隻数，トン数などで表した船の供給量）と貨物の需給状況を予測して時期を選んで有利な貨物と船を成約し，収益を上げる経営である．市場を見ながら，船の建造または借船し事業を行う．運賃は定期船のような公示運賃が適用されるのではなく，船社と荷主との交渉によって定められる．不定期船の運賃は，大きくは，船腹量と貨物輸送需要量との関係によって決定される．この不定期船市況は，貿易経済の好不況に大きく左右されるため，不定期船経営は，ダイナミズムが要求されることになる．荷主とすれば，荷主に有利な条件で不定期船市場からスポット契約で船を調達することもできるが，運賃の高騰のリスクがあることから15年などの長期の運送契約で船を調達する場合がある．ここでは，荷主は，長期の運送契約により船を調達すると仮定する．

　海運会社（船会社ともいう．以後，船社という），営業部門が荷主の直接の窓口となって営業活動を日々行っており，これら荷主の動向の情報を得ている．船社に荷主から貨物輸送の引き合いがあった場合，新しく船を建造して輸送するのか，他社から船を借りてきて輸送するのかを判断する．船社では，この判断は，当該事業の採算

図1 旋回試験中の石炭運搬船「旭日丸」
　　　［提供：旭日海運(株)］

計算などの種々の条件で検討を行うが，ここでは前者の新しく船を建造する方向で決定されたということで説明を行う．

営業担当は，荷主からの見積書の提出の要求があった場合，荷主の要望を収集する．荷主は当然，数社に合い見積もりをとっており，条件の良い船社と契約を行う．荷主からの要望としては，輸送開始日程，輸送量，運賃，輸送の安全性などである．最近は，船舶からの二酸化炭素削減などの環境面の対応なども要望としてあがってくる．船社の営業担当は，社内関係部門と綿密な打ち合わせを行い，受託条件，見積書を提出する．船社における各部門の業務分担は，以下のとおりである．

a. 営業部門

営業部門は，荷主との窓口であり，配船，荷主からのクレーム対処，船の燃料手配，運航採算などを行っている部門である．

船の建造に当たっては，社内の各部をまとめ，経営者の決裁を得て，荷主に見積り書を提出する．建造に関する業務は以下のとおりである．

船舶の建造は，高額の投資を必要とする．そこで船社は，荷主から引き合いがあった場合，事業のリスク，採算などをいろいろな角度で分析する必要がある．例えば，石炭の埋蔵量(事業の継続性の判断)，採掘現場から港湾までの輸送の状況，港湾の水深状況，港湾の荷役設備状況，気象状況などであるが，営業部門だけでは判断できないので社内関係部署と密に連絡を取り合い，必要であれば他部署の者と産地の調査などを行い情報を集める．

営業部門は，最終的に社内の協力を得て荷主に契約条件，見積もりを提示する．その見積もりの項目は，就航日程，契約年数，運賃，年間の貨物運搬量，航海数，航路，船籍国および免責条項などである，

見積もりにおいて最も重要なのは運賃である．船舶を建造後に船を運航し利益を上げるためには，船舶損益が黒字になるための運賃が必要であるので採算計算を行う．運賃収入から運航費を差し引いたものを運航損益といい，この運航損益から船舶経費と店費を差し引いたものを船舶損益という．費用内容の概略を表1に示す．船舶経費は，船舶の維持，管理のために必要な費用で，固定費的な性格をもち，船舶を所有するために必要な間接船費と運航できる状態に保つための直接船費に分かれる．店費は，海運業における陸上部門の経費である．

b. 企画部門

船社は，海運事業ばかりでなく，港湾物流事業，不動産事業などを行っているが，企画部門は，船社の全体的な経営の企画を行う部門である．船社では海運事業において自社運航船の船隊整備を行うための多くの船の建造案件，売買船案件，貸借船案件がある．会社全体の長期・短期を考えた場合，ビジネスとしてやるべきか否か，

表 1 海運会社の費用概略

費用分類		費 用 項 目
運航費	燃料費	運航するための燃料費（運航費の中で最も大きい）
	港 費	タグ・綱取り費，代理店費水先人費，岸壁使用料，運河使用料，港利用時の税金（トン税），検疫費用，など
	貨物費	船内荷役費，積付け資材費，貨物事故弁金，など
	その他	船舶通信費，船員時間外費，など
船舶経費	間接船費 船舶金利	船舶建造に係る借入金の金利，など
	船舶保険料	船体保険料，修繕保険料，船舶不稼働損失保険料，など
	減価償却費	船舶の原価償却費（一般に15年で固定資産の原価償却）
	直接船費 船員費	船員の給料・賞与・退職金，食料費，福利厚生費，旅費交通費，など
	船舶修繕費	船の法定検査時の費用，修理・整備費用，など
	船舶消耗品費	船用品費，潤滑油費，など
	その他	船舶固定資産税，P&I保険料*，など
店費（陸上部門の費用）		役員報酬，従業員給与，退職給与引当金繰入額，福利厚生費，通信費，光熱費，消耗品費，租税公課，資産維持費，減価償却費，貸倒引当金繰入額，など

＊P&I保険：protection and indemnity insurance の略称で，船舶の所有者などが運航時の事故などで負う責任および費用に対する保険．船体保険はものに対する保険で，この保険は賠償責任保険．

リスクはないのか，当該案件の投資時期は適切なのか，当該船の採算は勿論，会社全体の投資計画の中で検討を行う．例えば，当該船を建造するより船を借りて調達した方が良いのではないか，建造時期に港湾物流事業部門で多くの資金が必要なことから自社資金ではなく銀行から借りたら良いのではないか，当該船の建造は自社で行うが運航を自社ではなくグループ会社に任せた方が良いのではないかとか．また，国が進める海運行政との齟齬はないか，海運業界が進めている地球温暖化対策に適応できるのか，船籍国はいいのかなど．

c．法務部門

船社の事業において，国内および海外の法律に対応する部門である．船舶の建造に当たっては，当該輸送事業は世界の条例・法律を順守しているのか，船舶建造は国内および海外の法律に遵法しているのか，荷主および造船会社との契約内容は適切かどうかなどの検討を行う．

d．財務部門

財務部門は，財務体質の改善・強化，資金計画，日々の資金の入出金業務，財務諸表の作成などを行う部門である．船舶の建造に当たり，建造費は自己資金にするのか借入金にするのか，もっと有利な資金はないのか，荷主からの収入はドルまたは円のどちらが良いのか，造船会社にはドルでの支払いにするのか，造船会社への

支払い時期に支払いが可能かなどの観点で検討する．

e. 海務部門

　船の日々の管理(運航，荷役，整備)，船の災害時の対応，乗組員人事，営業と共同で荷主対応などを行う部門である．

　船の建造にあたり，貨物輸送の面で，港に入れる船の大きさは適切か（着岸するバースの大きさ，船の旋回する水域の広さなど），港までの水路および港内まで安全に操船が可能か(浅瀬，川の流れなどの水流，灯台・航路標識など)，港の荷役機能(荷役速度)は十分か，水先人のサービスがあるのか，港および航路の気象は，1航海の航海時間は，運搬する貨物量は荷主の要望どおりの期間に運べるのかなどの調査や燃料消費量の調査を行う．

　船舶の設備面において，入港する外国の法律などを調査する．寄港国により船の設備および運航に関する規制があり，これを遵守するための設備の追加はないのか，乗組員に特別に教育する必要がないのかなどを調査する．乗組員の人事面では，船を新しく造ることから乗組員人数の確保は大丈夫か，乗組員の運航技術は大丈夫かを検討する．運航技術の教育では，通常の定期的な教育以外に当該建造船に特殊な設備を搭載する場合は，メーカー研修など事前に教育計画をたて，乗組員を教育する．また，艤装員（船を受け取った後に乗組員となるが，造船所にて船の検査や受け取りの作業を行う）を人選し造船所に派遣する．

f. 工務部門

　船の建造，修理方法の立案，修理業者の手配，部品の手配，技術の管理を行う部門である．船の建造に当たり，船の大きさ，船速，機関出力，荷役機器，造船会社の検討および船級の選択などを行う．特殊な搭載機器に関しては，技術的な検討，価格の検討を行う．最終的に，契約となれば建造担当の技術者（建造監督という）を決め，詳細な建造仕様の作成，建造の工程管理を行う．

g. 調査部門

　調査部門は，石炭，鉄鉱石，穀物など海上荷動き量，運賃の動向，船腹量の動向，船の建造費の動向を調査している．また，重要なことであるが，取引業界，ここでは電力会社や製鉄業界であるが，その世界的な事業の環境，取引会社の経営状態なども調査し，取引リスク回避の情報を得ている．すなわち，これらの情報から契約をとるために競合相手より良い見積もりを出すため，またリスク回避するための情報を整理し経営者や企画部門に提出する．

〔金子　仁〕

5.1 造船決定までのながれ

造船会社でのながれ

　船社（海運会社）などから船舶建造に関する引合を得ると，造船会社（以下，造船所）は，営業，基本計画，基本設計および資材部門が協力して契約のための打ち合わせに参画し，船社の建造意図を正確に造船所内部と共有し正式契約のための見積もり作業を行う．造船契約の核となる納期，仕様，価格をまとめ，法務部門と協議しながら契約書を作成する．船社と造船所の間で契約打ち合わせで合意を得ると正式な建造契約書と付属図書を作成し，正式契約を行い，具体的な設計，資材調達などの建造関連作業が始まる．

　造船所における組織構成の代表例は図1に示すとおりであり，管理，営業，資材，基本計画，基本設計の上流部門および生産に直接関係する詳細設計部門，工作建造部門，生産技術部門，品質保証部門，さらには完工引き渡し後のアフターサービス部門から成り立っている．

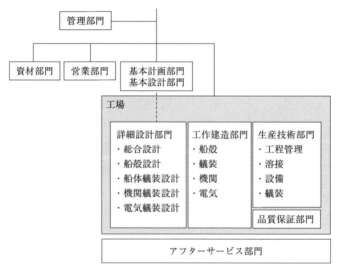

図1　造船所の代表的組織

a. 基本計画部門

　基本計画部門（initial planning department）では船社から与えられた仕様および納期に対応し，船の詳細要目を決定し，各種材料や部品の引き合い見積もりを行い原価の算出を行う．船主の要求項目として最も重要な要素は載貨重量（dead weight），航海速力（service speed）および航続距離（endurance）などである．速力要求を満たすための性能設計，船殻構造などの構造設計，荷役・居住設備などの船体艤装，主機関・補機・推進器などの機関設計，電力・通信などの電気設計の各部門が計画を行う．鋼板，主機関，主発電機，主要機器の納期が建造工程に大きな影響を及ぼすため資材部門と主要材料・機器の納期を打ち合わせ，原価とともに工程の詳細を決定する．また，管理部門と調整のうえ，船台またはドックの建造期間を確保する．その結果は営業部門にフィードバックされ，船社への価格，納期などの提示案となる．

なお，船社の仕様が既建造船と大幅に異なる場合は基本計画部門と基本設計部門で新規設計を行い，新船型の設計や主要機器の決定および船価見積もりの作業を行う場合がある．その場合には開発期間が加わり設計，建造期間が大幅に長くなる．

b. 基本設計部門

基本設計部門（basic design department）は正式の契約が成立すると，船社との仕様と提示価格についての合意内容に従い，より詳細な建造設計のため船社と打ち合わせのうえ，機能設計および細部仕様の決定を行う．この段階では船殻，船体艤装，機関艤装，電気艤装各部門の機器仕様，配置などについて詳細に打ち合わせが行われる．特に，主要機器については詳細な仕様や数量，詳細配置，メーカーなどが決定されていく．この結果を反映した図書，図面が作成され，船社の技術部門との打ち合わせ結果を確認し図面の承認を受ける．

これと同時に，さまざまな設計図面，計算書などの付属図書が打ち合わせと並行して作成される．

c. 詳細設計部門

詳細設計部門（detail design department）は基本設計部門において設計された図面，仕様書に基づき，船舶の建造に必要な建造用の詳細配置図，系統図，および艤装機器の一品図の作成などの設計展開をする．なお，この段階で船社および船級協会などの建造に関する各種承認図および図書を作成し，承認を得て，建造部門および検査部門と協力し遅延なく建造を進めていくための設計作業を行う．

設計の内訳としては，計算，船殻，船体艤装，機関，電気からなり，詳細な構造配置，配管，通風などの管艤装，装室，塗装，機関室配置，電力調査表，電路系統図など数千点にのぼる図面，図書類が作成される．また，設計部門の大きな役割としては，船舶が完成した際の完成図書の作成を行う．

① 計算（calculation）：計算部門では船の詳細線図の作成，排水量などの船型特性計算，重量重心計算の取りまとめおよび復原性計算などを行う．また，海上試運転（公試）の実施に当たり，計画の作成，実施，成績書の取りまとめを関連部所と協力

して行う．これらの資料は船舶完成時の重心査定（重査）などを通じて，船の姿勢（トリム），復原性，縦強度に関する荷物の積付け計算書などとして運用者に提供される図書としてまとめられる．

② 船殻設計（structural design）：船殻設計では構造配置を決定し船級協会の規則に適合した材料，寸法決定を行い，船級協会の承認を得るための各種計算が行われる．最近では各協会のルール計算による諸寸法の決定のほかコンピューターを駆使し船体に働く外力を直接求め，数値計算により構造部材の応力などの算出を行う直接計算による方法で設計されることも数多く行われている．

船殻工事を行うためには全部品を製作する必要があり，各部品ごとの現図が作成され工作建造部門に引き継がれる．現在では加工工程が電算化されているため，図面ではなく数値データでの受け渡しが中心である．

設計以後の作業は鋼材の加工に移り，設計部門から工作建造部門に作業が移ることになる．

③ 船体艤装（hull outfitting design）：船体の艤装は，内艤，管艤，外艤に分かれている．それぞれ機能設計と詳細設計の部分からなり，配置，系統と部品，一品の設計を行う役割をもっている．内艤はいわゆる居住部分の設計と同じであり，乗員の居住区，共用区画および貨物のコントロールを行う仕事用の部屋などの設計である．管艤は液体貨物用の管路，バラスト水の管路およびエアコンなどの空気管路などの設計を行う．詳細では管路を支える固定金物の設計なども含むが，流体の種類，流量により使用する管材は多種となる．外艤とは船体に取り付けられる艤装品の配置，取り付けなどにかかわる設計で，一般には大型機器の補機台の設計や錨やチェーンなどの甲板機械から救命用のボートなどの安全に関係する装置なども含まれる．

そのほか，船の内外装の塗装に関する計画，施工要領を決定する部門も船体艤装に属する場合が多い．また，船は海水中で使用されるため，鋼板のプロペラなどの金属材料の電気腐食を防止する防食も塗装と含めて重要である．

④ 電気艤装（electric outfitting design）：電気艤装では船内の発電，給電，および航海，通信などのための電気，電子機器の機能，配置，取り付けなどを受け持つ．航海機器としては，船内の機器としてレーダー，ARPA（automatic radar plotting aids），GPSで代表される航海計器および陸上・船舶間の通信機器に分類できる．機器は一般的には舶用電気機器，通信機器メーカーの製品を用いるが，船内の電路設計や取り付け金物の設計まで幅広く担当し，配置や電気系統の機能設計と部品の詳細設計を行う役割をもっている．

d. 工作建造部門

詳細設計各部門の図面に基づき，実際に船を建造する部門である．この工作建造部門（construction department）でも内業，外業の船殻工作部門，艤装工作部門に分かれる．船殻部門ではミルメーカーから調達した鋼材の防錆処理，切断加工，小組立て，大組立て，総組立てと，小さな部材から部品およびブロックへと大型構造物に組み上げられていく．小組立ておよび大組立ての一部までが室内で加工され，大組立ての一部と総組立ての段階は屋外の船台やドック近傍のブロックの総組立て場で行われることが多い．船台かドック建造の方式にかかわらず，船殻の組み立てはブロックを繋ぎ合わせることで行われ，大型クレーンによる搭載へと進む．

艤装工事は船体，機関，電気の三つに分けられる．通常の船舶艤装では機関部が非常に密度の高い艤装をすることから長時間を要するため，船尾部機関室の建造を先行して，最初に船台へ搭載し，機関艤装を優先させる．そのあと，工事の進捗に応じ船体艤装，電気艤装などが加わり，船殻の完成，機関部のプロペラ，軸などの船外艤装の主要部分の終了した時点で浮上できる状態になれば進水し，その後は艤装岸壁に係留した状態で残りの艤装が進められる．進水後のドックや船台はすぐに次の船舶の建造に利用される．

なお，近年では船体，機関，電気艤装に関係する配管や取り付け金具などの一部はブロックの段階で取り付けや接続を行う先行艤装が行われ，搭載後の船内艤装工事に引き継がれる．これは進水後の工期の短縮のために行われる方法であり，先行艤装は非常に高い割合で実施されている．

e. 検査部門

検査部門（inspection department）は，建造の進捗に応じ社内検査の計画，実施および船主，船級協会，関係官庁の実施する諸検査を行い，成績書の作成と出図を行う．これにより諸法規に合致した仕様書どおりの船舶であることを証し，最終的には海上試運転を行い船としての運航性能を検証する．

検査には，工事区分に応じて船殻材料の組成，溶接，水密性の検査，各甲板機械や艤装品の検査を行う船体，エンジンやプロペラなどの機能を確認する機関，航海機器などの電気製品の検査がある．

f. アフターサービス部門

アフターサービス部門（after-sales service department）は船舶の引き渡し後，保守，整備などに関して船社および機器メーカーとの窓口として活動する．アフターサービスには，初期不良があった場合に対応するため処女航海においてサービスエンジニアを乗船させ，トラブルの除去により運航の円滑化を図る場合もある．エンジンは船の心臓部であり各機関メーカーが世界の主要港湾および主要都市に部品

供給ができるサービス体制をつくり上げている．最近では衛星通信を利用し，海陸一体で保守を行う例も増えてきている．

g. 生産技術部門

造船を支える建造要素技術の開発，機器の導入の検討などを行うのが生産技術部門（production technology department）であり，新材料の加工技術開発，建造技術の近代化，合理化を通じての工程短縮，製品の高度化を担っている．研究部門や生産用機器メーカーと連携し，最も重要な技術である材料の切断，溶接および組み立て部品の精度向上のための技術開発，ならびにクレーン，搬送用運搬機器や工場内諸設備の維持，管理，更新を行う．

また，液化天然ガス（liquefied natural gas：LNG）などの新しい貨物形態やコンテナなどの新しい輸送方法が開発された場合には，それに応じた新規の工作技術，艤装技術や船の建造方法などの検討をする． ［八木 光］

5.1 造船決定までのながれ
検討する条件と見積り

　船舶は受注生産が主流であり，造船所においては同型船の場合を除き各船舶ごとに設計，調達，建造の検討が個別に行われ，原価見積もりが実施される．
　原価見積もりの構成は以下のとおりである．
① 材料費：鋼材，機器単体など
② 工費，間接費：材料の加工，機器の取り付けなど
③ 設計費：設計に要する人件費など
④ 経費，用役費：加工外注費，船台/ドック使用料など
⑤ 一般管理費

　一般の船舶では，これらの構成要素のうち最も比重の大きいものは材料費である．材料費は船殻，船体艤装，機関，電気の機能別重量区分ごとに集計されるが，商船においては鋼材が非常に大きな比重を占める．各重量区分に含まれる主要品目は表1のとおりである．

表 1　重量区分と主要機器など

区分	主　要　項　目
船殻	鋼板，型材，鋳造品など
船体	荷役装置，係船装置，甲板機械，艙口蓋，居住区（木工，装室），諸管装置，通風装置，交通装置，塗装・防食など
機関	主機関，補機，ボイラー，プロペラ・軸系，煙路，煙突，ポンプ管艤，雑装置など
電気	発電機，二次電源，照明，航海計器，通信装置，電路，電線など

　引き合い見積もり時の主要条件は以下のとおりである．

a. 納期，建造隻数
　船舶の建造時間は鋼材や主機などの主要材料の手配なども含め最短でも1年以上かかるのが一般的である．一方，建造に際しては限定された建造ドックまたは船台を使用するため，建造隻数（number of orders）が限られている．したがって，納期（delivery date）は船舶の建造見積もり条件では非常に重要な要素であり，材料費，人件費とともに船台枠により大きく影響を受ける．また，船舶は受注生産品であり，いわゆる新造船の在庫はなく発注時期が建造期間や引き渡し時期に大きく影響する．同一船型の契約隻数が多いと，造船所の量産効果や習熟効果により，1隻あたりの建造コストが下がる．しかし，隻数が多い場合，大量に資材および機器を確保する必要があるので，鋼材などの手当てや納期を確認する必要がある．

b. 船の種類

コンテナ船やばら積船などの船の種類 (ship's kind；船種という) から，船の機能，一般的な設計条件，船価，建造工期，建造に必要な技術，必要とされる船舶設備の概略がわかる．造船所によっては必ずしも全船種を建造対象船とはしていない．船種を絞り込むことにより，専用技術をブラッシュアップし生産設備を整えているので経験のない船種は市場価格での建造では採算性が悪いなどでの理由で契約に進まない場合がある．

c. 貨物の種類

貨物 (cargo) の種類は液体貨物かそれ以外の貨物に大別されるが，貨物の性状，荷姿，形態などにより貨物倉の形式，形状が決定される．液体貨物や乾貨物にかかわらず，搭載する貨物の密度により貨物倉の必要容積が大幅に異なるため，計画時に貨物の密度 (density) や単位重量あたりの必要容積 (容積係数，stowage factor：SF) を定めておく必要がある．低温貨物や圧力容器での輸送など，特別な装置や機器の要否なども検討対象となる．

ばら積貨物は鉄鉱石のように高密度であったり，化学薬品などは鉄板に対して腐食性が強かったり，鉄板との磨耗により自然発火したりするものもある．このように貨物の種類によっては船体の安全上の問題を引き起こし，船倉の強度，構造，配置，材質に影響する．石油製品運搬船では貨物が鉄板に対して腐食性がある場合，貨物タンクをステンレス製にするとか特殊コーティング施行を必要とする．液化天然ガス運搬船では，タンク形式を選定し，輸送中に気化したガスの処理は再液化してタンクに戻すのか，ボイラーで燃やして船の動力として使用するかなどの検討が必要である．また，ばら積物船では本船が入港する港湾に荷役設備が整備されている場合は船上に荷役装置を搭載していないのが普通であるが，場合によっては要求されることもある．

荷役装置の種類，有無によって重量，一般配置，水面から上方の高さ制限，搭載する発電機の容量が変わってくる場合もある．

d. 載貨重量

載貨重量 (dead weight) とは最大積込み可能重量を示し，貨物重量，燃料，水，油などの航海時に搭載される重量のことである．航続距離，乗員数および航海速力などに基づき決定され，発注者が基本的な条件として造船所に与えるものである．載貨重量が決まれば長さ，幅，喫水の大略の寸法が決まる．通行する海峡 (マラッカ海峡など)，運河 (スエズ，パナマ運河など)，入港する港では船体寸法や載貨重量に制限を加えている場合があるので注意が必要である．載貨重量は船舶の輸送能力に影響し船社の事業上重要であるので，造船所が船社に対して保証する．

e. 軽貨重量

軽貨重量 (light weight) は船の重量で, 鋼材, 主機関, クレーン, ポンプ, 冷凍機などの主要機器の要目と形式などが決定要素となる. 船の速力性能向上, コスト低減の面からも最も重要な要素である. その中でも鋼材の重量比率が大きいことから, 近年では軟鋼 (mild steel) に代わり高張力鋼 (high tensile steel) の適用範囲を拡大し, 最適な軽量設計を行うよう構造検討が実施される. なお, 造船用鋼板や主要機器は船級協会 (Classification Society) により製造工程から建造, 運転までの厳密な検査が行われる. したがって, 船級規格に合格した品質をもつ材料を利用しなければならない.

f. 航海速力

航海速力 (service speed) の大小が船体, 機関の主要目の決定に及ぼす影響が大きい. 航海速力は通常の航海で遭遇する海象や気象の条件下でも確保できる運航速力を示している. 気象, 海象や潮流影響を一般にはシーマージン (sea margin：SM) とよび, 航海速力を維持するために必要な主機馬力の増加量を常用主機馬力の百分率で示すシーマージンは一般に 15 % 程度であるが, 海象が荒い航路または船が小さい場合には 20 % 程度を考える場合がある. 現在, 一般のばら積貨物船, タンカーの航海速力は 14〜16 ノット (約 26〜30 km/時) 程度, コンテナ船は 25 ノット (約 46 km/時) 程度で計画される. 航海速力は貨物船の年間の航海数に影響し船社の事業上重要であるので造船所が船社に対して保証する.

g. 航続距離

航続距離 (cruising distance または endurance) は初期計画で定められているが, 実際の運航計画では搭載する燃料の量により決まる. 燃料の量は, 燃料タンクの大きさで限定されるため, 計画時の航続距離が短いと, 船は燃料補給のため港に寄る回数が増加し, 航海日数の増加となり運航採算が低下する.

h. 航 路

想定される航路 (voyage route) や港湾で, 航路幅, 水深などにより船体の主要目に制限を受ける場合や, パナマ運河, スエズ運河などでは航行に際して特殊な装置, 器具を要する. 船の要目に大きな影響を及ぼすのは, 主要国際航路ではパナマ運河, スエズ運河, マラッカ海峡であり, それぞれの航路での最大船型を「パナマックス (panamax)」,「スエズマックス (suezmax)」,「マラッカマックス (malaccamax)」船型とよび, 船体寸法が標準化されている例がある.

i. 主機関の種類

主機関 (main engine) は, 船の推力を発生するプロペラを回す動力機関である. 大型商船の主機関は一般に燃焼効率の良い大型低速 2 ストロークディーゼル機関が

採用され，プロペラと直結されている．船舶の必要馬力はプロペラ (propeller) の効率に大きく依存するので，高効率な低回転大直径プロペラを採用するために可能な限り低速機関が選定される．主機関の定格回転数はシリンダ直径により定まるので，低燃費を実現するための，船舶の運航状態に応じた最適なシリンダ直径と気筒数の組み合わせが検討される．また，主機の種類により，主機の重量が相異し船体の軽貨重量への影響や，機関室の長さ・高さが変わり船の寸法に影響することから綿密に検討される．天然ガス運搬船では蒸気タービン主機関も採用されている．

j．船　型

水面上の形状としては船首楼付き平甲板船 (flush decker with forecastle) や，船首尾楼付き平甲板船 (well decker) などが貨物の種類や運航状況に応じて選定される．さらに，貨物の種類や重量に応じて，船倉（油槽）の数，大きさおよび隔壁配置など船体内部の区画形状を決定する．同時に，速力性能に大きな影響を及ぼす水面下の船体形状や球状船首 (bulbous bow) の形状などの船型 (hull form) 検討が行われる．

主要寸法を決定するとき最も注意を要するのは寄港地の制約から受ける船体寸法の制限である．特に喫水と全長は，水深が浅い港では入港できないし，荷役岸壁の長さが短いと着岸ができない．また，港湾の荷役設備や建造時の船台の幅によっては，船の幅に制約を受ける．港湾の荷役設備（例えば岸壁のクレーン）や船が通る航路上の橋の高さによっては水面から上方の高さ (air draft) に制限を生ずることもある．このほかに船体寸法の制限を受ける運河，海峡がある（h. 航路も参照）．

k．省エネルギー技術

船の省エネルギー化（燃料消費量の減少）は海運業界にとって経済性および地球の環境保全の立場（排出二酸化炭素の減少）から最も重要な課題の一つである．造船においても省エネルギー技術 (energy saving technology) は欠かせない．造船所は船社と協力し，各種の省エネルギー技術を採用している．省エネルギーを達成する方法は，船体の軽量化，計画運航速力の低下による所要出力の減少，抵抗，推進性能の向上による所要出力の減少，推進プラントの効率向上，載貨重量の増加，就航後の船体汚損（船体にフジツボなどの海洋生物が付着）など経年劣化による速力低下の抑制，ソーラーエネルギーの利用などがある．

l．省　力　化

近年，船員費の高騰と熟練した乗組員の不足に対処する一方策として，航海計器，機関機器，通信装置，係船装置などの船内諸機器の操作を省力化 (laborsaving technology)，自動化する必要がある．また，これら諸機器のメンテナンスの省力化も不可欠である．例えば，オートパイロットという自動操舵装置，専門の通信士の

乗船がなくても操作できる通信装置，機関室の無人運転が可能な機関室設備などであるが，省力化機器の導入は船価の増加となる．

m. 環境機器

近年，船社は環境保全問題に関して非常に敏感となっており，環境機器（green technology）に関して造船所に改善提案を求めてくる．環境問題は船からの大気汚染と海洋汚染である．前者は窒素酸化物，硫黄酸化物および二酸化炭素の削減方法，後者は油流出対策，最近ではバラスト水処理装置などがある．これらの環境対応機器は寸法が大きいので，価格のほか，船体寸法への影響にも注意を要する．また，装置によっては，乗組員人数の増加や乗組員の専門の教育訓練が必要となる場合がある．

図1は太陽電池を搭載した自動車運搬船「アウリガ・リーダー」総トン数60 213トンである．太陽光エネルギーを動力源の一部とする．デッキ上に設置された328枚の太陽光パネル（総発電量40 kW）により発電し海上輸送における二酸化炭素削減をめざしたもので大型船舶では世界初の試みである．このように環境対応装置を搭載する場合には船体の設計，電力系の設計などが従来と異なることから条件として明示する必要がある．

図1　太陽電池を搭載した船舶［提供：日本郵船(株)］

n. 国籍，船級

船舶が運航されるには，船舶に法的な資格を与える船舶国籍証書が必要である．船舶国籍証書は船の船籍国の監督官庁が船籍国の法律・規則に則って建造されたと証明するものであり，建造規則は船籍国の法に支配されるので船籍国を決定する必要がある．実質的に外航船の建造規則は船級規則により行うので，どの船級協会を採用するかを決める必要がある．

外航船は国籍（nationality）をもつが，便宜置籍が認められており，国籍，船籍港はほぼ自由に選定できる．船級（class）に関しても船籍に関係なく選定でき，日本海事協会(NK：日本)，アメリカンビューローオブシッピング(ABS：アメリカ)，

ロイド（LR：イギリス），ビューローベリタス（BV：フランス），ノルスケベリタス（DNV：ノルウェー）などの船級船が各国で建造されている．

o. 国際条約

　船舶は乗組員，旅客および貨物を積載して長期の間，国際間を航海する．そのために安全の確保および海洋の環境保護のため船体構造，機関などは定められた設備条件および乗組員の技術条件が要求される．また，竣工後定められた期間ごとに検査が行われ安全が確認される．船舶に関する規則は国際海事機関（IMO）が国際条約（international regulation）として決議採択し，国際的な統一を行っている．国際条約に関する検査は一般に各国政府の担当官庁が行い，必要な証書を発行することになっているが，船級協会に委任する場合がある．また国際条約は都度改正されるので最新の条約を遵守して設計する必要がある．主な国際条約は以下のようなものがある．

① 海上における人命の安全のための国際条約（International Convention for the Safety of Life at Sea：SOLAS）：1912年のタイタニック号海難事故を契機として，船の安全確保のため救命艇や無線装置等の設備規則を定める条約が1914年に締結された．これが初のSOLAS条約であるが，第一次世界大戦の影響で発効には至らなかった．その後，海運会社間の過当競争で船の安全の後退がありそれを防止することが叫ばれ，国際的に統一した基準が1929年に最初の条約が結ばれた．その後，都度改正されてきている．本条約は500 GT（gross ton：総トン数）以上の国際航海に従事する商船に適用され，船体構造，救命設備，無線設備，航海の安全，貨物の運搬，危険物の運搬，原子力船などの基準が決められているが，船舶の安全のために設備およびその運用に関した，いわゆるハードとソフトに関する全般的な規則である．

② 満載喫水線に関する国際条約（International Convention on Load Lines：ICLL）：1920年代，外航海運業界では過載による転覆事故が頻発した．これに対処するため1930年にロンドンにおいて国際会議が開催され，1930年の満載喫水線に関する国際条約が採択された．その後，造船技術の向上などから改正があり，現在は1966年の条約が基準となっている．船体中央の乾舷標識により船の過載がわかるようになっている．

③ マルポール条約（International Convention for the Prevention of Pollution from Ships, 1973, as modified by the Protocol of 1978 relating thereto：MARPOL）：正式には，1973年の船による汚染の防止のための国際条約に関する1978年の議定書という．長い名称なので海洋汚染防止条約またはマルポール73/78条約とよばれている．本条約は，船の航行や事故による海洋汚染を防止する規則を規定している．

［八木 光/金子 仁］

造船契約

5.1 造船決定までのながれ

　船舶の建造に関して船社（海運会社）と造船所（造船会社）が発注と受注の合意ができると造船契約（以下，契約）が結ばれ，造船契約書（以下，契約書という）の中に種々の取引条件が盛り込まれる．もちろん，契約書には船舶の仕様および船舶の建造価格（以下，船価という）を含むが建造が長期にわたること，船価が高額であることなどから何らかの原因で建造に障害が発生した場合は両社の経営に影響を与えることになるので，取引のリスクを軽減する内容および回避するための内容や仲裁機関も記載される．契約書は後になって問題を引き起こさないように綿密に準備される．

　契約書には，契約者名，適用規則，建造船の仕様，船価，建造場所，引き渡し期限，引き渡し場所，性能保証値，仲裁機関などが記載される．

　まず，表1に実際の契約書の契約項目を示す．

表1　実際の造船契約書の契約項目

条項番号	項目	備考
第1条	本船要目	
第2条	航行区域と船級	
第3条	建造場所と船番	契約時は船名が決まっていないので建造船番で識別する
第4条	引き渡し期限と場所	
第5条	建造代価と支払い方法	支払い金額と期限内に支払われない場合の金利が記載
第6条	工事の検査と監督	
第7条	仕様の変更	
第8条	不可抗力による工事支障	天災，地変，戦争，軍事行為，暴動，労働争議などの不可抗力による工事支障発生時の取り決め
第9条	引き渡し遅延と延滞料	
第10条	海上試運転および検査	
第11条	引き渡し日の決定	検査が良好のとき，また不具合が発生したときの引き渡し日の決定について
第12条	引き渡しの保留	竣工時に支払いが無い場合，造船所の本船の保留について
第13条	危険負担	建造完了まで造船所が危険を負担する
第14条	性能保証と違約金	保証速力からの低下に対しての違約金を記載
第15条	契約の解除	
第16条	工事完成保証人	本契約では第三者の保証人をたてている
第17条	契約の解除の効果	契約の解除時の発注者の既支払い金の返還について
第18条	瑕疵担保責任	造船所の瑕疵に対して責任を1年としている
第19条	船舶建造保険	造船所は船舶建造保険を契約すること
第20条	経済事情の変動	発注者と造船所が協議
第21条	増減額等の精算	建造費の増減額は竣工時の支払い時に精算
第22条	債権債務に関する制限	債権債務の譲渡または引き受けの制限
第23条	本文優先	仕様書と本契約書に齟齬がある場合，本契約書が優先
第24条	仲裁機関	仲裁機関を日本海運集会所と指定

a. 契約者名

　契約書には，発注者である船社と受注者である造船所の名称，住所が記載される．

b. 適用規則

　建造される船舶が船舶として運航されるには，船舶に法的な資格を与える船舶国籍証書が必要となる．船舶国籍証書は船籍国の監督官庁が当該船は船籍国の法律・規則に則って建造されたと証明するものであるので船籍国を決定する必要がある．わが国の海運では船籍国は税金などで優遇されるパナマ，リベリアなどの便宜置籍国とする場合が多く，必ずしも日本国籍ではないので確認する必要がある．また，実質的に外航船の建造は船級規則により行うが，どの船級を採用するかも記載する必要がある．船級協会の証明書が支給されなければ船舶は国際航海に従事できない．そこで，例えば，船籍日本-船級 NK（日本海事協会），船籍パナマ-船級 NK などとなる．

　なお，船級協会は，船舶の技術上の基準を定め，船舶の建造前に設計がこの基準に従っているかを検査し，建造から竣工の過程で検査し，竣工後にも検査を行い，本船舶が船級協会の基準に沿って建造，運航されていることを保証する機関である．世界の船級機関については「検討する条件と見積もり」の項に詳しく記載している．

c. 建造船の仕様

　建造仕様には船舶の概要，船体部，機関部および電気部の仕様が記述される．本船の概要としては船舶の用途となる船舶の種類（船種という）および就航海域（遠洋，近海，沿海，平水の4種類．外航船の海域は，遠洋または近海である）など，船体部では主要寸法（船の長さ，幅，深さ，喫水，総トン数，載貨重量トン数）および速力など，機関部では主機関名，馬力および燃料消費量などである．建造仕様の詳細は量が多く，契約書本文には記載できないので，契約付属書として添付される．それには船体部，機関部，電気部の仕様書，一般配置図および機関室配置図が含まれる．また，船社の運航時の採算に影響する性能保証の項目と数値を記載する必要がある．

d. 船価関係

　船価は船社においては竣工後に長年にわたっての運航採算を決定する最大の要因であり，造船所にとっても建造費用となり事業採算に影響するので最大の関心事である．船価は大きくは海運市況，造船業界の事業状況などの需給関係によって決定されるが，具体的には船舶の仕様，着工および引き渡し期日，船体の鋼材などの材料費，機器の調達費，労働賃金，借入金の金利，担保条件，支払条件などによって決められる．

契約には船価の支払いの時期について記載する必要がある．一般に第1回目の支払いは契約締結時，第2回目は起工時（建造開始を起工という），第3回目は進水時，第4回目は竣工引き渡し時である．船価は高額であり，造船所側としては竣工まで船社からの船価の支払がない場合，長期にわたっての船体の鋼材や機関の購入費用，造船所従業員の給与や下請会社への労賃の支払いなどの負担に耐えられないことから，この分割による支払い方法は造船所側にとってみれば実際的な方法と考えられている．しかし，船社側にとってみれば，建造中の船舶が造船所の所有権になっている期間に支払うことから不安定な立場に立たされている．例えば，造船所が竣工前に倒産した場合である．建造中の船舶は破産財産，船社は債権者となるが，他の債権者と同等の地位に置かれ支払い済み金の回収ができないリスクがあるからである．

物価の高騰があった場合に船価を変更ができるという条件のものもある．船価は非常に高額であり物価の高騰の影響を造船所だけに負担させた場合，造船業の健全な事業活動ができなくなるおそれがあるので物価の高騰に対する契約変更事項として記載される．

e. 建造場所・船番・引き渡し期限・引き渡し場所

建造場所を特定するための造船所名と事業所名，および船を特定するための船番が記載される．工期については一般的に引き渡し時期のみが記載され契約上は記載の必要はない．船社としては船舶を完成させて竣工契約時に引き渡してもらえればよい．ただし，起工時には2回目，進水時には3回目の支払いをする必要があるので船社の資金の調達上，また起工式などのセレモニーを行う関係上，起工時期を明示する場合がある．引き渡し場所は建造場所と異なる場合があるので記載される．

造船所が引き渡し期日を決定する場合，鋼材や機器の調達遅れの可能性や種々の検査の過程で船体および機関などに不具合が発見され，工期が延びる可能性があるので時間的余裕をもって行う必要がある．

f. 性能保証値

船社と荷主は輸送契約の中で運賃や輸送量などを決めている．船社から見れば運航採算面から所定の貨物量を所定の船速および燃料消費量で運航したい．このことから貨物の輸送能力を示す積載能力である載貨重量および船速，運航費用の大きな部分を占める燃料費と関係する燃料油消費量の保証値を造船所から得る必要がある．このように，保証項目および保証数値が記載される．

g. 仕様変更・補償・損害賠償

船舶の建造を開始した後，海運および造船に関する国内・国外の関係諸法令および船級規則などの改正により仕様の変更が発生する場合がある．この場合，船舶の

性能，船価，引渡し期日などの契約諸条件について協議することになるが，この仕様変更に対する対応条件を記載する．例えば近年では，環境問題対応から機関からの排気ガス排出規制，バラスト水の排出規制などの国際条約の変更があり，それに対応できる機関や装置を搭載する必要がある．これらの装置は非常に高価である．

　船舶は大型かつ複雑な構造であるので必ずしも引き渡しまでの検査でその設計の良否，材料欠陥の有無および性能の良否を確認することができない．船舶の船社への引き渡し後，運航してから船舶に欠陥があることがわかった場合，造船所は，これを補償する責任がある(瑕疵担保責任という)．造船所は無償で欠陥の保証工事を行うが，一般的には保証期間は１年間の場合が多い．船舶の根本的機能の欠陥の場合にはそれ以上の期間の場合もある．このように保証期間が記載される．

　船舶の建造において造船所側に重大な欠陥があり，契約が達成されない場合がある．例えば，工事の不手際で機器の欠陥が生じたり，船級資格がとれなかったり，保証の速力や載貨能力が達成されないなどであるが，これらの場合の契約の解除，損害賠償の請求に関しての取り決めが記載される．欠陥ばかりでなく，引き渡し遅れに関しても補償条件や責任が記載される．

h. 船舶建造保険

　船舶の建造中に火災，進水，風水害での転覆や進水，試運転時には沈没，座礁，衝突などの危険によって船体および機関に損害を生じる場合がある．これらの損害を補塡する保険を造船所が保険会社と締結することを記載する．

i. 免責事項

　船舶の建造中に天災，地変，軍事行為，戦争，暴動，ストライキなどの不可抗力の発生により仕様の変更，追加工事，建造の支障や引き渡しの遅延が発生することを予期する必要がある．これら不可抗力項目および不可抗力があった場合の処置について記載する．不可抗力による建造工事の支障の発生は船社，造船所の両社の責任に帰するものではないので免責事項となる．

j. 仲裁機関

　本契約に関して当事者間に争いが生じた場合の仲裁機関を記載する．わが国では社団法人日本海運集会所が仲裁機関である．

k. その他

(1) 船社工事

　船社自らが行う工事（船社工事）の項目およびその内容について記載する．船の建造は必ずしも造船所がすべて行うわけではない．運航および荷役に関する特殊な機器に関して船社自ら機器を調達し工事を行った方が費用および技術面でメリットがある場合がある．この場合，船社は造船所の工程に支障が生じないように工事業

者を管理する必要がある．船社工事が船舶の性能への影響を与える可能性があるので，船社は，造船所，機器メーカーと綿密に連絡をとりつつ工事の進捗管理，性能の確認など十分に行う必要がある．また，造船所は船社のこのような行為に便宜を図る必要がある．

(2) 工事の検査および建造監督

造船所は，船社との間で取り決められた仕様書に従い建造工事を進め，決められた引き渡し時期を守る義務がある．一方，船社としても，高額の資金が投入される船舶であり，船舶は大型・複雑でいったん船舶が竣工した後に欠陥は回復できないこともあるので欠陥の発生を未然に防止する目的で船社側から建造監督者を派遣する．建造監督は船社の造船所に対する窓口となり，建造に関する情報を収集し船社の関係部署に報告する．また，船社の荷主への窓口部門は荷主に対して時宜を得て建造の進捗を説明することができる．このように，建造監督が造船所に派遣され建造工事の進捗確認および検査を行うことが記載される． ［金子 仁］

5.2 船の設計

基 本 設 計

　基本設計は，船社（海運会社）と造船所（造船会社）の間で取り交わされた建造契約書に従い，具体的な設計を行う作業で，この段階で基本的な船の機能をすべて決定する．特に，船型や構造などの基本的な事項はこの段階で決められたものが建造されるまで変更されることはない．基本設計では機能設計を行うほか，主要機器，材料の発注のための仕様検討，メーカーの選定および発注を行い，機能条件を満たす最適設計が行われる．同時に，造船所内では製造原価の詳細見積もりを行う．

　基本設計の結果は，各種の図面，計算書などの図書として作成され，船主，船級協会への承認図または参考図として提出され，承認返却されたものが造船所での後段階の詳細設計部署への情報として利用される．なお，欧米などの建造形態では基本設計はエンジニアリング会社が行い，詳細設計は別の造船所で行われることがあり，日本の場合とは異なった流れとなる．

a. 設計条件と仕様書

　船の設計条件（design condition）は建造契約書に添付された仕様書（specification）および図書に記載された内容で決定されている．設計条件は「検討する条件と見積もり」の項で記載されたものがあるが，特に重要な項目は載貨重量（deadweight），貨物容積，速力（航海速力）および航続距離や航路などがあげられる．そのほか，設計条件には船級，船籍など適用規則に関するものがあり，国際航海に従事する船の場合には IMO（International Maritime Organization）の規則や人命に関する安全や環境保全に関する各種の国際条約や寄港国の国内法などが適用される．なお，国際航海に従事する商船は便宜置籍船が多く，実際の発注者や運用者と船籍が同一であることはまれである．

　基本設計の結果が船主，船級協会により承認されると正式に詳細な設計に進む．基本設計以後設計条件を変更することはまれであるが，必要な場合は変更が行われ，「仕様変更」として機能および金額の調整が行われる．

b. 主　要　目

　主要目（principal particulars）とは船の最も重要な要目をいい，長さ（length：L），幅（breadth：B），深さ（depth：D），喫水（draft：d），排水量（displacement），載貨重量（dead weight），貨物容積（cargo volume），航海速力（service speed）および主機関の馬力と回転数などである．主要目のうち船型の寸法比は船の速力性能を大きく左右する指標であり，長さ幅比（L/B），幅喫水比（B/d）および方形係

数（$C_b = \nabla/LBd$）などがある．ここで ∇ は排水容積である．

ただし，設計条件として与えられた航路条件によっては速力性能を最優先した船体寸法比を採用することができない場合もあり，パナマ運河最大幅，マラッカ海峡の最大喫水などが設計条件となる．

① 船体：船の主要寸法の代表例は以下のとおりであり，型寸法は外板の内法であり最大値と定義を異にしていることに注意が必要である．
- 垂線間長（length between perpendiculars：Lpp）
- 全長（length overall：Loa）
- 型幅（breadth mold：Bmld）
- 最大幅（breadth extreme：Bext）
- 型喫水（draft mold：dmld）
- 最大喫水（draft extreme：dext）

② 機関：主機関の要目は主機関の馬力と回転数で定義される．
- 連続最大出力（maximum continuous rating：MCR）
- 航海出力（normal service rating：NSR）
- 回転数（revolution speed）

大型商船用の2サイクル低速ディーゼル機関ではシリンダー数およびシリンダー直径とあわせて表示されることが多い．また，最近ではディレーティング（derating）として，エンジン筐体の最大発揮可能能力を利用せず，ゆとりのある出力設定をして省エネルギー化を図る方法がよく用いられている．

c. 一般配置

一般配置図（general arrangement）は一般艤装図ともよばれ，船の外形，貨物倉，居住区，機関室などを含むすべての区画の位置，寸法，構造を示すとともに，荷物の取り扱いの機能および装置，係船などの各種機器間の相互関係を示す図面である．平面図，側面図および正面図の三面図で構成されており，図1にコンテナ船，ばら積船および原油タンカーの簡略化された一般配置図を示す．

d. 機関室配置

機関室配置図（machinery arrangement）は機関室に設置される主機関，発電機，ポンプ，煙突，プロペラ，軸など多数の機械，機器の配置を示す図面をいい，一般配置図と同じく三面図で示される．機関室は貨物を運ぶ場所ではないことから，この区画に各種機械の操作性，保守性能を損なうことなく高密度に機器を配置することが重要である．機関室内の最大の機器は主機関であり，船尾機関配置船の場合は船幅が狭く，船体外板との距離の確保やプロペラおよび中間軸の引き抜きの可否が問題となる場合がある．

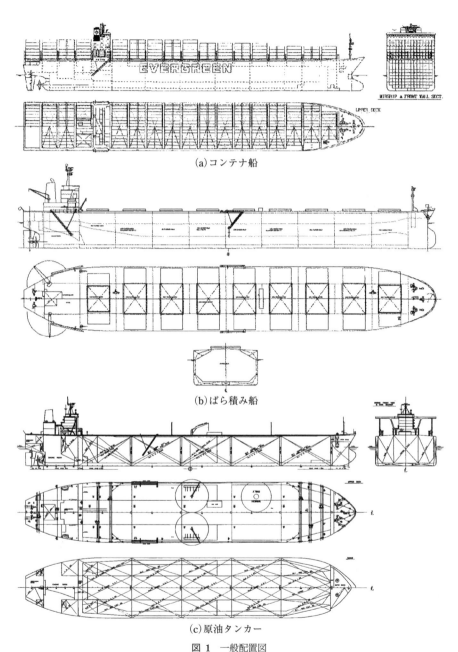

(a) コンテナ船

(b) ばら積み船

(c) 原油タンカー

図 1　一般配置図

［出典：日本輸出船組合：SHIPBUILDIND AND MARINE ENGINEERING IN JAPAN 2001，日本造船工業会］

e. 線 図

線図（hull lines）とは船体の形状を示す図面のことであり，一般には船の型形状（mold）で表現する．図2には線図の一例を示す．線図は水面下形状は船の速力性能

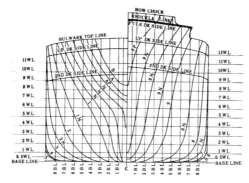

(a) 正面線図

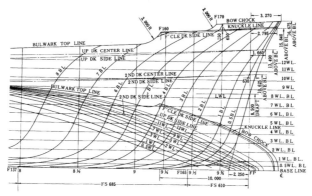

(b) 船首部中幅および側面線図

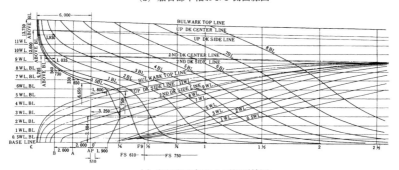

(c) 船尾部中幅および側面線図

図2 線 図

［出典：全国造船教育研究会編：造船工学 第12版, 海文堂, 2001］

を決定する最も重要な要素であるほか，水面上もあわせた形状は貨物倉や脚荷倉（バラストタンク），空倉（ボイドスペース）などの容積や寸法を決定する．速力性能との関係では主要目で記述した水面下の主要寸法比（L/B，B/d，C_b）のほか，球状船首（バルバスバウ）や船尾の形状および浮力中心の前後位置（longitudinal center of buoyancy：lcb）が重要な設計要素となる．また，水面下の船体形状は後述のトリム，スタビリティ性能にも大きな影響をもち，造船所の最も重要な知的財産の一つと考えられている．

基本設計の期間に一層の省エネルギー化を図るため，模型による水槽試験を実施し船型の改良や推進性能の向上が図られることも多い．

f.　貨物容積

貨物容積（cargo volume）は，載貨重量のうち貨物重量と貨物の荷姿により決まる比重量から必要量が決定される．液体貨物については重量から液体の比重で必要容積は決定されるが，乾貨物の場合は，荷姿（梱包 bale，ばら積み grain）により見かけの比重量が変わる．単位重量あたりの必要容積（容積係数，stowage factor：SF）で示さる値により必要容積が決定される．なお，油などの貨物の場合は貨物倉の容積に100％の貨物を積むことはなく，容積余裕を数％程度もち，容積以下た貨物を積む必要がある．また，各貨物倉の配置や大きさは，復原性能や海上における油濁防止の法律などによりその最大容積が決められる．

貨物容積も最も重要な設計条件の一つであり，万一契約時の積付け重量を満たすことができない場合には，契約上の問題が生じる．

g.　トリム，スタビリティ，縦強度

トリム（trim），スタビリティ（stability）は船舶が運航する際の船の姿勢および安定性を示す指標である．船舶の運航を想定し，各貨物，燃料の積付けおよび想定航路の出入港時の状態に対して操船マニュアルとしてブックレットにまとめる．

トリムとは船首尾における喫水の差を示し，船尾喫水（draft aft：da）から船首喫水（draft fore：df）を引いた値をいい，一般に絶対数値ではなく船長（水線間長：L_{PP}）との比を百分率で表す．したがって，トリムが正（＋）である場合は，船尾が船首より深い喫水にあることを示す．例外的な場合を除いてトリムは正となるように貨物，燃料，バラスト水が積み込まれる．

スタビリティは，貨物の各種積付け状態に対して船の全重量（＝排水量＝軽貨重量＋載貨重量）の重心高さ（KG）を求め，船の水面下の幾何学的形状により求められるメタセンター高さ（metacentric height：KM）との上下位置を比較し，メタセンター（傾心）位置より重心が下にある場合（KM－KG＝GM＞0）は安定であり，逆の場合（GM＜0）は船が不安定であると判断する．必要に応じ，貨物の上下位置お

および脚荷水（ballast water）を用いて十分大きな正のGM値となる安定な積み付け状態をつくる．

縦強度（longitudinal strength）は船体の構造を1本の長い梁とみなし，船長方向の強度を検討するものであり，軽貨重量と載貨重量合計の重量分布と排水量分布から船の長さ方向のせん断力と縦曲げモーメントが求められ，構造部材の応力が船級協会が定めた許容値以下であるかどうか構造の安全性の検討が計算により行うことができる．また，必要に応じて構造部材の配置，板厚などを変更して，強度を確保する．

h. 船殻構造

船の安全性に最も重要なものの一つが船の構造強度である．船は波の中での航海など過酷な条件でも安全性を確保できるように，その強度要件が厳しく決められている．船殻構造（structural arrangement）は主要国に設置された船級協会（classification society）が設計，施工，検査を通して監督し，その安全性を認証する．基本設計では船体中央部の部材配置を定めた中央横断面図（midship section）を作成し，前後の詳細部分は詳細設計で設計することが多い．

船の構造は，薄い板と骨材からなるいわゆる板骨構造でできており，構造様式から横肋骨方式（transverse system）と縦肋骨方式（longitudinal system）および混合方式がある．タンカーなどは縦肋骨方式を，ばら積船などは横肋骨方式とすることが多い．板や骨の部材寸法や配置は，船級協会の規則により設計条件に応じて厳密に定められる．また，最近では船級協会の規則（ルール）による決定のほか，船の受ける波の外力を計算し，部材にかかる応力を有限要素法（finite element method：FEM）などで理論的に直接計算により求め，決定する方法も採用されるようになった．また，従来は，各船級協会間で規則が若干異なっていたが，2005年12月に国際船級連合（International Association of Classification Societies：IACS）が船の長さが90m以上のばら積貨物船および長さが150m以上の二重船殻構造の油タンカーに対する共通構造規則（common structural rules：CSR）を統一し，2006年4月から施行した．その規則に適合した船舶が建造されるようになった．

i. 速力

船の速力（speed）は貨物輸送の定時性を保つために最も重要な性能の一つである．速力は貨物の積付け量，船の姿勢などにより影響されるので，契約時から排水量（displacement），機関出力（engine output）と速力などの試験条件を厳密に規定し評価する．一般に，船の速力と機関出力の関係は，船型および機関がまったく同じ船であっても，一船ごとの完成時に海上試運転を行い実証的に検証される．ただし，貨物船のように試運転時に満載状態（full load condition）の積付けができな

い船においては，軽荷状態（ballast condition）において速力試験を実施し，水槽試験により求められた満載，軽荷両状態の速力馬力曲線の関係を利用して満載時の速力を保証することが一般に行われている．

速力は各載荷状態（一般には満載状態と軽荷状態）において，風や波がない理想状態における速力-馬力曲線（speed-power curves）で示される．図3には速力-馬力曲線の一例を機関出力と速力の関係を含めて示した．

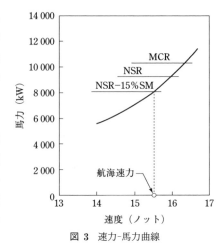

図3　速力-馬力曲線

航海速力（service speed）は航海時の常用出力（normal service rating：NSR）で，かつ平均的な波，風などの外的な影響下で実現できる速力で定義される．運航時速力に対する外的な影響は，風波など気象のほか船体運動や船体表面の汚損により船体の抵抗が増加し，同一速力を維持するために必要な出力が増加するものと考え，シーマージン（sea margin）とよばれる．これは航路，季節などにより影響されるが，設計時には平均的な値として15％から20％の間で設定されることが多い．

常用出力（NSR）は連続最大出力（maximum Continuous Rating：MCR）の85～90％として設定される例が多く，必要な場合には，常用出力以上の馬力を短時間出し，航海時間を短縮することも可能である．

万一，試験結果で契約速力（guarantee speed）が満足されない場合は造船所側のペナルティーとして違約金を求められる場合や引取りを拒否される場合もある．

［八木　光］

5.2 船の設計

詳 細 設 計

　詳細設計は基本設計で行われた船舶の機能設計をもとに，建造に必要な詳細な検討と設計を行うものであり，投入される労力も基本設計の10倍以上を必要とする．基本設計で行われた検討結果をもとに設計展開を行うが，機能の詳細検討，全機器の選定，詳細な系統，配置など各種の検討を深めるが，その結果によっては必要に応じて基本設計の結果を修正することもある．詳細設計では線図・計算，船殻，船体艤装，機関艤装および電気艤装の業務分担ごとに行われるが，各造船所の建造方法や設備に応じた設計が必要であり，設計部門間および設計と建造部門間の相互の連携が非常に重要である．

　設計の各段階で関連部署間相互の協議が行われ，船全体としての機能を実現し，加工，建造工程でのスムースな工事を実現するために不具合を最小化するための努力がなされる．特に，管路，電路，ダクトなどの経路と船体の構造部材の配置，強度確保，各系統の経路の短縮化問題や搭載艤装品の機器の配置重複などの不具合，いわゆる干渉問題が最大の課題である．最近では基本設計段階から船殻と艤装が一体化した3次元CADシステム（three dimensional computer aided design：3-D CAD）を利用して設計の段階で干渉問題を事前に発見し解決する手法が大々的に導入され効果をあげている．

　設計の結果は図面，計算書などにまとめられ出図されるが，最近では図面や図書などの印刷物による出図から電子データでの受け渡しが多くなっている．

　承認図，工事図，注文書として作成される図面の合計数は一般の貨物船で基本設計も含めて1 500種類以上にものぼり，複雑な観測装置を持つ調査船などでは3 000種類以上ともなる．

a. 構造設計

　構造設計（structural design）では，基本設計で作成された船体中央断面図（midship section）や鋼材配置図（construction profile）をもとに詳細な全構造部材の部品寸法や構造配置を船全体にわたり決定する．そのために必要な細部の強度計算なども行う．特に，一般にブロック建造方式が採用されているので，鋼材の加工装置やクレーンなどの建造設備制限に応じたブロック分割に従い，板材，骨材などの継ぎ手も含めた設計を行う．全体の構造設計が行われたのち，各部材は曲げ加工を考慮して平面に展開され，鋼板に部材として配置（ネスティング，nesting）し，切断および曲げ加工情報として加工工程に提供される．また，大きな鋼板から部材

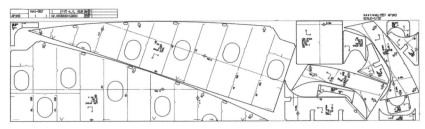

図 1 鋼板のネスティング図

の切り出しを効率的に行うため，同一の板材料の鉄板に部品を効率良く配置し，歩留まりを高める現図工程も大きな部分を占める．図1はそのように設計された鋼板の切断図（cutting plan）の一例である．

設計では構造部材のうち応力集中部などでは有限要素法（FEM）による詳細な強度解析を行い，構造様式の妥当性確認，部材の詳細形状や寸法の決定が行われる．また，設計の一部として溶接線長の推定計算も非常に重要な要素である．構造図は船級協会の承認を受けたのち，造船所内で使用される各種加工情報を追記し，後工程の鋼材加工用に提供される．

現在では大部分がNCデータとして数値情報として提供されるほか，従来の2次元的な図面ではなく3次元CADによる立体図の出力が可能であり，鳥瞰図や透視図の組み立て図も提供され，組み立て工程の合理化に利用されている．図2は3次元の構造図を示す例である．

なお，船体の船首や船尾の狭隘部には鋳造品などの材料が使われることがある．

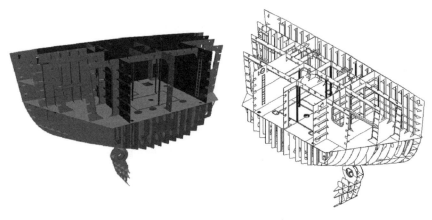

図 2 船殻の立体構造モデルの例

b. 船体艤装設計

　船体艤装設計（hull outfitting design）は，外艤，内艤，管艤（配管・ダクト），塗装に区分して行われる．外艤では交通（階段，手すりなど），係船，荷役関係の機器などの詳細配置図と部品図などが作成され，機器選定および発注が行われる．取り扱う機器には操舵機，係船機，アンカー，救命装置，荷役装置などがある．大物艤装品は部品メーカーから購入されるものが多く，仕様の決定や配置に加え，船体との取り付けには補機台が必要であり，その設計も比較的大きな比重を占める．

　内艤は居住区の詳細配置設計および関連機器の選定，発注作業を行い，いわゆる家の設計と非常に類似した点がある．管艤では油，水，空気などの液体の輸送に関する機器の種類，容量の選定と管路系統を決定し，船殻構造を考慮した管路の詳細設計を行うとともに，管材質，管寸法，管継ぎ手などの一品図や支持金物の設計，出図を行う．特に空調設備においては，防音，防熱，換気能力などの検討も必要になる．最近ではCADにより系統図，一品図の合理的な設計と同時に生産情報の作成が行われている．

　塗装（painting）は船舶を海水から守る非常に重要なものであり船体艤装で扱われることが多い．耐海水性を考慮した防錆塗料，水面下外板の汚損を防止する防汚塗料などの選定および施工要領の作成を行う．塗装は船舶の保守の観点からは非常に重要な項目であり，船主の承認が必要である．また，海水中では船体の鋼とプロペラの銅合金などの異種金属間で通電による電食が生じる．電食を防止するため，塗料とともに犠牲電極（sacrifice anode）の配置および設置量の設計を行う場合や，強制的に通電する電食防止装置（impressed current system）を使用することもある．

c. 機関艤装設計

　機関艤装設計（machinery outfitting design）では，主機関，補機関，プロペラなどの推進機をはじめ発電機エンジン，機関用ポンプなど多岐にわたる機器の機種，容量の選定と詳細配置，配管設計を行う．機関関係の機器は機関室に集中的に配置されるほか，空気，水，油などの流体管路の設計などが行われ，図面としてまとめて作成される．機関艤装の特徴は，船は貨物の輸送を担うほか独立した乗員の生活の場でもあるため発電所，変電所，上下水道などの陸上の都市機能がもつ動力装置，機器のほとんどを設計することになる．

　機関室は船尾に配置され，船尾端では狭隘部に機器が配置されることが多く，船殻部材との位置関係と保守性能を考慮した設計が必要となる．

d. 電　気　設　計

　電気設計（electric outfitting design）は，電力，照明など重電を扱う電気設計と

472 5章 船をつくる（造船）

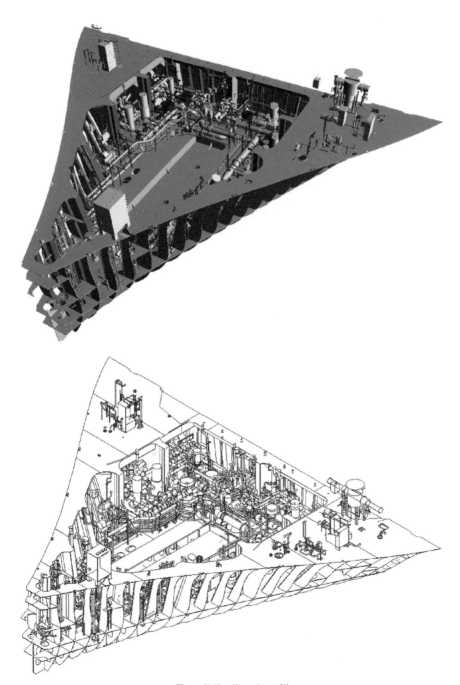

図3 殻艤一体モデルの例

航海機器や通信設備を扱う電子設計とに分けることができる．電気設計では電気機器のすべての運用状況に対応して発電，送電の容量を決定するための電力調査票が作成される．これにより，発電機能力の決定とともに電力，照明などの系統図が作成され，電線の種類，電路，取り付け金物の設計が行われる．

通信，航海機器は主として規格にあった機器メーカーの製品を選定し，組み合わせて装置化することも行われるが，最近では統合化された船橋のシステム（integrated bridge system）が採用され，各種機器間の信号の処理など統合的な処理が行われる例もある．

e．線図，計算

線図（lines）は船体建造に際して3次元船体形状が実寸大の滑らかな面で構成されるようにスムース化（fairing）が行われる．また，線図は型形状（外板を除く船体形状）で作成され，それに外板の厚みが考慮されるのが一般的である．線図は船体の排水量計算などの基準となるため，非常に高い精度が求められる．現在では大部分で電子計算機による数値フェアリングが行われている．計算業務は最終線図に基づき，ハイドロ計算（hydrostatic calculation）により排水量等諸数値表（hydrostatic tables）を作成し，貨物倉，脚荷倉などの全区画の容積および重心位置の詳細な数値を決定し，載貨容積，復原性および強度計算の基礎とするものである．線図は一般には3次元CADシステムを用いて作成され，速力性能を維持するため非常に滑らかな曲線として仕上げられる．

計算作業では，完成時の重心査定（重査）により求められた軽貨重量重心をもとに，想定される積付け状態に応じた運航状況に対して，船の安全性を示すためのトリム，スタビリティ，縦強度の計算書を作成し，操船者に対する運航マニュアルの一部として積付け計算書を作成することである．近年では積付け用計算機（loading calculator）が装備されることが多く，計算部門により提供された船体の特性値と自動測深器（data logger）などをもとに積付け量の確認を行い，トリム，復原性，縦強度の計算がほぼ自動的に行われている．これらの図書および計算機とも船級協会の承認が必要である．

以上述べた詳細設計に関し，近年では3次元モデルを利用し，船殻と各艤装を一体化して同時並行で設計を進めモデル化を行う「殻艤一体モデル」も多用されるようになり，一部では部材の資材発注との連動も図られるようになった．図3には船殻と配管の内部構造の例および外板を含む機器配置の3次元の表示例を示す．

［八木　光］

5.2 船の設計

設 計 図

　設計図面は，船舶の建造に必要な情報を図面という形で表したもので，造船所で作成される社製図と機器メーカーにより製作されるメーカー図に分けられる．基本設計では，船の主要部分の要目や機器が決定されるが，詳細設計では各種の機能計算を行い基本設計には含まれない詳細な機器の能力，構造，部品，各機器の詳細形状，配置，材料，加工要領，取付け要領などを決定する．さらに関連機器間を連結するための電力系/信号系電線，水/油管路，空気管路などの系統図から，管材質および取付け金物などの部品の詳細までが決定される．

　図面には船舶の建造を行う上で船主，船級協会および船籍国などの承認を必要とする内容を記述した「承認図」と造船所内部でのみで利用され，加工内容の手順や詳細を記述した「工場図」の2種類がある．また，設計図に反映させるための計算書も設計検討の過程で作成される．

　設計図面は，船舶の建造工程にあわせ，機器/部品の製作，調整日程などを考慮し，作成すべき数千種類の図面リストおよび各図面の出図日程が事前に決定され，工程が管理され，日程を遵守するように作業が進められる．この詳細設計の段階で作成された図面は，機器の発注，加工外注および造船所内の工作部門への指示となり，図面に記載されたとおりの部品が製作，加工される．このため，万一図面に間違いがあれば，製作，取り付けを経て最終段階まで間違ったものが作られることもあり，再設計，加工/製作から搭載までの修正に多大な時間と費用がかかるため，詳細図の精度維持は建造期間の短縮，建造コストの低減などからも非常に重要である．また，設計工程の遵守は，後工程の建造工程ひいては納期にも影響を与えるので，設計の図面管理，特に図面完成と出図日程日時の管理は重要である．

　最近では設計手法としてコンピューターによる3次元CADを用い，基本設計段階から詳細設計まで情報の共有化が一般に行われるようになっている．主に，製作現場用の加工情報生成などの処理のほか，造船特有のすり合わせ技術の一つである船殻構造，艤装配置，配管・配線との干渉チェックが行われる．従来は紙による2次元情報をもとにベテラン作業員の人手によるチェックが行われてきたが，3次元CADシステムで統合的な検討が行われるため機器や管路の干渉などの不具合が大幅に削減されている．数値制御による自動工作機械いわゆるNC機器の導入とあわせ3次元CADの採用により従来の3次元の立体的透視図，鳥瞰図が多用され，また印刷図面の場合でもカラー化により建造従事者の作業の大幅な効率化が

図られている．

a. 承認用図面

　設計の実施に当たり船主や船級協会および船籍国の承認を必要とする図面は事前に決定されており，主に建造関係の図書および試験検査関係の図書に大別される．造船所は承認申請図書を建造工程に影響がないように提出する．船級協会，船主などは図面内容の確認や必要なコメントを付記し，場合によっては変更内容を示し，造船所に返却する．この承認図に基づき，部品の加工，取付けなどの工事が進められる．コメントや仕様の変更などが示された場合には，造船所で必要な検討と設計変更を行い，再承認を受けて工事を進める．

　船主承認は，主として船の機能や乗組員の運航に関する項目が主である．船級協会の承認は船の構造が船級規則に基づき設計されているか，溶接などの加工が適切に行われているかなど強度，安全性の検討が中心となる．船籍国の承認項目は主として SOLAS（Safety of Life at Sea），ICLL（International Convention of Load Lines）などの国際的な規則に基づき安全性が確保されているかなどが審査される．なお，船籍国によっては承認業務の一部を船級協会に委任している．

　そのほかの承認案件例としてはパナマ運河通行に必要な諸設備を備えているか，米国への入港に必要な設備などの条件を満たしているかなど各国の個別承認案件もパナマ運河庁や米国沿岸警備隊の承認が求められる．

b. 工場用図面

　工場用図面は造船所において加工，組み立て，取付けの工事を行うための詳細な図面である．船殻，船体艤装，機関艤装，電気艤装の各職種ごとに分けて作られる．承認申請図に加え，工作施工にかかわる情報が追加され利用されるものもある．これらの情報は工場の建造設備のサイズや種類および工法に関わる詳細なものも多く，同一企業でも各工場で個別のものと考えられる．

　艤装図では一般に系統図と部品図，取付け図に分かれ，代表的な図面としては下記のようなものがある．

- 船殻：構造図，鋼板の切断図，溶接施工要領図など
- 船体艤装：貨物荷役装置，揚描係船装置，門扉，救命機器などの詳細配置図，パイプ一品図，ダクト一品図，取付け金物図など
- 機関艤装：機関室配置図（詳細），パイプ，ダクト一品図など
- 電気：電力調査表，主電路，照明装置，航海機器詳細配置図，取付け図など

c. 完成図書

　船の完成時には装置や機器の図面，操作/保守マニュアルおよび各種試験検査結果や船の保守管理に必要な図面などが完成図書としてまとめられ，船主および船に引

476　5章　船をつくる（造船）

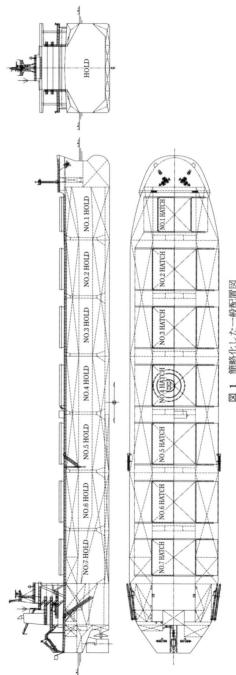

図1　簡略化した一般配置図

き渡される．その数は膨大な量となるため，最近では印刷製本の図書ではなく電子媒体で配布されるものもある．

　完成図書は工事区分ごとに一般，船殻部，船体部，機関部，電気部で分類され，多数の図書は完成図書一覧によりリストされ，個別図面番号により識別されている．
① 一般では，一般配置図，船体要目，タンク容積表，積付け計算書，ドックプラン，海上試運転成績書(速力，操縦性能など)，ダメージコントロールプランなどがある．
② 船殻部では中央横断面図，外板展開図，船首構造図，船尾構造図などがある．
③ 船体部では荷役装置配置図，係船装置配置図，居住区配置図，空調設備，救命機器配置図，消火救命装置図，甲板機械，パイロットラダーなどがある．
④ 機関部では機関室配置図，主機関，ショップテスト成績書，プロペラ・軸計算書，空気圧縮機，ボイラー，機関室パイプ系統図などがある．
⑤ 電気部では電気部要目表，電力計算書，電力系統図，発電機，モーター，配電盤，通信装置，火災検知システム，照明システム系統図，航海機器，衛星通信機器などがある．

　なお，主要機器の完成図書は艤装各部にて取り扱われるが，「仕様書」，「外形図/組立図」，「詳細図」，「予備品用具表」，「試験成績表」，「検査成績書」，「取扱説明書」などの情報が標準的に含まれている．図1に簡略化した一般配置図の例を示す．

〔八木　光〕

5.3 船の建造

資材の発注

　資材の調達（procurement）は設計が定めた材料の機能，性能および数量に従い，資材部門からメーカー各社に対して発注が行われる．船舶の主要資材としては鋼材が最も金額的な比重が高く，そのほかにハッチカバー，操舵機，係船機，主機関，発電機エンジン，軸，プロペラ，発電機，電気モーター，航海計器などの主要機器がある．いずれも専門の舶用機器メーカーから調達されるが，これらの資材は大きく個別生産品と規格品に大別することもできる．

　個別生産品は各船の設計に応じて1隻ずつ設計，製作されるもので，プロペラや鋳・鍛造品などがこれに相当する．一方の規格品では船舶の設計に応じ，必要な機能と容量を満たす規格品から適合するものが選定される．これらには鋼板，主機関，発電機，モーターなどが相当する．しかし，いずれの場合でも受注生産品が多く，製造に比較的長期間を要し，主要品である鋼材や機器の納期と建造/引き渡し時期

(a) 鋼板

(b) 冷却器

(c) 電気モーター

(d) 管

図1　資　材

に間に合うように発注が行われる．そのほか，加工外注品としてパイプや小型の金物なども加工または材料調達と加工を造船所外部に発注するものもある．

資材の発注は，資材部門が行うが，設計との密接な協力のもと，必要十分な機能をもつ機材の選定が行われる．この間，引き合い，見積もり，技術打ち合わせ，価格交渉の各ステージがあり，最終的に発注先（メーカー）が選定され発注にいたる．

図1に各種調達資材の一例を示す．

a. 鋼 板

鋼板（steel plate）は一般的に軟鋼および高張力鋼が使用される．造船用鋼材は船級協会の規格による材質，強度を満たすものが使われる．規格では材料組成が厳密に決められており，鋼板が納入されるときにはミルシートという品質を示す検査書類が添付され，材料組成および強度などの物理的，化学的な性質が保証される．

従来は船級協会により各規格が異なっていたが，最近では世界船級協会連合（IACS）で軟鋼および高張力鋼の統一規格が採用されるようになっている．

鋼材の納入は製鉄所（鋼材センター）から，工場設備に適合した寸法の鋼材が加工のタイミングにあわせ，必要量が船や陸上輸送により造船所（水切り場）に搬入される．

品質については上記規格をもとに製造されるが，板厚については造船所の設計により部材ごとに決定され，船体の重量に影響を与えることから厚みの製造精度（ミルスケール）についても非常に高い精度が求められており，厳格な品質管理のもとに製鉄所で製造されている．

鋼板以外にも主要構造用材料としてはL型，I型，H型などの型鋼なども用いられる場合もある．材質については一般の鋼材のほか特殊船に用いられる低温用鋼材が用いられる場合があるほか，高速船ではアルミニウム材や非金属材料が用いられている．

b. 主 要 機 器

主要機器では主機関（main engine），発電機（generator），ポンプ（pump），舵取り機（steering gear），クレーン（crane），揚錨機（windlass），レーダー（radar）などがある．主機関などは，その納期が船の進水時期や完成時期を左右することもある．大型商船の主機関には低速2サイクルエンジンが採用されることが多く，世界的にはMAN-B&W，Wärtsilä-Sulzer，Mitsubishiなどが主要メーカー/ライセンサーである．主機関は受注生産で製造され，船の引き合い段階から納期の確認が行われる．機関性能は組立場において，船主や船級協会の立ち会いのもとに試運転を行い，機器の作動確認，馬力計測および燃料消費量などの性能確認後に造船所に引き渡される．大型ディーゼルエンジンは寸法や重量が巨大であり工場から海上輸

送されことが多い．

　エンジンの選定では，燃費率などの性能以外にも，造船所の選択だけでなく，船主の希望などで決定されることもあるが，外航船用のエンジンの場合には保守，部品供給などの世界的ネットワークの有無なども選定理由の一つとされる．

c. 加工素材

　加工外注品ともよばれ，船の詳細設計の進捗に伴い決定され，各種のパイプ，固定金物，機器台などがこれに含まれる．材料は造船所が支給し，加工のみを外部に依頼（発注）する場合と，図面のみを支給し，素材の調達と加工を発注する場合がある．特に，パイプはその曲がり形状，材料の種類，寸法などが多岐にわたるため，工事の進捗を確保するための納期管理が重要である．

d. その他

　日本では一般に上記資材を国内調達するが，一部の特殊機器や船主の選定品は海外調達することもある．そのため，各造船所では資材，調達部門の要員を主要国に配置し，調達作業および検査業務などを行っている．

　最近では船舶のブロックを国内外に一括発注する例も多く，船体の船殻ブロックだけではなく，居住区全体を一括して外注することも多くなり，大型構造物が台船に載せられ海上を輸送されてくることも頻繁に見られる．　　　　［八木　光］

5.3 船の建造
素材加工

　造船所における工程は主として鋼材から部品を切り出し，曲げ加工や溶接により小組立て，大組立て，総組立てから搭載と進む船殻工作工程と，機器などの完成部品の取り付け，調整および全体システムとしての総合的な調整を行う艤装工程からなる．

　ここでは船殻工作の素材加工から大型ブロックの作製までを述べる．

a. 鋼材加工

　鋼材の種類は板材と型材がある．鋼材加工（steel manufacturing）の工程は材料の切断と曲げ加工からなる．水切り場から運び出された材料は，加工前の準備作業として薄板ではローラーによるひずみ取り作業が行われる．鋼材はサンドブラスト（sand blast）またはショットブラスト（shot blast）により鋼板の黒皮を除去し塗料の接着を良くする表面処理と，ショップライマー（shop primer）とよばれる塗料による防錆処理が行われる．

　切断加工は切断図（cutting plan）に従って行われる．このとき，鋼材には大部分の切断線（cutting line），曲げ加工用の基準線などのほかに船の固有番号（船番），部材の名称，位置などの文字情報も印字される．これらの作業は加工情報としてコンピューターにより自動的に行われることが多く，作業員が直接手で行う量はきわめて限られている．

　切断作業（cutting）は個別の部品を作る作業であり，その方法によりガス切断，プラズマ切断さらにはレーザー切断が用いられるが，ほとんどが数値制御を用いた自動化機械（numerical controlled cutting machine）で行われる．なお，ごく一部には機械切断も用いられる．

　切断により作製された個別の部品は，必要に応じて曲げ加工が行われる．曲げ加工は機械による冷間加工（cold working）と加熱による熱間加工（hot working）に区分される．冷間加工ではベンディングローラー（bending roller）によるものとプレス（press）によるものがある．船の場合にはその複雑な3次元幾何学形状を実現するために，熱間加工が多用され，部分焼き，線状加熱，点焼きなどの方法が用いられ，平板から3次元の形状をもつ曲面が作られ，船体の複雑な形状をつくりだす．この方法は撓鉄とよばれる加工であり，ガスバーナーにより板を加熱し，水で急速冷却することにより曲面を作りだす．この技術は高度な専門性が求められるため，現在でも人手に頼っている．しかし，最近では自動的に曲げ加工を行うシステ

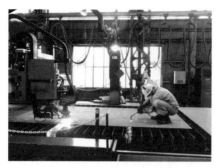

図1 ガス切断［提供：三保造船(株)］

ムも開発されつつあるが，まだ本格的な運用のレベルには至っていない．図1にガス切断による加工作業を示す．

組み立ては作製された部品を溶接（welding）し，大きなブロックへと組み立てていく工程である．その段階は，部品を作り上げる小組立て（sub assembly），ブロックを建造する大組立て（assembly）と分かれる．最近ではクレーンによる搭載能力の増強により複数のブロックを組み上げ大型化する工程として総組立て（grand assembly）が行われる．

溶接（welding）の方法としてはアーク溶接（アーク熱を用いた光放射溶接），エレクトロスラグ溶接（溶融したスラグの中に溶接ワイヤー供給ロールを介して溶接ワイヤーを連続供給し，主に溶融スラグの抵抗熱を利用することにより，母材と溶接ワイヤーを溶融させて行う溶接），レーザービーム溶接（集光された高エネルギー密度熱源のレーザービームを当ててその光エネルギーにより溶接部を加熱して行う溶接で，単にレーザー溶接ともいう）などがある．

溶接は施工時における作業姿勢により下向き，水平，立向き，上向きがあり，順次難易度が増す．溶接速度は難易度に反比例するため，部品やブロックの位置を反転や倒置し容易な姿勢での溶接を行うようにして作業効率を上げる努力がされている．

機械により行われる自動溶接（automatic welding）では，自動化の段階に応じ手動溶接，半自動溶接，全自動溶接などと区分され，ロボットのような高度な自動化装置も導入されている．自動溶接ではサブマージアーク溶接，片面自動溶接，立向き自動溶接，CO_2アーク溶接などが採用されている．最新の溶接方法としてプラズマ，レーザー溶接なども取り入れられつつある．

また，グラビティー溶接は水平すみ肉溶接に対して考案された半自動溶接で，重力を利用した方法で，1人の作業者が数台の溶接機を同時に扱うことができるもので広く利用されている．

なお，溶接をすると入熱による板の歪みが発生する．このため，溶接の施工要領ではできるだけ歪みを生じないように溶接の順序を定め施工している．しかし，所要の形状を保てない場合には，各ステージで必要な歪み取り作業を行い，形状を維持し，部品やブロックの組み立て精度を高めるよう努めている．

b. パイプ

パイプ（pipe）は水，油などの内部流体の特性，圧力などの状態により，使用材料が鋳鉄，鋳鋼，銅，ステンレス，合成樹脂などと適切に選定されなければいけない．パイプは直線部，曲がり部，バルブおよび継ぎ手部からなり，パイプ工場で曲がり部と継ぎ手部の加工が行われる．管加工にも数値制御（NC）が取り入れられ，機械による自動的な加工が行われている．大型船では1隻あたりの管長さは全部で1～2万mにも達し，その数は数千本以上にもなることがある．また，管は電線とは異なり1系統の管長が多数の管部品からなるため，平均管長を長くすることができれば接点数が減り，工事量の減少が可能である．管の継ぎ手には一般にフランジ継ぎ手（flange）が使われることが多いが，流体の特性や管材料によりスリーブ継ぎ手（sleeve），ねじ継ぎ手（screw）も一部には使われる．パイプの支持は管支え（ステー，バンド）により船体に取り付けられるが，パイプごとに設計され固定される．空調用にはエアーダクトが用いられ，吸排気系ともに，複雑な断面形状や分岐などが採用される．

流体の調整には，弁／コックが用いられ管路の適切な位置に設けられ，流量，流速の調整が行われる．

全経路の接続後，管内の不純物の排出や洗浄により清浄化するために，必要に応じてフラッシングが行われ，その後運転に供される．

c. 電線

電線（electric wire）は電力線と信号線からなり，電磁的な影響をできるだけ少なくするように区分配線することで，防護がなされる．電線はパイプとは異なり基本的には1本の線で機器間が結ばれるため，その配線計画と電線長の推定は非常に重要である．なお，電線の一部には接続箱（ジャンクションボックス）を設け，電線をつなぐ場合もある．電線導体の端部処理は一般に端子を使用し，十分な接触面と接触圧力を確保し，船体や機器の振動に耐え，機械的な強度をもつように加工される．

電線は所要の長さに切断した状態でメーカーから納入される場合とドラムに巻かれ1本の非切断状態で納入される形態がある．技術者が図面から正確な電線長を計算することも従来は高度な技能であったが，コンピューターの利用により自動化されつつある．

電力線では高圧電力用電線の場合にはその直径が大きいため，曲がり部の半径が大きくなり比較的大きなスペースを必要とする．

電線の固定や取り付けは支持金物により行われるが，代表的なものには巻きバンド，帯金，クリップ，クリートなどがある．

d. 艤装金物

補機台，はしご，ドア，手すりなどをはじめ取り付け用の金具などの艤装金物は多種多様である．これらは鋼製のものが多いが，船体強度とは直接関係がない場合が多い．ただし，巨大なものや重要なもの以外は直接造船所で製作せずに加工外注品として購入する場合もある．

e. その他

鋳鋼や鍛造品も船体の一部に使われる例もある．鋳造品は主に鋼板の曲げ加工が困難なような船首尾端部の形状の複雑な部分および狭隘部で必要な板曲げや溶接が不可能な個所に用いられ，船体構造部材と滑らかな形状をなすように溶接接合される．

〔八木 光〕

5.3 船の建造
組み立て

現代の船はブロック建造法により船体が造られており,造船所における組み立て(assembly)は鋼材の切断により部品を製作し,小さな組み立て部品を作り段階的に大きな部品,ブロックへと組み立てられていく過程である.組み立て工程の最後ではブロックどうしを結合し,船台へ搭載する総組ブロックまでの製作の過程がある.

現在では設計のコンピューター化とブロック建造法が採用されており,詳細設計情報として与えられた鋼材の加工情報をもとにガスやプラズマにより鋼板の切断で「部品」製作をし,その作成された部品を曲げ加工,部品どうしや部品と型材との接合を行い「小組立て」,「大組立て」,「ブロック組立て」の段階を経て順次大きな部品をつくり最終的には総組立てブロックを作成する.組み立ての後工程は総組立てブロックを船台やドックに運び込み,船の構造を完成する搭載過程である.図1に小組立て,大組立てブロックおよび総組立てブロックの一例を示す.

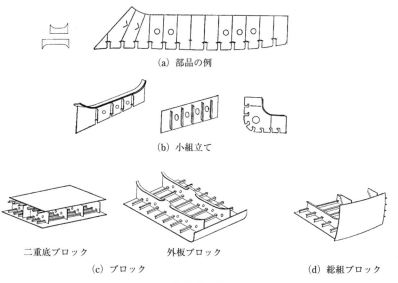

(a) 部品の例

(b) 小組立て

二重底ブロック 外板ブロック
(c) ブロック (d) 総組ブロック

図1 組立て

a. 小組立て

小組立て（sub assembly）では，まず切断された部材を必要に応じて切断面を処理し，プレスやローラーなどによる曲げ加工を行い，それに面材やスティフナを溶接取り付けして作られる．そのサイズはいろいろであるが重量は1～15トンといわれている．

小組立ての作業は定盤とよばれる作業台の上で行われ，地面に固定された平面の定盤のほか移動式のものがある．固定式の定盤にはコンクリートの平坦定盤，曲げ加工にも用いられるハチの巣定盤などがある．

b. 大組立て

大組立て（assembly）はブロックを作る工程であり，小組立てされた部品やそのほかの型材などの加工された部材を使い，ブロックを作製する．ブロックはその形状や部位により平坦ブロック，曲がり外板ブロック，船首尾ブロック，立体ブロックなどに分類できる．平坦ブロックの組み立ては，コンベアによる流れ作業で行われることが多い．この部分では縦（ロンジ）部材の取り付けなどでは多列の自動溶接が行われる．曲がり外板ブロックでは曲がり定盤により外板形状の曲面を作り，骨部材の溶接，組み立てが行われる．また，曲がり構造の多い船首尾のブロックも作製される．

c. 総組立て

総組立て（grand assembly）では大組立てブロックをさらにまとめ船台へ搭載するために総組ブロックを作製する．この段階ではその寸法，重量は移動，搭載のクレーン能力により決定される．総組ブロックの大型化により，搭載ブロック数が減少すると船台やドックでの溶接工事が減少し工事期間の短縮に寄与するので，最近の造船所ではクレーン能力の増強が行われており1基あたりの吊り下げ能力が1000トン以上の能力をもつ例も多数ある．

最近の動向としては船台やドック内での船体内艤装工事を少なくするため，小組立て，大組立て段階でも船体，機関，電気部の艤装部品のうちパイプ，補機台，取り付け金物，手すりなどが取り付けられる．また，主要機器も総組立ての段階で取り付けが行われ，このような職種のまじりあった工程を殻艤一体の建造とよぶ．

また，主船体ブロック以外に，船橋部構造物を一体化して各艤装工事を完了したブロックとして建造する方法も採用されている．　　　　　　　　　　　　　［八木　光］

> 5.3 船の建造

艤装品の取り付け

　進水後艤装岸壁では主として艤装品の取り付け，調整などが行われる．艤装工事（onboard outfitting）の種類は重量区分と対応し，船体，機関，電気と分類される．艤装品の取り付け方法や位置は詳細設計の艤装図に指定されており，計画された機能を満たすように調整されている．艤装品の取り付けは機器本体の取り付け工事と配管，配線などの各装置間の連接部とに分けて考えることもできる．また，艤装工事では船内工事と船外工事に分類することもできる．船体艤装は船内の工事を担当する内艤と船体外部の艤装を担当する外艤に大きく分かれる．機関，電気はプロペラやアンテナなどの部分を除けば大部分が船内作業となる．

　艤装工事は進水後の岸壁工事で行われるのが従来の工程であったが，進水後から完工までの期間短縮のために先行艤装が多くなっており，ブロック，総組立ての段階で機器，管などの取り付けが行われる．早期に取り付けを行う場合，艤装品の納入時期も従来よりも早まり，納期管理にも注意する必要がある．

　艤装品の内，機器本体についても，単一の部品ごとに船に取り付ける方法のほか，メーカーや造船所内で事前に機器や配管などをまとめ，大きな装置としてユニット化しブロックや岸壁で取り付けることにより艤装時間の短縮や作業性を高める方法も行われている．これはユニット工法ともいわれ，最も大きなものは船舶の居住区全体を一つのユニットとして配管，配線などを完了し，船体に取り付けることが行われる．

　艤装工事では数万点ともいわれる数多くの機器や部品を取り扱うため，各艤装作業の進捗日時，工事内容に応じた材料の集荷，保管，配送の事前工程が非常に重要である．一般に配材は工事単位のパレットで行われるが，これらの業務にも外部購入品，加工外注品を含め，コンピューターによる工程管理が行われている．

　なお，近年では艤装品の船体への取り付け時期は，船体の建造期間の短縮のため先行艤装で行われる量が増加している．先行艤装に対して進水後に行われる工事を船内艤装として分類している．

a. 先 行 艤 装

　先行艤装（outfitting prior to erection）はブロック建造法に伴い，機器，配管などを船殻の各ブロック建造中に取り付ける方法であり，かつての一品搭載の工法から大幅な時間短縮が図られる．このためには，ブロックの製作精度や取り付け品の位置精度の向上が必要であり，現在ではパイプ，電路，補機台，手すりやドアなど

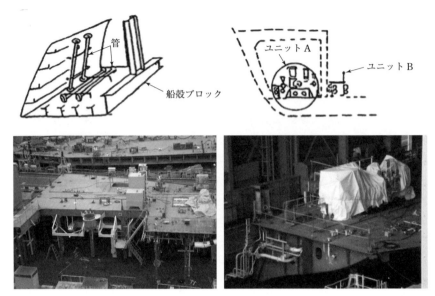

図1 先行艤装のブロックとパイプおよびユニット化

の数多くの艤装品が先行艤装として取り付けられている．また，一部では機器本体の取り付けが実施される例もある．

先行艤装の利点としては，工期の短縮ばかりではなく，ブロックを倒置したりして，部品の取り付け姿勢が下向きまたは横向きで行えるなど作業効率の向上も見込めることや，大型機器では搬入経路の確保が容易であるなどの点があげられる．

図1には建造時の先行艤装におけるブロックとパイプの関係およびユニット化された機器とその搭載状態を示す．

b. 船内艤装

進水や出渠後の艤装工事では船体，機関，電機が主要な工事である．船内艤装（onboard outfitting）では船体，機関，電機の艤装が輻輳することもあり，工事順序の調整が必要である．最近では船内の各区画ごとに艤装を行う場合，溶接，ガス切断，鉄工などを一人の作業員で行えるように作業員を多能工化して，一つの区画を少ない人数で完成させるなど効率化が図られている例が多い．また，船体，電機，塗装などの工事の接点管理により多種の工程の重複を避け，艤装期間の短縮や作業環境の改善などが行われている．

c. 確認運転

確認運転（trial test）は艤装品の機能が所定どおり発揮できるかを確認するための工程であり，事前に機能評価のための基準を定め，実際の運転状態において満足

する結果が得られるよう調整を行い,システムとして完成させる.

　係留中には,主機関および補機関の総合的な運転をはじめ,荷役機器,係船機器,電気通信,消火,照明など数多くのシステムの運転と機能の確認が行われる.

〔八木　光〕

5.3 船の建造

ブロック搭載

　ブロック搭載(erection)とは，陸上で総組みされた船体の大型ブロックを船殻の一体構造にするために，船台（building berth）またはドック（building dock）へ移動し，所定の位置に設置し，ブロック間を溶接することにより船体を組み上げることである．船台やドックでは船殻構造を支えるように船底形状に沿った盤木が配置されている．図1に盤木配置を示す．

　ブロック搭載は地上に設けられたレールなどで行われる場合もあるが，大部分はクレーンを利用して行われる．船1隻のブロックの数は船の大きさや造船所の設備で大きく変わるが，数十から百数十個までにのぼる．各ブロックは個別に製作されているが，ブロック間の接合はドック，船台で行われるため，滑らかで連続的な船体形状を保ち，強度を維持するためには各々のブロックを非常に高い精度で工作することが必要である．

　搭載重量はクレーンの吊上げ能力で決定される．最近では800トン，1 000トン，1 200トンと大型の門型クレーンの採用が進み，1 000トンを超えるブロックが作られるようになっている．また，クレーン1基だけではなく，2基のクレーンで一つのブロックを釣り上げるいわゆる共釣りで搭載ブロックの大型化を図っている．

　ブロックの大型化は，船の建造期間が船台の占有時間に大きく依存することから，ドックの占有時間を短縮するために陸上でのブロックサイズを巨大化し，ドック内工事を削減するためである．

　図2にドック建造時のブロック搭載の状況を示す．

(a) 盤木配置

(b) 盤木上の船底

図1　盤木配置

図 2　クレーンによる機関室ブロック搭載状況
［出典：財産法人　日本海事センター，http://www.uminoshigoto.com/make/work_to_make_diti.html］

　搭載ブロック間の溶接には精度維持のために慎重な溶接が必要であるが，自動溶接や半自動溶接なども利用されている．

　船体構造が一体化され，かつ塗装ができ，水上に浮く状態になると進水となる．

［八木　光］

5.3 船の建造

陸 上 試 験

　船級規則による検査には製造中の検査と船舶が就航後の船級維持検査があるが，ここでは製造中の検査について説明する．また，製造中検査では設計，材料，加工，運転などでの検査を要求しているが，ここでは陸上の工場における運転時の検査（陸上試験）について主機関，発電機，配電盤，制御機器などの艤装品に関して説明する．陸上試験時は船級検査官，船社，造船所の担当者が立ち会う．なお，艤装品とは船舶の船殻以外の運航に必要な一切の設備や船殻に取り付けられた部品のことである．艤装品には，船体艤装品(操舵装置などの操船設備，航海設備，係船設備，救命設備，消防設備，荷役設備，通風空調設備，諸配管，居住設備など)，機関艤装品(主機関，発電原動機・ボイラーなどの補機関，ポンプ，管系統，主機関からプロペラまでの軸系統，プロペラなど)，電気艤装品(発電機，配電盤，配線，電気モーター，照明機器など)があるが，簡単に部品，機器，装置という言葉に置き換えてもよい．

a. 主 機 関

　主機関は推進の要であり船舶に搭載される前の製造時に綿密な試験検査を受ける．試験の概要は以下のとおりである．なお，図1は大型ディーゼル主機関の写真である．

(1) 運転調整

　主機関を起動，徐々に回転数を上げて，連続最大定格まで運転し排気温度，シリンダー内の爆発圧力などの運転データを採取して運転状態を分析する．分析の結果，排気弁の開閉時期の調整，燃料噴射ポンプの噴射時期・量の調整，シリンダー内の圧縮圧力や最高圧力の調整を行い運転状態が計画値になるように調整する．

(2) 負荷試験

　主機関の負荷を連続最大出力（MCR）の25％，50％，75％，85％，100％に変化させ出力，回転数，排気ガス温度，燃料油消費量，潤滑油消費量，シリンダー内圧縮圧力・爆発圧力，排気ガス中のNO_x（窒素酸化物）濃度などの諸データを採取し運転状態が予定どおりかどうか確認する．運転時間は3時間程度である．

(3) ガバナー試験

　ガバナーは主機関の回転を一定に保つ役目をする装置である．主機関を最大連続出力で運転し，負荷を急減する．その場合，機関の回転数が上昇するが，ガバナーの作動によりその上昇が抑えられる．その上昇程度が設計どおりかどうか確認する．

(4) 始動試験，逆転試験

　主機関がスムーズに始動・停止・逆転することを確認する．なお，船舶のディー

ゼル主機関の始動および逆転方法は以下のとおりである．

　ディーゼル主機の始動は圧縮空気（2.9 MPa 程度の圧力）を各シリンダーに装備されている始動弁を通して順にリンダー内に投入してピストンを動かすことで行う．主機関の回転がある速度（回転数）になると，ピストンによりシリンダー内の空気が圧縮され高温となる．その時点で燃料油が燃料噴射弁を通してシリンダー内に噴射され，自己着火・燃焼して回転が持続する．停止は燃料の供給を止めて行う．逆転の場合は逆転のための圧縮空気の投入時期がありその順序でシリンダー内に圧縮空気を投入し逆転させる．ある回転速度になったら燃料油が噴射され持続的に逆転する．自動車は機関の始動にバッテリー電気でセルモーターを回して始動するが，船舶の場合は機関自体が大型で，さらに軸に重量の重いプロペラが付いていることから大きな始動エネルギーを必要とするため圧縮空気が最適に利用されている．また，自動車は点火プラグにより燃料油が着火するが，船舶のディーゼル機関の場合は自己着火であるのでシリンダー内が高温・高圧にならないと着火しない．

図1　大型ディーゼル主機関（DU-WARTSSILA 12RT-flex96C）
［提供：(株)ディーゼルユナイテド］

(5) 始動回数試験および最低回転数試験

　ある一定の空気槽の容量で主機関を始動できる回数の検査をするのが始動回数試験である．始動がスムーズでなく圧縮空気を多く消費すると一定の空気槽の容量での始動可能回数が減り，船舶の港内での運航に支障が出ることから始動回数を規定している．実船では，空気槽は複数あり，また空気圧縮機を運転して充填しながら運転している．最低回転数試験は低速で連続で運転できる最低回転数を確認する試験である．回転数が低い場合はシリンダー内で燃焼が不安定になり失火して止まる

可能性があるからである．なお，船長の操船の腕は主機関の始動・停止回数で判断できるといわれている．なぜなら，腕のいい船長は主機関の始動・停止回数が少ない中でうまく着岸するからである．

(6) 安全装置の試験

主機関に何らかの異常があれば自動的に燃料供給が止まり，停止（トリップ）する安全装置が装備されており，その機能の確認を行う．その安全試験には回転の過回転，燃料油供給圧力低下，潤滑油供給圧力低下，冷却水の主機関出口高温度や手動操作による停止などがある．

(7) 機側運転

実船では船橋および機関室の機関制御室にて遠隔で主機関を操作できるが，これらの遠隔装置の故障を考えて遠隔ではなく機側で運転できる機能があり，その確認である．なお，船橋および機関制御室からの遠隔運転試験は，主機関が船舶に搭載されてから造船所の艤装岸壁で行う．

(8) 危急運転試験

主機関は一般に6シリンダー以上であるが，そのうち1シリンダーの故障を想定して1シリンダーの燃料の供給を止めて運転可能であることを確認する試験である．危急運転試験では過給機のカット試験も行われる．一般に大型船は主機関に燃焼空気を供給する過給機が複数台装備されているが，そのうち1台の故障を想定し過給機1台を止めて運転が可能かを確認する試験を行う．

(9) 開放試験

試運転後に開放検査を実施し点検する．点検箇所はクランク軸，クランクピン軸受け，主軸受け，ピストン，シリンダーライナー，シリンダーカバー，クロスヘッドピンおよび軸受け，カムシャフト駆動チェーンおよび駆動歯車などで，欠損，傷，異常摩耗などの有無を検査する．

b. 発電原動機

発電機には導体などの巻き線が巻かれ電気を発生する発電機（界磁および電機子などから構成）と発電機に回転動力を与える発電原動機で構成される．大型商船では発電原動機にはほとんどディーゼル機関が使用されているが蒸気タービンも使用されている．発電原動機の試験は，スムーズに始動するかどうかを確認する始動試験，負荷をかけて運転状態を確認する負荷試験，負荷を変動させても回転が一定になるかどうか確認するガバナーの性能試験，複数の発電機の並列運転（複数台で問題なく電気を供給できるかどうか），安全装置（過回転トリップ，潤滑油圧力低下トリップ，制御空気圧力低下警報，冷却水高温度トリップなど）などの試験を行う．

c. 機関コンソール

　機関コンソールは機関室にある主機関，発電機，ボイラーなどの全装置の操作および監視する操作・監視盤であり，検査には，外観検査，塗装および性能試験がある．性能試験は各種スイッチの作動試験，警報作動試験，電圧が規定の範囲で変動しても機能するかどうか試験する電源変動試験などがある．

d. 主配電盤

　主配電盤は発電原動機（ここではディーゼル機関とする）および発電機の運転操作および発生した電気の監視，操作，制御を行う制御盤のことである．以下の試験を行う．

(1) 発電原動機および発電機の制御回路の機能試験

　手動による発電原動機の始動および停止試験，並列運転動作試験，自動での発電機原動機の始動と発電機の自動同期投入試験，自動負荷分担運転試験，不安定な制御電源でも動作するかどうかの制御電源変動試験，通常使用時以上の電圧に耐えられるかどうかの絶縁耐力試験，本装置とアース間（船体）の絶縁抵抗試験がある．

(2) 安全装置試験

　警報試験（過電流，低電圧，周波数低下など）や異常時に電源供給を遮断する試験がある．

e. グループスターターパネル

　グループスターターパネルは船内の電動モーターを始動および停止させたりする機能や電動モーターの電圧および電流値の表示，異常時の警報機能がある．陸上運転では，実際に電動モーターが繋がれていないので模擬的に試験を行う．また，パネル内電路の絶縁抵抗の計測が行われる．

f. 補助ボイラー

　ディーゼル船に使用するボイラーを補助ボイラーという．補助ボイラーの蒸気は燃料油の加熱や暖房に主に使用される．それに対して主ボイラーとはプロペラを回す蒸気機関に蒸気を供給する機械である．例えば，豪華客船タイタニック号のボイラーは蒸気タービンと蒸気往復動機関に蒸気を供給してプロペラを回しているので主ボイラーであるといえる．

　補助ボイラーの陸上試験では水圧試験がある．水圧試験では水圧をかけて規定の圧力耐えられるかどうかの確認がなされる．また，実際に補助ボイラーを運転し運転状態が設計通りか，安全装置の作動は良いかどうか確認する．安全装置の試験では補助ボイラー内の蒸気圧が高くなったときに安全弁が開いて蒸気を逃がす安全弁噴気試験，補助ボイラー内の水位が下がった場合の燃料油供給遮断試験などがある．

[金子　仁]

5.3 船の建造

進　水

　船は一般に陸上の船台やドックで造られるため，ブロック搭載後の工事が進み，船が水に浮かぶことができるようになったときに水中に引き出す．このことを進水（launching）という．進水は船の船台期間を短縮するという観点からはできるだけ早く行うようになっており，5万トン程度の大型商船では船台期間が30日程度という例もある．

a. 進水時期，時間

　進水時期を決定する最大要因は工事の進捗度で，主要浮体部の船体構造完成とプロペラの搭載，船体外板部の塗装などの外部水面下の各種工事が完了し浮上できる状態になった時点で行われる．進水後の姿勢，安定性などの確認を事前に各種計算により行い，浸水などの問題がないことを確認したうえで実施する．特に重要な項目について列挙すると以下のようなものがある．

- 重量，重心，安定性確認
- 進水計算（船台進水の場合）：滑り速度，リフトバイスターン，ブレーキなど

　進水日は日本船では大安吉日を選び実施されることが多い．進水時刻は，巨大船の場合，進水作業の安全性や進水後の海面での交通などに支障がない時刻が選ばれる．また，潮汐により水面と船台の位置関係が影響を受ける地域では，満潮時を選んで行われる．

　進水に要する滑り時間は数分程度であるが，後述のセレモニーとあわせた一大式典として執り行われることが多い．

b. セレモニー

　進水式は建造の過程では最も華やかな式典であり，船台建造では建造中に船を支えている盤木から進水台に重量が移り，進水台の滑りを止めている留め金（トリガー）を支えている綱を切り，船を滑らせ進水させる．その一連の過程は「進水準備」「支綱切断」や「シャンペン割り」などとして華々しく行われる．そのほか，伝統的な「もちまき」や「音楽隊による演奏」などが行われることもある．

c. 進水方法

　進水の方法は建造方法とも関係し10種類程度ある．小型ボートや高速艇などの軽量な船ではクレーンにより水中へ下ろすことが一般的である．貨物船や油槽船などの大型船は寸法が大きく，また重量も非常に重く，超大型船では350m以上の長さ，重量は4万トンにも達し，現存のクレーンの能力では吊り上げることができず，

いわゆる進水が行われる．

　現在行われている主要な進水方法をまとめると以下のようになる．

　① 滑り進水（縦進水，横進水）：船台建造船

　② ドック進水：ドック建造船

　③ テーブルリフター進水

　④ 浮ドック進水

　このうち①の滑り進水は，陸上で建造する船台に設けられた軌道の上を，船を載せた滑り台で水中に船を進水させる方法である．滑り進水の原理は坂道を滑り降りるのと同じで，自重で船が海に進水する．この滑り進水には船の進水する方向により縦進水と横進水がある．

　縦進水は船が長さ方向に海に入る方法で，一般には船尾から水面に滑り降りる．滑り速度は船台傾斜角度や滑り方法により異なるが，速い場合に 10 ノット（時速約 19 km）程度になることもある．ただし，滑り速度が過大になりドックから遠くに流れないように，ブロックやチェーンなどの抵抗を引きずり速度を制御する方法がとられる．また，進水後はタグボートにより曳航されて艤装岸壁に係船される．

　横進水は縦進水が船の長さ方向に移動したのに対し，船の幅方向に移動して水面に滑り降りる方法である．滑る原理は縦進水と同じであるが，この方法は船を進水させる船台前方の水面が非常に狭い川での進水などの場合に採用される．

　滑り進水では滑り台の潤滑法により，獣脂や軟石鹸を利用したヘット進水，ボールベアリングの原理を利用したボール進水および円柱状のローラーを利用したコロ進水と分けることができる．なお，ヘット進水は樹脂の滑り摩擦が気温などにより左右されることから現在ではボール進水が多くなっている．

　②のドック進水は，乾ドック中で船が建造され浮上できる時期になると，ドック内に注水し船を浮上させ，水門を開き進水させる方法である．船はタグボートで引き出され，艤装岸壁に係船される．

　③のテーブルリフター進水は船台が上下に可動できるリフターとなっており船を乗せたテーブルを下降させすることで進水させる．主に小型の船舶に用いられる．わが国では 2 社のみがこの装置を有している．

　④の浮きドック進水は，浮きドックを利用した建造の場合で，ドックのバラストタンクに注水し，ドックが沈下すると同時に船が浮上し，進水する形式である．

　以上の進水方式のうちいずれの方法で進水するときでも，船の一生で一番華やかな式典「進水式」が行われる．進水式では同時に船名をつける命名（christening）も行われることが多く，「命名・進水式」ともよばれる．

　図 1 には 2 種類の滑り進水の図を示し，図 2 には進水台の詳細を示す．また，図

3には大型船の進水式の様子を示す．

[八木 光]

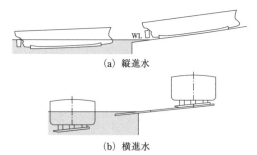

(a) 縦進水

(b) 横進水

図1　各種進水方法（縦進水と横進水）

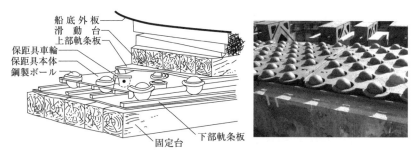

図2　ボール進水台の詳細図と写真

図3　大型船の進水状況の写真

5.3 船の建造

艤 装

　船は進水後，艤装岸壁に係留され，ドック内または船台にて行われなかった工事を行い，全体工事を完了する．この間に行われる工事が艤装工事（onboard outfitting）とよばれるが，主船体の船殻工事はほぼ完了しているので主要内容は船体，機関，電気の艤装工事である．先に記述したとおり，現代では先行艤装により艤装工事が船台で行われる部分も多く，艤装期間は小型貨物船では2～3ヶ月と非常に短くなっている．しかし，LNG船や調査船などの艤装密度の高い船では1年以上の艤装期間を要するものも少なくない．

　艤装期間中には機器の搭載，取り付け，電線，管路の連結，内装，外装の工事などが行われるが，各機器ごとに作動確認，検査などが並行して行われる．機関部門では最終段階で係留運転（mooring trial または dock trial）が行われ，比較的低出

(a) レーダーマスト

(b) 自動操舵装置

(c) 電子海図，主機関操縦装置

(d) 機関室の補機関

図1　艤装品の例

力での主機関のすり合わせ運転とあわせてシステム各部の性能確認と調整，補機の状態確認および軸系や遠隔操縦装置などのシステム全体としての動作確認が行われる．

　艤装品には上記の機器などの他，救命，安全関係などの法定品（膨脹式救命いかだ，救命艇，救命浮器，救命胴衣，イマージョンスーツ，航海灯，信号灯，消火器，法定信号旗，海図など）も含まれている．法定品はその性能基準が定められたものであることを示す検査結果が必要である．また，適当な期間ごとに機能を確認することも要求され，整備点検要領も定められている．

　艤装品の調達方法を分けると，造船所調達品と船主調達品があり，大部分は造船所にて調達されるが，什器や特殊な品目については船主調達となる例が多い．

　艤装員は本船の建造に当たり，乗組員となる予定の船員が，建造途上において各機器の操作性などの確認を行い，完成時の船の運用に問題がないようにする要員のことである．ただし，技術面から建造工事を監督する監督官とは異なり，主として運用上の問題を中心に船の艤装を監督する．

　艤装工事でほぼすべての搭載物件が搭載，運転確認が行われた最終段階では，船の重量，重心の査定を行い，完成時の載貨重量，重心，安定性などの評価を行う．

　図1に艤装品の例を示す．　　　　　　　　　　　　　　　　　　［八木　光］

5.4 完成，引渡し

検　査

　船舶を造船所が設計，建造して，船社に引き渡すまでに種々の検査がある．ここでは検査の種類と建造工程に沿った船体および各部艤装品の検査の状況について概略を説明する．

a. 検査の分類

　検査は建造前の船級登録検査，建造工程上での検査，検査を実施する場所，検査の立会者および検査手法などの観点で分類できる．

（1）船級登録検査

　建造前の船級登録検査は建造工事に先立ち，図面，書類を船級協会（船級という）に提出し，承認を受ける必要がある．図面では一般配置図，船体中央断面図，船首・船尾材・プロペラ柱および舵構造図，機関区域機器配置図，主機関および補機関，自動制御および遠隔制御などである．書類では適用法規，船籍，検査項目，船体主要寸法，仕様書，船体横断面の曲げ応力の計算書，復原性に関する資料および建造スケジュールなどである．この検査の承認後に船舶の建造が開始される．

（2）建造工程上の検査

　建造に着手した後の建造工程上の検査は，材料検査，一品検査，建造中検査（艤装品が製造メーカーで製造されている場合は製造中検査という）および完成検査などに分けられる．

　材料検査は船体に使用する鋼板や鋼管などの材質が注文どおりの規格品にて購入されているかを確認する検査である．これらは鋼材メーカーなどが証明する材料の鋼材検査証明書や材料自体に表示されたマークで確認する．鋼材検査証明書には，発注者名，証明書番号，質量，化学成分および引張試験値などの化学的性質や機械的性質の規格値と製造実績値などが記載されている．主機関やボイラーのような購入艤装品に関しても製造メーカーの工場で材料検査が行われる．

　一品検査は建造中の個々の部品の状態を確認する検査である．例えば，造船所内で鉄パイプを曲げ，両端にフランジを溶接して一つの配管を完成させる．このときに曲げ寸法，溶接の良否などを一品ごとに検査する．一品検査は主機関やボイラーなどの製造メーカー内でも行われているが，これらを購入する造船所員が製造メーカーの工場内で一品ごと検査を行う場合もある．

　建造中検査は船体構造部の場合，造船所の工場内で鋼材の切断，加工，組立て（小組立て，大組立て）および塗装を行い船体ブロックが製作されるが，船台への搭載

前に使用部材の状況,溶接部の状況および仕上がり状態を検査する.配管の場合,前述の一品検査で合格したパイプをいくつか接合して全体を作るが,取り付け状態を点検し,水圧試験を行い液体の漏れがないかどうかを検査する.主機関やボイラーに関しても部品の仕上げや加工状態,溶接の状態の確認および,水圧・水密試験,陸上試運転など製造メーカー工場で製造中検査が行われる.また,主機関やボイラーなどの艤装品の船内への据え付け状態の確認も建造中検査である.

完成検査は船体や各艤装品が完成した後,実際に作動させて予定した性能が出されているかを検査する.船体の最終の塗装状況,正確な重量と重心位置の検査をする重心査定や海上公式試運転(海上公試という),完成後の船舶に保持すべき完成図などの検査も完成検査である.

(3) 検査場所,立会い

検査を実施する場所には,造船所のドックまたは船台,ヤード(屋内,屋外),艤装岸壁,海上がある.購入艤装品に関しては製造メーカー工場で検査が行われる.

検査立会者の観点から,船社の立会いを必要とする検査,船級検査官が立会い船級規則に適合しているか確認する船級検査および造船所や製造メーカーが自主的に品質管理を行う社内検査がある.

(4) 検査方法

検査方法には,船体や重要配管の溶接内部の欠陥を検査する非破壊検査,完成品を実際に運転して性能が出ているかを確認する性能検査,また機器を開放して行う開放検査などがある.なお,非破壊検査は放射線透過試験(X線検査),超音波探傷試験(接触子から発生させる超音波を試験材に伝達させ,試験材が示す音響的性質を利用),磁粉探傷試験(鋼材などを磁化することによって,溶接表層面のきずなどに生じる漏洩磁束を磁粉にて検出する),浸透探傷試験(検査用の赤色などの浸透液を試験材に塗布してクラックに浸み込ませ,表面が乾燥したら現像液を塗布する.これにより,クラックに浸み込んでいた浸透液が材料表面ににじみ出る)などがある.

b. 船殻関係の検査

船殻は船体外板を含む船体構造部材で船体強度と直接関係するので厳しい基準が設けられ船級検査官の立会いにて確認される.船殻関係の検査には構造検査,水圧検査,船体主要寸法検査および船体取り付け標検査などがある.

① 構造検査:まず材料検査が行われる.鋼材は船体強度の設計上重要であり,注文どおりの鋼材が搬入されたかを鋼材メーカーからの鋼材検査証明で確認する.また,実際に外観検査を実施し汚れ,きず,そりなどがないか確認する.

鋼鉄製の大型船の建造では現在すべてが溶接ブロック建造方法といわれる方法が

採用されている．これは造船所内で鋼材から切断，加工，組立てを経て船体の一部のかたまりであるブロックを製作し，大型クレーンで吊って船台やドックに積み上げ船体を形成する方式である．このブロックが船台への搭載前にブロック構造検査が実施される．その検査は部材の取り付け状況，取り付け精度，歪み・変形の有無，溶接の寸法および溶接の欠陥の有無などである．

　船台に搭載されてからは，搭載されたブロックの渠中(きょうちゅう)位置決め検査，船体構造検査が行われる．渠中位置決め検査は船長，船幅などの船体の主要寸法を設計書どおりに保持できるようブロックの搭載位置を計測し確認する検査である．船体構造検査では搭載ブロック間の溶接の検査が目視と非破壊検査で行われる．ブロック間の溶接部分において接続部のバッド（船体垂直方向の溶接），シーム（船長方向の溶接）の交叉部を重点的に抜き取り的に非破壊検査にて内部欠陥を検査する．

② 水圧検査：ブロック船殻で構成されたタンクにおいて溶接部の良否を確認するため水圧検査が行われる．検査方法は該当タンクに清水を充満し所定の圧力をかけて溶接部や取り付けられたパイプ類からの漏水の有無を検査するが，建造中にタンクに水を張ることは重量が重くなり船台の強度上などからできないので一般的には水に代わり圧縮空気で行われる．実際の水圧検査は進水後に行われる．

③ 船体主要寸法検査：船体の船長，幅，深さなどの主要寸法が設計どおりかどうか計測し確認する．また，竜骨(りゅうこつ)（船底を船首から船尾に通す構造材）線の見透しを行い船体がまっすぐかどうかを計測する．

④ 船体取り付け標検査：乾舷標や喫水標の取り付け位置の寸法計測や表示が適切かどうかを検査する．なお，図1は乾舷標（別名，満載喫水線標）であるが，船舶が安全に航行できる最大喫水を表示することが定められている．円環中央の横線の上面位置がこの船舶の夏期乾舷（または，計画満載喫水線）で，この位置を基準として各帯域における満載喫水が定められている．夏期乾舷は満載喫水線を示す線のS線の位置と同

図1　乾舷標

一である．すなわち，Wは冬期満載喫水線，Sは夏期満載喫水線，Tは熱帯満載喫水線，Fは夏期淡水満載喫水線，TFは熱帯淡水満載喫水線である．NKは日本海事協会の検査を受けているということを示している．

c．船体艤装品関係の検査

　船体艤装品の数は多岐にわたるが一般に一品検査，作動検査，完成検査および塗装検査などがある．

① 一品検査：例えば，管は，造船所の管工場で切断され，曲げられ，フランジな

どの接続金物が溶接されて作られた後，きずなどの有無を1本1本確認し，溶接状況，寸法精度を検査する．

② 据え付け検査：デッキクレーン，ウインドラス，係船機などの船体艤装品の据え付け位置が設計どおりかを確認する．

③ 作動検査：船体艤装品の据え付け検査後それらの作動検査が行われる．作動検査は完成検査といえる．

④ 完成検査：船体の各区画などの完成を確認する検査である．例えば，鋼材で作られた居住区の場合は，区画を内張り材で隠す前に船社に確認してもらう．

⑤ 塗装検査：塗装前の下地処理の検査と塗装後の検査がある．塗装の品質は下地処理に影響を受ける．下地処理とは鋼板の表面を清浄にするために錆，ごみ，油分などをサンドブラストなどにより取り除く．塗装後の検査では，仕様どおりの膜厚となっているかどうか塗装の膜厚計測が行われる．

d. 機関艤装品関係の検査

機関艤装品も船体艤装品と同様に多岐にわたるが一般に一品検査，据え付け検査および作動検査などがある．

① 一品検査：機関室で使用される弁・管などの機関艤装品については船体艤装と同様に一品検査が行われる．

② 据付検査：例えば主機関についていうと，渠中において，主機関据え付け前および据え付け後に，船尾管から主機関クランク軸間で軸系の芯が狂っていないか軸芯見透しが行われる．主機関からプロペラまでは中間軸とプロペラ軸で結合されるが，軸芯が狂うと運航時に軸・軸受けの異常摩耗，異常振動が発生し折損事故の原因となるからである．

③ 作動検査：主機関，ボイラーなどの機関艤装品を実際に運転し，安全装置や自動制御装置の作動を確認する．主機関の作動検査は最も重要な試験であるが，本船が岸壁に係留されているときに主機関の始動試験や低回転での運転試験が行われる．また，海上公試では主機関に最大の負荷をかけて性能を確認する．この作動検査は完成検査ともいえる．

e. 電気艤装品関係の検査

電気艤装品には配線検査，据え付け検査および作動検査などがある．

① 配線検査：電線が船体隔壁を貫通して末端の艤装品に接続される．仕様書や船級の規定に従って施行されているかを確認する．

② 据え付け検査：発電機，配電盤，変圧器および電気モーターなどの据え付け状態を確認する．

③ 作動検査：電気艤装品の作動検査では，各電気機器に電源を投入して，作動を

進めていくことになる．作動検査には発電機負荷試験，照明装置試験，船内警報装置試験，機関モニター試験および無線検査などがある．

発電機負荷試験は発電機を運転して，実際に電気を発生させ，負荷をつないで電圧，電流，周波数の値や制御状態が船級規則どおりかどうかの検査を行う．

照明装置試験は航海灯，船内照明の試験が行われる．航海灯の試験では球切れ警報や非常電源の切り換えが自動で行われるかを試験する．船内照明では通常の照明や非常用照明の試験が行われる．

船内警報装置試験では船内に装備されたベルなどの警報用機器（例えば，火災発生時の消火体制の発令，退船の発令など），操舵装置（異常時の警報試験など）および火災警報装置（煙の感知など）の試験がある．

機関モニター試験は主機関および他の機器の温度や圧力などの各計測点の表示が正常に行われ，異常時には定められた設定値にて警報が発せられるかを確認するものである．

無線検査は船舶の無線局開局のために無線機（レーダー，船舶電話，国際 VHF (150 MHz 帯)，インマルサットなど）の性能が規則どおりかどうかを確認するものである．作動検査は完成検査といえる． ［金子 仁］

5.4 完成, 引渡し

重 心 査 定

　重心 (center of gravity) 査定 (重査) は船舶の建造が艤装品の搭載などもほぼ終了した完成に近い状態で, 船の軽荷状態の重量と重心を計測するために行われる作業である. 大部分は艤装岸壁において行われるが, 外乱のない水面を得るためドック内で行われる場合もある. 一般に大型船舶の重心査定は, 船の重量が重く計量器などの器具を用いて直接計測できないため, 間接的に重量と重心位置を定める方法が採用される.

a. 重心査定の目的

　重心査定は, 軽貨状態における正確な重量と重心位置を決定することを目的として行われる. 軽貨重量は, 実運航における貨物, 水, 油など載貨重量算出の基準となる. また, 重心は貨物の積付け時の船全体の重心の高さが船舶の安定性能の計算の指標となるメタセンター高さ (GM) の算出根拠となる. 特に, 船の安定性については横傾斜時のメタセンター高さが重要である.

b. 重心査定の方法

　重心査定は平穏な海面状態において, 風など外乱のきわめて少ない状況で傾斜試験で行う. 線図より計算された排水量計算書をもとに, 喫水計測, 傾斜試験の各データを用いて計算が行われる. ただし, 傾斜試験実施時はまだ建造中であるため, 船上にある不要物件および未搭載物件の重量, 重心位置の計算を行い, 傾斜試験の結果に対する補正計算を行い, 軽荷状態の重量, 重心を定める.

(1) 排水量等計算書 (hydrostatic table)

　建造船の船型に従い, その各喫水ごとの排水量, 水線面積, 排水容積, 浮心の上下・前後位置, 縦・横のメタセンター高さなどを精密な計算により定めるものである. 船の重量, 重心の計算の基礎となる重要資料であり, 事前に計算書の作成と承認を得る必要がある.

(2) 喫水計測 (draft measurement)

　重心査定状態での船首部, 船尾部および船体中央部における喫水を計測し, 船体重量を計算するデータとする. また, 排水量決定のため計測海域の海水密度の計測も重要である.

　なお, 一般に船体は左右の傾斜だけでなく船長方向にもたわんでいるため, 船体中央部の喫水を求め, たわみ量に対する排水量修正を行う. なお, 船体中央部が船首尾部より喫水が浅く, 凸状態にたわんでいる場合をホグ (hogging), 逆に船体中

央の喫水が船首尾より深く凹状態にたわんでいる場合をサグ（sagging）という．
(3) 傾斜試験（inclining test）

傾斜試験では，船上に置かれた重量物を船の幅方向に移動することにより生じる横傾斜（ヒール，heel）角度を計測して，重心高さ（KG）を決定する．具体的には移動重量 w，移動距離 l，船の排水量を W とすると，傾斜試験で得られた傾斜角 θ の関係は次式で表される．

$$\tan\theta = wl/(W \cdot \mathrm{GM})$$

傾斜試験では w, l, W が既知で，計測値 θ を用いれば GM が求まる．この結果より，排水量計算の横メタセンター高さ KM の値を用い，重心高さ KG は次式で求められる．

$$\mathrm{KG} = \mathrm{KM} - \mathrm{GM}$$

図1には重心査定の原理として用いられる貨物の横移動に伴う傾斜時の関係図を示す． ［八木 光］

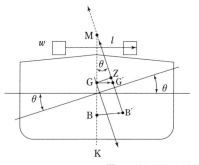

B：浮心
B'：貨物移動後の浮心
G：重心
G'：貨物移動後の重心
M：メタセンター
w：移動貨物の重量
l：貨物の移動距離
θ：傾斜角度
GZ：復原てこ

図1 重心査定の原理

5.4 完成,引渡し

海上公試

　船舶の竣工の直前に海上にて公式試運転(通称,海上公試という)が実施される.造船所の艤装岸壁(造船所内の岸壁であり,船体の進水後にその岸壁に係岸して各種艤装品を搭載する)において,船体艤装品,機関艤装品,電気艤装品の単体での運転試験や総合的な試験が行われるが,主機関の低回転での係留試運転や舵取り装置の試験が良好と確認されると,次に長時間の運転を行う海上公試が行われる.

　海上公試の試験項目は,海上でないとできない項目となる.船舶の喫水の上下は,運転データに影響を与えるので,海上公試時の船体の状態は重要である.一般に海上公試では,プロペラが海面より出ないバラスト状態で行うが,タンカーではバラスト状態と海水をカーゴタンクに注入して満載状態でも行われる.このように海上公試では主機関に計画された負荷がかかった状態で船舶としての機能の確認がなされる.乗船者は船級検査官,造船所,船主側の建造工事担当者および艤装員(艤装員は竣工後に乗組員となる)であり40名程度が乗り込む.海上公試の目的は次のとおりである.

① 主機関に計画された負荷がかかった状態で船舶としての機能が計画どおりか,船級の規則どおりか,船主への性能保証値は確保されているか,船体・機関・電気の各部の不具合箇所はないかなどの確認を行う.竣工後,船舶は乗組員の作業場および居住する場ともなり,作業性・居住性の観点からも確認される.不具合があれば海上公試中に修正するが,この期間にできない場合,造船所に戻ってから行う.

② 本船の建造前に予測した種々のデータを実際の運転データと比較することにより,予測データの精度が確認される.また,運転データはさらなる予測精度向上のための技術開発に利用される.

③ 海上公試に船主側の艤装員が乗込んでいて,運転技術の習熟を図る機会でもある.

a. 船体部関係試験

(1) 船体振動試験および騒音試験

　船体振動は,乗組員の健康上あるいは作業環境上の問題を引き起こすばかりではなく,船体の構造部のクラック,主機関およびその他艤装品の破損,作動不良および制御不良などの故障を起こす原因となる.船体振動の主な発生源は,主機関およびプロペラである.振動の大きさは主機関の回転数により異なるので振動計測は主機関の全回転数範囲で行う.計測ポイントは船内外の甲板,居住区,艤装品である.

振動により船橋上レーダーマストに異常振動が発生したり，煙突に亀裂が生じたり，船橋で文字が書けないなどの異常な事例がある．

騒音は振動と同様に乗組員に健康上あるいは作業環境上の問題を引き起こす．主機関の過給機が主たる騒音の発生源であり，一般に，主機関の常用出力で行われる．また，騒音源としては機関室や船倉の給・排気ファン，空調装置からの騒音がある．計測ポイントは騒音を発生する艤装品や居住区内である．これら振動および騒音が計画どおりか，保証値を守っているかどうかを確認する．

(2) 速力試験

速力試験は船主経済に影響し，造船所は船主に速力を保証する重要な検査項目である．計測は船体に対する風・潮・波の影響を軽減するために，ある2点間を往復して行われる．計測方法は2点間に要した時間をストップウォッチ，電波式船速計，精度の高いディファレンシャル GPS［differential GPS（global positioning satellite system)］などを用いて行われる．なお，速力試験結果は水槽での模型試験やコンピューターでの数値シミュレーションなどで行った推定値と比較し，あっているかどうか確認され，さらに推定精度を上げるための方法などの研究開発に利用される．

(3) 舵取り装置試験

本船を最大出力にて前進させ，舵角が $0°$ から右 $35°$－左 $35°$－右 $35°$－$0°$ の順に舵を切り（転舵という），舵取り装置が各舵角になるまでに要した時間を確認する．また，油圧系統の漏れ，電気モーター電流の異常，異音などが起こらないか確認する．

(4) 操縦性試験

船舶の操縦性を確認するために操縦性試験が行われる．特に，船舶を操縦（操船という）する船長や航海士および水先案内人は操縦性能を知ることは重要である．操縦性試験には旋回試験，Z試験，停止試験などがある．

旋回試験は主機関回転数を常用回転または連続最大出力で航行中に舵を左右各舷にそれぞれ最大 $35°$ に取り，船体の旋回圏を計測するものである．船舶は最低 $360°$ まで旋回させるが風・潮・波の影響を修正する場合はそれ以上旋回させる．計測にはディファレンシャル GPS が利用されている．

Z試験は前進全速にて右舵角 $10°$（規定舵角という）を取る．船舶の元の針路から右へ $10°$ 回頭したら左舵角 $10°$ を取る．舵を逆に取ったとしても惰性によって右に回頭を続けるが，次第に回頭角の速度が減じていきやがて回頭が止まり，左回頭が始まる．左舷へ $10°$ 回頭したら右へ $10°$ 舵を取る．この操作を交互に4回以上繰り返す．この試験では規定舵角に対する余分に行きすぎた角度（オーバーシュート角度という）が求まり船舶の舵への追従性が確認できる．

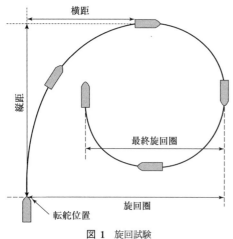

図1 旋回試験

停止試験は前進全速の直進航走からプロペラを後進全速(後進は主機関を逆転させる)にし，船体が停止するまでの船速，プロペラ停止時間，後進回転数の整定時間を計測する．また，この計測により後進全速に主機関を操作した時から停止までの船体の航走距離および所要時間が確認でき，停止性能を確認できる．(船の旋回試験中の様子は5.1節「海運会社でのながれ」の項の図1を参照)図1に旋回試験の航跡を示す．

(5) アンカー・ウインドラスの投揚錨試験

ウインドラスは船首にあり，錨(アンカー)および錨鎖(アンカーチェーン)の巻上げ・下げ・保持を行う装置である．船舶が港湾などで停泊するときに，船体が流されないようにするため錨および錨鎖を海底に降ろす．海底に降ろされた錨および錨鎖は海底の砂利や泥に食い込み船体が風・潮・波で流されないように保持(保持する力を把駐力という)する．ウインドラスの機能として把駐力に負けないで錨鎖および錨を保持する機能(ブレーキ機能という)およびこれら重量のある錨鎖および錨を規定の速度(9 m/分以上)で巻き上げる機能が必要であり，これらの機能に関して検査を受ける．検査はウインドラスに負荷をかけて，巻上げ速度，巻上げドラム回転数，減速ギアの温度，モーターの電流値の計測やブレーキ試験を行う．駆動モーターとウインドラスへ動力を繋ぐクラッチの作動試験も行われる．試験後に開放検査があり，歯車の当たり状況や欠損などの故障状況を点検する．

b. 機関部関係試験

機関部関係の試験では海上公試において初めて行われるものが多い．ここでは商船において最も利用されているディーゼル主機関搭載船を例として説明する．

(1) 主機関摺合運転

船舶の主機関は大型であり出力10万 kW，長さ32 m，幅5 m，高さ14 m，シリンダーライナーの直径約1 mのものもある．この中でピストンやクランク軸が動く．ピストンのピストンリングはシリンダーライナーと，クランク軸は主軸受けと摺動する．また，主機関のクランク軸からプロペラまで中間軸，プロペラ軸がつながっているが，これらの軸は軸受けと摺動する．もちろん摺動部には潤滑油が供給

されているが主機関の使用初期において各摺動部分に「なじみ」を持たせて異常摩耗を防止するのが主機関摺合わせ運転である．なじみ運転ともいう．主機関摺合運転では主機関摺合運転用のタイムスケジュールにのっとり負荷を上下させる．また，途中で主機関を止めてクランクケース（クランク軸が回転しているスペース）を開放し，実際に人が中に入り部品の脱落，軸受けの発熱などの異常のないことを確認する．ピストンリングおよびシリンダーライナーの状況は遠隔モニターで当該部の温度の傾向をみて異常がないか確認しているが，当該部の実際の確認は造船所に戻ってから開放して確認する．

(2) 速力試験

速力試験は船体関係の試験で説明したように試験自体は船体部の項目であるが，主機関出力，回転速度，燃料消費量，主機関各部の温度・圧力などの諸データおよびその他主機関以外の機関室機器の運転データも同時に計測し記録する．

(3) 主機関始動試験

商船のディーゼル主機関の始動（前進，後進）および停止はシリンダー内に圧縮空気を投入して行われる．この圧縮空気がなくなれば，主機関の起動，停止はできない．そこで圧縮空気が充填される空気槽の容量が船級の規則で決められており，海上公試でその空気槽で始動が何回できるか確認試験を行う．

(4) 主機関連続運転試験

主機関の連続最大出力で1時間以上の連続運転を行い，本船が最大出力で連続して航行可能であることを確認する．

(5) 主機関燃料油消費量計測

主機関の常用出力時（一般に連続最大出力の85％または90％）における燃料油消費量を計測し就航後の参考値とする．なお，燃料油消費量の保証値の確認は陸上試験で行われているので，海上公試では参考として計測する．

(6) 主機関前後進試験

常用出力で前進中に主機関の回転を逆転させ後進全速にし，後進の回転数が整定するまで運転を行う．次に主機関を後進から前進としてすみやかに機関出力を常用出力まで上げ，前進の回転数が整定するまでの運転を行う．主機関が規定どおりの時間で前後進が可能なことを確認する．

なお，主機関の回転数の設定はエンジン・テレグラフを手動で操作して行う．例えば，停止状態から毎分60回転にエンジン・テレグラフを設定したとする．主機関は起動し，回転数は0から60回転まで徐々に上がり毎分60回転で定まる．この回転数が設定した回転数を維持することを"回転が整定した"という．

(7) 主機関最低回転数試験

主機関が運転できる最低の回転速度を確認する．主機関では回転速度が低いと燃焼不良で停止する場合があるので連続運転できる回転数を確認する．

(8) 軸系捻じり振動計測

軸系は主機関のクランク軸－中間軸－プロペラ軸－プロペラで構成されている．例えば，主機関のピストンが回転力（プラスの力）を軸系に与えてもプロペラが重くてすぐには回らず，そのため長い軸系自体が捻れる．逆に荒天航海中においてプロペラが回っている場合であるが，船の動揺のためプロペラが海面より出た場合，水に対するプロペラの抵抗が減少しプロペラの回転は上昇する．この場合，プロペラの慣性エネルギーで主機関のクランク軸側が回されることになる（マイナスの力）ことで軸系が捻れる．このように主機関とプロペラ間でエネルギーのやりとりがあり軸系が連続的に捻れる．

また，主機関自体の燃焼の作動行程からもクランク軸に捻れが生じる．クランク軸には一般的にピストンが6本以上つながっており，それらは燃焼行程と排気行程を別々に行っている．燃焼行程では燃料油がシリンダー内で爆発しピストンがクランク機構を介してクランク軸に力を与える（プラスの力）．一方，排気行程では逆にクランク機構によりピストンが駆動される（マイナスの力）．このようにクランク軸に加わる力が変動する．ピストンはクランク軸に複数つながっていることから，この力は複雑にクランク軸に伝わることになる．

このように軸系にはプラス・マイナスの捻りが複雑に発生し振動を引き起こしている．はなはだしいときは折損となる．そこで軸系の捻り振動計測を行い振幅（捻りの強さ）や周期などを計測する．捻り振動計測は主機関の全回転数領域で計測し，振幅の大きい回避すべき危険回転数を確認する．危険回転数での運転は軸系の折損の原因となるので主機関の回転計に危険回転数領域であるとの表示を赤色で書き込み運転者にわかるようにしている．

(9) 自動化設備試験

機関室設備の自動制御および遠隔制御装置の作動・安全性を確認するため次のような試験を行う．船橋の主機関制御場所から遠隔操作により，主機関の始動，前後進およびすべての出力範囲において主機関および機関室のボイラーなどの全機器の自動運転が可能であることを確認する．

(10) 機関室無人化運転試験

外航商船は一般に機関室を無人にできる自動化レベル（M0資格）である．したがって，機関部では夜間において乗組員が機関室で当直しない運転となる．すなわち，省力化システムである．試験では，すべての機関室設備が正常であることを確認した後に機関室内を無人にして試験を行う．船級の規定時間に機関トラブルがなけれ

ば合格である．

c. 電気部関係試験

海上公試では自動操舵装置，GPS レーダなどの航海計器の作動試験，機関室火災警報試験，電源喪失試験，無線装置試験などがある．

(1) 航海計器および無線装置の試験

航海計器および無線装置は海上公試自体で使用しているのでその性能を確認することができる．

(2) 機関室火災警報試験

主機関，発電機および機関室内の通風機などが運転されている実際の航海状態において，燃料油が使用されていて火災発生のおそれがある燃料油清浄機や補助ボイラーの近くで人為的に煙を発生させる．その煙の流れを火災探知器が感知して，火災警報装置が警報を発生できるかどうか，火災場所を正確に表示できるかどうかを確認する．

(3) 電源喪失試験

航海中，人為的に運転中の発電機を緊急停止させて船内の電源喪失（ブラックアウトという）を起こさせる．ブラックアウトすると航海灯など一部はバッテリー電源に切り換わり作動を続けるがその切り換わり状況を確認する．ブラックアウトすると機関室内の主潤滑油ポンプなどのモーターが停止するので，主機関の安全装置が作動し主機関が自動停止する．発電機に関しては，待機している発電機が自動的に起動して電源が規定時間内に回復するかどうかを確認する．電源が回復後，機関室の停止機器を順次起動させ主機関を始動し元の運転状態とする． ［金子 仁］

5.4 完成,引渡し

艤装員の作業

　船舶に多くの艤装品が設置され,それらの検査が開始されるタイミングで艤装員が船社から派遣されてくる.艤装員とは,船舶が造船所から引き渡された後に船舶の運航や保全を行う乗組員となる船長,航海士,機関長,機関士,通信士の船舶職員および甲板部,機関部,事務部の船舶部員である.この時期は,検査項目が多岐にわたり検査スケジュールがタイトになるので船主側の艤装員が精力的に検査立会を行う.

　艤装員の仕事は,担当機器の検査立会(陸上メーカー工場,艤装岸壁,海上公試にて),工事進捗の確認,運転習熟,今後の運転・整備計画のためのデータ収集,船橋・機関室などの作業場の整頓,船用品・予備品の受け取り・格納などである.そして,船舶の受け取り後の運転・整備計画の立案などである.

a. 検査立会および設備の確認

　船舶に居住ができない時点では,艤装員は造船所が用意した造船所内の部屋が事務所(艤装員事務室という)となる.終業時に,当日の検査結果,工事結果が造船所側から説明され,進捗が確認される.また,次の日の検査の日程,工事項目が知らされる.艤装員が派遣されてきた時期は,船体構造関係は,すでに検査が終わっており,全般的には,艤装品が検査の対象となっている.艤装品の確認は船級規則や船主側の基準に基づいて行われる.また,実際に船舶を引き取って航海した場合,艤装員が担当艤装品の責任者となることから,艤装品の不具合について徹底的に調査される.さらにまた運転状況ばかりでなく,艤装員により作業性,安全性の観点からも点検される.

　艤装員が派遣されてきた時期の船級規則における検査では,バラストタンク,燃料タンク,ウインドラス,係船装置,クレーン,救命艇の降下装置,航海計器,操舵装置,バラストコントロール装置(バラスト水の張・排水を制御する装置),無線装置,火災警報装置,消火設備,燃料タンク弁の遮断システム(火災発生時に遠隔で閉弁するシステム),主機関,発電機,ボイラー,冷凍・冷蔵装置などがあるが,船級検査官,建造監督,造船所員,機器メーカーとともに艤装員が立ち会って検査する.検査申請は造船所側が船級に提出し,検査当日は造船所が作成した試験方法の案に従って機器の外観(溶接状況,塗装,設置状況など),運転時の異常の有無(音,振動,漏れ,発熱など),通常および異常時の安全装置の動作機能,運転データなどが確認される.検査において不具合が発生した場合は再検査となり,造船所および

機器メーカーが対策をとる．

　検査では，空調装置のように船内の暖房，冷房，送風能力の検査も行われる．艤装時は船舶に多くの作業員が居住区に出入りし，また，溶接用のホース，電線，圧縮空気の供給ホースが搬入され，各部屋のドアが開放されている．このような状況では，空調装置の正確な検査のためのコンディションをつくれないことから，休日に実施する．このときはもちろん，船舶の空調装置以外に電気設備，蒸気を作るボイラーが運転できる必要がある．

　立会検査だけでは機器の健全性の確認は不十分であるので，艤装員は船体部，機関部，電気部を自主的に時間をかけて点検し，船舶が造船所内にいるときに不具合を発見し是正してもらう方針で行い，不具合があれば是正要求の要望を造船所に提出する．提出された要望に対しては造船所側と打ち合わせがもたれる．

　機器の健全性の観点の確認ばかりでなく，操作および整備の作業性，安全性の観点からも点検される．例えば，弁の操作において作業性の悪い配置になっている場合は弁の位置の変更，機器までアクセスに時間がかかる場合は鉄製の梯子やスロープの設置，機器の開放点検時に重い部品の吊り上げにはチェーンブロックを利用するが，天井などに吊り上げ金具がない場合は金具の溶接，手摺がなく人間が開口部に落ちる可能性があれば手摺の設置，照明が暗い場合は照明具の追加などである．これらは，艤装員要望としてまとめられ，建造監督から造船所側に申請されるが，追加工事となり造船所から別途費用請求される場合もあるので船主側と造船所側が打ち合わせて決定される．一般に造船所側として，ユーザーの使用しやすい船舶の建造をめざしているので，意見が取り入れられる場合が多い．

b.　運転および保守管理方法の習熟

　艤装員は図面および現場を調査し，船舶の構造，区画，設置されている艤装品の配置を確認する．また，艤装品の運転管理の方法については，現場確認，取り扱い説明書を熟読して学ぶが，わからない点は，造船所側およびメーカー側に問い合わせて解決していく．特に係留運転，海上公試時は具体的に艤装品を動かすことから造船所側と共同で準備を進める．また，省エネルギーや環境保全機器は日進月歩でまったく新しい機器を搭載する場合があるが，メーカーの工場での説明，操作訓練を受けて習熟を図る方法がとられる．

　火災時の対応設備の習熟は重要である．排気ファンの停止，火災部の密閉，海水消火ラインのバルブ操作，CO_2消火装置の運転の熟知など，消火システムを艤装員全員で熟知する．また，救命艇の降下に対しても全員で操作し熟知する．

　造船所では艤装品が開放されていて内部構造などの確認がしやすい．例えば，バラストタンクや燃料タンク，主機関のピストンやシリンダーライナーなどであるが

内部構造がわかるので保守点検の計画を立てる場合に役立つ.

c. 作業場の整理整頓

　船舶の運航時の乗組員の作業場は，甲板部では船橋，事務室，荷役事務室，バラストコントロールルーム，甲板部工作室，船用品格納室，船首のボースンストアーなど，機関部では機関制御室，事務室，機関室，操舵機室，事務部は調理室，冷蔵庫，食堂などである．これらの場所を運航時に効率良く使用できるように，また荒天航海などに対応できるように整える．必要があれば，造船所に申請して棚や固博金具を取り付けてもらう．

d. 部品・備品・完成図書・メーカー技術図書の受け取り

　部品(予備品)，備品は船級規則や船主の保守経験からその部品のリスト(部品名，数量)が作成され，完成図書の予備品リストとして明示される．完成図書およびメーカー技術図書は，船級規則の重要書類として厳重に船上で管理される．

　各機器の部品，備品はメーカーから造船所に集められている．船内がある程度整理されてきた時期に，造船所側から艤装員に連絡があり部品，備品，完成図書が積み込まれる．積込みは，トラックと造船所のクレーンで船内に持ち込まれる．船内では，甲板部，機関部，無線部の艤装員が送り状と完成図書の予備品リストの内容と現物を確認する．なお，就航後は主に乗組員が船上にて整備を行うが，そのときに部品が使用される．備品として溶接器，工作機および旋盤などもありいつでも使用できるように準備をしておく．

　棚上のロッカーの引き出しには小物の部品，また，バラストポンプの部品一式(ベ

(a) ピストン　　　　　　　　　　(b) シリンダーライナー

図1　大物の予備品の固縛状況，(a) 長尺なことから空間を利用して格納をしている．
　　右の写真は (b) 船舶では最も重い予備品である．鉄枠で確実に固定されている．

アリング，軸，インペラーなど）が入った鉄製の大型の箱もあり，区画が仕切られた棚に格納する．主機関の排気弁，ピストンリングなどの重量のある部品は，別途，格納場所，方法を造船所側に指示し格納する．船舶は狭く十分な格納場所がないので，通路の隅部や壁に鉄製の枠を溶接して格納場所としている．ピストンのように長尺，大物の部品はあらかじめ格納場所・方法（図1）が決められている場合が多い．

　備品には計測器，検知器や工具などもある．これらは一般に各作業場の棚に格納する．機関部では主機関の整備・分解工具は大物であり，機関室の空いているところに鉄製の枠を作り固定する方法がとられている．重要なことは動揺に対応でき，また必要なときに容易に引き出せるようにすることである．完成図書は船舶の全員がアクセスしやすいように一般に事務室のキャビネットに格納される．

e. 船用品の受け取り

　船用品は運転関係では，海図，航海日誌，機関日誌，整備関係記録簿，予備係船索（化学繊維ロープ，ワイヤーローなど），潤滑油，清水，飲料水，各種薬品，消火器など，整備関係では，塗料，ペイント，グリース，鉄板，溶接棒，シャックル，ボルト・ナット，針金，ボンド，ウエス（掃除用の布），各種工具などである．その他の船用品として食料，事務用品，医薬品，生活用品などがある．これらは，船主が経験から支給する数量を決めている．一般に船用品は船主が手配した船用品納入業者が一括して扱い，造船所の協力を得て船舶に持ち込む．主機関，発電機，操舵機で利用される潤滑油や運航に必要な燃料も積み込まれる．数量は機関部の機関士が次の航海の消費量を予測して注文する．これら燃料・潤滑油の船舶への搬入方法はタンカーバージが船舶に接舷しバージのポンプにより各タンクに補給される．この場合，艤装員は漏洩がないように対応する．清水，飲料水に関しては給水バージのポンプで各タンクに補給される．潤滑油および燃料は可燃性であるので造船所と安全対策を十分にとる必要がある．

f. 生活の場の構築

　船舶は艤装員にとって作業場であり生活の場でもある．各艤装員は自分の部屋の動揺対策，整理整頓を行う．また，部屋の警報装置，照明器具などを確認する．食料は船用品として受け取るが，生鮮野菜，肉，魚は大型の冷蔵庫に納める．これらの冷蔵・冷凍食品は冷凍機や冷蔵庫の運転ができるようになり，船級検査が終わってから搬入するが，冷凍機の運転は造船所と協力して艤装員が行う．

g. 運航計画，保守計画，貨物積み込み計画

　艤装員は船舶の受け取り後の運航計画，保守計画および貨物の積付け計画を立てる．運航計画は，出港後の1航海の計画で，気象・海象から航路，運航時間の計画や燃料の補油計画などである．保守計画は，航海中や次の港の停泊中に行う整備計

画である．艤装品によっては，造船所で実際に運転していない機器があるため，その確認計画を立てる．貨物積付け計画は，各船倉に貨物を積み込む順番や，バラスト水の張・排水のスケジュール，甲板部乗組員の荷役作業スケジュールなどである．
また，船舶ではISM Code（International Safety Management Code，国際安全管理コード）にのっとり，当該船に則した各種マニュアルを作成する必要があり用意する．特に急ぐのは運転操作マニュアル，火災・浸水・油流失時の緊急対応マニュアルである． 〔金子 仁〕

5.4 完成，引渡し
完 成 図 書

　完成図書は造船所が作成する船体，機関，電気部の設計，材料，建造，検査にわたる情報をまとめた図書である．船の各部の機能，構造，検査成績をはじめ部品，艤装品などの調達，搭載されたすべての情報が盛りこまれており，装備品メーカーの作成した製品の資料や検査結果などの図書なども含まれる．完成図書は「本船用」，「船主用」，「造船所用」などが用意され，船主や就航した船の運航者は運航，保守，修理など必要の際に使用し，造船所にあっては就航後のアフターサービスや，修理，改造の際の資料として使用する．完成図書は，大きく分けて，造船所作成図書と装備品メーカー作成図書に分類される．
① 造船所が作成：一般配置図，貨物積付け計算書，船体構造図および主要計算書，系統図，試験成績書などが船体，機関，電気各部により作成される．
② 装備品メーカーが作成：主に装備品の完成図，試験成績表，取扱説明書および検査合格証明書などからなり，仕様書，外形図，詳細図，予備品リスト，工具リストも含まれる．

　代表的な完成図書には下記のようなものがあり，総数 300 種類以上にのぼる．
- 一般：一般配置図，公試運転成績書，積付け計算書
- 船殻：中央横断面図，外板展開図，塗装要領，救命装置図，貨物倉換気系統図
- 機関：主機関操縦システム図，軸配置図，造水装置図
- 電気：主発電機図，電力系統図，照明系統図，アンテナ配置図

　完成図書の形態は，印刷された図書として準備されるほか，CD などの電子情報形

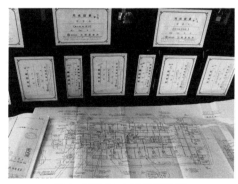

図 1　印刷された完成図書の例

態で配布される例も多い．また，マイクロフィルムなどで長期間保存や再生印刷用として準備される例もある．最近では装備品の主要情報はWEBにて公開され，提供される場合もある．従来は完成図書は厚紙の箱に入れられて納入されていた．図1に印刷された完成図書例を示す．

［八木　光］

5.4 完成，引渡し

引渡し式

　船舶の最終試運転を経て各種試験を終了し，所定の性能が船主，船級および国により確認されると完成となる．造船所から船主に船が引渡される際に行われる式典が引き渡し式であり，その後船は処女航海に出発する．引き渡し式は命名・進水式とあわせ船の建造の大きな節目であり，盛大な式が行われる．

　① 引渡しの意味：引き渡しは船舶の売買契約の完了を意味し，建造契約金の最終残金が支払われ船の所有権が造船所から船主に移る．

　② 手続き書類：国籍証書など各種認証の書類が引き渡される．

　③ セレモニー：引渡し式は書類上の売買契約書の交換が行われるほか，出港に先立ち乗組員が乗りこみ，社旗，国籍旗などが掲揚され，船が造船所岸壁から貨物の積み付け地に向けて処女航海に出港する．この際，岸壁では船主，造船所をはじめ多数の関係者が見送り航海の無事を祈願する．なお，進水時に命名されていない船ではこのときに命名も行われる．図1に引き渡し式風景を示す．

図1　引渡し風景［提供：(株)サノヤス・ヒシノ明昌］

　④ 神棚：日本籍の船舶には商船，艦船，漁船を問わず，大部分の船が航海の安全を願うため「神棚」を設けている．最も有名なものは金毘羅神宮を祭るものである．神を祭るという風習は世界中で見られるが東アジアでは航海神，媽祖などの風習もあり，帆船の船首部女神像（フィギュアヘッド，figure head）なども乗組員の安全を祈るもので世界中に共通している．その昔には，仏壇船（仏壇）とよばれる小型の仏壇を飾り航海の安全の加護を祈ったこともあり，通常は船頭が持ち込み，艫の仏壇置場に納めた．

［八木 光］

5.4 完成，引渡し

処女航海

　ここでは，船舶が船社側に引き渡され，最初の航海，つまり処女航海（maiden voyage，乗出し航海ともいう）から最終的に造船所側が建造責任から解放されるまでのことを説明する．船舶というハードが造船所から船社に引き渡され，そのハードに魂を入れて実際の商船として機能させるには艤装員である乗組員による力も大きい．処女航海からは船社側の立場で輸送サービスの品質管理が行われる場面となる．艤装品という言葉は一般に建造時に船体構造との対比で使用されるが，ここでは機器，装置という言葉を使用しているが意味は同じである．

a. 処女航海の準備

　船舶の処女航海のために艤装員（以後，乗組員という）は，準備を行う．建造工事が終了し船級の検査がすべて合格すると，船級証書が船舶に発行されて，やっと船舶として認められることになる．この証書を船長，一等航海士，機関長，通信長が確認し，重要書類として厳重に所定の棚に格納し管理される．

　船舶が造船所から船社側に引き渡される直前に船社側と造船所側の関係者が集まり引き渡し式が行われる．出港時には，造船所の関係者が岸壁に並び手を振り，船舶を見送る．建造中は造船所が船舶を管理していたが，出港時は，乗組員自ら行う必要があり緊張する場面である．もちろん，造船所側は，船舶がトラブルなく運航し続けてくれることを祈るような気持ちで見送る．

b. 処女航海の作業

　船舶の引き渡し後，管理は船社側に移る．造船所側の窓口はアフターサービス部門に移り船社からのギャランティクレーム（保証工事）を中心にアフターサービスが開始される．アフターサービス部門は，機器納入メーカーと連絡しあって船舶の支援を行う．過去に造船所側から保証技師1名が実際の航海に乗船し船舶の状況を造船所に報告したり，初期トラブルの対応に当たっていたが，最近は造船所側の品質管理の向上や派遣費用増などから乗船しないのが普通となっている．

　船舶は，建造中に造船所にて各種試験を受けて正常なことが確認されているが，必ずしもすべての装置がすべての運転試験を受けているということはない．船舶は処女航海で初めて実際に貨物を積載し，実際の太洋（実海域という）で長期間，波のうねりや船体への衝撃の中で航海する．主機関においては，低質なC重油（石油の残渣油）での運転となり，陸上試験，海上公試と異なる運転条件となる．このようなことから，乗組員は，1航海を通して，船体構造，機器の故障，機器の性能，機

器の使い勝手，機器の配置上の問題についてまとめ，会社に「乗り出し航海報告書」として提出する．この報告書は，以後の新造船仕様にフィードバックされる．解決しなければならない問題点があれば，船社から造船所へ保証工事として改善，修理の補償要求がなされる．

乗組員は，処女航海では受け取った船舶の性能などの確認に関して以下のような作業を行う．

① 波による船体動揺は，船体に曲げ・捻じれを生じさせる．このことから乗組員は貨物倉，バラストタンク，燃料タンクに入りクラックの発生がないかどうか内部から船体構造の点検を行う．

② 船体の動揺に加えて，波による船体への衝撃やプロペラが海水中で回転することにより振動が発生する．この動揺，振動は船舶に搭載された機器に故障(例えば，機器を固定するボルトの折損，運転時の異常振動，制御系が不安定になり機器の制御ができないなど)を発生させる原因となるので，全機器の点検を行う．

③ 船舶の船速，主機関の燃料消費量は保証値を満足しているかどうかは，運転データにより確認する．船主側としては荷主に船速や燃料消費量の数値に対して保証しているので，これらが満足しているかどうかは契約の重要項目だからである．

④ 風，波の外力を受けて船首の方向は変動する．航海士が入力した針路を自動操舵装置は適切に保持しているか，また，港内では手動操舵となるが正確に舵が追従してくれるかなどを確認する．

⑤ 主機関および発電原動機に関しては低質重油である高粘度のC重油が初めて使用される．C重油は海上公試や陸上試験で使用されたA重油に比べて燃焼性は劣りこれらの機器の燃焼室の部品に悪い運転条件となるので燃焼状態が確認される．

⑥ 主機関やディーゼル発電機に供給するC重油の各種処理装置の性能が確認される．その装置は粘度の高いC重油を加熱して供給する燃料加熱装置，C重油に混ざっている硬質の石油化合物，水，ゴミ，砂などを除去する燃料清浄装置および燃料清浄装置から排出される廃油の処理装置などである．これらの装置が設計どおりの性能を発揮しなければ主機関などの機器の運転が不可能となる．

⑦ 機関室の無人運転(M0運転)に支障がないか，機関の運転データおよび警報の発生状況を見ながら確認される．機関室の無人運転ができない場合は，機関部は当直運転となるので整備作業の消化に支障をきたすからである．

⑧ 荷役装置に関してはクレーン，ウインチやハッチカバーなどの性能が確認される．また，例えばオーストラリアで石炭などの貨物を船倉に積む場合，荷積をしながらバラストタンクのバラスト水を排出して船の喫水を計画値に保つ必要がある．バラスト水の排出を行う機器はバラストポンプであるがバラスト水を排出する能力

(時間当たり排出量)が設計どおりであるかを確認する．

⑨ 港の停泊中に主機関などの全装置の安全システムをチェックする．人為的に異常状態を作り，設計どおりの値で警報を発し，機械が自動停止するかどうかを確認する．

⑩ 海水から淡水を作る造水器（一般的に1日20～30トンの能力）が初めて運転される］ので，その造水能力を確認する．

⑪ 例えば日本–豪州の航海を考えると短時間で気温が変わる．このような気温の変動に空調装置が設計どおりの性能を出すのかどうかを確認する．

⑫ 停泊時に，主機関のクランクケース内の軸受けの状況，部分の脱落がないかなどを確認する．場合によっては主機関のピストンを抜いてシリンダーカバー，ピストンリング，シリンダーライナーのクラックや摩耗状況を見て燃焼状況やシリンダー潤滑油の供給量が適正かどうかを確認することもある．

⑬ 主機関の部品などの開放整備作業（例えば，ピストンを主機関のシリンダーから抜き出して整備する作業）が発生する．整備に使用するクレーンのパフォーマンス，部品の開放用具の使い勝手なども試される．

c. 初 期 故 障

図1は故障率曲線（一般にバスタブカーブという）で，機器の使用年数と故障率（前の時間に正常な機器が，ある時間後に故障している割合）の関係を示している．故障は，初期故障期間，偶発故障期間，摩耗故障期間に分けられる．初期故障期間では主に製造上の欠陥による故障であり，その故障を修理していくことで時間の経過とともに故障率が減少していく．偶発故障期間では，故障が時間の経過に関連なく偶発的に故障が発生する．摩耗故障期間では故障が時間の経過とともに増加していくもので，経年劣化や磨耗，損耗などによる故障が多い．処女航海では，以下に示す原因などで船体および機関に初期の故障（初期故障）が発生する．これらの初期故障を早期に発見・改善し，運航遅延や海難事故などを発生させないように船社は造船所およびメーカーの支援を得ながら取り除き改善していく．

① 十分な試験時間がとられていない：船体および機関の試験に十分な時間がとられていない．例えば，主機関では主機関メーカーや造船所で運転される時間は少ない．機器によっては就航後に初めて長時間連続使用されるものもある．

② 実海域での十分な試験がない：実

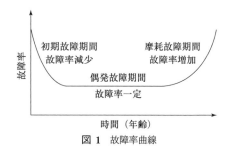

図1　故障率曲線

海域では，船体の曲げ，捻じりが発生し，船体構造に亀裂が発生することがある．船体の曲げ，捻じりは主機関および軸系に外力となり故障の原因となる．また，動揺や振動は，配管の継ぎ手からの漏油，漏水，電気機器では端子からの配線外れ，断線などのトラブルの原因となる．このように実海域で実際に貨物を積んだ状態で受ける外力による検査はされていない．

③ 使用燃料が異なる：主機関，発電機やボイラーで使用する燃料は低質な粘度の高いC重油が120°C程度まで加熱して使用される．海上公試では加熱の必要がないA重油でありグレードの高い燃料の使用であったが，C重油は質が悪い燃料油であることから燃焼不良による思わぬ不具合が発生する．

④ 船舶は複雑な大きなシステムである：船舶の推進機関は大きな動力プラントであり，装置が連携して動いている．各機器単体におけるメーカー試験は良くても，連動させると性能が低下する場合がある．例えば主機関と過給機のマッチングが悪い場合がある．

d. 保証工事

建造契約では一般的には保証期間は竣工後1年間であるがそれ以上の契約もある．竣工後発生した不具合点は，不具合内容，推定原因，必要部品，改善方法などが乗組員によりまとめられ船社の工務担当に報告される．船社の工務部門は，報告内容を吟味し，保証工事一覧表を作成し，造船所アフターサービス担当者に保証工事として要求する．造船所のアフターサービス担当者は，内容によって設計部門やメーカーに問い合わせ，保証工事であるかどうか船社に回答する．保証工事と判断されたら，関係者と改善策の検討，工期の確認，部品や修理作業員を手配し，船舶のスケジュールにあわせて適当な港で改善を行う．わが国の港ばかりではなく，海外の港での対応となる場合もある．港内での短い停泊時間では，改善対応が難しい事項に関しては，次に述べる保証ドックでの対応となる．

e. 保証ドック

保証期間は一般に1年であるが，ドックに入り修理しなければ安全な運航や荷役ができない場合を除いて，船舶の不稼働を減らすために次のドックまで保証ドックを伸ばす．現在の外航船のドック間隔は，2.5年が主流であるので保証ドックは2.5年後となり，このドックで残った保証工事を行う．保証ドックの場所の決定は，修繕船用ドック（わが国の場合は新造船の建造ドックが多く修繕ドックは少ない）であること，船舶が就航している航路から離れていない場所であること，費用および技術状況などを勘案し船社と造船所のアフターサービス部門とで検討して決められる．一般的には，シンガポールなどの東南アジアとなる場合が多い．保証ドック時期が近づくと造船所のアフターサービス担当者は関係者と改善策を検討する．また，

費用確認，工事日程の決定，支給品の手配，造船所の技術者およびメーカーエンジニアの手配を行うことになる．造船所のアフターサービス担当者は保証ドック中，工事が正しく行われているかを確認する．そして保証ドック後に問題なく船舶が運航されていることを確認し，保証工事から解放される． ［金子　仁］

索引

略号索引は 537 ページ

あ

アーク型艇	101
揚地	310
揚げ荷	380
揚げ荷役	391
アジマススラスター	408
アド・ホック仲裁	330
アフターサービス	449
アフラ	23
アフラマックス	23,279
アメリカ大陸発見	141
アライアンス	265
アルタの岩絵	3
アルミニウム船	90
安全運航	138
安全装置試験	494
アンダーウォータークリーニング	188

い

行き会い	180
一般貨物船	26
一般航路	148
一般船舶	79
一般配置	463
一品検査	501
入り江港	376
インコタームズ	320
インダストリアル・キャリア	268
インデックス取引	299
インマルサット	410
——EGC 放送	202
——携帯移動地球局	201
——遭難通信システム	202

う

ウイリアムソンターン	182
ウインドラス	510
ウエザールーティング	179
ウエル	83
迂回航路	154
浮き	2
浮桟橋	90
浮ドック進水	497
上屋	312,402
——業者	312
運航	148
運航委託契約	350
運航計画	517
運航者	248,289
運航損益	443
運航費	443
運航不能	241
運航モニタリング	324
運送契約	315
運賃	443
運賃先物取引	299
運賃市場	349
運転習得	515
運転調整	492
運転不自由船	81
運輸安全委員会	18,215,328
運用限界	179

え

曳航式ログ	192
衛星測位システム	196
曳船	313,406
——業者	313
液化ガス専用船	43
液化石油ガス貨物船	43
液化天然ガス貨物船	44
液体	392
エコーサウンダー	193
エコシップ	369
エネルギー港湾制度	430
沿岸航海計画	163
沿岸航路	148,152

エンジン	31
鉛直軸推進器	98

お

追い越し	180
往航	132
欧州航路同盟	255
大型ディーゼル主機関	493
大型フォークリフト	385
大組立て	486
大阪商船会社	252
大阪商船三井船舶	258
沖出し港	376
オーシャンタグ	407
オーセベリ船	7
オートパイロット	197
オーバーパナマックス	23
オープントップコンテナ	260
オープンハッチバルカー	275
オルタネート・ロード	49
音響計測装置	56

か

櫂	95
海員	156
海運	248
——の課題	358
——のシェア	374
——の輸送量	374
——の歴史	251
海運会社	248,308,442
——の造船事業	442
海運業	248
——の発展	251
海運業務	308
海運再建2法	255
海運市場	358
海運自由の原則	248,359
海運代理店	309
海運同盟	262

索引

海運仲立人	310
海外クルーズ	119
外艤	448
海技士(者)	156, 363
海棄物処理業者	314
海峡航路	150
壊血病	244
開港	378
外航海運	249
——会社	308
外航商船	161
外国人船員	354
海事鑑定人	418
海事クラスター	375
海事勅令	331
外車推進器	95
海上運送	248, 308
——状	318
海上運送法	78
海上火災	82
海上貨物	399
——取扱人	310
海上公試(海上公式試験)	176, 508
海上交通安全法	81
——の航路	149
海上交通センター	149
海上衝突予防法	81
海上保安庁の船艇	66
海上輸送貨物	402
海上輸送用コンテナ	260
海事労働証書	209
海事労働条約	209
海図	140, 174
櫂船	4
廻船式目	331
解体	334
回転数	463
海難	210, 327
海難救助作業	66, 68, 210
海難救助装置	201
海難事故	210
海難審判	327
海難審判所	215
海難審判制度	215
海難審判法	215
海難速報	217
開放試験	494
海洋汚染	367
——の防止	82
——防止機器	186
海洋環境の保全	82
海路諸法度	331
夏期乾舷	112, 503
夏期帯域	112
夏期淡水区域	112
夏期満載喫水線	503
殻艤一体モデル	472
河口港	376
加工素材	480
カーゴポンプ	43
火災	234
——訓練	236
——警報試験	513
——事故	219
舵取り装置試験	509
ガス機関士	156
ガス航海士	156
ガスタービン	92
ガス・タンカー	268
河川航路	150
過大接岸速度	179
型喫水	463
型幅	463
かつお一本釣り漁船	58
活魚運搬船	53
滑走艇	100
ガバナー試験	492
カー・バルカー	52, 292
可変ピッチプロペラ	98
カボタージュ制度(規制)	250, 354
カムサマックス	274
貨物	248, 279
——集荷	413
——積み込み計画	517
——の受け渡し	417
——容積	466
——船の運航形態	26
——倉	466
——タンク	44
——定期航路事業	259
カルタゴの軍港	6
ガレー船	6
川崎汽船	253
皮船	2
管加工	483
乾貨ばら積船	268
環境機器	455
環境対策	367
乾舷	111
乾舷標	503
監視取締艇	68
完成検査	502
管制航路	150
完成車海上荷動き	296
完成図書	475, 519
——の受け取り	516
関税法	80
艦艇	60
鑑定	418
——人	312
ガントリークレーン	29, 383
甲板員	156
甲板室	83
岸壁工事	487

き

機関運転管理	184, 186
機関機器	184
機関艤装設計	471
機関艤装品検査	504
機関コンソール	495
機関士	156
機関室	84, 186
——配置	463
——無人化運転試験	512
機関出力	106
機関仲裁	330
機関部試験	510
機関保守管理	184, 188
機関モニター試験	505
危急運転試験	494
危険回避	139
起工	334
寄港国検査	239
気象・海象情報	233
季節冬期帯域	112
季節熱帯区域	112
艤装	499
——員の作業	514
——金物	484
——工作	449
——工事	487, 499

――図	475	空倉	466	兼用船	276
――品	500	クオリティショッピング	360	減揺装置	31
――の取り付け	487	駆逐艦	65	検量	417
――法定品	500	屈曲航路	150	――人	312
機側運転	494	クック	144	**こ**	
北前船	375	組み立て	485	航海	
キック現象	182	グラブバケット	390	――の経済的条件	136
喫水	105	グリーンアウォード証書	361	――の条件	135
――計測	506	クリーンプロダクトタンカー		――の方法	132
――制限船	81		280	――の目的	132
汽笛信号	200	クルー	116	――の歴史	140
基本設計	462	クルーズ	114	航海計画	133,161
脚貨倉	466	――会社	117	――図	161
客船	114,301	――客船	301	航海計器	190
――の航海計画	168	――人口	302	――試験	513
――の就航水域	119	グループスタータ―パネル		航海採算	324
――の楽しみ方	123		495	航海指図書	323
逆転試験	492	クロノメーター	195	航海士	156
ギャランティクレーム	522	軍艦	60	航海出力	463
球状船首	465	**け**		航海情報記録装置	198
救助費	332			航海速力	453,468
強化プラスチック船	90	計画満載喫水線	503	航海損益	324
狭水道航路	150	軽貨重量	453	航海用海図	174
狭水道操船	181	傾斜試験	507	航海用船契約	320
強制水先区	172,405	傾心	507	港格	422
共同海損	331	警報試験	495	工業港	379
漁業取締船	53	契約	315,457	公共ターマイナル	382
漁業練習船	59	契約速力	468	航空母艦	61
魚群探知機	56	係留運転	499	航行援助施設	171
漁船	22,53	ケープサイズ	24,273	航行区域	111
――登録番号	53	ケミカルタンカー	39	航行支援環境	136
――特殊規則	54	検疫所	311	航行支援情報	174
――法	53	検疫法	80	航行支援設備	170
――馬力数	55	原価計算	451	航行速力	108
漁網監視装置	56	検査	449,501	航行帯域	112
許容接岸速度	179	――申請	514	鋼材加工	481
距離測定	194	――立会	514	鋼材配置	469
距離表	161	――場所	502	号鐘	199
漁労長	54	――方法	502	工場用図面	475
機雷処分	67	検数	417	後進速力	108
旗流信号	199	――人	312	鋼製船舶	78
緊急事態	211	建造期間	451	鉱石兼油槽船	276
緊急操船	182	建造隻数	451	鉱石船	274
近代海運	251	建造中検査	501	鋼船	89
近代化船	78	建造場所	459	構造検査	502
く		原油タンカー	278	航走時状態	100
		原油	279	構造設計	469
空気クッション船	102	――輸送	38		

航続距離		453	国際汽船	253	載貨能力		111
港則法		81	国際拠点港湾	422	載貨容積トン数		110
——の航路		149	国際コンテナ戦略港湾		最大喫水		463
港長		311		423,432	最大速力		108
交通環境		135	国際商業会議所	320	最低回数試験		493
航程線航路	148,	154	国際商取引法委員会	329	最適航路	179,	233
荒天航海時運転		187	国際条約	203,456	サイドリフター		385
荒天操船		183	国際船舶	78	在来貨物		386
高度測定		194	——の保安	81	在来船		387
港内水先		159	国際戦略港湾	422	材料検査		501
鋼板		480	国際総トン数	109	座礁(座州)		224
神戸海軍操練所		361	国際バルク戦略港湾	434	雑貨		386
航法不遵守		220	国際労働機関	208	雑種船		81
港務局		424	国籍	455	サーフェスプロペラ		98
航路	148,	453	国籍港	104	サブスタンダード船		360
——運営		264	国内クルーズ	123	サーベイ		418
——図		133	小組立て	486	サラミスの海戦		4
航路標識		170	故障率曲線	524	サルログ曳航		192
港湾			コスパス・サーサットシステム		サン・ガブリエル		10
——の運営・管理		437		201	サンタマリア		8
——の開発		426	コースライン	133	三段櫂船		4
——の管理		422	コーツ時計	195	さんま棒受け網漁船		58
——の機能		380	個品運送契約	315			
——の整備		428	コモン・キャリア	268	**し**		
——の保全		426	コルトノズルプロペラ	98	磁気コンパス	8,	190
——の役割		372	コロンブス	8	軸系		184
港湾 EDI システム		420	——の航海	141	軸系捻じり振動計測		512
港湾インフラ整備		428	コンクリート船	89	Zig-Zag 試験		177
港湾運営		424	コンケイブ型艇	101	軸馬力		106
——の課題		428	混載貨物	312	仕組船		79
港湾運営会社		425	コンテナ	32,260	事故		327
港湾運送事業		438	——の荷役	380	時刻測定		194
——者		401	コンテナ貨物	263	事故対応		324
港湾管理者	311,424,	439	コンテナ航路	261	事故対策本部		218
港湾競争		428	コンテナ港湾	377	事故調査		328
港湾クラスター		375	コンテナ船	28,259	資材発注		479
港湾計画		426	——の航海計画	167	指示馬力		106
港湾整備政策		429	コンテナーターミナル	380	自然環境		135
港湾荷役業者		312	コンテナフレイトステーショ		指定特定重要港湾		422
港湾法		422	ン	386	始動回数試験		493
——の航路		148	コンテナヤード	263,381, 386	自動化設備試験		512
港湾労働問題		438	コントロールセンター	29	始動試験		492
護衛艦		65	コンパス	190	自動車専用船	51,269,	292
小型漁船		54	コンベックス型艇	101	——の隻数		298
小型船舶		79	**さ**		支配船		271
国際安全管理コード		360			シーバース		393
国際海事機関	17,203,	360	載貨重量	452	シーマンシップ		220
国際海上物品運送法		80	載貨重量トン数	110	ジャイロコンパス		190

社外船	253	照明装置試験	505	ストラドルキャリアー	29,384
シャーシー	383	常用出力	468	スーパー中枢港湾	422,431
社船	253	常用速力	108	スーパーマックス	23
ジャパンライン	258	昭和海運	258	スプラマックス	274
車両積み付け	295	初期故障	524	滑り進水	497
ジャンピング・ロード	49	植物検疫	311	スポット契約	287
集荷	310,322	処女航海	522	スモールサイズ	23
自由航行航路	150	シリーズ63丸型艇	101	寸法	104
就航水域	119	シングルハル	40	**せ**	
重心査定(重査)	506	信号線	483		
集成大圏航路	148	人身事故	219	生活環境系機器	186
周辺噴射形式	102	進水	496	税関	311
重要港湾	378,422	――計算	496	生産技術	450
重量物	397	――方法	496	清水タンク	186
重量物船	36	浸水事故	219	清水ポンプ	186
主機関	184	新世紀港湾ビジョン	431	製造中検査	492
――の検査	492	深度効果翼	102	制動馬力	106
主機関最低回転数試験	512	信用状	316	性能	176
主機関始動試験	511	針路	163	性能保証値	459
主機関摺合運転	510	針路線	133	整備機器	186
主機関前後進試験	511	針路測定	190	政府間海事協議機関	17
主機関燃料油消費量計測	511	**す**		正横速力	108
主機関連続運転試験	511			赤外線暗視鏡	197
シュナイダープロペラ	408	水圧検査	503	石炭専用船	50
主配電盤	495	水域別航海計画	161	石油製品タンカー	278,281
主要目	462	水上機母艦	61	石油製品輸出入量	282
巡航速力	177	水上航空機	81	石油タンカー	38
巡視船	68	推奨航路	148	石油貿易量	280
巡視艇	68	水上船	100	設計	447,462
純トン数	110	推進機関	91,95	設計条件	462
ショアランプ	292	推進性能	176	設計図	474
仕様	458	水深測定	193	切削加工	481
――書	462	推進不能	241	Z(操縦)試験	177,509
――変更	459	推進方式	95	瀬戸内海マックス	273
省エネ速力	108	垂線間長	104	セメント運搬船	276
障害物測定	197	水線間長	463	セランディア	92
消火活動	237	水中翼船	101	セル構造	30
蒸気往復動機関	91	水面貫通翼	102	セレモニー	496
商業港	379	水路誌	175	船位確認	165
小港湾図	174	水路書誌	175	船位測定	195
詳細設計	469	水路特殊図	174	船位発信	196
商船	22	数量契約	320	船員	156
商船(最低基準)条約	209	スエズマックス	279	――の常務	220
衝突	219	スクラップ	334,343	――の養成	361
承認用図面	475	――売船	336	――数	355,364
商法	78	スタッフ	116	――派遣会社	363
消防船	70	スタビリティ	466	――費	362
消防艇	70	スタンバイ速力	108,177	船員法	82,156,210

船価	340, 458	船体部試験	508	船腹量	277, 345
船外機	56	船長	156	全没翼	102
船外工事	487	全長	104, 463	船名	104
旋回試験	509	漸長海図	174	船用品	413
旋回性能	177, 178	全通船楼船	83	船楼	83
船外通信	410	船内親時計	195	**そ**	
船殻検査	502	船内外機	55		
船殻工作	449	船内機	55	騒音試験	509
船殻構造	467, 470	船内艤装	488	双眼鏡	197
船殻設計	448	船内工事	487	総組立て	486
戦艦	60	船内指令装置	201	装室	471
船級	455	船内通信	410	操縦性試験	509
船級維持検査	492	船舶安全法	17, 80	操縦性能	177
船級協会	501	船舶運営会	255	操縦性能制限船	81
船級登録検査	501	船舶運航事業	259	操船	176
船橋航海当直警報システム		船舶火災	234	造船	442
	198	船舶管理	326, 337	造船会社	446
船橋情報管理	138	——者	288	——の建造業務	446
船橋楼	83	船舶金融	339	——の組織	446
船型	83, 754	船舶経費	443	造船契約	457
先行艤装	487	船舶建造	333	操船シミュレータ	138
全周型スキャニングソナー	56	船舶建造保険	460	造船所(造船会社)	288, 446
船首船橋船尾機関室型船	85	船舶原簿	79	造船台→船台	
船種別航海計画	167	船舶国籍証書	79, 337, 455	操船方法	180
船首楼	83	船舶コスト管理	341	造船見積もり	443
船首楼付平甲板船	83	船舶職員及び小型船舶操縦法		操舵命令	15
船食業者	313		82	総トン数	109
前進走力	108	船舶職員法	66	遭難船救助	182
線図	465, 473	船舶処分	335	測距儀	194
潜水艦(船)	60, 103	船舶損益	443	速度→速力	
船籍	337	船舶代理店	411	側壁形式	102
船籍国	455	船舶通信	410	測量船	70
船籍港	104	——業者	314	速力	107, 177, 467
船側外車船	95	船舶電話	200	速力試験	509, 511
船隊	333	船舶登録	337	速力測定	191
船台	490	船舶納入業	415	底びき網漁船	58
船体の材質	86	船舶保安	81	素材加工	481
船体汚損時運転管理	188	船舶法	79	ソナー	56
船体艤装	448	船舶保険	338	損害賠償	459
——設計	471	船舶油濁損害賠償保障法	79	損傷	210
船体艤装品検査	503	船舶用鋼材	480	**た**	
船主業務	333	船費	341		
船体形状	465	船尾外車船	95	第一種漁船	54
船体主要寸法検査	503	船尾船橋船尾機関室型船	84	代勘費用	332
船体振動試験	508	船尾楼	83	大気汚染	368
船体制御機器	185	船尾楼付平甲板船	83	大圏航法図	167
船隊整備	333	全幅	105, 463	大圏航路	133, 148, 154
船体取付け標検査	503	船腹調整事業	347	大圏図	174

第三種漁船	54	中古買船	335	天然港	376	
対水速力	108	仲裁	329	電波測位	195	
タイタニック号	14	仲裁機関	460	店費	443	
対地速力	108	長期用船契約	288	天文航法	165, 194	
第二種漁船	54	調査船	53	電力線	483	
太洋海運	253	調査捕鯨母船	53			
大洋航海	134	直線航路	150	**と**		
──計画	165	直行航海	132	冬期乾舷	112	
大洋航路	148, 152	沈没(事故)	219, 229	冬期満載喫水線	503	
太陽の船	4			投資採算	339	
代理店任命	323	**つ**		灯台	152, 170	
大量運送契約	315	通関	404	灯台見回り船	70	
ダーウィン	145	──業者	404	導灯	171	
宝船	141	通信	198	導標	171	
タグ	406	──士	156	灯浮標	170	
タグボート	181, 313, 406	つかせ走り	244	東洋汽船	253	
──マーク	408	綱取り綱放し	409	投揚錨試験	510	
タグライン	407	積地	310	動力船	81	
他船測定	197	積付けモニタリング	324	特殊海図	174	
多層潮流計	56	積荷	380	特殊高速船	81	
立会検査	515	積荷役	390	特殊書誌	175	
ダッチマンログ	191			特定船舶	80	
ダーティプロダクトタンカー		**て**		塗装	471	
	280	定期航路事業	259	ドック	490	
縦強度	467	定期船	259	ドック進水	497	
縦進水	497	定期用船契約	319, 349	ドップラーログ	193	
タヌムの岩絵	3	定型取引条件	320	トーマスマン	18	
ダブルハル	40	定航船社支配船腹量	267	ドライコンテナ	32, 260	
たらし	244	停止試験	510	ドライバルカー	268	
樽廻船	375	停止惰力性能	177	──運賃指標	299	
タルシーン神殿	3	ディーゼル機関	91	──の用船料	358	
タンカー	38, 79, 268, 278	鄭和の航海	141	トラクターヘッド	383	
──の運賃	359	鉄鉱石専用船	49	トランシーバー	200	
タンク・コンテナ	32	鉄船	87	トランステナー	29	
ダンケルマックス	273	手旗信号	199	トランファークレーン	384	
堪航性	80, 229	デーブルリフター進水	497	トリム	466	
探照灯	200	テーマークビーコン	171	ドレークの航海	143	
ダンパー	408	テレグラフ	199	トン数	109	
		電気艤装	448			
ち		電気艤装品検査	504	**な**		
地形測定	197	電気推進船	94	内海水先	159	
チップ船	275	電気設計	471	内航海運	249, 344	
地方港湾	378, 422	電気部試験	513	──の課題	354	
着岸速力	107	電源喪失試験	513	──の市場	349	
着桟速力	107	電子海図	175	内航海運会社	308	
チャレンジャー号	146	電磁式ログ	192	内航海運業	346	
中央船橋船尾機関室型船	85	電線	483	内航海運業法	346	
中間軸	184	伝達馬力	106	内航海運組合法	346	

内航海運暫定措置事業		347
内航海運事業者		345
内航船		27
内航輸送量		344
長さ		104
投荷		331
ナブテックス放送		202

に

荷受人		248, 309
荷動き予測		322
荷送人		248, 309
二酸化炭素排出源		366
二重船殻構造		44
二重反転プロペラ		99
荷主		248
日本海側拠点港		435
日本海事協会		455
日本国籍船		104
日本国郵便蒸気船会社		251
日本船舶		79
日本郵船会社		251
荷物		248
——の積揚げ		380
——の取扱い		399
荷物検査		405
荷物輸送形態		24
荷役		380
——機器		186, 382
——業者		311
荷役用ポンプ		393
入港禁止特別措置法		80
入国管理局		311
入出港航路		150
入出港支援		405
入出港操船		180
入出港速力		108
ニューキャッスルマックス		273
ニューマチック		391
任意水先区		172

ね

ネスティング		469
熱帯帯域		112
熱帯淡水区域		112
熱帯満載喫水線		503
燃費性能		178
燃料手配		415
燃料油船		416

の

納期		451
ノット		108, 191
乗揚(事故)		219, 224
乗り出し航海		522
——報告書		523

は

排ガスエコノマイザー		185
バイキング		7
排水量等計算書		506
配船		322
——計画		323
売船		341
排他的経済水域		66
配電機器		185
ハイパー中枢港湾		423
パイプ		483
パイロット		405
爆発事故		219
波型艇		101
バケット付きベルトコンベヤー		391
はしご翼		102
バスコダガマ		9
裸用船契約		318, 350
バーチャル情報		197
発光信号		200
ハッチカバー		30
発電機器		185
発電機負荷試験		505
パテントログ		192
パナマックス		23, 273, 279
幅		105
ハーバータグ		407
ハーバーレーダー		171
バラストタンク		41, 185, 466
ばら積運送契約		315
ばら積貨物		389
ばら積乾貨物		269
ばら積船		273
ばら積専用船		46
ハル		40
バルティック・エクスチェンジ		299
バルティック海運取引所		272
バルティック・ドライ・インデックス		272
バンカーサプライ		415
バンカーバージ		416
盤木配置		490
パンチング		183
ハンディサイズ		22, 274
ハンディマックス		23, 274
ハンドログ		191
半没水船		100

ひ

曳き船		406
引渡し期限		459
引渡し式		521
引渡し場所		459
ビーグル		145
避航操船		180
菱垣廻船		375
ピッチング		183
避難港		422
表面効果翼船		103
漂流		241

ふ

フィードバックループ		139
笛信号		198
フェリー		396
フォワーダー		322, 400
不開港		378
深さ		105
負荷試験		492
複合一貫輸送業者		400
複合輸送		264
府庁共通ポータル		421
ブッキング		322
復航		132
不定期船		268
——の航海計画		167
ブディックマーケット		305
船会社(海運会社)		248, 442
船社(海運会社)		442
船社工事		460
船食		414
船旅		114
——の計画		128
船着き場		373

船荷証券	316
船主	248, 288
船主責任保険	339
フライ＆クルーズ	303
フラットオン・フラットオフ方式	36
フラット・ラック・コンテナ	32, 260
フラブオジョイア	8
ブリッジ・チーム・マネジメント	221
ブリッジ・リソース・マネジメント	221
フレキシブルスカート形式	102
プレナムチャンバー形式	102
プレミアムマーケット	305
プロダクトタンカー	39, 280
ブローチング	183
ブロック組立て	485
ブロック構造法	485
ブロック搭載	490
フローティングパイプライン	287
プロペラ軸	185
噴射推進器	95
紛争	327
分離航路	154

へ

平甲板船	83
ペーパーライン	43
ベルブック	158
ヘロンの蒸気機関	91
便宜置籍	337
便宜置籍国	104
便宜置籍船	104
返済原資	340
変針点	133, 163

ほ

ボイドスペース	466
ボイラー	185
方位環	191
方位鏡	191
方位測定	190
貿易代金決済方式	316
貿易取引	316

望遠鏡	197
防火対策	235
防災機器	186
放射能調査艇	68
法定航路	148
暴風	229
ホーサー	409
保守管理習得	515
保守計画	517
保証工事	525
保証ドック	525
補助ボイラー	495
保針性能	177
ポスト・パナマックス	273
ボースン	158
保税上屋	402
保税蔵置場	402
保税倉庫	402
保税地域	404
帆船	81
ポッド推進器	98
ポートステートコントロール	360
ポートラジオ	172, 314, 411
保有船腹調整事業	347
補油業者	313
補油計画	323
補油港	415
掘り込み港	376
ボール進水台	498

ま

まき網漁船	58
まぐろはえなわ漁船	57
曲げ加工	481
マーシャリングヤード	381
マスマーケット	304
マゼラン	141
マーチス	171
マリーンサーベイヤー	418
丸型艇	101
マルシップ	104
満載喫水線規則	111
満載喫水線帯域図	167
満載喫水線標	106, 503
満載排水トン数	111

み

見合い関係	180
三島船	83
水先	172, 405
水先案内人	405
水先区	405
水先艇	160
水先人	159, 173, 313, 405
三井船舶	253
密航	66
三菱会社	251
見積もり	443, 451
密輸	66
密漁	66
ミディアムサイズ	23
港	372
——の形態	376
——の種類	378
——の役割	374

む

無線検査	505
無線装置試験	513
無線通信装置	200
無線方位探知機	195

め

明治丸	12
メガキャリア	265
メタセンター高さ	506
免責事項	460
メンブレン型タンク	44

も

木材船（木材専用船）	26, 275
木船	86
木鉄構造船	87
モス型タンク	44
モーダルシフト	356, 365, 374
モノヘドロン型艇	101
モービルクレーン	385

や

山尾庸三	12
山下汽船	253
山下新日本汽船	258

ゆ

有効馬力	106
輸出コンテナ	263, 381
輸送サービス	358
輸送者	289
油槽船	268
輸送ビジネス	248
油濁事故	241
ユニット工法	487
輸入コンテナ	264, 380

よ

用船契約	271, 318
用船者	248
用船料	339
——市場	349
横切り	180
横進水	497
予備船員	156
余裕水深	150

ら

らいちょう	94
ラグジュアリーマーケット	305
落水者	182
ラージレンジ I	23
ラージレンジ II	23
羅針盤	140
螺旋推進器	96
ラッシング・ブリッジ	31
ランドフォール	165
らん引き	244
ランプウエイ	51

り

離岸速力	108
陸上試験	492
リーチスタッカー	385
リーファーコンテナ	260, 388
リフトオン・リフトオフ方式	33
竜骨線	503
領海	67
臨港地区	379
リンドグレーンシリーズ丸型艇	101

れ

レイカー	47
冷蔵運搬船	27
冷蔵貨物	388
冷凍貨物	388
冷凍コンテナ	32, 388
冷凍装置	57
レーコン	171
レーシング	183
レーダー	194
レーダートランスポンダ	201
レーダービーコン	171
レッド	193
レバレッジリスク	340
レピーターコンパス	190
練習船	53
連続最大出力	463, 468

ろ

櫓	95
漏油事故	219
老齢化	356
ログ	108, 191
六分儀	194
ロラン海図	174
ローリング	183
ロールオン・ロールオフ船	33

わ

ワイドスター	410
湾内水先	159

索　引　537

略号索引

AFRA	23	FLOFLO 方式	36	NPL シリーズ丸型艇	101
AFS 条約	208	FOB	321	NSR	463
AIS	150,196	FOC	337	NVOCC	322,399
		FOFO 方式	36		
B/L	316	FSI	214	P&I 保険	339
BCI	299			PCC	293
BDI	272,299	GA	463	PCTC	52,294
Bext	463	GISIS	214	PDCA サイクル	139
BHI	299	GMDSS	201	PI	165
BIFFEX	299	GPS	195	PSC	239,337,360
Bmld	463	G/T	25		
BNWAS	198			RORO 船	33,395
BPI	299	IADA	262	RORO 方式	395
BRM	138,221	ICC	321		
BSI	299	ICLL	456	SAR 条約	208
BTM	221	ILO	208	S/E	199
BWM 条約	208	IMCO	17	Sea-NACCS	420
		IMO	203,360,456	SHIP RECYCLE 条約	208
CFR	310,321	――の海難対応	214	SMA	330
CFS	312,386	ISM コード	139,211,360	SMS システム	216
CIF	321			SMS マニュアル	235
COLREG 条約	207	JTSB	18	SOLAS 条約	
CRM	221				17,138,204,214,456
CSC 条約	208	L/C	316	STCW 条約	205,221
CY	263,386	LCL	263,386		
		LMAA	330	TACA	262
DDP	321	LMO	17	TEU	25,259
dext	463	LNG 船	44,283	TSA	262
DGPS	196	LNG チェーン	283		
dmld	463	LNG ビジネス	290	UHF 船上通信装置	201
DSC	202	Loa	463	UNCITRAL	329
DUKC システム	150	LOAD LINE 条約	207		
D/W	24,462	LOLO 船	33	VDR	198
		LOLO 方式	395	VHF 電波	197
ECDIS	175	LPG 船	43	VHF 無線電話	200
EDI	420	LPG タンカー	278	VLCC	279
EEZ	66	Lpp	463	VTCS	172
EXW	321			VTS	171
		M 0 資格	186	VTS センター	149
FAS	310	MARPOL 条約	207,214,456		
FBR 船	90	MCR	463	WOP	165
FCL	263,386	MF/HF 無線	201	WTSA	262
F/E	199	MOU	361		
FFA	299	MO 運転	158	YAR	332
		NACCS	420	Zig-Zag 試験(Z 試験)	
		NK	455		177,509
		NMDP	202		

船の百科事典

平成27年12月25日　発　行

編　者　船の百科事典編集委員会

発行者　池　田　和　博

発行所　丸善出版株式会社
〒101-0051　東京都千代田区神田神保町二丁目17番
編集：電話(03)3512-3266／FAX(03)3512-3272
営業：電話(03)3512-3256／FAX(03)3512-3270
http://pub.maruzen.co.jp/

© 船の百科事典編集委員会，2015

組版印刷・有限会社 悠朋舎／製本・株式会社 松岳社

ISBN 978-4-621-08683-4 C 0556　　　　Printed in Japan

本書の無断複写は著作権法上での例外を除き禁じられています．